Lecture Notes in Mathematics

Edited by A. Dold and B. Eckmann

Subseries: Institut de Mathématiques, Université de Strasbourg
Adviser: P.A. Meyer

1015

Equations différentielles et systèmes de Pfaff dans le champ complexe – II

Séminaire

Edité par R. Gérard et J.-P. Ramis

Springer-Verlag
Berlin Heidelberg New York Tokyo 1983

Editeurs

Raymond Gérard
Jean-Pierre Ramis
Université Louis Pasteur, Département de Mathématique
7, rue René Descartes, 67084 Strasbourg, France

AMS Subject Classifications (1980): 58F07, 58G, 34A20; 34A30, 34E05, 34D05.

ISBN 3-540-12684-8 Springer-Verlag Berlin Heidelberg New York Tokyo
ISBN 0-387-12684-8 Springer-Verlag New York Heidelberg Berlin Tokyo

Printing and binding: Beltz Offsetdruck, Hemsbach/Bergstr.
2146/3140-543210

- INTRODUCTION -

Ce deuxième volume sur la théorie des "équations différentielles et systèmes de Pfaff dans le champ complexe" contient une partie des résultats obtenus durant les dernières années dans le cadre du Séminaire sur ce sujet que nous dirigeons à Strasbourg . Ces recherches ont été soutenues par l'Action Thématique Programmée Internationale n°4285 du C.N.R.S. .

Les résultats ici présentés sont, à notre connaissance, nouveaux . Ils concernent plusieurs domaines de la théorie :

1° . Les équations aux différences finies dans le champ complexe .

Il s'agit d'une théorie classique à laquelle se sont intéressés de nombreux mathématiciens (POINCARE, PINCHERLE, PERRON, NÖRLUND, BIRKHOFF,...) . Bien qu'il s'agisse d'un sujet riche et profond, où il reste beaucoup à faire, cette théorie est un peu restée en "sommeil" durant les dernières décades . Elle est attaquée ici du point de vue de ses relations avec celle des équations différentielles linéaires (via la transformation de Mellin), en tenant compte des progrès récents dans ce dernier domaine .

2° . Les problèmes de connexions entre singularités d'équations différentielles .

C'est une question difficile (d'ailleurs reliée à la théorie des équations aux différences finies) . M. KOHNO a récemment obtenus des résultats sur ce sujet qui sont exposés dans ce volume .

3°. Les déformations isomonodromiques .

M. OKAMOTO traite de manière claire et complète le cas des équations du second ordre .

4°. Les théorèmes d'indices Gevrey .

Mme LODAY introduit une "interpolation" entre séries convergentes et formelles par des espaces de type "Gevrey précisés" et démontre dans ce cadre des théorèmes d'indices et de comparaison pour les opérateurs différentiels ordinaires .

5°. Les connexions linéaires avec singularités .

On trouvera ci-dessous essentiellement deux types d'études :

a) Une théorie des résidus "à la POINCARE-LERAY" pour les connexions linéaires à singularités régulières .

b) Une étude de connexions linéaires à plusieurs variables au voisinage d'une singularité irrégulière par une méthode analogue à celle introduite par J.A. LAPPO-DANILEVSKY .

TABLE DES MATIERES

PARTIE A : Equations différentielles ordinaires dans le champ complexe.

PARTIE B : Systèmes de Pfaff dans le champ complexe.

SUR L'INDICE DES

OPERATEURS DIFFERENTIELS ORDINAIRES

Kamel BETINA

Département de Mathématique de l'Université des Sciences et Techniques Houari Boumedienne Alger.

TABLE DES MATIERES

INTRODUCTION

Soit $P = A_m(x) \frac{d^m}{dx^m} + \ldots + A_1(x) \frac{d}{dx} + A_0(x)$ une matrice $N \times N$ d'opérateurs différentiels à coefficients dans θ, l'espace vectoriel sur $\mathbb{C}$ des germes de fonctions holomorphes au voisinage de $0 \in \mathbb{C}$, telle que le déterminant de $A_m(x)$ ne soit pas identiquement nul.

L'opérateur $P : \theta^N \longrightarrow \theta^N$ a pour indice

$$\chi(P, \theta^N) \overset{\text{déf}}{=} \dim \operatorname{Ker}(P, \theta^N) - \dim \operatorname{coker}(P, \theta^N)$$
$$= mN - V(\det A_m(x))$$

où $V(\det A_m(x))$ désigne la valuation en 0 du déterminant de $A_m(x)$ ([7], théorème 3).

Pour $N = 1$, l'opérateur $P : \hat{\theta} \longrightarrow \hat{\theta}$ a pour indice

$$\chi(P, \hat{\theta}) = \sup_{0 \leq i \leq m} (i - V(A_i))$$

([9], prop. 1.3), $\hat{\theta}$ désignant l'espace vectoriel sur $\mathbb{C}$ des séries formelles en $0 \in \mathbb{C}$.

En définissant l'irrégularité $i(P)$ par la formule

$$i(P) = \chi(P, \hat{\theta}) - \chi(P, \theta),$$

alors les trois assertions suivantes sont équivalentes :

1) 0 est un point singulier régulier de P,

2) $i(P) = 0$,

3) $Pu \in \theta \Longrightarrow u \in \theta$

([9], théorème 1.4).

Pour un système différentiel $D_1 = x \frac{d}{dx} + M$, où M est une matrice $N \times N$ à coefficients dans K, le corps des fractions de l'anneau θ, on définit l'irrégularité $i(D_1)$ de la manière suivante :

En posant $F = AG$, avec $A \in End(K^N)$ et inversible, le système

$$D_1 : K^N \longrightarrow K^N$$
$$F \longrightarrow D_1 F$$

se transforme en $D'_1 = x \frac{d}{dx} + A^{-1} MA + xA^{-1} \frac{dA}{dx} : K^N \longrightarrow K^N$

$$G \longrightarrow D'_1 G \ .$$

On sait qu'il existe une matrice A telle que $A^{-1} MA + xA^{-1} \frac{dA}{dx}$

ait la forme

$$\begin{bmatrix} 0 & 1 & 0 & . & . & 0 \\ . & . & . & . & . & . \\ . & . & . & . & . & . \\ . & . & . & . & . & . \\ 0 & . & . & . & 0 & 1 \\ \lambda_o & . & . & . & \lambda_{N-2} & \lambda_{N-1} \end{bmatrix}$$

([2], lemme II.1.3).

On pose $i(D_1) = \sup\limits_{0 \leq i \leq N-1} (0, -V(\lambda_i))$ et on a le résultat :

0 est un point singulier régulier de $D_1 \Longleftrightarrow i(D_1) = 0$ ([9], prop. 3.4).

Dans la première partie de ce travail, on se propose de définir l'irrégularité $i(P)$ de l'opérateur P pour N et m quelconques.

D'abord on montrera que $\chi(P, \hat{\theta}^N) = i(D) + \chi(P, \theta^N)$ (*) ,

où $i(D)$ est l'irrégularité du système différentiel :

$$D : K^{mN} \longrightarrow K^{mN}$$

$$F \longrightarrow \frac{dF}{dx} + \begin{bmatrix} 0 & -I & . & . & . & 0 \\ . & . & . & . & . & . \\ . & . & & & & \\ . & & & & & \\ 0 & . & . & . & 0 & -I \\ \beta_o & . & . & . & \beta_{m-2} & \beta_{m-1} \end{bmatrix} F$$

où $\beta_i = A_m^{-1}(x)\, A_i(x)$ $(0 \leq i \leq m-1)$ et I = matrice identité d'ordre N.

$i(D)$ est aussi le premier invariant $\rho_1(D)$ de Gérard-Levelt de la connexion linéaire définie par le système D (voir [3]). Puis en définissant l'irrégularité $i(P)$ de P par la formule $i(P) = \chi(P, \hat{\theta}^N) - \chi(P, \theta^N)$, on montrera qu'il y a équivalence entre les assertions 2) et 3) pour N quelconque et dans la démonstration de cette équivalence, on donnera un moyen de calcul de l'indice formel $\chi(P, \hat{\theta}^N)$ de P.

On obtiendra ainsi, en utilisant l'égalité (*), une méthode pour calculer l'irrégularité d'un système différentiel $\frac{d}{dx} + M$, $M \in \mathrm{End}(K^N)$, directement sur la matrice M.

On montrera aussi que cette méthode de calcul de l'irrégularité se généralise aux systèmes différentiels $\frac{d}{dx} + M$, où $M \in \mathrm{End}(\hat{K}^N)$, $\hat{K}$ étant le corps des fractions de l'anneau $\hat{\theta}$.

Dans la deuxième partie de ce travail, on généralisera à une surface de Riemann connexe et non compacte le résultat suivant :

Soient V un ouvert de $\mathbb{C}$ connexe et $P = A_m(x) \frac{d^m}{dx^m} + \ldots + A_1(x) \frac{d}{dx} + A_0(x)$ une matrice $N \times N$ d'opérateurs différentiels à coefficients dans $\theta(V)$, l'espace vectoriel sur $\mathbb{C}$ des fonctions holomorphes dans V, telle que le déterminant de $A_m(x)$ ne soit pas identiquement nul, alors l'opérateur

$$P : \theta(V)^N \longrightarrow \theta(V)^N$$

est un homomorphisme d'espaces de Frechet et son indice est

$$\chi(P, \theta(V)^N) = mN(\dim H^0(V, \mathbb{C}) - \dim H^1(V, \mathbb{C})) - \sum_{p \in Z} V_p(\det A_m(x))$$

où $V_p(\det A_m(x))$ est la valuation en p du déterminant de $A_m(x)$ et $Z = \{p \in V / \det A_m(p) = 0\}$.

Cette généralisation nous permettra d'établir la formule de l'indice d'une connexion linéaire sur un fibré vectoriel holomorphe sur une surface de

Riemann compacte et de calculer le nombre de solutions (hyperfonctions et micro-fonctions) d'une équation différentielle sur une courbe analytique sur une surface de Riemann compacte ou non compacte.

Chapitre I

INDICES LOCAUX D'UN OPERATEUR DIFFERENTIEL LINEAIRE A COEFFICIENTS HOLOMORPHES AU VOISINAGE DE $0 \in \mathbb{C}$

NOTATIONS

θ : l'anneau des germes de fonctions holomorphes au voisinage de $0 \in \mathbb{C}$,

$\hat{\theta}$: l'anneau des séries formelles en $0 \in \mathbb{C}$,

K (resp. $\hat{K}$) : le corps des fractions de l'anneau θ (resp. $\hat{\theta}$),

$P = A_m(x) \frac{d^m}{dx^m} + A_{m-1}(x) \frac{d^{m-1}}{dx^{m-1}} + \ldots + A_o(x)$: une matrice $N \times N$ d'opérateurs différentiels à coefficients dans θ telle que le déterminant de $A_m(x)$, noté $\det A_m$, ne soit pas identiquement nul,

$\chi(P, \theta^N)$: l'indice de l'opérateur $P : \theta^N \longrightarrow \theta^N$,

$\chi(P, \hat{\theta}^N)$: " " $P : \hat{\theta}^N \longrightarrow \hat{\theta}^N$,

$\chi(P, K^N)$: " " $P : K^N \longrightarrow K^N$,

$\chi(P, \hat{K}^N)$: " " $P : \hat{K}^N \longrightarrow \hat{K}^N$.

PROPOSITION 1.

a) $\chi(P, \hat{K}^N) = 0$,

b) $\chi(P, \hat{\theta}^N) = \chi(P, \theta^N) - \chi(P, K^N)$.

<u>Démonstration.</u> Soit le système différentiel $D : \hat{K}^{mN} \longrightarrow \hat{K}^{mN}$

$$F \longrightarrow \frac{dF}{dx} - \begin{bmatrix} 0 & I & . & . & . & 0 \\ . & . & . & . & . & . \\ . & & & . & . & . \\ . & & & & . & . \\ 0 & . & . & . & 0 & I \\ -B_0 & . & & . & -B_{m-2} & -B_{m-1} \end{bmatrix} F$$

où $B_i = A_m^{-1} A_i \quad (0 \leq i \leq m-1)$ et I = matrice identité d'ordre N.

Le diagramme commutatif

$$\begin{array}{ccc} \hat{K}^N & \xrightarrow{P} & K^N \\ \downarrow u & & \downarrow v \\ \hat{K}^{mN} & \xrightarrow{D} & \hat{K}^{mN} \end{array}$$

avec $u(f) = \begin{bmatrix} f \\ f' \\ \vdots \\ f^{(m-1)} \end{bmatrix}$ et $v(g) = \begin{bmatrix} 0 \\ \vdots \\ 0 \\ g \end{bmatrix}$

induit un isomorphisme entre le noyau de P et le noyau de D d'une part, le conoyau de P et le conoyau de D d'autre part ; en effet, si on considère le diagramme commutatif

$$\begin{array}{ccccccccc} 0 & \longrightarrow & \hat{K}^N & \xrightarrow{u} & \hat{K}^{mN} & \longrightarrow & \dfrac{\hat{K}^{mN}}{\operatorname{im} u} & \longrightarrow & 0 \\ & & \downarrow P & & \downarrow D & & \downarrow D & & \\ 0 & \longrightarrow & \hat{K}^N & \xrightarrow{v} & \hat{K}^{mN} & \longrightarrow & \dfrac{\hat{K}^{mN}}{\operatorname{im} v} & \longrightarrow & 0 \end{array}$$

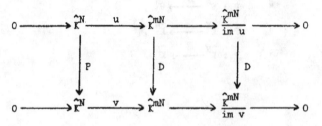

il suffit de prouver que la troisième application verticale est bijective pour démontrer l'assertion précédente :

soit $f = \begin{pmatrix} f_1 \\ \vdots \\ f_m \end{pmatrix} \in \hat{K}^{mN}$ $(f_i \in \hat{K}^N)$, $Df \in \text{im } v \Longrightarrow \begin{cases} f_1' = f_2 \\ \vdots \\ f_{m-1}' = f_m \end{cases}$, c'est-à-dire

que $f \in \text{im } u$ et donc $\text{Ker}(D , \frac{\hat{K}^{mN}}{\text{im } u}) = 0$.

Pour prouver la surjectivité, il suffit de montrer que si

$G = \begin{pmatrix} g_1 \\ \vdots \\ g_m \end{pmatrix} \in \hat{K}^{mN}$ $(g_i \in \hat{K}^N)$, alors il existe $H = \begin{pmatrix} h_1 \\ \vdots \\ h_m \end{pmatrix} \in \hat{K}^{mN}$ $(h_i \in \hat{K}^N)$ tel que :

$DH = G + \alpha$ où α est de la forme $\begin{pmatrix} 0 \\ \vdots \\ 0 \\ \alpha_m \end{pmatrix}$, $\alpha_m \in \hat{K}^N$: les h_i doivent donc

vérifier le système :

$$\begin{cases} h_1' - h_2 = g_2 \\ \quad\vdots \\ h_{m-1}' - h_m = g_{m-1} \\ h_m' + B_0 h_1 + \ldots + B_{m-1} h_m = \alpha_m + g_m . \end{cases}$$

On choisit $h_1 \in \hat{K}^N$ et on déduit de ce choix $h_2 , \ldots , h_m$ et aussi $\alpha_m = h_m' + B_0 h_1 + \ldots + B_{m-1} h_m - g_m$, d'où la surjectivité.

On a donc :

$$\chi(P , \hat{K}^N) = \chi(D , \hat{K}^{mN}) = \chi(xD , \hat{K}^{mN}) ,$$

la deuxième égalité parce que l'application

$$\begin{aligned} \hat{K}^{mN} &\longrightarrow \hat{K}^{mN} \\ F &\longrightarrow xF \end{aligned}$$

est bijective.

Soit $A \in GL(mN, K)$, c'est-à-dire $A \in End(K^{mN})$ et A inversible, telle que si on pose $F = AG$, le système xD se transforme en

$$D' : \hat{K}^{mN} \longrightarrow \hat{K}^{mN}$$

$$G \longrightarrow x\frac{dG}{dx} - \begin{bmatrix} 0 & 1 & . & . & . & 0 \\ . & . & . & . & & . \\ . & & & & & \\ . & & & & & \\ 0 & & & . & . & 0 & 1 \\ \lambda_o & . & & . & . & \lambda_{mN-2} & \lambda_{mN-1} \end{bmatrix} G$$

(une telle matrice A existe d'après [2], lemme II.1.3) ;

alors on a : $\chi(xD, \hat{K}^{mN}) = \chi(D', \hat{K}^{mN})$, car l'indice est indépendant du choix de la base.

Soient $\partial = x\frac{d}{dx}$ et $p = \partial^{mN} - \lambda_{mN-1}\partial^{mN-1} - \ldots - \lambda_o$, alors le diagramme

$$\begin{array}{ccc} \hat{K} & \xrightarrow{\;p\;} & \hat{K} \\ \downarrow u' & & \downarrow v' \\ \hat{K}^{mN} & \xrightarrow{\;D'\;} & \hat{K}^{mN} \end{array}$$

où $u'(f) = {}^t(f, f', \ldots, f^{(mN-1)})$ et $v'(g) = {}^t(0, \ldots, 0, g)$ implique que $\chi(D', \hat{K}^{mN}) = \chi(p, \hat{K})$ (la démonstration de cette égalité est la même que la démonstration précédente) et si on choisit $\ell \in \mathbb{N}$ tel que $x^\ell \lambda_i \in \theta$ $(0 \le i \le mN-1)$, on a aussi $\chi(p, \hat{K}) = \chi(x^\ell p, \hat{K})$, mais comme $\chi(x^\ell p, \hat{K}) = 0$ ([9], théorème 2.1), on a bien $\chi(P, \hat{K}^N) = 0$.

De l'isomorphisme naturel $\frac{\hat{K}^N}{\hat{\theta}^N} \simeq \frac{K^N}{\theta^N}$, on déduit que $\chi(P, \frac{\hat{K}^N}{\hat{\theta}^N}) = \chi(P, \frac{K^N}{\theta^N})$;

or $\chi(P, \frac{\hat{K}^N}{\hat{\theta}^N}) = \chi(P, \hat{K}^N) - \chi(P, \hat{\theta}^N) = -\chi(P, \hat{\theta}^N)$

et $\chi(P, \frac{K^N}{\theta^N}) = \chi(P, K^N) - \chi(P, \theta^N)$, d'où la deuxième assertion de la proposition.

Si $i(D)$ désigne l'irrégularité de D , on a : $\chi(D, K^{mN}) = -i(D)$ ([9], théorème 3.3), et $i(D)$ est égal au premier invariant $\rho_1(D)$ de Gérard-Levelt de la connexion linéaire associée au système différentiel D . Ainsi on obtient : $\chi(P, \hat{\theta}^N) = i(D) + \chi(P, \theta^N)$. On définit l'irrégularité $i(P)$ de l'opérateur différentiel P par la formule $i(P) = i(D) = \rho_1(D) = \chi(P, \hat{\theta}^N) - \chi(P, \theta^N)$.

PROPOSITION 2. <u>Les deux conditions suivantes sont équivalentes</u> :

i) $i(P) = 0$;

ii) $Pu \in \theta^N \Longrightarrow u \in \theta^N$.

<u>Démonstration</u>. Soit $k \in \mathbb{N}$ et soit l'opérateur $P : x^k\hat{\theta}^N \longrightarrow \hat{\theta}^N$.
Montrons que, pour k assez grand, $\forall\, g \in \hat{\theta}^N$, $\exists\, \psi \in \theta^N$ et $\exists\, h \in x^k\hat{\theta}^N$ tels que $g - \psi = Ph$.

Si on montre ceci, cela voudra dire que l'application $P : \frac{\hat{\theta}^N}{\theta^N} \longrightarrow \frac{\hat{\theta}^N}{\theta^N}$ est surjective, et du diagramme commutatif suivant :

$$\begin{array}{ccccccccc}
0 & \longrightarrow & \theta^N & \longrightarrow & \hat{\theta}^N & \longrightarrow & \frac{\hat{\theta}^N}{\theta^N} & \longrightarrow & 0 \\
 & & \downarrow P & & \downarrow P & & \downarrow P & & \\
0 & \longrightarrow & \theta^N & \longrightarrow & \hat{\theta}^N & \longrightarrow & \frac{\hat{\theta}^N}{\theta^N} & \longrightarrow & 0
\end{array}$$

on déduit que $\dim_{\mathbb{C}} \mathrm{Ker}(P, \frac{\hat{\theta}^N}{\theta^N}) = \chi(P, \frac{\hat{\theta}^N}{\theta^N}) = \chi(P, \hat{\theta}^N) - \chi(P, \theta^N) = i(P)$, ce qui terminera la démonstration de la proposition.

Il existe $k_o \in \mathbb{N}$ tel que si $k \geq k_o$, $\mathrm{Ker}(P : x^k\hat{\theta}^N \longrightarrow \hat{\theta}^N) = 0$ car $\dim_{\mathbb{C}} \mathrm{Ker}(P : \hat{\theta}^N \longrightarrow \hat{\theta}^N) < +\infty$.

Soit $k \geq k_o$, le diagramme commutatif :

$$\begin{array}{ccccccccc}
0 & \longrightarrow & x^k\,\hat{\theta}^N & \longrightarrow & \hat{\theta}^N & \longrightarrow & \frac{\hat{\theta}^N}{x^k\,\hat{\theta}^N} & \longrightarrow & 0 \\
 & & \downarrow P & & \downarrow P & & \downarrow P & & \\
0 & \longrightarrow & P(x^k\,\hat{\theta}^N) & \longrightarrow & \hat{\theta}^N & \longrightarrow & \frac{\hat{\theta}^N}{P(x^k\,\hat{\theta}^N)} & \longrightarrow & 0
\end{array}$$

où la première application verticale est bijective, implique que :

$$(1) \qquad \dim_{\mathbb{C}}\left(\frac{\hat{\theta}^N}{P(x^k\,\hat{\theta}^N)}\right) < +\infty$$

et

$$(2) \qquad \chi(P,\hat{\theta}^N) = kN - \dim_{\mathbb{C}}\left(\frac{\hat{\theta}^N}{P(x^k\,\hat{\theta}^N)}\right).$$

Soit ℓ_i^k $(1 \le i \le N)$ l'ordre de l'idéal dans $\hat{\theta}$ des i-èmes composantes des vecteurs dans $P(x^k\,\hat{\theta}^N)$ et dont les $(i+1)$-èmes, ... , N-ièmes composantes sont nulles.

Les nombres ℓ_i^k sont construits de la manière suivante :

Si on pose $A_p = (a^p_{i,j})_{1 \le i,j \le N}$ $(0 \le p \le m)$

$$\text{et} \quad P = (p_{i,j})_{1 \le i,j \le N} \quad \text{où} \quad p_{i,j} = \sum_{p=0}^{m} a^p_{i,j} \frac{d^p}{dx^p},$$

alors pour k suffisamment grand, disons $k \ge k_1$, l'opérateur différentiel $p_{i,j} : x^k\,\hat{\theta} \longrightarrow x^{k-n_{i,j}}\,\hat{\theta}$ où $n_{i,j} = \chi(p_{i,j},\hat{\theta}) = \sup_{0 \le p \le m} (p - V(a^p_{i,j}))$ est un isomorphisme pour tout couple (i,j) tel que $p_{i,j} \neq 0$ ([9], prop. 1.3) et on a donc :

$$\ell_N^k = \inf_{(f_1,\dots,f_N)\in\hat{\theta}^N} \left(V\left(\sum_{j=1}^{N} p_{N,j}(f_j\,x^k)\right)\right) = \inf_{1 \le j \le N} (k - n_{N,j}) < +\infty \quad (\text{car } \det A_m \neq 0).$$

Soit j_1 tel que $\ell_N^k = k - n_{N,j_1}$, alors : $\ell_N^k = k - n_{N,j_1}$ et

$$\ell_{N-1}^k = \inf_{j \neq j_1} \left(V\left((p_{N-1,j} - p_{N-1,j_1} \circ p_{N,j_1}^{-1} \circ p_{N,j})f_j\,x^k\right)\right) \quad \text{où } f_j \in \hat{\theta}$$

et $\ell_{N-1}^k < +\infty$ d'après l'inégalité (1).

Soit j_2 $(j_2 \neq j_1)$ tel que

$$\ell_{N-1}^k = V\left((p_{N-1,j_2} - p_{N-1,j_1} \circ p_{N,j_1}^{-1} \circ p_{N,j_2})f_o\,x^k\right),$$

$0 \neq f_o \in \mathbb{C}$.

En combinant (2) et (3) , on obtient :

(5) $$\chi(P,\hat{\theta}^N) = -\sum_{i=1}^{N} \ell_i .$$

Les deux propositions précédentes nous permettent de poser la définition suivante :

DEFINITION : 0 <u>est un point singulier régulier de</u> P <u>si, et seulement si</u> $i(P) = 0$.

<u>Remarques</u> :

1) $i(P)=0 \Longleftrightarrow i(D)=0 \Longleftrightarrow$ toute détermination de toute solution de D est à croissance polynomiale en $\frac{1}{x}$ au voisinage de 0 .

La dernière équivalence est un résultat classique des systèmes différentiels linéaires du premier ordre à singularité régulière.

Si f est une solution de P , alors ${}^t(f, f', \ldots, f^{(m-1)})$ est une solution de $Du=0$ et réciproquement, si ${}^t(f_1, f_2, \ldots, f_m)$ est une solution de $Du=0$ (les f_i étant des vecteurs à N composantes), alors $f_1'=f_2$, ..., $f_{m-1}' = f_m$, donc f_1 est une solution de $Pv=0$ et ceci prouve le résultat suivant : 0 est un point singulier si, et seulement si toute détermination de toute solution de P est à croissance polynomiale en $\frac{1}{x}$ au voisinage de 0 .

2) Si $m=1$, $i(P)$ est l'irrégularité (donc le premier invariant de Gérard-Levelt aussi) du système $D_1 = \frac{d}{dx} + A_1^{-1}(x)\, A_o(x)$; en effet :

$$\begin{aligned} i(P) &= \chi(P,\hat{\theta}^N) - \chi(P,\theta^N) \\ &= -\chi(P, K^N) \qquad \text{(proposition 1)} \\ &= -\chi(\tfrac{d}{dx} + A_1^{-1}(x)\, A_o(x)\, , K^N) \end{aligned}$$

car l'opérateur $A_1^{-1} : K^N \longrightarrow K^N$

$$f(x) \longrightarrow A_1^{-1}(x)\, f(x)$$

est un isomorphisme, et on a aussi :

Posons $(p_{N-1,j_2} - p_{N-1,j_1} \circ p_{N,j_1}^{-1} \circ p_{N,j_2}) f_o\, x^k = \alpha_o(k) + \alpha_1(k)x + \ldots$

où les $\alpha_i(k)$ $(i = 0, 1, 2, \ldots)$ sont des polynômes en k et soit

$\ell_{N-1} = \inf\left\{ i \in \mathbf{Z} \,/\, \alpha_{k+i}(k) \text{ ne soit pas identiquement nul} \right\}$.

Pour k assez grand, disons $k \geq k_2$, le polynôme $\alpha_{k+\ell_{N-1}}(k)$ ne s'annule pas et on a : $\ell_{N-1}^k = k + \ell_{N-1}$ pour $k \geq k_2$.

En reprenant plusieurs fois les mêmes arguments, on obtient (pour k assez grand) :

$\ell_i^k = k + \ell_i < +\infty$ $(1 \leq i \leq N)$, $\ell_i \in \mathbf{Z}$ (3).

et

$$P(Ux^k) = \begin{pmatrix} x^{\ell_1^k} & & * \\ & \ddots & \\ 0 & & x^{\ell_N^k} \end{pmatrix} \qquad (4)$$

La matrice de droite est triangulaire supérieure et $U \in GL(N, \hat{\theta})$.

Soit $\psi_{ij} = {}^t(0, \ldots, 0, x^j, 0, \ldots, 0)$ où x^j est à la **i-ème** place et j varie de 0 à $\ell_i^k - 1$.

La famille $(\psi_{ij})_{i,j}$ forme une base d'un espace supplémentaire de $P(x^k \hat{\theta}^N)$ dans $\hat{\theta}^N$, en effet :

- aucune combinaison linéaire non nulle de vecteurs de la famille $(\psi_{ij})_{i,j}$ n'est dans $P(x^k \hat{\theta}^N)$ par construction même des nombres ℓ_i^k.
- si $g \in \hat{\theta}^N$, il existe une combinaison linéaire ψ_N des vecteurs ψ_{Nj} et il existe $h_N \in x^k \hat{\theta}^N$ tels que $g - \psi_N - Ph_N = \begin{pmatrix} * \\ \vdots \\ * \\ 0 \end{pmatrix}$, les étoiles étant des éléments de $\hat{\theta}$; il existe une combinaison linéaire ψ_{N-1} des vecteurs $\psi_{N-1,j}$ et il existe $h_{N-1} \in x^k \hat{\theta}^N$ tels que $g - \psi_N - Ph_N - \psi_{N-1} - Ph_{N-1} = \begin{pmatrix} * \\ \vdots \\ * \\ 0 \\ 0 \end{pmatrix}$ et on continue ainsi jusqu'à obtenir la relation $g - \sum_{i=1}^{N} \psi_i - \sum_{i=1}^{N} Ph_i = 0$ avec $\sum_{i=1}^{N} \psi_i \in \theta^N$ et c'est ce que l'on voulait démontrer.

$$- \chi(D_1 , K^N) = i(D_1) = \rho_1(D_1) .$$

3) Si $g = \sum_{p=-N'}^{\infty} g_p x^p \in \hat{K}^N$, pour $k \in \mathbb{N}$ assez grand, on a aussi :

$$g - \sum_{p=-N'}^{-1} g_p x^p - \psi = Ph ,$$

où ψ est une combinaison linéaire d'éléments de la famille $(\psi_{ij})_{i,j}$ (donc $\psi \in \theta^N$) et $h \in x^k \hat{\theta}^N$.

Ceci veut dire que $\operatorname{coker}(P , \frac{\hat{K}^N}{K^N}) = 0$ et donc on a aussi :

$$i(P) = 0 \Longleftrightarrow \text{si } Pu \in K^N , \ u \in \hat{K}^N , \ \text{alors } u \in K^N ,$$

car du diagramme commutatif :

$$\begin{array}{ccccccccc}
0 & \longrightarrow & K^N & \longrightarrow & \hat{K}^N & \longrightarrow & \frac{\hat{K}^N}{K^N} & \longrightarrow & 0 \\
 & & \downarrow P & & \downarrow P & & \downarrow P & & \\
0 & \longrightarrow & K^N & \longrightarrow & \hat{K}^N & \longrightarrow & \frac{\hat{K}^N}{K^N} & \longrightarrow & 0
\end{array}$$

on déduit que :

$$\chi(P , \frac{\hat{K}^N}{K^N}) = \dim \operatorname{Ker}(P , \frac{\hat{K}^N}{K^N}) = \chi(P , \hat{K}^N) - \chi(P , K^N)$$

$$= - \chi(P , K^N) \qquad \text{(proposition 1)}$$

$$= \chi(P , \hat{\theta}^N) - \chi(P , \theta^N) \qquad \text{(proposition 1)}$$

$$= i(P) .$$

Passons maintenant au cas des systèmes différentiels linéaires du premier ordre :

Soit $D = x \frac{d}{dx} + M$, $M \in \operatorname{End}(K^N)$, et soit $\ell \in \mathbb{N}$ tel que $M \in \operatorname{End}(\theta^N)$.

Posons $D' = x^{1+\ell}\frac{d}{dx} + x^{\ell} M$.

Pour l'opérateur différentiel D' on peut définir les nombres ℓ_i $(1 \leq i \leq N)$ comme ceux des égalités (3) et on a aussi :

$$\chi(D', \hat{\theta}^N) = - \sum_{i=1}^{N} \ell_i .$$

En combinant cette dernière égalité et les égalités suivantes :

$$i(D) = \rho_1(D) = - \chi(D, K^N)$$

$$\chi(D, K^N) = \chi(D', K^N)$$

car l'application $f \longrightarrow x^{\ell} f$, $f \in K$, est bijective.

$$\chi(D', \hat{\theta}^N) - \chi(D', \theta^N) = - \chi(D', K^N) \quad \text{(proposition 1)}$$

$$\chi(D', \theta^N) = N - (\ell + 1)N = - \ell N \qquad \text{([7], théorème 3)},$$

on obtient la proposition suivante :

PROPOSITION 3.

$$i(D) = \rho_1(D) = \ell N - \sum_{i=1}^{N} \ell_i .$$

Maintenant on va généraliser ce résultat aux systèmes différentiels linéaires formels.

Soit $D = x\frac{d}{dx} + M : \hat{K}^N \longrightarrow \hat{K}^N$ avec $M \in \mathrm{End}(\hat{K}^N)$.

On choisit $\ell \in \mathbb{N}$ tel que $x^{\ell} M \in \mathrm{End}(\hat{\theta}^N)$ et on définit les nombres ℓ_i $(1 \leq i \leq n)$ comme précédemment, on obtient alors :

PROPOSITION 4.

$$i(D) = \rho_1(D) = \ell N - \sum_{i=1}^{N} \ell_i .$$

Pour montrer ceci, rappelons d'abord que si Λ_1 et Λ_2 sont deux réseaux dans $\hat{K}^N$ tels que $\Lambda_1 \subset \Lambda_2$ et $D\Lambda_1 \subset \Lambda_2$, l'irrégularité de D est définie par :

$$i(D) = \rho_1(D) = \chi(D ; \Lambda_1 , \Lambda_2) + \dim \frac{\Lambda_2}{\Lambda_1} ,$$

où $\chi(D\,;\Lambda_1,\Lambda_2)$ est l'indice de l'opérateur $D : \Lambda_1 \longrightarrow \Lambda_2$ et $i(D)$ est indépendant du couple de réseaux (Λ_1,Λ_2) vérifiant $\Lambda_1 \subset \Lambda_2$ et $D\Lambda_1 \subset \Lambda_2$ (voir [9], chapitre 5).

Prenons $\Lambda_1 = \hat{\theta}^N$, $\Lambda_2 = x^{-\ell}\,\hat{\theta}^N$. On a d'abord :

(6)
$$\chi(x^{\ell}D\,;\hat{\theta}^N,\hat{\theta}^N) = -\sum_{i=1}^{N} \ell_i \,,$$

la démonstration de cette égalité est la même que celle déjà utilisée dans le cas où $x^{\ell}M \in \mathrm{End}(\theta^N)$.

(7)
$$i(D) = \chi(D\,;\hat{\theta}^N, x^{-\ell}\,\hat{\theta}^N) + \ell N \,.$$

On a aussi :

(8)
$$\chi(x^{\ell}D\,;\hat{\theta}^N, x^{-\ell}\hat{\theta}^N) = \chi(D\,;\hat{\theta}^N, x^{-\ell}\,\hat{\theta}^N) - \ell N$$

car l'application : $x^{-\ell}\,\hat{\theta}^N \longrightarrow x^{-\ell}\,\hat{\theta}^N$

$f \longrightarrow x^{\ell}f$

est injective et de codimension égale à ℓN et

(9)
$$\chi(x^{\ell}D\,;\hat{\theta}^N, x^{-\ell}\,\hat{\theta}^N) = \chi(x^{\ell}D\,;\hat{\theta}^N,\hat{\theta}^N) - \ell N$$
$$= -\sum_{i=1}^{N} \ell_i - \ell N \,.$$

Donc, d'après (8) et (9), on obtient :

(10)
$$\chi(D\,;\hat{\theta}^N, x^{-\ell}\,\hat{\theta}^N) = -\sum_{i=1}^{N} \ell_i \,,$$

d'où, en utilisant (7) et (10), $i(D) = \rho_1(D) = \ell N - \sum_{i=1}^{N} \ell_i$.

Chapitre II

INDICE GLOBAL D'UN OPERATEUR DIFFERENTIEL LINEAIRE SUR UNE SURFACE DE RIEMANN NON-COMPACTE

NOTATIONS

X = Surface de Riemann connexe et non-compacte ;

θ_X = Faisceau des germes de fonctions holomorphes sur X ;

θ_X^* = Faisceau des germes de fonctions holomorphes ne s'annulant en aucun point de X ;

Ω_X^1 = Faisceau des 1-formes différentielles holomorphes sur X ;

Ω_X^{*1} = Faisceau des 1-formes différentielles holomorphes ne s'annulant en aucun point de X ;

$(U_\alpha)_\alpha$ = Recouvrement ouvert de X admettant des coordonnées locales Z_α et on suppose que les ouverts U_α sont connexes.

$\mathcal{D}_m$ = Faisceau des opérateurs différentiels de degrés $\leq m$, linéaires et à coefficients analytiques sur X ;

K = Fibré vectoriel canonique associé à X.

K est représenté par le cocycle $(K_{\alpha\beta})_{\alpha\beta} = \left(\frac{dZ_\beta}{dZ_\alpha}\right)_{\alpha\beta}$.

Comme l'a déjà fait Komatsu [1], pour un ouvert de C , on calculera d'abord l'indice sur un compact de X à bord analytique, ensuite on établira la formule de l'indice sur X par passage à la limite en recouvrant X par une suite croissante de compacts à bords analytiques.

LEMME 1. Soit $P \in \Gamma(X, \mathcal{D}_m)$ et $\omega \in \Gamma(X, \Omega_X^{*1})$, alors il existe $\rho_o, \rho_1, \dots,$ ρ_m (uniques) appartenant à $\Gamma(X, \Theta_X)$ tels que $P = \rho_m D^m + \dots + \rho_1 D + \rho_o$ où D est la dérivation $\frac{d}{\omega}$.

Démonstration. Elle se fera par récurrence sur le degré de P .

- $m = 0$: sur chaque ouvert U_α du recouvrement, la restriction P_α de P à U_α est un élément a_0^α de $\Gamma(U_\alpha, \Theta_X)$ et si $U_\alpha \cap U_\beta \neq \emptyset$, on doit avoir sur $U_\alpha \cap U_\beta$: $P_\alpha(1) = P_\beta(1)$, c'est-à-dire $a_o^\alpha = a_o^\beta$.

- Supposons que le lemme soit vrai jusqu'au degré $m-1$ et soit $P \in \Gamma(X, \mathcal{D}_m)$. On notera P_α (resp. ω_α) la restriction de P (resp. de ω) à l'ouvert U_α . Pour chaque ouvert U_α du recouvrement de X , il existe $a_o^\alpha, \dots, a_m^\alpha$ (uniques) appartenant à $\Gamma(U_\alpha, \Theta_X)$ et h_α appartenant à $\Gamma(U_\alpha, \Theta_X^*)$ tels que

$P_\alpha = a_m^\alpha \frac{d^m}{dz_\alpha^m} + \dots + a_1^\alpha \frac{d}{dz_\alpha} + a_0^\alpha$ et $\omega_\alpha = h_\alpha \, dz_\alpha$ (les fonctions a_i^α sont uniques car on a supposé que les ouverts U_α sont connexes et par conséquent l'écriture de P_α est unique).

On cherche $\rho_o, \dots, \rho_m$ dans $\Gamma(X, \Theta_X)$ tels que, si ρ_i^α désigne la restriction de ρ_i à U_α $(i = 0, 1, \dots, m)$, $P_\alpha = \rho_m^\alpha(\frac{d}{h_\alpha \, dz_\alpha})^m + \dots$ $\dots + \rho_1^\alpha(\frac{d}{h_\alpha \, dz_\alpha}) + \rho_o^\alpha$ pour tout ouvert U_α du recouvrement.

On a : $\rho_m^\alpha(\frac{d}{h_\alpha \, dz_\alpha})^m = \rho_m^\alpha \, h_\alpha^{-m} \frac{d^m}{dz_\alpha^m} + \rho_m^\alpha \, K_{\alpha,m}^{m-1} \frac{d^{m-1}}{dz_\alpha^{m-1}} + \dots + \rho_m^\alpha \, K_{\alpha,m}^1 \frac{d}{dz_\alpha}$

où les $K_{\alpha,m}^i$ sont des combinaisons entre h_α et ses dérivées successives

$(i = 1, \ldots, m-1)$ et en écrivant des égalités analogues pour les $\rho_j^\alpha(\frac{d}{h_\alpha\, dz_\alpha})^j$ $(j = 1, 2, \ldots, m-1)$, on obtient :

$$(*)\quad \begin{cases} \rho_m^\alpha(\frac{d}{h_\alpha\, dz_\alpha})^m = \rho_m^\alpha\, h_\alpha^{-m} \frac{d^m}{dz_\alpha^m} + \rho_m^\alpha\, K_{\alpha,m}^{m-1} \frac{d^{m-1}}{dz_\alpha^{m-1}} + \ldots + \rho_m^\alpha\, K_{\alpha,m}^1 \frac{d}{dz_\alpha} \\ \rho_{m-1}^\alpha(\frac{d}{h_\alpha\, dz_\alpha})^{m-1} = \rho_{m-1}^\alpha\, h_\alpha^{-(m-1)} \frac{d^{m-1}}{dz_\alpha^{m-1}} + \ldots + \rho_{m-1}^\alpha\, K_{\alpha,m-1}^1 \frac{d}{dz_\alpha} \\ \rho_\alpha^1(\frac{d}{h_\alpha\, dz_\alpha}) = \rho_1^\alpha\, h_\alpha^{-1} \frac{d}{dz_\alpha} \end{cases}$$

On veut que $a_m^\alpha \frac{d^m}{dz_\alpha^m} + \ldots + a_1^\alpha \frac{d}{dz_\alpha} = \rho_m^\alpha(\frac{d}{h_\alpha\, dz_\alpha})^m + \ldots + \rho_1^\alpha(\frac{d}{h_\alpha\, dz_\alpha})$

et donc, d'après (*) , on doit avoir :

$$(**)\quad \begin{pmatrix} a_m^\alpha \\ a_{m-1}^\alpha \\ \vdots \\ a_1^\alpha \end{pmatrix} = \begin{pmatrix} h_\alpha^{-m} & & & \\ K_{\alpha,m}^{m-1} & h_\alpha^{-(m-1)} & & \bigcirc \\ \vdots & \vdots & \ddots & \\ K_{\alpha,m}^1 & K_{\alpha,m-1}^1 & \cdots\cdots & h_\alpha^{-1} \end{pmatrix} \begin{pmatrix} \rho_m^\alpha \\ \rho_{m-1}^\alpha \\ \vdots \\ \rho_1^\alpha \end{pmatrix}$$

mais comme $h_\alpha \in \Gamma(U_\alpha, \theta_X^*)$, l'équation matricielle (**) nous donne les ρ_i^α $(i = 1, \ldots, m)$ et ils sont uniques.

Montrons que $\rho_m^\alpha = \rho_m^\beta$ sur $U_\alpha \cap U_\beta$ (qu'on suppose non vide).

On a : $a_m^\alpha = K_{\alpha\beta}^{-m}\, a_m^\beta$ (1) où $K_{\alpha\beta} = \frac{dz_\beta}{dz_\alpha}$ et $K_{\alpha\beta}^{-m} = \underbrace{K_{\alpha\beta}^{-1} \ldots K_{\alpha\beta}^{-1}}_{K_{\alpha\beta}^{-1} \text{ figure } m \text{ fois}}$,

car en remplaçant $\frac{d}{dz_\beta}$ par $\frac{d}{K_{\alpha\beta}\, dz_\alpha}$ dans P_β , on obtient des égalités comme dans (*) et ensuite une équation matricielle semblable à (**) dans laquelle

$K_{\alpha\beta}$ (resp. a_i^β) remplace h_α (resp. ρ_i^β), d'où l'égalité (1).

De l'équation matricielle (**) , on déduit les égalités :

$$\rho_m^\alpha = h_\alpha^m a_m^\alpha$$

$$\rho_m^\beta = h_\beta^m a_m^\beta \quad (2)$$

mais comme $h_\alpha^m = K_{\alpha\beta}^m h_\beta^m$ (car sur $U_\alpha \cap U_\beta$, $h_\alpha = K_{\alpha\beta} h_\beta$), on a donc :

$$\begin{aligned}\rho_m^\alpha &= a_m^\alpha K_{\alpha\beta}^m h_\beta^m \\ &= K_{\alpha\beta}^{-m} a_m^\beta K_{\alpha\beta}^m h_\beta^m \quad \text{(d'après (1))} \\ &= a_m^\beta h_\beta^m = \rho_m^\beta \quad \text{(d'après (2))},\end{aligned}$$

et donc les fonctions ρ_m^α se recollent en une fonction ρ_m appartenant à $\Gamma(X, \theta_X)$.

La collection des opérateurs différentiels $(\rho_{m-1}^\alpha (\frac{d}{h_\alpha dz_\alpha})^{m-1} + \ldots$ $\ldots + \rho_0^\alpha)_\alpha$ qui est égale à $P - \rho_m D^m$ est une section globale du faisceau $\mathcal{D}_{m-1}$; d'après l'hypothèse de récurrence, les collections $(\rho_i^\alpha)_\alpha$ se recollent en $\rho_i \in \Gamma(X, \theta_X)$ $(0 \le i \le m-1)$ et d'après le système (**) , les fonctions ρ_i sont uniques.

<u>Corollaire</u>. Si P est une matrice carrée d'ordre N à coefficients dans $\Gamma(X, \mathcal{D}_m)$, alors P s'écrit de manière unique : $P = A_m D^m + \ldots + A_1 D + A_0$, où A_i $(0 \le i \le m)$ est une matrice carrée d'ordre N à coefficients dans $\Gamma(X, \theta_X)$.

<u>Remarque</u>. Si P est une matrice carrée à coefficients dans $\Gamma(X, \mathcal{D}_m)$ et si U_α et U_β sont deux ouverts du recouvrement de X d'intersection non vide, P s'écrit :

$$P_\alpha = B_m^\alpha \frac{d^m}{dz_\alpha^m} + \ldots + B_0^\alpha \quad \text{sur } U_\alpha \text{, et}$$

$$P_\beta = B_m^\beta \frac{d^m}{dz_\beta^m} + \ldots + B_0^\beta \quad \text{sur } U_\beta \text{, avec la relation :}$$

$B_m^\beta = K_{\alpha\beta}^m \, B_m^\alpha$ sur $U_\alpha \cap U_\beta$ (d'après l'égalité (1) dans la démonstration précédente),

et donc, si on suppose que $\det B_m^\alpha \neq 0$ pour un certain α, on a :

$V_\rho(\det B_m^\alpha) = V_\rho(\det B_m^\beta)$, $\forall \rho \in U_\alpha \cap U_\beta$ (V_ρ étant la valuation en ρ) car

$K_{\alpha\beta} \in \Gamma(U_\alpha \cap U_\beta \, , \, \theta_X^*)$, et par conséquent la valuation de la collection $(\det \beta_m^\alpha)_\alpha$

est bien définie.

D'après le corollaire précédent, P s'écrit : $P = A_m \, D^m + \ldots + A_o$ et

d'après l'équation matricielle (**) de la démonstration du lemme 1,

$A_m = h_\alpha^m \, B_m^\alpha$ sur U_α avec $h_\alpha \in \Gamma(U_\alpha \, , \, \theta_X^*)$ et donc $V_\rho(\det A_m) = V_\rho(\det B_m^\alpha)$,

$\forall \rho \in U_\alpha$ et $\forall U_\alpha$ et finalement :

$$\sum_{\rho \in X} V_\rho(\det A_m) = \sum_{U_\alpha} \left(\sum_{\rho \in U_\alpha} V_\rho(\det B_m^\alpha) \right)$$

(dans le membre de droite, si $\rho \in U_\alpha \cap U_\beta$ et $\det B_m^\alpha(\rho) = 0$, ρ doit être

compté une seule fois, soit dans U_α, soit dans U_β).

Plus loin on verra que l'indice de $P : \Gamma(X \, , \, \theta_X)^N \longrightarrow \Gamma(X \, , \, \theta_X)^N$

est égal à $mN(\dim H^0(X \, , \, \mathbb{C}) - \dim H^1(X \, , \, \mathbb{C})) - \sum_{\rho \in X} V_\rho(\det A_m)$ et donc il est

égal à : $mN(\dim H^0(X \, , \, \mathbb{C}) - \dim H^1(X \, , \, \mathbb{C})) - \sum_{U_\alpha} \left(\sum_{\rho \in U_\alpha} V_\rho(\det B_m^\alpha) \right)$.

Soit K un compact de X borné par un nombre fini de courbes simples,

fermées, disjointes et analytiques et soit $\theta_{X,m}(K)$ l'espace de Banach des

fonctions C^m sur K et holomorphes sur $\overset{\circ}{K}$ (l'intérieur de K).

LEMME 2. Soit A une matrice carrée d'ordre N à coefficients dans $\theta_{X,m}(K)$

et telle que $\det A$ ne s'annule pas sur la frontière de K, alors l'opérateur

$A : \theta_{X,m}(K)^N \longrightarrow \theta_{X,m}(K)^N$

$f \longrightarrow Af$

a pour indice : $\chi(A) = - \sum_{\rho \in Z} V_\rho(\det A)$ avec $Z = \left\{ \rho \in K \, / \, \det A(\rho) = 0 \right\}$.

<u>Démonstration.</u> Soient V_1 et V_2 deux ouverts de K tels que : V_1 ouvert dans X, $Z \subset V_1$, $V_2 \cap Z = \emptyset$ et $K = V_1 \cup V_2$ et soit F_m le faisceau des fonctions C^m sur K et holomorphes sur $\overset{\circ}{K}$.

La suite $0 \longrightarrow H^0(K, F_m)^N \xrightarrow{\alpha} H^0(V_1, F_m)^N \oplus H^0(V_2, F_m)^N \xrightarrow{\beta} H^0(V_1 \cap V_2, F_m)^N \longrightarrow 0$

avec $\alpha(f) = f|_{V_1} \oplus f|_{V_2}$, $\beta(f_1 \oplus f_2) = f_1|_{V_1 \cap V_2} - f_2|_{V_1 \cap V_2}$, est exacte ; en effet, il est clair que $\mathrm{Im}\,\alpha = \mathrm{Ker}\,\beta$ et pour voir que β est surjective, il suffit de choisir deux ouverts $\mathcal{U}_1$ et $\mathcal{U}_2$ de X tels que : $\mathcal{U}_1 = V_1$ et $\mathcal{U}_2 \cap K = V_2$ et d'appliquer à $\mathcal{U} = \mathcal{U}_1 \cup \mathcal{U}_2$ et à $\theta_{\mathcal{U}}$ (la restriction à $\mathcal{U}$ du faisceau θ_X) le lemme de Mayer-Vietoris.

Soit le diagramme commutatif

$$\begin{array}{ccccccccc} 0 & \longrightarrow & H^0(K, F_m)^N & \longrightarrow & H^0(V_1, F_m)^N \oplus H^0(V_2, F_m)^N & \longrightarrow & H^0(V_1 \cap V_2, F_m)^N & \longrightarrow & 0 \\ & & \downarrow A & & \downarrow A & & \downarrow A & & \\ 0 & \longrightarrow & H^0(K, F_m)^N & \longrightarrow & H^0(V_1, F_m)^N \oplus H^0(V_2, F_m)^N & \longrightarrow & H^0(V_1 \cap V_2, F_m)^N & \longrightarrow & 0 \end{array}$$

Comme $V_1 \cap V_2 \cap Z = \emptyset$, $V_2 \cap Z = \emptyset$ et les trois applications verticales sont injectives, on a (d'après le lemme du serpent) :

$$-\operatorname{codim}(A, H^0(K, F_m)^N) = \chi(A, H^0(K, F_m)^N) = \chi(A, H^0(V_1, F_m)^N) = -\operatorname{codim}(A, H^0(V, F_m)^N)$$

avec $H^0(V_1, F_m)^N = H^0(V_1, \theta_X)^N$ (car V_1 est ouvert dans X).

Calculons maintenant $\chi(A, H^0(V_1, \theta_X)^N)$.

Soit θ_{V_1} la restriction du faisceau θ_X à l'ouvert V_1 et soient $\theta_{V_1}^A$ et im A le noyau et l'image respectivement de l'homomorphisme de faisceaux $\theta_{V_1}^N \xrightarrow{A} \theta_{V_1}^N$. Toutes les fibres de $\theta_{V_1}^A$ sont nulles (car l'homomorphisme A est injectif) et donc $\theta_{V_1}^N \simeq \mathrm{im}\,A$ et par suite $H^0(V_1, \theta_{V_1}^N) \xrightarrow{\pi} H^0(V_1, \mathrm{im}\,A)$

est un isomorphisme et $H^1(V_1, \theta^N_{V_1}) = H^1(V_1, \mathrm{im}\, A) = 0$.

De la suite exacte de faisceaux $0 \longrightarrow \mathrm{im}\, A \longrightarrow \theta^N_{V_1} \longrightarrow \mathrm{coker}\, A \longrightarrow 0$, on déduit la suite exacte $0 \longrightarrow H^0(V_1, \mathrm{im}\, A) \xrightarrow{i} H^0(V_1, \theta^N_{V_1}) \longrightarrow H^0(V_1, \mathrm{coker}\, A) \longrightarrow 0$; mais on a aussi $A = i \circ \pi$, d'où :

$$\mathrm{codim}(A, H^0(V_1, \theta^N_{V_1})) = \mathrm{codim}\, i = \dim H^0(V_1, \mathrm{coker}\, A) .$$

Si $\rho \notin Z$, la fibre au dessus de ρ du faisceau coker A est nulle ; d'où :

$$H^0(V_1, \mathrm{coker}\, A) \simeq \bigoplus_{\rho \in Z} \frac{\theta^N_\rho}{A\theta^N_\rho} ,$$

θ_ρ étant la fibre au dessus de ρ de θ_{V_1} .

D'après l'équation matricielle (4) dans la démonstration de la proposition 2, pour l'opérateur particulier $P = A$, on a (avec les notations utilisées dans cette démonstration) :

$$\dim \frac{\hat{\theta}^N_\rho}{A(x^k\, \hat{\theta}^N)} = \sum_{i=1}^{N} \ell_i^k = V_\rho(\det(A \cup x^k)) = Nk + V_\rho(\det A) ,$$

$\hat{\theta}_\rho$ désignant ici l'espace vectoriel sur C des séries formelles en ρ , et donc

$$\dim \frac{\hat{\theta}^N_\rho}{A\, \theta^N_\rho} = \dim \frac{\hat{\theta}^N}{A(x^k\, \hat{\theta}^N)} - Nk = V_\rho(\det A)$$

car l'opérateur $A : x^k\, \hat{\theta}^N_\rho \longrightarrow \hat{\theta}^N_\rho$ est injectif et l'application

$$\hat{\theta}^N_\rho \longrightarrow \hat{\theta}^N_\rho$$

$$f \longmapsto x^k f$$

est de codimension égale à Nk .

Dans le diagramme commutatif

$$\begin{array}{ccccccccc}
0 & \longrightarrow & \theta^N_\rho & \longrightarrow & \hat{\theta}^N_\rho & \longrightarrow & \dfrac{\hat{\theta}^N_\rho}{\theta^N_\rho} & \longrightarrow & 0 \\
 & & \Big\downarrow A & & \Big\downarrow A & & \Big\downarrow A & & \\
0 & \longrightarrow & \theta^N_\rho & \longrightarrow & \hat{\theta}^N_\rho & \longrightarrow & \dfrac{\hat{\theta}^N_\rho}{\theta^N_\rho} & \longrightarrow & 0
\end{array}$$

la troisième flèche verticale est bijective car $\operatorname{coker}(P, \frac{\hat{\theta}^N_\rho}{\theta^N_\rho}) = \operatorname{coker}(A, \frac{\hat{\theta}^N_\rho}{\theta^N_\rho}) = 0$ et $\operatorname{Ker}(P, \frac{\hat{\theta}^N_\rho}{\theta^N_\rho}) = \operatorname{Ker}(A, \frac{\hat{\theta}^N_\rho}{\theta^N_\rho}) = 0$ et cela implique que :

$$\dim \frac{\hat{\theta}^N_\rho}{A\hat{\theta}^N_\rho} = \dim \frac{\theta^N_\rho}{A\theta^N_\rho} = V_\rho(\det A) ,$$

d'où :

$$\chi(A) = - \operatorname{codim}(A, H^0(V_1, \theta_{V_1})^N) = - \sum_{\rho\in Z} \dim \frac{\theta^N_\rho}{A\theta^N_\rho} = - \sum_{\rho\in Z} V_\rho(\det A) .$$

LEMME 3. <u>L'opérateur</u> $D = \frac{d}{\omega} : \theta_{X,m}(K) \longrightarrow \theta_{X,m-1}(K)$ $(m \geq 1)$ <u>est fermé et son indice est</u> $\chi(D) = \dim H^0(K, \mathbb{C}) - \dim H^1(K, \mathbb{C})$.

<u>Démonstration.</u> Par définition, D est fermé si son graphe est fermé dans $\theta_{X,m}(K) \times \theta_{X,m-1}(K)$ ou bien si :

($f_n \longrightarrow f$ et $Df_n \longrightarrow g$ avec, $\forall n$, f_n appartenant au domaine de D) implique que f appartient au domaine de D et $Df = g$.

En utilisant la topologie de la convergence uniforme sur K , il est clair que D est un opérateur fermé.

Soit F_m (resp. θ) le faisceau des fonctions holomorphes dans $\mathring{K}$ et C^m (resp. analytiques) sur ∂K .

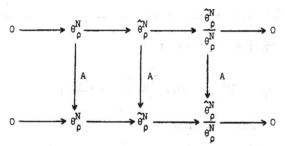

On a :

Ker$(D : \frac{F_m}{\theta} \longrightarrow \frac{F_{m-1}}{\theta}) = 0$ et coker$(D : F_m \longrightarrow F_{m-1}) = 0$ et par suite coker$(D : \frac{F_m}{\theta} \longrightarrow \frac{F_{m-1}}{\theta}) = 0$, et donc :

$$\frac{F_m}{\theta} \overset{D}{\simeq} \frac{F_{m-1}}{\theta} \quad \text{et} \quad H^0(K, \frac{F_m}{\theta}) \overset{D}{\simeq} H^0(K, \frac{F_{m-1}}{\theta}) .$$

Puisque $H^1(K, \theta) = 0$, la suite :

$$0 \longrightarrow H^0(K, \theta) \longrightarrow H^0(K, F_i) \longrightarrow H^0(K, \frac{F_i}{\theta}) \longrightarrow 0$$

est exacte $(i = m, m-1)$, et le diagramme commutatif :

$$\begin{array}{ccccccccc} 0 & \longrightarrow & H^0(K, \theta) & \longrightarrow & H^0(K, F_m) & \longrightarrow & H^0(K, \frac{F_m}{\theta}) & \longrightarrow & 0 \\ & & \downarrow D & & \downarrow D & & \downarrow D & & \\ 0 & \longrightarrow & H^0(K, \theta) & \longrightarrow & H^0(K, F_{m-1}) & \longrightarrow & H^0(K, \frac{F_{m-1}}{\theta}) & \longrightarrow & 0 \end{array}$$

implique que $\chi(D, H^0(K, F_m)) = \chi(D, H^0(K, \theta))$.

Enfin de la suite exacte de faisceaux :

$$0 \longrightarrow C \longrightarrow \theta \overset{D}{\longrightarrow} \theta \longrightarrow 0 ,$$

on déduit que :

$$\chi(D) = \chi(D, \theta_{X,m}(K)) = \chi(D, H^0(K, \theta)) = \dim H^0(K, C) - \dim H^1(K, C) .$$

On pose $\theta_{X,0}(K) = \theta_X(K) =$ l'espace de Banach des fonctions continues dans K et holomorphes dans $\mathring{K}$ et on fixe une orientation de la surface X .

THEOREME 1. <u>Soient</u> A_i $(0 \leq i \leq m)$ <u>des matrices</u> $N \times N$ <u>à coefficients dans</u> $\theta_X(K)$. <u>On suppose que</u> $\det A_m$ <u>ne s'annule pas sur la frontière de</u> K , <u>alors l'opérateur</u>

$$P = A_m D^m + \dots + A_1 D + A_0 : \theta_{X,m}(K)^N \longrightarrow \theta_X(K)$$

<u>est fermé et son indice est</u> $\chi(P) = mN\,\chi(D) - \sum_{\rho \in Z} V_\rho(\det A_m)$

<u>où</u> $\chi(D) = \dim H^0(K, C) - \dim H^1(K, C)$ <u>et</u> $Z = \{\rho \in K \,/\, \det A_m(\rho) = 0\}$.

<u>Démonstration.</u> On utilisera le théorème 2.7 et le corollaire V.38 de [4] (voir les énoncés dans l'appendice).

1) A_m est fermé, $\operatorname{codim} A_m = - \sum_{\rho \in Z} V_p(\det A) < +\infty \Longrightarrow \operatorname{im} A_m$ est fermé donc A_m est normalement solvable.

D est fermé (Lemme 3), $\operatorname{codim} D = \dim H^1(K, C) < +\infty \Longrightarrow \operatorname{im} D$ est fermé, donc D est normalement solvable.

Du théorème 2.7, ii), on déduit que $A_m D^m$ est normalement solvable.

2) Du théorème 2.7, iii) et de ce qui précède, on déduit que $\chi(A_m D^m) < +\infty$ et
$$\begin{aligned}\chi(A_m D^m) &= \chi(A_m) + \chi(D^m)\\ &= \chi(A_m) + mN\chi(D)\\ &= mN\chi(D) - \sum_{\rho\in Z} V_\rho(\det A_m) \quad \text{(Lemme 2)}\end{aligned}$$

où $\chi(D^m)$ est l'indice de l'opérateur $D^m : \theta_{X,m}(K)^N \longrightarrow \theta_X(K)^N$ et $\chi(D)$ est l'indice de $D : \theta_{X,1}(K) \longrightarrow \theta_{X,s-1}(K)$ et il est égal à $\dim H^0(K, C) - \dim H^1(K, C)$ (Lemme 3).

On suppose que $P' = A_m D^m + \dots + A_1 D + A_0$ est $A_m D^m$-compact (on le montrera un peu plus loin).

3) $A_m D^m$ est fermé (d'après 1)), donc, d'après cor.V.38, ii), P est fermé, ce qui prouve la première assertion du théorème.

4) $A_m D^m$ est normalement solvable (d'après 1)) et $\dim \operatorname{Ker}(A_m D^m) < +\infty$, donc $\chi(P) = \chi(A_m D^m)$ et P est normalement solvable (cor.V.38, iii)).

Il reste à montrer la $A_m D^m$-compacité de l'opérateur P' .

Soit $(u_n)_n$ une suite dans $\theta_{X,m}(K)^N$ telle que $\|u_n\|_{A_m D^m} \leq 1$, i.e. $\|u_n\| \leq 1$ et $\|A_m D^m u_n\| \leq 1$.

Sur $\partial K = K - \overset{\circ}{K}$, det A_m ne s'annule pas et donc :

$$D^m u_n(\rho) = A_m^{-1}(\rho)\, A_m(\rho)\, D^m u_n(\rho)$$

et $\sup\limits_{\partial K} |D^m u_n| \leq \sup\limits_{\partial K} |A_m^{-1}| . \sup\limits_{\partial K} |A_m D^m u_n|$

mais comme A_m^{-1} est bornée sur ∂K , disons $\sup\limits_{\partial K} |A_m^{-1}| \leq M$, on a d'après le principe du maximum : $\|D^m u_n\| \leq M$.

Si on prend la métrique $ds^2 = |h_\alpha|^2 dz_\alpha d\overline{z}_\alpha$ où h_α est la fonction définissant ω sur l'ouvert U_α et Z_α est la coordonnée locale, on peut définir une distance sur K en posant pour tout couple de points (ρ_1 , ρ_2) dans $K \times K$:

$d(\rho_1 , \rho_2) = \inf\limits_{\gamma} \int_\gamma |\omega|$, où les γ sont des courbes C^∞ d'origine ρ_1 et d'extrémité ρ_2 et contenues dans K .

La suite de fonctions $(D^{m-1} u_n)_n$ est équicontinue en tout point de l'espace métrique K (muni de la distance d), en effet :

soit $\rho_1 \in K$, $\forall\, \rho_2 \in K$, $D^{m-1} u_n(\rho_2) - D^{m-1} u_n(\rho_1) = \int_\gamma D^m u_n . \omega$ pour toute courbe C^∞ d'origine ρ_1 et d'extrémité ρ_2 et donc :

$$|D^{m-1} u_n(\rho_2) - D^{m-1} u_n(\rho_1)| \leq M \inf_\gamma \int_\gamma |\omega| = M\, d(\rho_1 , \rho_2) .$$

D'après le théorème d'Ascoli-Arzela, on peut donc extraire de la suite $(D^{m-1} u_n)_n$ une suite $(D^{m-1} u_{n_1})_{n_1}$ qui converge uniformément sur K vers une fonction, disons v_1 .

La fonction v_1 est bornée sur K , donc la suite $(D^{m-1} u_{n_1})_{n_1}$ est uniformément bornée sur K , disons $\|D^{m-1} u_{n_1}\| \leq A$.

En reprenant $(m-1)$ fois le raisonnement précédent, on obtient une suite $(u_{n'})_{n'}$ extraite de la suite $(u_n)_n$ et telle que la suite $(P' u_{n'})_{n'}$ converge uniformément sur K, ce qui termine la démonstration.

Soit $\theta(X)$ l'espace de Frechet des fonctions holomorphes sur X et soit K un sous-ensemble compact de X.

On va généraliser le théorème de Runge à une surface de Riemann non-compacte.

Rappelons d'abord la définition et le théorème suivants :

DEFINITION. K est $\theta(X)$-convexe si, et seulement si pour tout $x \in X-K$, il existe $f \in \theta(X)$ telle que $|f(x)| > \sup_K |f|$.

THEOREME. Si K est $\theta(X)$-convexe et si f est une fonction holomorphe au voisinage de K, alors pour tout $\varepsilon > 0$, il existe $g \in \theta(X)$ telle que $\sup_K |f-g| < \varepsilon$. (Cf. [5], théorème 6, page 213.)

Ce dernier résultat sera utilisé dans la démonstration du théorème 2.

LEMME 4 (de Runge). Les deux conditions suivantes sont équivalentes :

i) $X-K$ n'a pas de composante connexe relativement compacte dans X ;

ii) K est $\theta(X)$-convexe.

Démonstration. La démonstration sera basée sur le théorème suivant :

X est une variété de Stein si, et seulement si il existe $\varphi : X \longrightarrow \mathbb{R}$, C^∞, strictement plurisousharmonique (s.p.h.) telle que, pour tout $c \in \mathbb{R}$, $X_c = \{\varphi < c\} \Subset X$; et alors les ensembles $\overline{X}_c$ sont $\theta(X)$-convexes (Cf. [6], théorème 5.2.10, page 116).

Soit $x \in X-K$, si on montre qu'il existe $\eta : X \longrightarrow \mathbb{R}$, C^∞, s.p.h. et telle que : pour tout $c \in \mathbb{R}$, $X_c = \{\varphi < c\} \Subset X$ et $\eta(x) > \sup_K \eta$, alors la preuve de l'implication : i) $\Longrightarrow$ ii) est immédiate ; en effet, si η existe, soit

$y_o \in K$ tel que $\eta(y_o) = \sup_K \eta$ et soit $\alpha \in \mathbb{R}$ tel que $\eta(x) > \alpha > \eta(y_o)$; $\bar{X}_\alpha = \{\eta \leq \alpha\}$ est $\theta(X)$-convexe, ce qui implique l'existence de $f \in \theta(X)$ telle que $|f(x)| > \sup_{\bar{X}_\alpha} |f| > \sup_K |f|$ (car $K \subset \bar{X}_\alpha$) et donc K est $\theta(X)$-convexe.

Montrons l'existence de la fonction η : on recouvre K par un nombre fini de disques paramétriques D_α tels que $x \notin \bigcup_\alpha D_\alpha$ et soit la fonction :

$$f_\alpha = \begin{cases} -\exp\left(\dfrac{1}{x^2+y^2-1}\right) & \text{si } x^2+y^2-1 < 0 \\ 0 & \text{si } x^2+y^2-1 \geq 0 \end{cases}$$

x et y étant les variables locales réelles sur D_α ;

$$df_\alpha(x, y) = \frac{2x \exp\left(\dfrac{1}{x^2+y^2-1}\right)}{(x^2+y^2-1)^2} dx + \frac{2y \exp\left(\dfrac{1}{x^2+y^2-1}\right)}{(x^2+y^2-1)^2} dy$$

$$(\Delta f_\alpha)(x, y) = \left(\frac{\partial^2 f_\alpha}{\partial x^2} + \frac{\partial^2 f_\alpha}{\partial y^2}\right) = \frac{4(1-(x^2+y^2)-(x^2+y^2)^2)}{(x^2+y^2-1)^4} \exp\left(\frac{1}{x^2+y^2-1}\right)$$

donc Δf_α est majorée et minorée.

Soient $C \in \mathbb{R}^+$ et $\psi_\alpha = \exp(Cf_\alpha) - 1$, alors :

$\psi_\alpha = 0$ si $x^2+y^2-1 \geq 0$

$\psi_\alpha < 0$ si $x^2+y^2-1 < 0$

et $\Delta\psi_\alpha = C \exp(Cf_\alpha) \{\Delta f_\alpha + C|df_\alpha|^2\}$;

mais comme $(\Delta f_\alpha)(0, 0) = 4e^{-1} > 0$ et $(df_\alpha)(x, y) = 0 \Longleftrightarrow (x, y) = (0, 0)$, on a : $\Delta\psi_\alpha > 0$ pour C assez grand.

Toutes les dérivées partielles de ψ_α tendent vers 0 quand x^2+y^2-1 tend vers 0 , donc la fonction $\psi = \sum_\alpha \psi_\alpha$ est C^∞ et son support est compact et ne contient pas x .

Soit φ une fonction vérifiant les conditions du théorème énoncé au début de cette démonstration, alors $\Delta(\varphi + a\psi) > 0$, $\forall\, a \in \mathbb{R}^+$ (c'est-à-dire que $\varphi + a\psi$ est s.p.h.) et $\forall\, c \in \mathbb{R}$, on a :

$$X_c = \{\varphi + a\psi < c\} \subset \{\varphi < c+1\} \cup \{a\psi < -1\} \text{ et donc } X_c \Subset X .$$

Maintenant il suffit de choisir a tel que $\varphi(x) + a\psi(x) = \varphi(x) > \sup_K(\varphi + a\psi)$, c'est-à-dire $\forall\, y$, $a\psi(y) < \varphi(x) - \varphi(y)$

$$a \sup_K \psi < \varphi(x) - \sup_K \varphi$$

et donc $a > \dfrac{\varphi(x) - \sup_K \varphi}{\sup_K \psi}$ (car $\psi < 0$ sur K).

ii) $\Longrightarrow$ i) : trivial.

THEOREME 2. <u>Soient</u> A_i $(0 \le i \le m)$ <u>des matrices carrées</u> $N \times N$ <u>à coefficients dans</u> $\theta(X)$ <u>et on suppose que</u> $\det A_m$ <u>n'est pas identiquement nul, alors l'opérateur</u> $P = A_m D^m + \ldots + A_1 D + A_0 : \theta(X)^N \longrightarrow \theta(X)^N$ <u>est un homomorphisme</u> (<u>d'espaces de Fréchet</u>) <u>et son indice est</u>

$$\chi(P) = mN\,\chi(X) - \sum_{\rho \in Z} V_\rho(\det A_m)$$

<u>avec</u> $\chi(X) = \dim H^0(X, \mathbb{C}) - \dim H^1(X, \mathbb{C})$

<u>et</u> $Z = \{\rho \in X \,/\, \det A_m(\rho) = 0\}$.

<u>Démonstration</u>. On utilisera le résultat suivant :

LEMME (de Mittag-Leffler). Soit

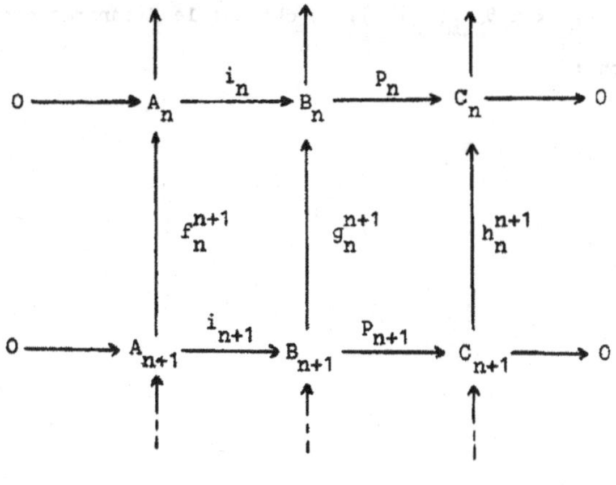

un diagramme commutatif de groupes abéliens et d'homomorphismes et dont les lignes sont exactes et soit $0 \longrightarrow \varprojlim A_n \xrightarrow{i} \varprojlim B_n \xrightarrow{p} \varprojlim C_n \longrightarrow 0$ (1) sa limite projective.

(a) On suppose que, pour tout n, A_n est un groupe abélien métrisable complet, $f_n^{n+1} : A_{n+1} \longrightarrow A_n$ est continue et l'image $f_n^{n+2}(A_{n+2}) = f_n^{n+1} \circ f_{n+1}^{n+2}(A_{n+2})$ est dense dans l'image $f_n^{n+1}(A_{n+1})$ dans A_n. Alors la suite (1) est exacte.

(b) Supposons, en plus des hypothèses de (a), que A_n, B_n et C_n sont des espaces de Fréchet avec f_n^{n+1}, g_n^{n+1} et h_n^{n+1} linéaires et continues et que i_n et p_n sont des homomorphismes. Alors $\varprojlim A_n$, $\varprojlim B_n$ et $\varprojlim C_n$ sont des espaces de Fréchet et i et p sont des homomorphismes.

(On peut trouver l'énoncé de ce lemme dans les articles de Komatsu [7] et [8].)

Soit $(W_n)_n$ une suite de compacts de X telle que :

1) W_n est connexe, borné par un nombre fini de courbes analytiques simples, fermées et disjointes.

2) $\forall n$, $W_n \subset \mathring{W}_{n+1}$ et $X = \bigcup_n W_n$.

3) $\forall n$, $X - W_n$ n'a pas de composante connexe relativement compacte dans X et $\partial W_n \cap Z = \emptyset$.

Une telle suite existe ([1], page 144). L'opérateur P induit un opérateur $P_n : \theta_{X,m}(W_n)^N \longrightarrow \theta_X(W_n)^N$ avec $\theta_X(W_n) = \theta_{X,o}(W_n)$ = l'espace de Banach des fonctions continues sur W_n et holomorphes sur $\mathring{W}_n$.

Si on munit $\theta_{X,m}(W_n)^N$ de la topologie du graphe (définie par la norme $\|x\|_G = \|x\| + \|P_n x\|$, $x \in \theta_{X,m}(W_n)^N$), on obtient le diagramme commutatif suivant d'espaces de Banach :

$$\begin{array}{ccccccccc}
 & & \uparrow & & \uparrow & & \uparrow & & \\
0 & \longrightarrow & \mathrm{Ker}\, P_n & \xrightarrow{I_n} & \theta_{X,m}(W_n)^N & \xrightarrow{P_n} & \mathrm{im}\, P_n & \longrightarrow & 0 \\
 & & \uparrow f_n^{n+1} & & \uparrow g_n^{n+1} & & \uparrow h_n^{n+1} & & \\
0 & \longrightarrow & \mathrm{Ker}\, P_{n+1} & \xrightarrow{I_{n+1}} & \theta_{X,m}(W_{n+1})^N & \xrightarrow{P_{n+1}} & \mathrm{im}\, P_{n+1} & \longrightarrow & 0 \\
 & & \uparrow & & \uparrow & & \uparrow & & \\
 & & \vdots & & \vdots & & \vdots & &
\end{array}$$

où I_n et P_n sont des homomorphismes, f_n^{n+1} , g_n^{n+1} et h_n^{n+1} sont les restrictions naturelles.

f_n^{n+1} est injective (d'après l'unicité du prolongement analytique) et donc la suite $(\dim \mathrm{Ker}\, P_n)_n$ est décroissante, mais comme $0 \leq \dim \mathrm{Ker}\, P_n \leq mN$, $\forall n$, elle est stationnaire et f_n^{n+1} est une bijection pour n assez grand et on a la suite exacte $0 \longrightarrow \varprojlim \mathrm{Ker}\, P_n \longrightarrow \varprojlim \theta_{X,m}(W_n)^N \longrightarrow \varprojlim \mathrm{im}\, P_n \longrightarrow 0$ avec $\varprojlim \theta_{X,m}(W_n)^N \simeq \theta(X)^N$, $\varprojlim \mathrm{Ker}\, P_n \simeq \mathrm{Ker}\, P$ et donc $\varprojlim \mathrm{im}\, P_n \simeq \mathrm{im}\, P$.

Pour n assez grand, $\dim \mathrm{Ker}\, P = \dim \mathrm{Ker}\, P_n \leq mN$ et donc P est un opérateur à indice et il est aussi continu sur $\theta(X)^N$.

Pour pouvoir appliquer le lemme de Mittag-Leffler au deuxième diagramme :

$$\begin{array}{ccccccccc}
 & & \uparrow & & \uparrow & & \uparrow & & \\
0 & \longrightarrow & \mathrm{im}\, P_n & \xrightarrow{i_n} & \theta_X(W_n)^N & \xrightarrow{\rho_n} & \dfrac{\theta_X(W_n)^N}{\mathrm{im}\, P_n} & \longrightarrow & 0 \\
 & & \uparrow h_n^{n+1} & & \uparrow \ell_n^{n+1} & & \uparrow k_n^{n+1} & & \\
0 & \longrightarrow & \mathrm{im}\, P_{n+1} & \xrightarrow{i_{n+1}} & \theta_X(W_{n+1})^N & \xrightarrow{\rho_{n+1}} & \dfrac{\theta_X(W_n)^N}{\mathrm{im}\, P_{n+1}} & \longrightarrow & 0 \\
 & & \uparrow & & \uparrow & & \uparrow & & \\
 & & \vdots & & \vdots & & \vdots & &
\end{array}$$

il suffit de montrer que $h_n^{n+2}(\mathrm{im}\, P_{n+2})$ est dense dans l'image $h_n^{n+1}(\mathrm{im}\, P_{n+1})$

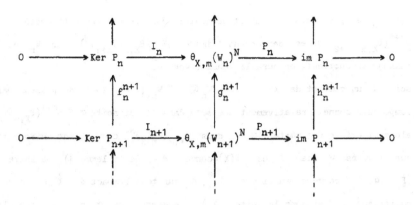

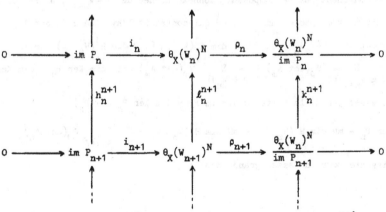

sur W_n et pour cela, il suffit de montrer dans le diagramme précédent que $g_n^{n+2}(\theta_{X,m}(W_{n+2})^N)$ est dense dans l'image $g_n^{n+1}(\theta_{X,m}(W_{n+1})^N)$ sur W_n et par passage au quotient, on aura la densité voulue.

Soit K un compact de X tel que $W_n \Subset K \Subset W_{n+1}$ et $X - K$ ne possède pas de composante connexe relativement compacte dans X et soit $\alpha \in g_n^{n+1}(\theta_{X,m}(W_{n+1})^N)$, alors il existe une suite $(\alpha_k)_k$ dans $\theta_{X,m}(W_{n+3})^N$ convergeant uniformément sur K vers α (car K est $\theta(X)$-convexe d'après le lemme 4). La suite $(P_{n+1}(\alpha_k))_k$ converge aussi vers $P_{n+1}\,\alpha$ sur tout compact de $\mathring{K}$ et en particulier sur W_n et donc la suite $(\alpha_k)_k$ converge vers α sur W_n pour la topologie du graphe, d'où la densité recherchée et on obtient la suite exacte :

$$(2) \qquad 0 \longrightarrow \operatorname{im} P \xrightarrow{\ i\ } \theta(X)^N \xrightarrow{\ \rho\ } \varprojlim \frac{\theta_X(W_n)^N}{\operatorname{im} P_n} \longrightarrow 0$$

où i et ρ sont des homomorphismes.

Comme $i(\operatorname{im} P) = \rho^{-1}(\{0\})$ est fermé car $P : \theta(X)^N \longrightarrow \theta(X)^N$ est continu, P est un homomorphisme d'espaces de Fréchet.

Calculons maintenant l'indice de P.

Toute composante connexe bornée de $X - W_n$ contient au moins une composante connexe bornée de $X - W_{n+1}$ (sinon soit C une composante connexe bornée de $X - W_n$ ne contenant pas de composante connexe bornée de $X - W_{n+1}$, alors C est relativement compacte dans X, ce qui contredit l'hypothèse 2) sur la suite de compacts $(W_n)_n$) et donc $\dim H^1(W_{n+1}, C) \geq \dim H^1(W_n, C)$, mais comme $\sum_{\rho \in W_{n+1} \cap Z} V_\rho(\det A_m) \geq \sum_{\rho \in W_n \cap Z} V_\rho(\det A_m)$ et $\dim \operatorname{Ker} P_n = \dim \operatorname{Ker} P_{n+1}$ pour n assez grand, la suite $\operatorname{codim} \operatorname{im} P_n = \dim \operatorname{Ker} P_n - \chi(P_n)$

$= \dim \operatorname{Ker} P_n - mN \dim H^0(W_n, C) + mN \dim H^1(W_n, C) + \sum_{\rho \in W_n \cap Z} V_\rho(\det A_n)$

est croissante pour n assez grand, d'où :

$$\varprojlim C^{\operatorname{codim} \operatorname{im} P_n} \simeq C^{\lim_n \operatorname{codim} \operatorname{im} P_n}$$

mais on a aussi :

$$\frac{\theta_X(W_n)^N}{\operatorname{im} P_n} \simeq C^{\operatorname{codim} \operatorname{im} P_n}$$

et donc, d'après la suite exacte (2),

$$\varprojlim \frac{\theta_X(W_n)^N}{\operatorname{im} P_n} \simeq \frac{\theta(X)^N}{\operatorname{im} P} \simeq C^{\lim_n \operatorname{codim} \operatorname{im} P_n}$$

et finalement :

$$\begin{aligned}
\chi(P) &= \lim_n \chi(P_n) \\
&= \lim_n (mN(1-\dim H^1(W_n, C)) - \sum_{\rho \in Z \cap W_n} V_\rho(\det A_m)) \\
&= mN \lim_n (1-\dim H^1(W_n, C)) - \sum_{\rho \in Z} V_\rho(\det A_m) .
\end{aligned}$$

Il ne nous reste plus qu'à montrer l'égalité $\dim H^1(X, C) = \lim_n \dim H^1(W_n, C)$ pour terminer la démonstration du théorème.

Soit l'opérateur particulier $P = \frac{d}{\omega}$, on a $\chi(P) = \lim_n \chi(P_n)$ avec $P_n = \frac{d}{\omega} : \theta_{X,1}(W_n) \longrightarrow \theta_X(W_n)$ et $\chi(P_n) = 1 - \dim H^1(W_n, C)$ (d'après le lemme 3) et donc $\chi(P) = \lim_n (1 - \dim H^1(W_n, C))$.

De la suite exacte de faisceaux :

$$0 \longrightarrow C \longrightarrow \theta_X \xrightarrow{d/\omega} \theta_X \longrightarrow 0 ,$$

on déduit la suite exacte :

$$0 \longrightarrow H^0(X, C) \longrightarrow H^0(X, \theta_X) \xrightarrow{d/\omega} H^0(X, \theta_X) \longrightarrow H^1(X, C) \longrightarrow 0$$

d'où les isomorphismes : $\operatorname{Ker}(\frac{d}{\omega}) \simeq H^0(X, C) \simeq C$ et $\frac{\theta(X)}{\operatorname{im}(\frac{d}{\omega})} \simeq H^1(X, C)$

et donc $\lim_n \dim H^1(W_n, C) = \dim H^1(X, C)$.

COROLLAIRE (de Perron-Lettenmeyer) : Si X est simplement connexe, alors

$$\dim \operatorname{Ker} P \geq mN - \sum_{\rho \in Z} V_\rho(\det A_m) \, .$$

Maintenant on suppose que les zéros de $\det A_m$ sont sur une courbe analytique connexe Γ et soient $\mathcal{G}, \mathcal{E}, \mathcal{G}^P$ et $\mathcal{E}^P$ les faisceaux des germes de fonctions analytiques sur Γ, C^∞ sur Γ, les faisceaux des solutions des opérateurs : $P : \mathcal{G}^N \longrightarrow \mathcal{G}^N$ et $P : \mathcal{E}^N \longrightarrow \mathcal{E}^N$ respectivement.

Si on pose $i(P) = \sum_{z \in Z} i(P_{|z})$ avec $Z = \{z \in X \,/\, \det A_m(z) = 0\}$,

$i(P_{|z}) = \chi(P, \hat{\theta}_z^N) - \chi(P, \theta_z^N)$, $\hat{\theta}_z = \{$séries formelles en $z\}$

et $\theta_z = \{$germes de fonctions holomorphes au voisinage de $z\}$,

on a le résultat suivant :

PROPOSITION 5. $i(P) = 0 \Longrightarrow H^0(\Gamma, \mathcal{E}^P) = H^0(\Gamma, \mathcal{G}^P)$.

Démonstration : Soient $\mathcal{E}_{o,z}$ l'ensemble des germes de fonctions C^∞ au voisinage de z et plates en z et $\mathcal{E}_z$ la fibre de $\mathcal{E}$ au dessus de z, on a le diagramme commutatif suivant :

$$\begin{array}{ccccccccc}
0 & \longrightarrow & \mathcal{E}_{o,z}^N & \longrightarrow & \mathcal{E}_z^N & \xrightarrow{\pi} & \hat{\theta}_z^N & \longrightarrow & 0 \\
 & & \downarrow P & & \downarrow P & & \downarrow P & & \\
0 & \longrightarrow & \mathcal{E}_{o,z}^N & \longrightarrow & \mathcal{E}_z^N & \xrightarrow{\pi} & \hat{\theta}_z^N & \longrightarrow & 0
\end{array}$$

où π est l'application : $f \longrightarrow \hat{f}$ = développement de Taylor de f en z

si $z \in Z$, $i(P_{|z}) = 0$,

donc le système différentiel $\dfrac{d}{dz_\alpha} - \begin{bmatrix} 0 & I & & & \bigcirc \\ \vdots & 0 & \ddots & & \\ \vdots & \vdots & \ddots & \ddots & \\ \vdots & \vdots & & \ddots & I \\ -B_o & -B_1 & \cdots & \cdots & -B_{m-1} \end{bmatrix}$

(où z_α est une coordonnée locale telle que $z_\alpha(z) = 0$ et $B_i = A_m^{-1} A_i$ $(0 \leq i \leq m-1)$

et I est la matrice identité d'ordre N) est singulier régulier en z (d'après la définition de $i(P_{|z})$) et donc $P : E^N_{o,z} \longrightarrow E^N_{o,z}$ est un isomorphisme ([9], proposition 6.3), d'où l'isomorphisme $E^P_z \simeq \hat{\theta}^P_z$, $\hat{\theta}^P_z$ désignant le noyau de $P : \hat{\theta}^N_z \longrightarrow \hat{\theta}^N_z$, mais comme $G^P_z \simeq \theta^P_z$, θ^P_z désignant le noyau de $P : \theta^N_z \longrightarrow \theta^N_z$ et $\theta^P_z \simeq \hat{\theta}^P_z$ (proposition 2), on a : $E^P_z = G^P_z$, mais ceci est encore vrai pour $z \in \Gamma - Z$, d'où la proposition.

REMARQUE : Si $\det A_m \equiv 0$, l'opérateur $P = A_m D^m + \ldots + A_1 D + A_0$ peut être à indice comme il peut être sans indice.

Exemple 1 : Prenons $X = \{z \in C \;/\; |z| < 1\}$, $D = \frac{d}{dz}$, $m = 1$, $A_1 = \begin{pmatrix} 0 & 0 \\ 0 & x \end{pmatrix}$ et $A_o = \begin{pmatrix} 1 & -1 \\ x^2 & 0 \end{pmatrix}$.

Du diagramme commutatif :

$$\begin{array}{ccc} \theta(X) & \xrightarrow{\;p\;} & \theta(X) \\ \downarrow u & & \downarrow v \\ \theta(X)^2 & \xrightarrow{\;P\;} & \theta(X)^2 \end{array}$$

avec $p = x \frac{d}{dx} + x^2$, $u(f) = \binom{f}{f}$ et $v(g) = \binom{o}{g}$, on déduit les isomorphismes :

$$\mathrm{Ker}(p\,,\,\theta(X)) \simeq \mathrm{Ker}(P\,,\,\theta(X)^2)$$

$$\mathrm{coker}(p\,,\,\theta(X)) \simeq \mathrm{coker}(P\,,\,\theta(X)^2)$$

et donc :

$$\chi(P\,,\,\theta(X)^2) = \chi(p\,,\,\theta(X)) = 0 \;.$$

Exemple 2 : Prenons $X = \{z \in C \;/\; |z| < 1\}$, $D = \frac{d}{dz}$, $m = 1$

$$A_1 = \begin{pmatrix} 1 & 0 \\ 0 & 0 \end{pmatrix} \text{ et } A_0 = \begin{pmatrix} x^2 & 0 \\ 0 & 0 \end{pmatrix} .$$

$\forall f_1, f_2 \in \theta(X)$, on a :

$P\binom{f_1}{f_2} = 0 \Longleftrightarrow (\frac{d}{dx} + x^2)f_1 = 0$ donc $\mathrm{Ker}\, P = \{{}^t(Ae^{-x^3/3}, f_2) ; A \in \mathbb{C}, f_2 \in \theta(X)\}$

est de dimension infinie.

Il est aussi facile de voir que $\dim_{\mathbb{C}} \mathrm{coker}(P, \theta(X)^2) = +\infty$.

On va appliquer le théorème 2 pour calculer l'indice d'une connection linéaire : soient X une surface de Riemann compacte, connexe et de genre g, Z un ensemble fini et non vide $\{z_1, \dots, z_\ell\}$ de points de X, et E un fibré vectoriel holomorphe sur X, de rang n.

Désignons par θ_X (resp. Ω_X^1) le faisceau des fonctions (resp. des 1-formes) holomorphes sur X et par θ_E (resp. M_Z) le faisceau des sections holomorphes de E (resp. des sections méromorphes de E, avec pôles dans Z).

Soit ∇ une connexion linéaire sur E, avec pôles dans Z, c'est-à-dire une application

$$\nabla : M_Z \longrightarrow M_Z \otimes_{\theta_X} \Omega_X^1$$

telle que

$$\forall f \in \theta_X , \forall v \in M_Z : \nabla(fv) = df \otimes v + f \nabla v ,$$

et soient M_Z^∇ le faisceau des sections horizontales de ∇ (c'est-à-dire le faisceau des sections qui annulent ∇), $\rho_1(z_i)$ $(1 \le i \le \ell)$ le premier invariant de Gérard-Levelt de ∇ en $z_i \in Z$, et enfin

$$\chi(M_Z^\nabla) = \dim H^0(X, M_Z^\nabla) - \dim H^1(X, M_Z^\nabla) + \dim H^2(X, M_Z^\nabla)$$

la caractéristique d'Euler-Poincaré du faisceau M_Z^∇.

Au voisinage de $z_i \in Z$ $(1 \le i \le \ell)$, la connexion ∇ définit une équation différentielle : $D_{z_i} : F \longrightarrow \frac{dF}{dt} + MF$, où M est une matrice carrée d'ordre n méromorphe en z_i et si $i(D_{z_i})$ désigne l'invariant de Malgrange de D_{z_i}, on a : $\rho_1(z_i) = i(D_{z_i})$ $(1 \le i \le \ell)$ (voir Malgrange, [9], pour la définition de $i(D_{z_i})$ et Gérard-Levelt, [3], pour la définition de $\rho_1(z_i)$ et l'égalité entre $\rho_1(z_i)$ et $i(D_{z_i})$).

En prenant les sections, on trouve une application

$$\nabla : \Gamma(X, M_Z) \longrightarrow \Gamma(X, M_Z \otimes_{\theta_X} \Omega^1_X)$$

dont on se propose de calculer l'indice, qu'on notera $\chi(\nabla, \Gamma(X, M_Z))$.

PROPOSITION 6.

1) $\chi(\nabla, \Gamma(X, M_Z)) = n(1-2g-\ell) - \sum_{i=1}^{\ell} \rho_1(z_i)$;

2) $\dim_{\mathbb{C}} H^j(X, M_Z^{\nabla}) < +\infty \quad (j = 0, 1, 2)$;

3) $\chi(M_Z^{\nabla}) = n(1-2g-\ell) + \sum_{i=1}^{\ell} \dim H^0(z_i, M_Z^{\nabla})$.

Démonstration. Soit S_Z le faisceau des sections de E , holomorphes sur $X-Z$ et admettant éventuellement des singularités d'ordre fini ou essentielles sur Z . $\forall\, a \in X-Z$, la fibre au dessus de a du faisceau $\frac{S_Z}{M_Z}$ est nulle et par conséquent on a les isomorphismes

$$\Gamma(X, \frac{S_Z}{M_Z}) \simeq \bigoplus_{i=1}^{\ell} \frac{S^n_{z_i}}{K^n_{z_i}} \quad \text{et} \quad \Gamma(X, \frac{S_Z}{M_Z} \otimes_{\theta_X} \Omega^1_X) \simeq \bigoplus_{i=1}^{\ell} \frac{S^n_{z_i}}{K^n_{z_i}} \otimes_{\theta_{X,z_i}} \Omega^1_{X,z_i} ,$$

où θ_{X,z_i} (resp. Ω^1_{X,z_i}) est la fibre au dessus de z_i du faisceau θ_X (resp. Ω^1_X) .

K_{z_i} est le corps des fractions de l'anneau θ_{X,z_i} et S_{z_i} est l'ensemble des séries de Laurent en z_i .

Des deux suites exactes de faisceaux

$$0 \longrightarrow M_Z \longrightarrow S_Z \longrightarrow \frac{S_Z}{M_Z} \longrightarrow 0$$

$$0 \longrightarrow M_Z \otimes_{\theta_X} \Omega^1_X \longrightarrow S_Z \otimes_{\theta_X} \Omega^1_X \longrightarrow \frac{S_Z}{M_Z} \otimes_{\theta_X} \Omega^1_X \longrightarrow 0$$

et du fait que $H^1(X, M_Z) = 0$ et $H^1(X, M_Z \otimes_{\theta_X} \Omega_X^1) = 0$ (la nullité de ces deux groupes de cohomologie résulte du "vanishing theorem" de Kodaira-Serre), on déduit les deux suites exactes de cohomologie :

$$0 \longrightarrow \Gamma(X, M_Z) \longrightarrow \Gamma(X, S_Z) \longrightarrow \bigoplus_{i=1}^{\ell} \frac{S^n_{z_i}}{K^n_{z_i}} \longrightarrow 0$$

$$0 \longrightarrow \Gamma(X, M_Z \otimes_{\theta_X} \Omega_X^1) \longrightarrow \Gamma(X, S_Z \otimes_{\theta_X} \Omega_X^1) \longrightarrow \bigoplus_{i=1}^{\ell} \frac{S^n_{z_i}}{K^n_{z_i}} \otimes_{\theta_{X,z_i}} \Omega^1_{X,z_i} \longrightarrow 0$$

et du diagramme commutatif :

$$\begin{array}{ccccccccc}
0 & \longrightarrow & \Gamma(X, M_Z) & \longrightarrow & \Gamma(X, S_Z) & \longrightarrow & \bigoplus_{i=1}^{\ell} \frac{S^n_{z_i}}{K^n_{z_i}} & \longrightarrow & 0 \\
 & & \downarrow \nabla & & \downarrow \nabla & & \downarrow \nabla & & \\
0 & \longrightarrow & \Gamma(X, M_Z \otimes_{\theta_X} \Omega_X^1) & \longrightarrow & \Gamma(X, S_Z \otimes_{\theta_X} \Omega_X^1) & \longrightarrow & \bigoplus_{i=1}^{\ell} \frac{S^n_{z_i}}{K^n_{z_i}} \otimes_{\theta_{X,z_i}} \Omega^1_{X,z_i} & \longrightarrow & 0
\end{array}$$

on déduit la relation :

$$\chi(\nabla, \Gamma(X, M_Z)) = \chi(\nabla, \Gamma(X, S_Z) \longrightarrow \Gamma(X, S_Z \otimes_{\theta_X} \Omega_X^1)) - \sum_{i=1}^{\ell} \chi(\nabla, \frac{S^n_{z_i}}{K^n_{z_i}} \longrightarrow \frac{S^n_{z_i}}{K^n_{z_i}} \otimes_{\theta_{X,z_i}} \Omega^1_{X,z_i})$$

on a aussi les isomorphismes de $\theta(X-Z)$-modules :

$$\Gamma(X, S_Z) \simeq \Gamma(X-Z, \theta_{E|X-Z}) \simeq \theta(X-Z)^n$$

(le premier isomorphisme par construction même du faisceau S_Z, le deuxième isomorphisme parce que tout fibré vectoriel holomorphe sur une surface de Riemann non compacte, en l'occurence $X-Z$, est trivial).

Soit $\omega \in \Gamma(X-Z, \Omega^{1*}_{X-Z})$, c'est-à-dire une 1-forme qui ne s'annule en aucun point de $X-Z$ et holomorphe sur $X-Z$, alors l'application

$$\frac{1}{\omega} : \Gamma(X, S_Z \otimes_{\theta_X} \Omega^1_X) \longrightarrow \Gamma(X, S_Z)$$
$$f \longrightarrow \frac{f}{\omega}$$

est un isomorphisme et définit un opérateur différentiel

$$\frac{\nabla}{\omega} : \Gamma(X, S_Z) \longrightarrow \Gamma(X, S_Z)$$

qui vérifie l'égalité

$$\chi(\frac{\nabla}{\omega}, \Gamma(X, S_Z) \longrightarrow \Gamma(X, S_Z)) = \chi(\nabla, \Gamma(X, S_Z) \longrightarrow \Gamma(X, S_Z \otimes_{\theta_X} \Omega^1_X)) .$$

Si L désigne l'isomorphisme de $\theta(X-Z)$-module : $\Gamma(X, S_Z) \simeq \theta(X-Z)^n$, alors on a un opérateur différentiel $P = L \circ \frac{\nabla}{\omega} \circ L^{-1} : \theta(X-Z)^n \longrightarrow \theta(X-Z)^n$ et de plus,

$$\chi(P, \theta(X-Z)^n \longrightarrow \theta(X-Z)^n) = \chi(\frac{\nabla}{\omega}, \Gamma(X, S_Z) \longrightarrow \Gamma(X, S_Z)) .$$

Soit $e_i = {}^t(0, \ldots, 0, 1, 0, \ldots, 0) \in \theta(X-Z)^n$ où 1 est à la i-ème place $(1 \leq i \leq n)$ et $M = (m_{ij})_{1 \leq i,j \leq n}$ la matrice définie par les relations $P(e_i) = \sum_{j=1}^{n} m_{ij} e_j \quad (1 \leq i \leq n)$ où $m_{ij} \in \theta(X-Z)$;
on obtient ainsi un opérateur différentiel :

$$(P, (e_i)_{1 \leq i \leq n}) : \theta(X-Z)^n \longrightarrow \theta(X-Z)^n$$
$$\begin{pmatrix} f_1 \\ \vdots \\ f_n \end{pmatrix} \longrightarrow \begin{pmatrix} \frac{d}{\omega} + M \end{pmatrix} \begin{pmatrix} f_1 \\ \vdots \\ f_n \end{pmatrix}$$

et donc

$$\begin{aligned} \chi(P, \theta(X-Z)^n \longrightarrow \theta(X-Z)^n) &= \chi(\frac{d}{\omega} + M, \theta(X-Z)^n \longrightarrow \theta(X-Z)^n) \\ &= n(1 - \dim H^1(X-Z, C)) \text{ (d'après le théorème 2)} \\ &= n(1 - 2g - \ell) \end{aligned}$$

ce qui termine la démonstration de la première assertion de la proposition, parce qu'on sait que $\chi(\nabla, \frac{S^n_{z_i}}{K^n_{z_i}} \longrightarrow \frac{S^n_{z_i}}{K^n_{z_i}} \otimes_{\theta_{X,z_i}} \Omega^1_{X,z_i}) = \rho_1(z_i)$

([9], théorème 2.3).

Des deux suites exactes de faisceaux :

$$0 \longrightarrow M_Z^{\nabla} \longrightarrow M_Z \longrightarrow \mathrm{im}\,\nabla \longrightarrow 0$$

$$0 \longrightarrow \mathrm{im}\,\nabla \longrightarrow M_Z \longrightarrow \mathrm{coker}\,\nabla \longrightarrow 0$$

on déduit les deux suites exactes longues de cohomologie

$$0 \longrightarrow H^0(X, M_Z^{\nabla}) \longrightarrow H^0(X, M_Z) \xrightarrow{\pi} H^0(X, \mathrm{im}\,\nabla) \longrightarrow H^1(X, M_Z^{\nabla}) \longrightarrow 0$$

$$\longrightarrow H^1(X, \mathrm{im}\,\nabla) \longrightarrow H^2(X, M_Z^{\nabla}) \longrightarrow 0 \quad (1)$$

et

$$0 \longrightarrow H^0(X, \mathrm{im}\,\nabla) \xrightarrow{i} H^0(X, M_Z) \longrightarrow H^0(X, \mathrm{coker}\,\nabla) \longrightarrow H^1(X, \mathrm{im}\,\nabla) \longrightarrow 0 \quad (2)$$

avec $\nabla = i \circ \pi$.

i étant injective, on a : $\mathrm{codim}\,\nabla = \mathrm{codim}\, i + \mathrm{codim}\,\pi < +\infty$

d'où : (*) $\mathrm{codim}\,\pi = \dim H^1(X, M_Z^{\nabla}) < +\infty$

(**) $\mathrm{codim}\, i = \dim H^0(X, \mathrm{coker}\,\nabla) - \dim H^1(X, \mathrm{im}\,\nabla) < +\infty$.

$\forall\, a \in X - Z$, la fibre au dessus de a du faisceau $\mathrm{coker}\,\nabla$ est nulle et donc $H^0(X, \mathrm{coker}\,\nabla) \simeq \bigoplus_{i=1}^{\ell} (\mathrm{coker}\,\nabla)_{z_i}$, $(\mathrm{coker}\,\nabla)_{z_i}$ étant la fibre de $\mathrm{coker}\,\nabla$ en z_i , et par conséquent $\dim H^0(X, \mathrm{coker}\,\nabla) < +\infty$.

D'après la suite exacte (1) , $H^1(X, \mathrm{im}\,\nabla) \simeq H^2(X, M_Z^{\nabla})$ ce qui implique, d'après (**) , que $\dim H^2(X, M_Z^{\nabla}) < +\infty$.

Calculons maintenant $\chi(M_Z^{\nabla})$.

D'après les relations (*) et (**), on a :

$$\operatorname{codim} \nabla = \dim H^{o}(X, \operatorname{coker} \nabla) + \dim H^{1}(X, M_Z^{\nabla}) - \dim H^{2}(X, M_Z^{\nabla})$$

$$= \sum_{i=1}^{\ell} \dim(\operatorname{coker} \nabla)_{z_i} + \dim H^{1}(X, M_Z^{\nabla}) - \dim H^{2}(X, M_Z^{\nabla})$$

et donc $\chi(\nabla, M_Z) = \chi(M_Z^{\nabla}) - \sum_{i=1}^{\ell} \dim(\operatorname{coker} \nabla)_{z_i}$

mais comme $\rho_1(z_i) = \dim(\operatorname{coker} \nabla)_{z_i} - \dim H^{o}(z_i, M_Z^{\nabla})$

(voir Malgrange, [9], théorème 3.3)

et $\chi(\nabla, M_Z) = n(1-2g-\ell) - \sum_{i=1}^{\ell} \rho_1(z_i)$, on obtient bien

$$\chi(M_Z^{\nabla}) = n(1-2g-\ell) + \sum_{i=1}^{\ell} \dim H^{o}(z_i, M_Z^{\nabla}) .$$

Soient X une surface de Riemann (compacte ou non compacte), $S \subset X$ une courbe analytique simple, connexe, orientée et ouverte et P une matrice carrée d'ordre N d'opérateurs différentiels linéaires à coefficients analytiques sur S et de degrés $\leq m$.

Ces coefficients se prolongent analytiquement à un ouvert U de X ; soit $\omega \in \Gamma(U, \Omega_U^{1*})$, d'après le lemme 1, on sait qu'il existe des matrices carrées A_i, d'ordre N et à coefficients holomorphes sur U, telles que $P = A_m D^m + \ldots + A_1 D + A_0$ avec $D = \frac{d}{\omega}$ (les matrices A_i sont uniques).

On suppose que $\det A_m$ n'est pas identiquement nul et que $Z = \{p \in S / \det A_m(p) = 0\}$ est fini. On peut aussi supposer, quitte à rapetir l'ouvert U, que :

1) U est connexe et simplement connexe ;

2) $U - S = V_1 \cup V_2$ où V_1 et V_2 sont des ouverts de X connexes, simplement connexes et disjoints ;

3) $Z \subset S$.

Soit $\mathcal{B}(S)$ l'espace des hyperfonctions sur S, on peut écrire $\mathcal{B}(S) = \frac{\theta(U-S)}{\theta(U)}$ où $\theta(U)$ (resp. $\theta(U-S)$) désigne l'espace des fonctions holomorphes sur U (resp. $U-S$) et $\mathcal{B}(S)$ ne dépend pas de l'ouvert U.

Soit $P : \mathcal{B}(S)^N \longrightarrow \mathcal{B}(S)^N$ l'opérateur différentiel défini par le diagramme

$$\begin{array}{ccccccccc} 0 & \longrightarrow & \theta(U)^N & \longrightarrow & \theta(U-S)^N & \longrightarrow & \mathcal{B}(S)^N & \longrightarrow & 0 \\ & & \downarrow P & & \downarrow P & & \downarrow P & & \\ 0 & \longrightarrow & \theta(U)^N & \longrightarrow & \theta(U-S)^N & \longrightarrow & \mathcal{B}(S)^N & \longrightarrow & 0 \end{array}$$

alors on a la proposition suivante :

PROPOSITION 7.

a) $P : \mathcal{B}(S)^N \longrightarrow \mathcal{B}(S)^N$ <u>est surjectif</u> ;

b) $\dim \operatorname{Ker} P = mN + \sum_{p \in Z} V_p(\det A_m)$.

<u>Démonstration</u>. Pour montrer l'assertion a) , il suffit de montrer que

$$P : \theta(U-S)^N \longrightarrow \theta(U-S)^N$$

est surjectif, c'est-à-dire que $P : \theta(V_1)^N \oplus \theta(V_2)^N \longrightarrow \theta(V_1)^N \oplus \theta(V_2)^N$ est surjectif, et ceci est immédiat car V_1 et V_2 sont connexes, simplement connexes et ne contiennent pas de singularités de P.

En appliquant le lemme du serpent au diagramme précédent, on obtient :

$$\chi(P, \mathcal{B}(S)^N) = \chi(P, \theta(U-S)^N) - \chi(P, \theta(U)^N)$$

$$= mN + \sum_{p \in Z} V_p(\det A_m) \quad \text{(d'après le théorème 2).}$$

Si la courbe S est fermée, on a la proposition suivante :

PROPOSITION 8. $\chi(P, \mathcal{B}(S)^N) = \sum_{p \in Z} V_p(\det A_m)$.

<u>Démonstration</u>. Soient Γ_1 et Γ_2 deux parties de S telles que :

- $\Gamma_1 \cup \Gamma_2 = S$;
- Γ_1 et Γ_2 connexes et ouvertes ;
- $\Gamma_1 \cap \Gamma_2 = S_1 \cup S_2$ où S_1 et S_2 sont connexes et ne contiennent pas de zéros de $\det A_m$.

Le faisceau $\mathcal{B}$ des hyperfonctions sur S étant flasque, en appliquant le lemme de Mayer-Victoris, on obtient le diagramme commutatif :

$$\begin{array}{ccccccccc}
0 & \longrightarrow & H^o(S, \mathcal{B})^N & \longrightarrow & H^o(\Gamma_1, \mathcal{B})^N \oplus H^o(\Gamma_2, \mathcal{B})^N & \longrightarrow & H^o(\Gamma_1 \cap \Gamma_2, \mathcal{B})^N & \longrightarrow & 0 \\
 & & \downarrow P & & \downarrow P & & \downarrow P & & \\
0 & \longrightarrow & H^o(S, \mathcal{B})^N & \longrightarrow & H^o(\Gamma_1, \mathcal{B})^N \oplus H^o(\Gamma_2, \mathcal{B})^N & \longrightarrow & H^o(\Gamma_1 \cap \Gamma_2, \mathcal{B})^N & \longrightarrow & 0
\end{array}$$

d'où

$$\chi(P,\mathcal{B}(S)^N) = \chi(P,\mathcal{B}(\Gamma_1)^N) + \chi(P,\mathcal{B}(\Gamma_2)^N) - \chi(P,\mathcal{B}(\Gamma_1\cap\Gamma_2)^N)$$

$$= mN + \sum_{p\in Z\cap\Gamma_1} V_p(\det A_m) + mN + \sum_{p\in Z\cap\Gamma_2} V_p(\det A_m) - 2mN$$

(d'après la proposition précédente)

$$= \sum_{p\in Z} V_p(\det A_m) .$$

Maintenant on prend S ouverte ou bien fermée, et soient $\mathcal{A}$ le faisceau des fonctions analytiques sur S et $\mathcal{C} = \frac{\mathcal{B}}{\mathcal{A}}$ le faisceau des microfonctions sur S. On notera $\mathcal{A}_p$ (resp. $\mathcal{B}_p$) la fibre au dessus de $p\in S$ du faisceau $\mathcal{A}$ (resp. $\mathcal{B}$).

LEMME 5. $\forall\, p\in S$, <u>on a</u> :

a) $P : \mathcal{B}_p^N \longrightarrow \mathcal{B}_p^N$ <u>est surjectif</u> ;

b) $\chi(P,\mathcal{B}_p^N) = mN + V_p(\det A_m)$;

c) $\chi(P,\mathcal{A}_p^N) = mN - V_p(\det A_m)$.

<u>Démonstration</u>. Soient $p\in S$ et $(S_n)_{n\in\mathbb{N}}$ une suite de parties ouvertes de S telle que :

- S_n est connexe, $S_n \ni p$ et $S_{n+1} \Subset S_n$ $(\forall\, n)$
- $\bigcap_n S_n = \{p\}$ et $S_n - \{p\} \cap Z = \emptyset$ $(\forall\, n)$.

D'après la proposition 7, $\chi(P,\mathcal{B}(S_n)^N) = mN + V_p(\det A_m)$ et $P(\mathcal{B}(S_n)^N) = \mathcal{B}(S_n)^N$ $(\forall\, n)$, et par passage à la limite inductive, on obtient les deux premières assertions du lemme.

Si θ_p désigne l'espace des germes de fonctions holomorphes au voisinage de p, on a un isomorphisme entre θ_p^N et $\mathcal{A}_p^N$ et donc $\chi(P,\mathcal{A}_p^N) = \chi(P,\theta_p^N) = mN + V_p(\det A_m)$ (pour la dernière égalité, voir KOMATSU, [1], théorème 3).

Posons $\mathcal{C}(S) = \Gamma(S,\mathcal{C})$, on a alors la proposition suivante :

PROPOSITION 9. a) $P : C(S)^N \longrightarrow C(S)^N$ <u>est surjectif</u> ;

b) $\dim \operatorname{Ker}(P, C(S)^N) = 2 \sum_{p \in Z} V_p(\det A_m)$.

<u>Démonstration</u>. Du lemme précédent et du diagramme commutatif (pour $p \in S$) :

$$\begin{array}{ccccccccc} 0 & \longrightarrow & \mathcal{A}_p^N & \longrightarrow & \mathcal{B}_p^N & \longrightarrow & \mathcal{C}_p^N & \longrightarrow & 0 \\ & & \downarrow P & & \downarrow P & & \downarrow P & & \\ 0 & \longrightarrow & \mathcal{A}_p^N & \longrightarrow & \mathcal{B}_p^N & \longrightarrow & \mathcal{C}_p^N & \longrightarrow & 0 \end{array} \qquad (*)$$

on déduit la surjectivité de l'opérateur $P : \mathcal{C}_p^N \longrightarrow \mathcal{C}_p^N$ et l'exactitude de la suite

$$0 \longrightarrow \operatorname{Ker}(P, \mathcal{A}_p^N) \longrightarrow \operatorname{Ker}(P, \mathcal{B}_p^N) \longrightarrow \operatorname{Ker}(P, \mathcal{C}_p^N) \longrightarrow \operatorname{coker}(P, \mathcal{A}_p^N) \longrightarrow 0 .$$

Si $p \notin Z$, alors $\operatorname{coker}(P, \mathcal{A}_p^N) = 0$ et alors

$$\dim \operatorname{Ker}(P, \mathcal{C}_p^N) = \dim \operatorname{Ker}(P, \mathcal{B}_p^N) - \dim \operatorname{Ker}(P, \mathcal{A}_p^N) = 0$$

(d'après le lemme précédent).

Si $p \in Z$, du diagramme (*) , on déduit que

$$\begin{aligned} \dim \operatorname{Ker}(P, \mathcal{C}_p^N) &= \chi(P, \mathcal{B}_p^N) - \chi(P, \mathcal{A}_p^N) \\ &= mN + V_p(\det A_m) - mN + V_p(\det A_m) = 2V_p(\det A_m) . \end{aligned}$$

Donc le faisceau des solutions $\mathcal{C}^P$ du morphisme de faisceaux $P : \mathcal{C}^N \longrightarrow \mathcal{C}^N$ est concentré sur Z et par conséquent, $H^1(S, \mathcal{C}^P) = 0$; et de la suite exacte de faisceaux : $0 \longrightarrow \mathcal{C}^P \longrightarrow \mathcal{C}^N \xrightarrow{P} \mathcal{C}^N \longrightarrow 0$, on déduit la suite exacte $0 \longrightarrow \bigoplus_{z \in Z} \mathcal{C}_z^P \longrightarrow \mathcal{C}^N(S) \xrightarrow{P} \mathcal{C}^N(S) \longrightarrow 0$ (où $\mathcal{C}_z^P$ est la fibre au dessus de z du faisceau $\mathcal{C}^P$), d'où la proposition.

APPENDICE

On donnera d'abord deux définitions avant d'énoncer le théorème 2.7 et le corollaire V.38 de Goldberg qui ont été utilisés pour la démonstration du théorème 2. Tous les opérateurs dont on parle seront supposés linéaires.

DEFINITION 1. Un opérateur fermé et dont l'image est fermée est dit normalement solvable.

DEFINITION 2. Un opérateur fermé d'indice fini est appelé opérateur de Fredholm.

THEOREME 2.7 (page 103). Soient X et Y deux espaces de Banach, $T : X \longrightarrow Y$ un opérateur normalement solvable et $\dim \operatorname{Ker} T < +\infty$. On suppose que B est un opérateur de domaine un sous-espace d'un espace de Banach Z dont l'image est dans X.

i) Si B est fermé, alors TB est fermé ;

ii) Si B est normalement solvable, alors TB est normalement solvable ;

iii) Si le domaine $\mathcal{D}(T)$ de T est dense dans X, alors TB est un opérateur de Fredholm et $\chi(TB) = \chi(T) + \chi(B)$ ($\chi(Ti)$ désigne l'indice de l'opérateur $T_i = A, B$).

DEFINITION 3. La T-norme $\| \|_T$ est définie sur le domaine $\mathcal{D}(T)$ de T par $\|x\|_T = \|x\|_X + \|Tx\|_Y$ où $\| \|_X$ et $\| \|_Y$ sont les normes sur X et Y respectivement et $x \in \mathcal{D}(T)$.

L'opérateur B est T-compact si $\mathcal{D}(T) \subset \mathcal{D}(B)$ et B est compact sur $\mathcal{D}(T)$ par rapport à la T-norme.

COROLLAIRE V.38 (page 123). On suppose que B et T sont fermés et B T-compact, alors

ii) $T + B$ est fermé.

iii) T est normalement solvable et $\dim \operatorname{Ker} T < +\infty$ si, et seulement si $T+B$ est normalement solvable et $\dim \operatorname{Ker}(T+B) < +\infty$. Dans ce cas, $\chi(T+B) = \chi(T)$.

Dans la démonstration du théorème 2 et de certains résultats qui le précèdent, on a utilisé, sans le mentionner, le fait que toute surface de Riemann non-compacte est une variété de Stein et ceci d'après le théorème suivant :

THEOREME. Soit X un espace analytique complexe de dimension 1. Alors X est de Stein.
(Cf. [5], théorème 10, chapitre IX, sec C).

BIBLIOGRAPHIE

[1] AHLFORS and SARIO : Riemann surfaces, Princeton Mathematical series, Vol. 26.

[2] DELIGNE : Equations différentielles à points singuliers réguliers, Lecture Notes in Math., 163, Springer-Verlag, 1970.

[3] GERARD-LEVELT : Invariants mesurant l'irrégularité en un point singulier des systèmes d'équations différentielles linéaires, Ann. Inst. Fourier, 1973, p. 157-195.

[4] GOLDBERG : Unbounded linear operators, Theory and Applications, New-York, London, McGraw-Hill Book C°, 1966.

[5] GUNNING and ROSSI : Analytic fonctions of several complex variables, Prentice-Hall, series in modern analysis.

[6] HÖRMANDER : Complex analysis in several variables, Van Nostrand.

[7] KOMATSU : On the index of differential operators, J. Fac. Sci. Tokyo IA, 1971, p. 379-398.

[8] KOMATSU : Ultradistributions, I. Structure theorems and a characterization, J. Fac. Sci. Tokyo, Section IA, 1973, p. 25-106.

[9] MALGRANGE : Sur les points singuliers des équations différentielles, l'Enseignement Mathématique, t. XX, 1-2, 1974.

[10] SATO (M.) : Theory of hyperfunctions, I, J. Fac. Sci. Univ. Tokyo, Section I, 8, 1959.

ETUDE ASYMPTOTIQUE D'UNE INTEGRALE ANALOGUE A LA FONCTION " Γ MODIFIEE"

par Anne DUVAL

L'étude des moments de la transformée de Heine des solutions resommables d'équations différentielles [4] conduit à des intégrales de la forme :

$$I(s) = \int_0^1 x^{s-1} (1 - x^{1/k})^n e^{P(1/x)} \log^{\ell} x \, dx ,$$

dont on veut obtenir un développement asymptotique en s pour $s \to \infty$ avec $\mathrm{Re}\, s < 0$.

On suppose que $k \in \mathbb{R}^+$, $\ell \in \mathbb{N}$, $n \in \mathbb{N}$ et que $P(X)$ est un polynôme de degré $p \geq 2$:

$$P(X) = a_p X^p + a_{p-1} X^{p-1} + \ldots + a_1 X \quad \text{avec} \quad \mathrm{Re}\, a_p < 0 .$$

On étudie d'abord le cas non logarithmique $(\ell = 0)$. Dans ce cas, l'intégrale $I(s)$ a essentiellement le même comportement que la fonction " Γ modifiée" :

$$G(s) = \int_0^\infty e^{P(u)} u^{s-1} du \qquad (\mathrm{Re}\, s > 0)$$

$$= \int_0^\infty u^{-s-1} e^{P(1/u)} du .$$

La fonction G (prolongée au plan complexe privé des entiers négatifs) est étudiée par N.G. de Bruijn [1] .

Le caractère "incomplet" de $I(s)$ permet de simplifier quelque peu cette étude. D'autre part on donne des formules explicites pour la partie "non régulière" du développement asymptotique.

§ 1. ETUDE DU CAS NON LOGARITHMIQUE.

On pose : $s = \rho e^{i\sigma}$ et $a_p = |a_p| e^{i\alpha_p}$ avec σ et $\alpha_p \in]\frac{\pi}{2}, \frac{3\pi}{2}[$.

PROPOSITION 1. La fonction $s \log x + P(\frac{1}{x})$ $(x \in \mathbb{C} - \mathbb{R}^-)$ présente p cols admettant des développements en série convergents pour ρ assez grand de la forme :

$$x_m = \sum_{k=1}^{\infty} c_k \left(\frac{pa_p}{x}\right)_m^{k/p} \qquad (m = 0, 1, \dots, p-1)$$

<u>où</u> :

$$-\ \left(\frac{pa_p}{x}\right)_m^{1/p} = \left(\frac{p|a_p|}{\rho}\right)^{1/p} \exp\left(\frac{i}{p}(\alpha_p - \sigma + 2m\pi)\right),$$

$- c_1 = 1$ <u>et pour</u> $k \geq 2$:

$$c_k = \sum_{i=1}^{k-1} \left(\frac{k}{p} - 1\right)_{i-1} \frac{1}{p^{i+1}\, a_p^i} \sum_{\gamma \in \Gamma_{k-1,i}} \frac{(p-1)^{\gamma_1} \dots (p-k+i)^{\gamma_{k-i}}}{\gamma_1!\, \gamma_2! \dots \gamma_{k-i}!}\, a_{p-1}^{\gamma_1} \times \dots \times a_{p-k+i}^{\gamma_{k-i}}$$

<u>où</u> $\Gamma_{k-1,i} = \{\gamma = (\gamma_1, \dots, \gamma_{k-i}) \in \mathbb{N}^{k-i} \mid \gamma_1 + \gamma_2 + \dots + \gamma_{k-i} = i$

$$\text{et } \gamma_1 + 2\gamma_2 + 3\gamma_3 + \dots + (k-i)\gamma_{k-i} = k-1 \}$$

<u>et où pour</u> $t \in \mathbb{R}$, $n \in \mathbb{N}$ <u>on a noté</u> :

$$(t)_n = t(t-1)\dots(t-n+1)$$

$$(t)_0 = 1 .$$

<u>En particulier</u> : $c_2 = (p-1)a_{p-1}/p^2\, a_p$,

$$c_3 = (p-2)a_{p-2}/p^2\, a_p + \tfrac{1}{2}\left(\tfrac{3}{p} - 1\right)(p-1)^2\, a_{p-1}^2/p^3\, a_p^2 .$$

$$c_4 = (p-3)a_{p-3}/p^2\, a_p + (1/p)\left(\tfrac{4}{p} - 1\right)(p-1)(p-2)a_{p-1}a_{p-2}/p^2 a_p^2$$

$$+ (1/3!p)\left(\tfrac{4}{p} - 1\right)\left(\tfrac{4}{p} - 2\right)(p-1)^3\, a_{p-1}^3/p^3\, a_p^3 .$$

<u>Mais</u> $c_p = a_1/p^2\, a_p$.

Les cols sont en effet les racines de l'équation

(1) $$s = \frac{1}{x} P'\left(\frac{1}{x}\right),$$

qu'on écrit sous la forme :

$$\frac{1}{s} = \frac{x^p}{x^{p-1}\, P'(1/x)} .$$

Le dénominateur est le polynôme $\sum_{k=1}^{p} k\, a_k\, x^{p-k}$ dont le terme constant est $\neq 0$. Alors $(1) \Longleftrightarrow pa_p/s = x^p/Q(x)$ où Q est le polynôme :

$$Q(x) = 1 + \sum_{k=1}^{p-1} (ka_k/pa_p) \cdot x^{p-k} .$$

La fonction $f(x) = Q(x)^{1/p}$ est donc analytique au voisinage de 0 .

Pour $m = 0, 1, \dots, p-1$, posons $w_m = (\frac{pa_p}{s})_m^{1/p}$,

(1) $\Longleftrightarrow w_m = x/f(x)$, $m = 0, 1, \dots, p-1$ et on est pour chaque m dans les conditions d'utilisation de la formule d'inversion de Lagrange, c'est-à-dire que x est une fonction analytique de w_m au voisinage de 0 et que son développement en série entière est donné par :

$$x = \sum_{k=1}^{\infty} c_k w_m^k \quad \text{avec} \quad c_k = \frac{1}{k!} \{\frac{d^{k-1}}{dx^{k-1}}(f(x))^k\}_{x=0}$$

$$= \frac{1}{k!} \left[\frac{d^{k-1}}{dx^{k-1}} Q(x)^{k/p}\right]_{x=0} .$$

Les coefficients c_k s'expriment à l'aide des polynômes de Bell [2] par la formule :

$$c_k = \frac{1}{k!} \sum_{i=1}^{k-1} (k/p)_i \, B_{k-1,i}(g_1, g_2, \dots, g_{k-i}) ,$$

où :

- $g_j = j!\,(p-j)a_{p-j}/pa_p$ (on pose $g_j = 0$ si $j \leq 0$) ,

- $B_{k-1,i}(g_1, g_2, \dots, g_{k-i}) =$

$$= \sum_{\gamma \in \Gamma_{k-1,i}} \frac{(k-1)!\, g_1^{\gamma_1} . g_2^{\gamma_2} \dots g_{k-i}^{\gamma_{k-i}}}{\gamma_1!\, \gamma_2! \dots \gamma_{k-i}!\, (1!)^{\gamma_1} (2!)^{\gamma_2} \dots [(k-i)!]^{\gamma_{k-i}}} .$$

LEMME 1. _Pour_ ρ _assez grand, on a :_

$$I(s) = \int_0^{2x_0} + \int_{2x_0}^{1} = I_1(s) + I_2(s)$$ _où les deux chemins d'intégration sont des segments de droite._

Pour ρ assez grand le col x_0 appartient au secteur $S_0 = \{|\arg x| < \pi/p\}$. L'intégrand de $I(s)$ est holomorphe dans $\mathring{S}_0$, continu au bord d'où la conclusion.

PROPOSITION 2. <u>On pose</u> $\omega = \inf(\frac{1}{p}, \frac{1}{pk})$. <u>L'intégrale</u> $I_1(s)$ <u>vérifie</u> :

$$I_1(s) = x_0^s \, e^{P(1/x_0)} \, (2\pi/-sp)^{\frac{1}{2}} \, (1 + O(1/\rho)^{\omega})$$

<u>avec</u> $\arg(-s)^{\frac{1}{2}} = (\sigma - \pi)/2$, $\sigma \in]\frac{\pi}{2}+\varepsilon \, , \, \frac{3\pi}{2}-\varepsilon[$, ε <u>positif arbitrairement petit</u>.

On fait le changement de variable : $x = x_0(1+t)$:

$$I_1(s) = x_0^s \int_{-1}^{1} (1+t)^{s-1} \, [1 - x_0^{1/k}(1+t)^{1/k}]^n \, e^{P(1/x_0(1+t))} \, dt .$$

La fonction $x_0(s)$ est développable en série entière de $(1/s)^{1/p}$ convergente pour ρ assez grand et $x_0 = (pa_p/s)^{1/p} \, [1 + O(1/\rho)^{1/p}]$.

La fonction $P(1/x_0(1+t))$ admet donc un développement convergent pour ρ assez grand de la forme :

$$P(1/x_0(1+t)) = P(1/x_0) + (s/p)(\frac{1}{(1+t)}p - 1) + \sum_{j=1}^{p-1} s^{1-j/p} \, g_j(t) + \sum_{j=0}^{\infty} (1/s)^{j/p} \, h_j(t) ,$$

où les g_j et les h_j sont des fonctions holomorphes de t , admettant des développements en séries entières en t , convergent pour $|t| < 1$.

Mais pour tout s on a :

$$\frac{\partial}{\partial t} [P(1/x_0(1+t)) - s/p(1+t)^p]_{t=0} = -(1/x_0) \, P'(1/x_0) + s = 0$$

et donc pour tout j , $g_j(t) = O(t^2)$ et $h_j(t) = O(t^2)$.

On peut donc écrire :

$$I_1(s) = x_0^s \, e^{P(1/x_0)} \int_{-1}^{1} e^{sp(t)+r(s,t)} \, (1 + O(1/\rho)^{\omega}) \, dt ,$$

où :

- $\omega = (1/p) \inf(1, 1/k)$,
- $p(t) = \log(1+t) + ((1+t)^{-p} - 1)/p$,

(*) - $|r(s, t)| \leq C \, \rho^{(p-1)/p} \, t^2$ pour ρ assez grand et $t \in [-1, 1]$.

La fonction $p(t)$ est strictement positive sur $[-1, 1] - \{0\}$ (elle est d'ailleurs croissante sur $[0, 1]$ et décroissante sur $[-1, 0]$), donc $\operatorname{Re} sp(t) = p(t) \operatorname{Re} s$ est négatif sur le chemin d'intégration, nul en 0.

On est dans les conditions d'application de la méthode du col.

D'autre part la majoration (*) montre ([3], p. 326) que puisque : $2 - 2(p-1)/p = 2/p > 0$, la perturbation $r(s, t)$ n'influe sur le comportement asymptotique de l'intégrale que par un facteur $1 + O(1/\rho)^{2/p}$.

Finalement, puisque $-p''(0) = -p$ on obtient le résultat.

PROPOSITION 3. <u>L'intégrale</u> $I_1(s)$ <u>admet lorsque</u> $x \to \infty$ <u>avec</u> $\sigma \in]\frac{\pi}{2} + \varepsilon, \frac{3\pi}{2} - \varepsilon[$, <u>un développement asymptotique de la forme</u> :

$$I_1(s) \sim x_0^s e^{P(1/x_0)} (2\pi/-sp)^{\frac{1}{2}} \left[1 + \sum_{\substack{i \geq 1 \\ j \geq 0}} \alpha_{i,j} (pa_p/s)^{(i+j/k)/p}\right].$$

Pour obtenir un développement asymptotique de I_1 on peut, en s'inspirant de la méthode de de Bruijn (loc. cit.) reprendre le calcul de la manière suivante : on écrit :

$$\sum_{j=1}^{p-1} s^{1-j/p} g_j(t) = s \left[\sum_{j=1}^{p-1} \alpha^j \tilde{g}_j(t)\right]_{\alpha = (a_p/s)^{1/p}}.$$

Si on pose :

$$P_\alpha(t) = p(t) - \sum_{j=1}^{p-1} \alpha^j \tilde{g}_j(t),$$

cette fonction se comporte si $|\alpha|$ est assez petit, comme la fonction $p(t)$ (en effet pour tout j, $\tilde{g}_j(t) = O(t^2)$ quand $t \to 0$), et on peut appliquer la méthode du col à une intégrale du type : $\int_{-1}^{+1} [\exp(sP_\alpha(t)] \, q(t) \, dt$ où $q(t)$ est holomorphe au voisinage de 0 : l'origine est un col et le segment $[-1, 1]$ une ligne de descente, donc :

$$\int_{-1}^{+1} [\exp(sP_\alpha(t)] \, q(t) \, dt \sim 2 \sum_{i=0}^{\infty} \Gamma(i + \tfrac{1}{2}) \, a_i / s^{i+\frac{1}{2}},$$

où $a_0 = q(0) / (-2P''_\alpha(0))^{\frac{1}{2}}$, et où les a_i $(i \geq 1)$ dépendent analytiquement de α pour $|\alpha|$ assez petit.

On développe alors la fonction $(1+t)^{-1} (1 - x_0^{1/k}(1+t)^{1/k})^n$ suivant les puissances croissantes de $1/s$: comme

$$x_0^{1/k} = (pa_p/s)^{1/kp}\,(1+O(1/\rho)^{1/p})\ ,$$

on a :

$$(1+t)^{-1}(1-x_0^{1/k}(1+t)^{1/k})^n = (1+t)^{-1} - n(pa_p/s)^{1/kp}(1+t)^{-1+1/k}$$

$$+ \sum_{\substack{i\geq 1\\ j\geq 0}} d_{i,j}^{(1)}(pa_p/s)^{(i+j/k)/p}\ .$$

On applique alors à chaque facteur du développement le résultat précédent, puis on remplace α par $(a_p/s)^{1/p}$ et on regroupe les termes. On remarque que $p''_\alpha(0) - p$ est la partie principale moins le terme constant du développement limité à l'ordre $p-1$ suivant les puissances de $(1/s)^{1/p}$ de :

$$s^{-1}\,\frac{\partial^2}{\partial t^2}\,[P(1/x_0(1+t))]_{t=0} = s^{-1}[(2/x_0)P'(1/x_0) + (1/x_0^2)P''(1/x_0)]\ .$$

Donc $sp''_\alpha(0) = sp$ + termes d'ordre $1-1/p$, $1-2/p$, ... , $1/p$ du développement de $(1/x_0^2)\,P''(1/x_0)$ suivant les puissances de s .

PROPOSITION 4. Si $\sigma \in \left]\frac{\pi}{2}+\varepsilon\ ,\ \frac{3\pi}{2}-\varepsilon\right[$ ($\varepsilon > 0$ arbitraire), quand $\rho \to \infty$, le rapport $\frac{I_2}{I_1}$ tend vers 0 comme $e^{-h\rho}$ avec $h > 0$.

On a : $|x^s| = e^{\mathrm{Re}\,s.\log|x| - \mathrm{Im}\,s.\arg x}$.

La fonction $\arg x$ reste bornée sur le chemin d'intégration, donc si $s \to \infty$, avec $\sigma \in \left]\frac{\pi}{2}+\varepsilon\ ,\ \frac{3\pi}{2}-\varepsilon\right[$, la fonction $|x^s|$ est pour ρ assez grand décroissante sur le segment $[2x_0\,,\,1]$ et :

$$|x^s| \leq 2^s.\,|x_0^s| = 2^{\rho\cos\sigma}\,|x_0^s|\ .$$

D'autre part la fonction $(1/x)\,e^{P(1/x)}\,(1-x^{1/k})^n$ tend vers 0 quand $x \to 0$ avec $\cos(\alpha_p - p\arg x) < 0$. Mais sur $[2x_0\,,\,1]$, $\arg x$ a le signe de $\arg x_0$ qui est voisin de $\frac{1}{p}(\alpha_p - \sigma)$. Donc, pour ρ assez grand :

. si $\alpha_p > \sigma$, on a : $0 < \arg x < \arg 2x_0 = \frac{1}{p}\,(\alpha_p - \sigma)$ et $\sigma < \alpha_p - p\arg x < \alpha_p$, donc $\cos(\alpha_p - p\arg x) < 0$;

.. Si $\alpha_p < \sigma$, on a $\arg 2x_0 < \arg x < 0$, donc $\alpha_p < \alpha_p - p\arg x < \sigma$ et la même conclusion.

La fonction $\frac{1}{x} e^{P(1/x)} (1-x^{1/k})^n$ est bornée sur tout le chemin d'intégration par une constante M (indépendante de s). Enfin le chemin d'intégration est de longueur inférieure à 1 . Donc :

$$|I_2(s)| \le M\, 2^{\rho \cos \sigma} |x_0^s|$$

et
$$|I_2(s)/I_1(s)| \le K\, 2^{\rho \cos \sigma} |e^{-P(1/x_0)}| .$$

Mais $P(1/x_0) = (s/p)(1 + O(1/\rho)^{1/p})$, donc

$$|I_2(s)/I_1(s)| \le K'\, 2^{\rho \cos \sigma}\, e^{-\rho \cos \sigma / p} ,$$

or $\log 2 - 1/p$ est positif $(p \ge 2)$.

THEOREME 1. <u>L'intégrale</u> $I(s)$ <u>admet quand</u> $s \to \infty$ <u>avec</u> $\sigma = \arg s$. $\in]\frac{\pi}{2} + \varepsilon , \frac{3\pi}{2} - \varepsilon[$ <u>un développement asymptotique de la forme</u> :

$$I(s) \sim \left(\frac{2\pi}{-sp}\right)^{\frac{1}{2}} \left(\frac{pa_p}{s}\right)^{s/p} \exp\left[\frac{s}{p} + \sum_{n=1}^{p} A_n \left(\frac{s}{pa_p}\right)^{1-\frac{n}{p}}\right].\left[1 + \sum_{\substack{i \ge 1 \\ j \ge 0}} D_{i,j} \left(\frac{pa_p}{s}\right)^{\frac{1}{p}\left(i + \frac{j}{k}\right)}\right] ,$$

<u>où</u> : $\quad . \arg(-s)^{\frac{1}{2}} = \frac{\sigma - \pi}{2}$,

$\quad .. A_1 = a_{p-1}$ <u>et pour</u> $n = 2, \dots, p-1, p$

$$A_n = a_{p-n} + \sum_{i=2}^{n} \left(\frac{n}{p} - 2\right)_{i-2} (1/p^i a_p^{i-1}) \times$$
$$\times \sum_{\gamma \in \Gamma_{n,i}} \frac{(p-1)^{\gamma_1} \dots (p-n+i-1)^{\gamma_{n-i+1}}}{\gamma_1 !\, \gamma_2 ! \dots \gamma_{n-i+1} !} a_{p-1}^{\gamma_1} \dots a_{p-n+i-1}^{\gamma_{n-i+1}} .$$

<u>En particulier</u> :

$$A_2 = a_{p-2} - (p-1)^2 a_{p-1}^2 / 2p^2 a_p ,$$
$$A_3 = a_{p-3} - (p-1)(p-2) a_{p-1} a_{p-2} / p^2 a_p - \left(\frac{3}{p} - 2\right)(p-1)^3 a_{p-1}^3 / 6p^3 a_p^2 ,$$
$$A_4 = a_{p-4} - (p-1)(p-3) a_{p-1} a_{p-3} / p^2 a_p - (p-2)^2 a_{p-2}^2 / 2p^2 a_p$$
$$+ (p-1)^2 (p-2)^2 a_{p-1}^2 a_{p-2} / p^4 a_p^2 - \left(\frac{2}{p} - 1\right)\left(\frac{4}{p} - 3\right)(p-1)^4 a_{p-1}^4 / 12 p^4 a_p^3 .$$

La formule de Lagrange [2] permet de donner les développements explicites de x_0^s et $P(1/x_0)$ suivant les puissances de s (on supprime désormais l'indice 0).

1) En reprenant les notations de la proposition 1, on a :

$$x^s = (pa_p/s)^{s/p}\, e^{s\,\log(x/w)} \;,\; \text{où}\;\; w = (pa_p/s)^{1/p} .$$

Mais $\log(x/w) = (1/p)\log Q(x)$.

La fonction $F(x) = \log Q(x)$ étant analytique au voisinage de 0 , on peut trouver son développement en w par la formule de Lagrange :

$$F(x) = F(0) + \sum_{n=1}^{\infty} d_n w^n \quad \text{où}\quad d_n = (1/n!)\Big[\frac{d^{n-1}}{dx^{n-1}}\,(F'(x)\, f(x)^n)\Big]_{x=0} ,$$

$$d_n = (1/n!)\Big[\frac{d^{n-1}}{dx^{n-1}}\,(Q'(x)\, Q(x)^{\frac{n}{p}-1})\Big]_{x=0} = (p/n.n!)\Big[\frac{d^n}{dx^n}\, Q(x)^{n/p}\Big]_{x=0}$$

$$= (p/n.n!) \sum_{i=1}^{n} (n/p)_i\, B_{n,i}(g_1, g_2, \dots, g_{n-i+1}) .$$

En particulier $d_p = 0$ puisque Q est de degré $p-1$. Donc

$$x_s = (pa_p/s)^{s/p} \exp s\Big[C_1(pa_p/s)^{1/p} + C_2(pa_p/s)^{2/p} + \dots + C_{p-1}(pa_p/s)^{p-1/p}\Big]$$
$$. \; (1 + O(1/\rho)^{1/p}) ,$$

où pour $n = 1, \dots, p-1$:

$$C_n = \sum_{i=1}^{n} (\tfrac{n}{p}-1)_{i-1}\, (1/p^{i+1}\, a_p^i)$$
$$\times \sum_{\gamma\in\Gamma_{n,i}} \frac{(p-1)^{\gamma_1} \dots (p-n+i-1)^{\gamma_{n-i+1}}}{\gamma_1!\,\gamma_2! \dots \gamma_{n-i+1}!}\, a_{p-1}^{\gamma_1} \dots a_{p-n+i-1}^{\gamma_{n-i+1}} .$$

2) D'autre part :

$$\frac{d}{dw} P(1/x) = -(1/x^2)\, P'(1/x)\, \frac{dx}{dw} = -(s/x)\, \frac{dx}{dw} = -\, s\, \frac{d}{dw}\,(\log x) ,$$

or $\log x = (1/p)\log Q(x) + \log w = \sum_{n=1}^{p-1} C_n w^n + \log w + w^{p+1}\, \psi_1(w)$,

où $\psi_1(w) \in \mathbb{C}\{w\}$, et $\frac{d}{dw}\log x = \sum_{n=1}^{p-1} nC_n\, w^{n-1} + \frac{1}{w} + w^p \psi_2(w)$,

où $\psi_2(w) \in \mathbb{C}\{w\}$. Il vient :

$$\frac{d}{dw} P(1/x) = -pa_p/w^{p+1} - pa_p \sum_{n=1}^{p-1} nC_n\, w^{n-p-1} + \psi_2(w) ,$$

et donc :

$$P(1/x) = pa_p \left[\sum_{n=1}^{p-1} (n/(p-n))C_n w^{n-p} + 1/pw^p\right] + \psi_3(w) \quad \text{où} \quad \psi_3(w) \in \mathbb{C}\{w\}$$

$$= s/p + s \sum_{n=1}^{p-1} (n/(p-n))C_n (pa_p/s)^{n/p} + \psi_3(w) .$$

Et finalement :

$$x^s e^{P(1/x)} = (\frac{pa_p}{s})^{s/p} \exp\left[s/p + \sum_{n=1}^{p-1} A_n (s/pa_p)^{1-n/p} + A_p\right] . \left[1 + O(1/\rho)^{1/p}\right],$$

où $A_n = (p^2 a_p/(p-n))C_n$.

3) La méthode précédente ne permet pas de calculer A_p bien que la formule qui donne A_n continue d'avoir un sens : on va montrer qu'elle exprime bien encore A_p.

En effet, A_p est le coefficient de w^p dans le développement en w de :

$$w^p P(1/x) = x^p P(1/x)/Q(x) = R(x)/Q(x) ,$$

où $R(x) = a_p + a_{p-1}x + \ldots + a_1 x^{p-1}$.

Donc (c'est toujours la formule de Lagrange) :

$$A_p = (1/p!) \left[\frac{d^{p-1}}{dx^{p-1}} (R/Q)'Q\right]_{x=0}$$

$$= \frac{1}{p!} R^{(p)}(0) - \frac{1}{p!} \left[\frac{d^{p-1}}{dx^{p-1}} (R \frac{d}{dx} \log Q)\right]_{x=0} .$$

Comme R est de degré $p-1$, le terme $-pA_p$ est le coefficient de x^{p-1} dans le développement en x de $F(x) = R \frac{d}{dx} \log Q$.

Or $\log Q(x) = \sum_{n=1}^{\infty} L_n(g_1, g_2, \ldots, g_n) x^n/n!$, où les L_n sont les polynômes logarithmiques :

$$L_n(g_1, g_2, \ldots, g_n) = \sum_{i=1}^{n} (-1)^{i-1} (i-1)! B_{n,i}(g_1, g_2, \ldots, g_{n-i+1}) .$$

On obtient :

$$\frac{d}{dx} \log Q(x) = \sum_{n=1}^{\infty} L_n x^{n-1}/(n-1)!$$

et

$$A_p = -(1/p) \sum_{n=1}^{p} a_n L_n/(n-1)! = -(1/p) \sum_{n=1}^{p} (a_n/(n-1)!) \sum_{i=1}^{n} (-1)^{i-1} (i-1)!\, B_{n,i}$$

$$= -(1/p) \sum_{i=1}^{p} (-1)^{i-1} (i-1)! \sum_{n=i}^{p} a_n B_{n,i}/(n-1)!\,.$$

Mais si $i < p$, on a :

$$\sum_{n=i}^{p} a_n B_{n,i}/(n-1)! = a_p B_{p,i}/(p-1)! + \sum_{n=i}^{p-1} (pa_p g_{p-n}/n\,(p-n)!\,(n-1)!)\, B_{n,i}$$

$$= a_p B_{p,i}/(p-1)! + a_p(i+1)\, B_{p,i+1}/(p-1)!\,.$$

Il vient :

$$A_p = (a_p/p!)\Big[\sum_{i=1}^{p-1} (-1)^i (i-1)!\, B_{p,i} + \sum_{i=2}^{p-1} (-1)^{i-1} (i-1)!\, B_{p,i}$$

$$+ \sum_{i=2}^{p-1} (-1)^{i-1} (i-2)!\, B_{p,i}\Big]$$

$$A_p = (a_p/p!) \sum_{i=2}^{p-1} (-1)^{i-1} (i-2)!\, B_{p,i}\,,$$

ce qui est bien la formule donnant A_n lorsque $n = p$.

§ 2. EXEMPLES.

(1) $P(X) = -aX^2 + bX$ avec $\operatorname{Re} a > 0$.

On trouve :

$$\int_0^1 x^{s-1} (1-x^{1/k})^n e^{-(a/x^2)+(b/x)}\, dx$$

$$= (-\pi/s)^{\frac12} (-2a/s)^{s/2} e^{(s/2)+b(-s/2a)^{\frac12}+b^2/8a} [1 + o(\tfrac{1}{\rho})^{\omega}]\,,$$

où $\omega = \inf(\frac12, \frac12 k)$ et $\arg(-a/s)^{\frac12} = \frac12(\alpha+\pi-\sigma)$ si $\alpha = \arg a \in]-\frac{\pi}{2}, \frac{\pi}{2}[$ et $\sigma \in]\frac{\pi}{2}+2, \frac{3\pi}{2} - \varepsilon[$.

(2) $P(X) = -X^3 + aX^2 + bX$: Calcul du premier coefficient de la série asymptotique. D'abord :

$$\int_0^1 x^{s-1} (1-x^{1/k})^n e^{-(1/x^3)+(a/x^2)+b/x}\, dx$$

$$= (-2\pi/3s)^{\frac12} (-3/s)^{s/3} e^{\Phi(s)} [1 + d_1(-1/s)^{\omega} + o(\tfrac{1}{\rho})^{\omega}]\,,$$

où $\Phi(s)$ est le polynôme en $s^{1/3}$:

$\Phi(s) = (s/3) + a(-s/3)^{2/3} + (b+2a^2/9)(-s/3)^{1/3} + (2ab/9) + 4a^3/81$

et $\omega = \inf(\frac{1}{3}, \frac{1}{3}k)$; $\arg(-1/s)^{1/3} = (\pi-\sigma)/3$.

Pour calculer d_1 , on distinguera les 3 cas suivants : $k>1$, $k<1$, $k=1$.

a) <u>$k>1$ donc $\omega = 1/3k$:</u>

Dans ce cas (voir la démonstration de la Proposition 3) la seule contribution en $(-1/s)^{1/3k}$ provient du terme :

$$-n(-3/s)^{1/3k} \int_{-1}^{+1} e^{sp(t)+r(s,t)}(1+t)^{1-1/k}\,dt$$
$$= -n(-3/s)^{1/3k}(-2\pi/s)^{\frac{1}{2}}[1 + O(1/\rho)^{1/p}] ,$$

et donc

$$\boxed{d_1 = -n \,.\, 3^{1/3k}}$$

b) <u>$k<1$ et donc $\omega = 1/3$:</u>

On a déjà :

$$x_0^s\, e^{P(1/x_0)} = (-3/s)^{s/3}\, e^{\Phi(s)+A_4(-3/s)^{1/3}}$$
$$= (-3/s)^{s/3}\, e^{\Phi(s)}\,[1 + A_4(-3/s)^{1/3} + O(1/\rho)^{2/3}] ,$$

où $A_4 = (-\frac{b^2}{18}) + (\frac{4a^2b}{81}) + (\frac{20a^4}{3^7})$ (La formule donnant A_n est valable même pour $n \geq p$ avec $a_{p-n} = 0$ si $p \leq n$). Ensuite, en reprenant les notations de la Proposition 3, on a :

$$I_1(s) = x_0^s\, e^{P(1/x_0)}\,[\int_{-1}^{+1} e^{sp_\alpha(t)}(1+t)^{-1}\,dt + (2\pi/-3s)^{\frac{1}{2}}(1+o(1/\rho)^{1/3})]$$

et seul le premier terme du développement asymptotique de l'intégrale intervient (le suivant donnerait une contribution en $s^{-3/2}$). Ici :

$$(1/x_0^2)\,P''(1/x_0) \qquad = (-6/x_0^3) + 2a/x_0^2 = 2s - (2a/x_0^2) - b ,$$

où $x_0 = (-3/s)^{1/3}(1+O(1/\rho)^{1/3})$ donc $x_0^{-2} = (-s/3)^{2/3}(1+O(1/\rho)^{1/3})$

et le terme $p''_\alpha(0)$ s'écrit :

$$p''_\alpha(0) = 3 + 6a(-3/s)^{1/3} + O(1/\rho)^{2/3} .$$

Le coefficient d_1 est donc le coefficient de $(-\frac{1}{s})^{1/3}$ dans :

$$[1+A_4(-3/s)^{1/3}]\cdot[1+2a(-3/s)^{1/3}]^{-\frac{1}{2}}\,[1+O(1/\rho)^{1/3}]\ ,$$

c'est-à-dire :

$$\boxed{d_1 = 3^{1/3}(A_4 - a)}$$

c) <u>k=1</u> :

Les deux contributions précédentes sont du même ordre et s'ajoutent :

$$\boxed{d_1 = 3^{1/3}[(20a^4/3^7) + (4a^2b/3^4) - (b^2/18) - a - n]}$$

(3) <u>Intégrale de Faxén</u> :

Dans l'étude d'intégrales de la forme $\int e^{sp(t)+r(s,t)}\,q(s,t)\,dt$, lorsque la perturbation $r(s,t)$ n'est plus négligeable, on peut être amené ([3], ch. 9, § 4) à introduire à la place des coefficients Γ usuels des coefficients fabriqués à l'aide de l'intégrale de Faxén :

$$F_i(\alpha,\beta;y) = \int_0^\infty e^{-t+yt^\alpha}\,t^{\beta-1}\,dt\ .$$

L'étude précédente permet d'obtenir le comportement asymptotique <u>en β</u> de cette intégrale pour $\alpha = q/p$ $(\alpha \in Q)$ $(q<p)$ et $\beta\to\infty$ avec $\operatorname{Re}\beta > 0$. En effet, le changement de variable $t = x^{-p}$ conduit à :

$$Fi(\alpha,\beta;y) = p\int_0^\infty e^{-(1/x^p)+y/x^q}\,x^{-\beta p-1}\,dx = p\Big(\int_0^1 + \int_1^\infty\Big)\ .$$

La première intégrale est du type étudié plus haut avec

$$s = -p\beta$$
$$P(X) = -X^p + yX^q$$

et il est facile de voir que la seconde est négligeable. On obtient :

$$Fi(\alpha,\beta;y) = \Gamma(\beta)\,e^{\Phi(\beta)}\,(1+O(\tfrac{1}{\beta})^{1/p})\ .$$

Comme : $a_p = -1$, $a_q = y$ et que tous les autres coefficients sont nuls, les formules (A) montrent que seuls les termes de la forme $A_{n(p-q)}$ sont non nuls, pour $n = 1, 2, \dots, N = E\left[\frac{1}{1-\alpha}\right]$. On a : $A_{p-q} = y$ et si $n \geq 2$,

$$A_{n(p-q)} = (-1)^{n-1}(1-n\alpha)(2-n\alpha)\dots(n-2-n\alpha)\alpha^n y^n / n!\ ,$$

d'où

$$\Phi(\beta) = y\beta^{\alpha} - y^2\alpha^2\beta^{2\alpha-1}/2! + \dots + (-1)^N(1-N\alpha)(2-N\alpha)\dots(N-2-N\alpha)\alpha^N y^N \beta^{N\alpha+1-N}/N!$$

§ 3. CAS GENERAL.

THEOREME. L'intégrale $I(s) = \int_0^1 x^{s-1}(1-x^{1/k})^n e^{P(1/x)} \log^{\ell} x\, dx$ admet quand $x \to \infty$ avec $\arg x \in \left]\frac{\pi}{2}+\varepsilon\ ,\ \frac{3\pi}{2}-\varepsilon\right[$ ($\varepsilon > 0$ arbitraire) un développement asymptotique de la forme :

$$I(s) \sim \left(\frac{2\pi}{-sp}\right)^{\frac{1}{2}} \left(\frac{pa_p}{s}\right)^{s/p} e^{\frac{s}{p}+M(s)} \sum_{h=0}^{\ell} \log^h\left(\frac{pa_p}{s}\right)^{\frac{1}{p}} \Big(1 + \sum_{\substack{i\geq 1\\ j\geq 0}} D_{i,j}^{(h)} \left(\frac{pa_p}{s}\right)^{\frac{1}{p}(i+\frac{j}{h})}\Big)$$

où . $M(s) = \sum_{n=1}^{p} A_n \left(\frac{s}{pa_p}\right)^{1-\frac{n}{p}}$

.. $\log\left(\frac{pa_p}{s}\right)^{1/p}$ désigne la détermination principale.

Il suffit de reprendre la démonstration des propositions 2 et 3 avec les modifications suivantes : le changement de variable $x = x_0(1+t)$ conduit à : $I_1(s) = x_0^s \exp\left(P\left(\frac{1}{x_0}\right)\right) \sum_{h=0}^{\ell} \log^h x_0 \int_{-1}^{+1} e^{sp(t)+r(s,t)}\, q_h(t)\, dt$,

où $q_h(t)$ est analytique au voisinage de 0 puisque $\log(1+t)$ l'est.
Et : $\log^h x_0 = \log^h \left(\frac{pa_p}{s}\right)^{1/p} \left[1 + O\left(\frac{1}{\rho}\right)^{1/p}\right]$, qui conduit à modifier en conséquence la partie régulière du développement asymptotique.

Enfin la Proposition 4 est sans changement : la fonction

$$\frac{1}{x}\exp\left(P\left(\frac{1}{x}\right)\right)(1-x^{1/k})^n \log^{\ell} x$$

tend vers 0 quand $x \to 0$ dans les mêmes conditions que précédemment.

BIBLIOGRAPHIE

[1] DE BRUIJN (N.G.) : Asymptotics Methods in Analysis. North Holland Publishing C. O. (1961).

[2] COMTET (L.) : Analyse combinatoire. Tome 1, Collection Sup. P.U.F. (1970).

[3] OLVER (F.W.J.) : Asymptotics and Special Functions. Academic Press (1974).

[4] RAMIS (J.P.) : Les séries k-sommables et leurs applications. Springer Lecture Notes in Physics vol. 126 (1980).

juin 1980

Institut de Recherche
Mathématique Avancée
7, rue René Descartes
67084 STRASBOURG Cédex

SOLUTIONS IRREGULIERES D'EQUATIONS AUX DIFFERENCES POLYNOMIALES

(Anne DUVAL)

Dans [5] GALBRUN définit deux solutions "irrégulières" d'une équation aux différences finies à coefficients polynomiaux dont le polynôme caractéristique admet une racine double et il étudie le comportement asymptotique de ces solutions. On reprend ici cette étude en la généralisant à un point irrégulier d'ordre plus élevé que deux. On retrouve ainsi en particulier des résultats de ADAMS [1] .

On considère l'équation :

$$(\Delta) \quad F(f(x)) \equiv A_o\, f(x+r) + A_1\, f(x+r-1) + \dots + A_r\, f(x) = 0$$

où les A_i sont des polynômes de degré q , qu'on écrit :

$$A_i(x) = \sum_{k=o}^{q} a_{i,k}[x+r-i]_{q-k} \quad \text{où} \quad [x+k]_p = (x+k)(x+k+1)\dots(x+k+p-1)$$

Une transformation de Mellin :

$f(x) = \int_\alpha^\beta y^{x-1}\varphi(y)\, dy$ conduit à étudier l'opérateur différentiel :

$$D = y^q B_o(y)\partial^q + y^{q-1}B_1(y)\partial^{q-1} + \dots + B_q \qquad (\partial^i = \frac{d^i}{dy^i})$$

où B_j est le polynôme de degré r :

$$B_j(y) = (-1)^{q-j} \sum_{k=o}^{r} a_{k,j}\, y^{r-k}$$

Si φ vérifie $D\varphi = 0$, on aura en effet :

$F(f(x)) = M[\varphi(\beta)] - M[\varphi(\alpha)]$ où M représente les "termes tout intégrés" :

$$M[\varphi(y)] = \sum_{i=1}^{q} \sum_{j=o}^{q-i} (-1)^j\, \varphi^{(j)}(y)\, C_i^{(q-i-j)}(y)$$

avec $C_i(y) = (-1)^{q-i+1}\, y^{x+q-i}\, B_{i-1}(y)$

Les points singuliers de D sont : 0 , ∞ et les racines du polynôme caractéristique B_o . A partir d'un point singulier régulier de D , c'est-à-dire d'une racine de B_o qui est : racine d'ordre ℓ de B_o , d'ordre $\ell-1$ de B_1 etc... d'ordre 1 de $B_{\ell-1}$ $(\ell \leq q)$ on sait cf([4],[8],[12]) fabriquer ℓ solutions de (Δ) et en donner le développement asymptotique.

GALBRUN regarde le cas d'une racine double a de B_o telle que $B_1(a) \neq 0$. Alors D admet au voisinage de a, $q-1$ solutions régulières et une solution irrégulière ayant dans un secteur d'amplitude 3π un développement asymptotique de la forme :

$$e^{b/y-a} (y-a)^{\mu} \sum_{n\geq 0} a_n (y-a)^n \quad \text{où} \quad b = 2B_1(a)/aB''_o(a)$$

à partir de laquelle on obtient 2 solutions de (Δ) (voir [5]).

On s'intéresse ici au cas où a est racine d'ordre p de B_o et on cherche à fabriquer p solutions de (Δ) et à en obtenir le développement asymptotique quand $x \to \infty$ dans un demi-plan $\operatorname{Re} x > \Lambda$ où Λ est une certaine constante ≥ 0 .

Au prix de complications techniques analogues à celles utilisées par GALBRUN dans [4] et [5] , il est possible d'obtenir des développements asymptotiques valables dans tout le plan privé d'une demi-droite. ([13]).

§ 1 . ETUDE DE L'OPERATEUR D .

On suppose dans toute la suite que le polygone de Newton de (Δ) (tel qu'il est défini par exemple dans [1]) est horizontal c'est-à-dire que les polynômes A_o et A_r sont effectivement de degré q : alors B_o est de degré r et n'a pas de racine nulle. Dans ces conditions, l'infini est un point singulier régulier de D .

On supposera également que 0 est un point singulier régulier de D : comme $B_o(0) \neq 0$, ce sera certainement le cas si $B_q(0) \neq 0$. L'équation déterminante de D en 0 est : $A_r(r-\lambda) = 0$ dont les racines $-\lambda_1$, $-\lambda_r$, ... , $-\lambda_q$ sont rangées en groupes et sous-groupes de FROBENIUS. Un système fondamental de q solutions de D au voisinage de 0 est de la forme :

$$v_j(y) = y^{-\lambda_j}[\psi_{j,o}(y)+\psi_{j,1}(y)\log y + \dots + \psi_{j,n(j)}(y)\log^{n(j)} y]$$

$$j = 1,\dots,q \,.$$

1) On s'intéressera principalement au cas irrégulier suivant : a est racine d'ordre p de B_o $(p \geq 2)$ et n'est pas racine de B_1 .

Le polygone de Newton de D en a (au sens de Ramis [9]) est :

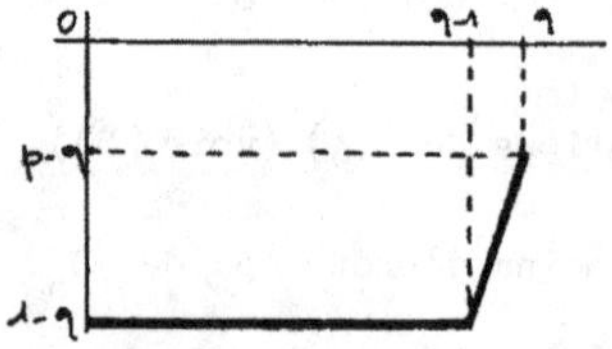

Au côté horizontal correspondent q-1 solutions "régulières" au voisinage de a . L'équation indicielle est ([6] par exemple)

$$Q_1(a)(\rho)_{q-1} + Q_2(a)(\rho)_{q-2} + \dots + Q_q(a) = 0$$

où $$Q_\nu(y) = \frac{(y-a)^{p+\nu-1}\, B_\nu(y)}{y^\nu\, B_o(y)}$$

donc $$Q_1(a) = \frac{p!\, B_1(a)}{a\, B_o^{(p)}(a)}$$ tandis que $Q_\nu(a) = 0$ si $\nu \geq 2$.

Ses racines sont : 0 , 1 , ... , q-1 et les solutions de $D\varphi = 0$ correspondantes ne fournissent pas de solutions de (Δ) .

Au côté de pente p-1 correspond une solution "normale" (formelle) de la forme :

$$\varphi(y) = e^{P(1/y-a)}\,(y-a)^\mu\, u(y)$$ où $u \in \mathbb{C}[[y-a]]$ et où P est un polynôme de degré p-1 .

On peut déterminer facilement ce polynôme P et le nombre μ en utilisant la méthode de réduction formelle de B. MALGRANGE [7] :

PROPOSITION 1.1.

On suppose que a est racine d'ordre p de B_o et que $B_1(a) \neq 0$. Soit $B(t) = b_o + b_1 t + \dots + b_{p-1} t^{p-1}$ le quotient de la division suivant les puissances croissantes du polynôme :

$$\tilde{R}_1(t) = \sum_{k=o}^{p-1} \left(\sum_{i=o}^{k} \frac{1}{i!} \binom{q-1}{k-i} \frac{B_1^{(i)}(a)}{a^{k-i}\, B_1(a)} \right) t^k - \frac{(q-1)\, a\, B_o^{(p)}(a)}{(p-1)!\, B_1(a)} t^{p-1}$$

par le polynôme :

$$\tilde{R}_o(t) = \sum_{k=o}^{p-1} \left(\sum_{i=o}^{k} \frac{1}{(p+i)!} \binom{q}{k-i} \frac{B_o^{(p+i)}(a)}{a^{k-i}\, B_1(a)} \right) t^k$$

L'opérateur D possède au voisinage de a une solution (formelle) $\varphi(y) = e^{P(1/y-a)} (y-a)^{\mu} u(y)$ où :

- $u \in \mathbb{C}[[y-a]]$

- $P(1/y-a) = \dfrac{b_o}{(p-1)(y-a)^{p-1}} + \dfrac{b_1}{(p-2)(y-a)^{p-2}} + \dots + \dfrac{b_{p-2}}{y-a}$

  (en particulier $\dfrac{b_o}{(p-1)} = \dfrac{p!\, B_1(a)}{(p-1)\, a\, B_o^{(p)}(a)}$)

- et $\mu = -b_{p-1}$.

Démonstration

En posant $y-a = t$, on peut écrire D sous la forme :

$$\frac{t^{q-1}}{a^{q-1}\,B_1(a)}\,[(t+a)^q\,B_o(t+a)\partial^q + (t+a)^{q-1}\,B_1(t+a)\partial^{q-1}+\ldots+B_q(t+a)]$$

qu'on décompose en composantes homogènes :

$$D_o = t^{q-1}\,\partial^{q-1}$$

$$\vdots$$

$$D_k = \sum_{j=o}^{k+1} d_j^{(k)}\,t^{q+k-j}\,\partial^{q-j}$$

où
$$d_j^{(k)} = \sum_{i=o}^{k-j+1} \frac{1}{i!}\binom{q-j}{k-j-i+1}\frac{B_j^{(i)}(a)}{a^{k-i}B_1(a)}$$

Comme a est racine d'ordre p de B_o, on voit que :

- $d_o^{(k)} = 0$ si $k \leq p-2$ et donc $d^o(D_k) \leq q-1$
- $d_o^{(p-1)} = \frac{a}{p!}\,\frac{B_o^{(p)}(a)}{B_1(a)}$ donc $d^o(D_{p-1}) = q$
- Si $p \leq k \leq q+r-1$ $\quad d^o(D_k) \leq q$
- Si $k \geq q+r$ $\quad D_k \equiv 0$

On reprend les définitions et les notations de [7] .

L'opérateur D se décompose en $Q\,R$ où Q correspond à la partie fuchsienne et R à la partie de pente $(p-1)$. Les opérateurs Q et R se déterminent par divisions successives : si $Q = \sum_{k\geq o} Q_k$, $R = \sum_{k\geq o} R_k$ où Q_k et R_k sont homogènes de poids k , les couples $(Q_k\,,\,R_k)$ se déterminent pas récurrence : $Q_o = D_o = t^{q-1}\,\partial^{q-1}$, $R_o = 1$ puis, pour $k \geq 1$, Q_k et R_k sont respectivement le reste et le quotient de la division "euclidienne" à gauche de $D_k - Q_1\,R_{k-1} - Q_2\,R_{k-2} \ldots - Q_{k-1}\,R_1$ par D_o .

Par récurrence il est facile de voir qu'ici :

- $\forall k, d^o(Q_k) \leq q-2$

- si $k \leq p-2$, $R_k = d_1^{(k)} t^k$

- si $k = p-1$, $d^o(D_{p-1}) = q$ donc $D^o(R_{p-1}) = 1$ et

$$R_{p-1} = d_o^{(p-1)} t^p \partial + [d_1^{(p-1)} - p(q-1)\, d_o^{(p-1)}]\, t^{p-1}$$

- ensuite si $k \geq p$, $d^o(R_k) \leq 1$ et comme $d^o(Q_i\, R_{k-i}) \leq q-1$

le terme de degré 1 de R_k provient seulement de D_k , donc :

$$R_k = d_o^{(k)}\, t^{k+1}\, \partial + r_k\, t^k \quad \text{pour} \quad p \leq k \leq q+r-1$$

puis $\quad R_k = r_k\, t^k$ si $k \geq q+r$

L'opérateur R est donc de la forme (notations de l'énoncé) :

$$R = t^p[\widetilde{R}_o(t) + O(t^p)]\partial + \widetilde{R}_1(t) + O(t^p)$$

et la proposition en découle.

2) Etude de quelques cas plus particuliers.

On va regarder en détail les cas où a est racine de B_1 , mais pas de B_2 .

PROPOSITION 1.2.

On suppose que a est racine d'ordre p $(p \geq 3)$ de B_o ,d'ordre ℓ de B_1 et que $B_2(a) \neq 0$.

i) Si $\ell = 1$, l'opérateur D possède en général (i.e. si μ_1 n'est pas entier) au voisinage de a une solution de la forme $(y-a)^{\mu_1}\, u_1(y)$ et une solution de la forme : $e^{(P(1/y-a)}\, (y-a)^{\mu_2}\, u_2(y)$ où :

- u_1 et $u_2 \in \mathbb{C}[[y-a]]$
- $\mu_1 = q-2 - \dfrac{B_2(a)}{a\, B_1'(a)}$
- P est un polynôme de d^o $p-2$, P et μ_2 s'obtiennent comme dans la proposition 1.1. mais avec :

$$\widetilde{R}_1(t) = \sum_{k=o}^{p-2} \left(\sum_{i=1}^{k+1} \frac{1}{i!} \binom{q-1}{k-i+1} \frac{B_1^{(i)}(a)}{a^{k+1-i} B_1'(a)} \right) t^k$$

$$- \left[(p-1)(q-1) + \frac{B_2(a)}{a\, B_1'(a)}\right] \frac{a\, B_o^{(p)}(a)}{p!\, B_1'(a)}\, t^{p-2}$$

$$\widetilde{R}_o(t) = \sum_{k=o}^{p-2} \left(\sum_{i=o}^{k} \frac{1}{(p+i)!} \binom{q}{k-i} \frac{B_o^{(p+i)}(a)}{a^{k-i-1} B_1'(a)} \right) t^k$$

ii) Si $2 \leq \ell < p/2$, l'opérateur D possède au voisinage de a deux solutions de la forme $e^{P_i(1/y-a)} (y-a)^{\mu_i}\, u_i(y)$ $(i=1,2)$ où

- $u_i \in \mathbb{C}[[y-a]]$ $(i=1,2)$

- P_1 est un polynôme de degré $\ell-1$ dont le coefficient du terme de plus haut degré est : $\dfrac{\ell!\ B_2(a)}{(\ell-1)a\ B_1^{(\ell)}(a)}$

- P_2 est un polynôme de degré $p-\ell-1$ dont le coefficient du terme de plus haut degré est :

$$\frac{\ell!\ a\ B_o^{(p)}(a)}{p!(p-\ell-1)B_1^{(\ell)}(a)}$$

iii) Si $\ell \geq p/2$, alors

a) si p est pair, l'opérateur D possède en général au voisinage de a deux solutions de la forme $e^{P_i(1/y-a)} (y-a)^{\mu_i}\, u_i(y)$ $(i=1,2)$ où :

- $u_i \in \mathbb{C}[[y-a]]$ $(i=1,2)$

- P_1 et P_2 sont des polynômes de degré $p/2-1$ dont les termes de plus haut degré sont $\frac{2\tau_i}{P-2}$ où τ_1 et τ_2 sont racines de l'équation :

$$(1)\qquad \frac{a^2\, B_o^{(p)}(a)}{p!\; B_2(a)}\,\tau^2 + 1 = 0 \quad \underline{\text{si}} \quad \ell \neq p/2$$

$$\underline{\text{ou}} \qquad \frac{a^2\, B_o^{(p)}(a)}{p!\; B_2(a)}\,\tau^2 + \frac{a\, B_1^{(p/2)}(a)}{(\frac{p}{2})!\; B_2(a)}\,\tau + 1 = 0 \quad \underline{\text{si}} \quad \ell = \frac{p}{2}$$

Dans ce dernier cas si $\tau_1 = \tau_2$ les deux solutions sont de la forme :

$$e^{P_1(1/y-a)}(y-a)^{\mu_1}\,u_1(y) \quad \text{et} \quad e^{P_1(1/y-a)}(y-a)^{\mu_1}[u_2(y)+u_3(y)\log(y-a)]$$

b) <u>si</u> p <u>est impair, le changement de variable</u> : $y-a = w^2$ <u>conduit à une solution de la forme</u> $e^{P(1/w)}\,w^{\mu}\,u(w)$ <u>où</u> $u \in \mathbb{C}[[w]]$, <u>et où</u> P <u>est un polynôme de degré</u> $p-2$ <u>dont le coefficient du terme de plus haut degré est</u> $\frac{\tau}{p(p-2))}$ <u>où</u> τ <u>est racine de l'équation (1) ci-dessus</u>.

<u>Démonstration</u> :

C'est un exercice d'application de la méthode de B. MALGRANGE Signalons simplement que les trois cas correspondent aux trois formes possibles du polygone de Newton de D en a :

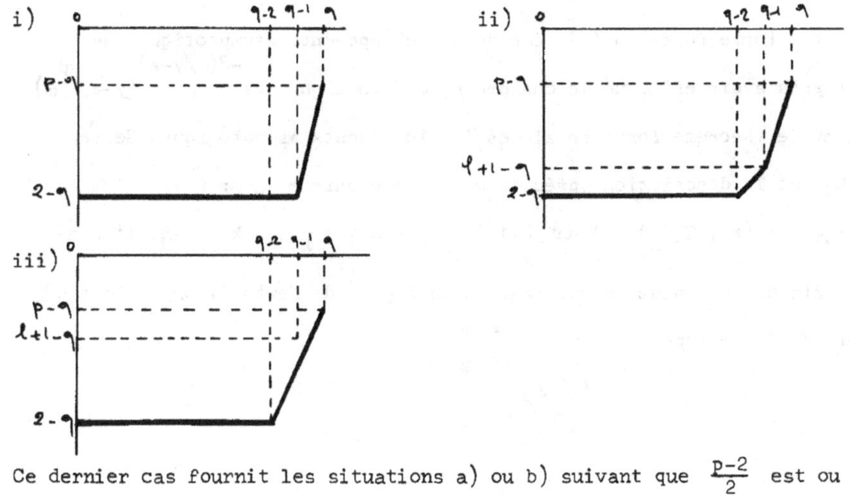

Ce dernier cas fournit les situations a) ou b) suivant que $\frac{p-2}{2}$ est ou non entier.

Une étude formelle de ce type peut être menée dans chaque cas particulier et fournira "suffisamment de solutions irrégulières" (pour fabriquer ensuite p solutions de (Δ)), du moins dans le cas où il existe un entier $r \geq 1$ tel que $B_r(a) \neq o$; c'est-à-dire lorsque D ne se "simplifie" pas par $y-a$: dans ce cas il manquera autant de solutions (pour Δ) que le degré du facteur par lequel on peut simplifier D. Mais ce cas correspond à une équation (Δ) réductible (i.e. que certaines de ses solutions sont solutions d'une équation aux différences algébriques d'ordre $< r$) : on le voit en appliquant la transformation de Mellin inverse à l'opérateur "simplifié". On aura besoin de connaître l'existence de solutions de $D\varphi = 0$ dans un secteur d'ouverture $> 2\pi$.

PROPOSITION 1.3.

Il existe une base de solutions formelles de D et un secteur ouvert V du revêtement universel de $\mathbb{C}$ (d'origine a) d'ouverture $> 2\pi$ tels qu'à chaque élément de la base corresponde une solution de D, holomorphe dans $V-\{a\}$ et admettant cet élément pour développement asymptotique on a :

Démonstration :

Cette forme forte du théorème des développements asymptotiques se démontre (après avoir effectué le changmeent de fonction $\Psi = e^{-P(1/y-a)}(y-a)^{-\mu}\varphi$) en utilisant le théorème fondamental des développements asymptotiques Gevrey (Ramis [10]) et la description précise de l'isomorphisme μ_s : $\mathbb{C}[[x]]_s/\mathbb{C}\{x\} \to H^1(S ; \mathcal{G}_{o,s})$ (Voir [11]) où $s = 1 + \frac{1}{k}$, k étant l'invariant de Katz de D (plus grande pente du polygone de Newton). On obtient un secteur V de ce type :

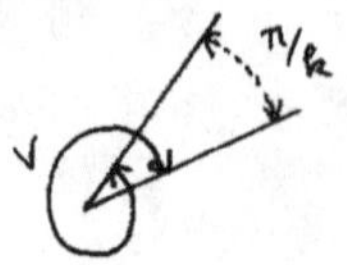

§ 2 - SOLUTIONS IRREGULIERES DANS LE CAS $B_1(a) \neq 0$

On posera : $\rho = |x|$; $\sigma = \arg x$ $(\sigma \in]-\frac{\pi}{2}, \frac{\pi}{2}[)$; $\alpha = \arg a$.

On notera φ la solution de D qui dans le secteur $V = \{|\arg(y-a)-\alpha|<\pi\}$ admet le développement asymptotique :

(1) $e^{P(1/y-a)} (y-a)^{\mu} \sum_{n\geq 0} a_n (y-a)^n$ où P et μ sont ceux de la proposition 1.1.

On posera : $\beta = \arg \dfrac{B_1(a)}{B_0^{(p)}(a)}$; pour $i = 0, 1 \dots p-2$:

$$\Sigma_i = \{|\arg(y-a) - \frac{1}{p-1}(\beta-\alpha + (2i+1)\pi| < \frac{\pi}{2(p-1)}\} \quad \text{et} \quad \Sigma = \bigcup_{i=0}^{p-2} \Sigma_i$$

LEMME 2.1.

<u>Soit</u> ρ <u>un chemin du plan complexe joignant</u> 0 <u>à</u> a <u>tracé pour</u> y <u>voisin de</u> a <u>dans un secteur</u> Σ_i . <u>On suppose que le long de</u> ρ <u>l'équation différentielle</u> D <u>possède une solution</u> $\varphi(y)$ <u>qui au voisinage de</u> a <u>admet le développement asymptotique (1). Alors pour tout</u> x <u>tel que</u> Re x <u>soit assez grand l'intégrale</u>

$$I(x) = \int_{\rho} y^{x-1} \varphi(y)\, dy$$

<u>existe et est une solution de l'équation aux différences</u> (Δ) .

D'une part, φ et ses dérivées tendent vers 0 comme $e^{-h/|y-a|^{p-1}}$ $(h > 0)$ quand $y \to a$ dans l'un des $p-1$ secteurs Σ_i . D'autre part au voisinage de 0 , les fonctions $y^{x-1} v_j(y)$ sont toutes intégrables jusqu'en 0 si Re x est assez grand $(\mathrm{Re}\, x > \sup_{j=1,\dots,q} \mathrm{Re}(\lambda_j+1))$.
Ceci assure l'existence de I(x) dans les conditions indiquées. Le fait que I(x) soit solution de (Δ) résulte de ce que sous les mêmes conditions :

$$M[\varphi(a)] = M[\varphi(0)] = 0$$

PROPOSITION 2.2.

La fonction $x \log y + P(1/y-a)$ présente p cols admettant des développements en série convergeant pour ρ assez grand de la forme :

$$y_m = a + \left(\frac{k}{x}\right)_m^{1/p} + c_2\left(\frac{k}{x}\right)_m^{2/p} + \dots$$

où $k = \dfrac{p!\, B_1(a)}{B_o^{(p)}(a)}$ et $\left(\frac{k}{x}\right)_m^{1/p} = \left(\frac{|k|}{\rho}\right)^{1/p} \exp \frac{i}{p}(\beta-\sigma+2m\pi)$ $m=0,1\dots p-1$

Pour chaque m et pour tout chemin L (assez voisin de a mais ne passant pas par a) passant par le point y_m, on a pour ρ assez grand :

$$\int_L y^{x-1}\varphi(y)\,dy = (y_m-a)^{\mu+1} y_m^{x-1} e^{P(1/y_m-a)} \int_{\tilde L} e^{sp(u)+r(s,u)} q(x,u)\,du$$

où :

- $\tilde L$ est l'image de L dans la transformation $y = y_m + (y_m-a)u$
- $s = \frac{x}{a}\left(\frac{k}{x}\right)_m^{1/p}$
- $p(u) = u + \frac{1}{p-1}[(1+u)^{1-p}-1]$
- $|r(s,u)| \le K|s|^{(p-2)/p-1}|u|^2$ $\forall u \in \tilde L$ et $\forall \rho$ assez grand
- $q(x,u) \sim a_o + \sum_{i\ge1} a_i'\left(\frac{k}{x}\right)_m^{i/p}$

Démonstration :

La fonction $h(y) = x \log y + P(1/y-a)$ présente p cols qui sont les racines de l'équation polynômiale en y :

$$(*)\quad x = \frac{y}{(y-a)^2} P'(1/y-a) = \left[\frac{b_o}{(y-a)^p} + \frac{b_1}{(y-a)^{p-1}} + \dots + \frac{b_{p-2}}{(y-a)^2}\right] y$$

En procédant comme dans la Proposition 1 de [3] on montre que ces p racines ont des développements de la forme indiquée où les c_n peuvent se calculer par la formule d'inversion de Lagrange.

Remarquons que $y_m - a = O(\rho^{-1/p})$: les p cols tendent tous vers a quand $\rho \to \infty$.

Pour y_m fixé le changement de variable : $y-a = (y_m-a)(1+u)$ conduit à :

$$\int_L y^{x-1}\,\varphi(y)\,dy = (y_m-a)^{\mu+1}\,y_m^{x-1}\,e^{P(1/y_m-a)}\int_{\tilde{L}} e^{h(x,u)}(1+u)^{\mu}\left(1+\frac{y_m-a}{y_m}u\right)^{-1}.$$

$$.[\quad]du$$

où $[\quad] = a_o + a_1(y_m-a)(1+u) + \ldots$

et où la fonction $h(x,u) = x\log\left(1+\frac{y_m-a}{y_m}u\right) + P(1/(y_m-a)(1+u)) - P(1/y_m-a)$

se développe en série double convergeante pour $|u|$ assez petit et ρ assez grand, de la forme :

$$h(x,u) = \frac{k}{a}\cdot\left(\frac{x}{k}\right)_m^{1-1/p} p(u) + \sum_{i=2}^{p}\left(\frac{x}{k}\right)_m^{1-i/p} g_i(u) + \sum_{j\geq 1}\left(\frac{k}{x}\right)_m^{j/p} h_j(u)$$

avec $p(u) = u + \frac{1}{p-1}\left[\frac{1}{(1+u)^{p-1}} - 1\right] = \frac{p}{2}u^2 + O(u^3)$ au voisinage de 0.

D'autre part, pour tout x on a :

$$\left[\frac{\partial}{\partial u}h(x,u)\right]_{u=0} = x(y_m-a)/y_m - (1/y_m-a)\,P'(1/y_m-a) = 0 \quad \text{d'après } (*)$$

Donc $\forall i$ (et $\forall j$), $g_i(u) = O(u^2)$ (et $h_j(u) = O(u^2)$) au voisinage de 0.

En posant $s = \frac{k}{a}\left(\frac{x}{k}\right)_m^{1-1/p}$ et $r(s,u) = \sum_{i=2}^{p}\left(\frac{x}{k}\right)_m^{1-i/p} g_i(u)$

on a le résultat annoncé.

Dans la suite on posera $\boxed{\delta_m = \arg s = \frac{1}{p}[(p-1)\sigma+\beta+2m\pi]-\alpha}$

LEMME 2.3.

<u>Le point</u> $y = (y_m-a)e^{i\theta}$ <u>appartient si</u> ρ <u>est assez grand à l'un des</u>

secteurs Σ_i si et seulement si $\cos((p-1)\theta-\delta_m) < 0$.

En particulier $y_m \in \Sigma$ si et seulement si $\cos \delta_m < 0$.

Démonstration :

En effet $y_m - a \sim (\frac{k}{x})_m^{1/p}$ donc pour ρ assez grand, $\arg(y-a)$ est voisin de : $\theta + \frac{1}{p}(\beta-\sigma + 2m\pi)$ et puisqu'il s'agit de secteurs ouverts $y \in \Sigma$ si et seulement si $\exists i$ tel que :

$$|\theta+\frac{1}{p}(\beta-\sigma+2m\pi) - \frac{1}{p-1}(\beta-\alpha+(2i+1)\pi| < \pi/2(p-1) \text{ c'est-à-dire :}$$

$$|(p-1)\theta-\delta_m+2(m-i)\pi-\pi| < \pi/2 \text{ ou encore } \cos((p-1)\theta-\delta_m) < 0$$

PROPOSITION 2.4.

Choix d'un chemin Γ de descente au voisinage du col y_m

a) Si $\cos \delta_m < 0$ pour $\sigma \in]\sigma_1,\sigma_2[$ alors pour tout u appartenant au segment réel $[-\ell,\ell']$ (où $0 < \ell < 1$ et $\ell' > 0$), $\text{Re}\,(e^{i\delta_m}\, p(u))$ est négatif, nul seulement pour $u = 0$.

b) Si $\cos \delta_m > 0$, il existe un arc (θ_1,θ_2) avec $-2\pi/p < \theta_1 < 0 < \theta_2 < 2\pi/p$ et $\cos((p-1)\theta_j - \delta_m) < 0$ $(j=1,2)$ tel que si on pose $u = e^{i\theta}-1$ on ait $\text{Re}(e^{i\delta_m}p(u))$ négatif pour $\theta \in [\theta_1,\theta_2]$, nul seulement pour $\theta = 0$ (c'est-à-dire $u = 0$).

c) Si $\cos \delta_m = 0$, alors en posant $u = \frac{\sin \theta}{\sin(\gamma-\theta)} e^{i\gamma}$ où $\gamma = \pi/4$ si $\delta_m \equiv \pi/2\ (2\pi)$ et $\gamma = 3\pi/4$ si $\delta_m \equiv 3\pi/2\ (2\pi)$, $\text{Re}(e^{i\delta_m}p(u))$ sera négatif pour

- $\theta \in [-\frac{\pi}{2(p+1)}, \frac{5\pi}{4p}] \cap]-\frac{3\pi}{4}, \frac{\pi}{4}[$ si $\gamma = \frac{\pi}{4}$
- $\theta \in [-\frac{5\pi}{4p}, \frac{\pi}{2(p+1)}]$ si $\gamma = \frac{3\pi}{4}$, nul seulement pour $\theta = 0$ ($u = 0$)

Démonstration :

a) Pour u réel, la fonction $p(u)$ est réelle positive sur tout segment inclus dans $]-1, +\infty[$, nulle seulement pour $u = 0$.

b) Si $u = e^{i\theta}-1$ (u décrit le cercle de centre -1 , image de a , de rayon 1) , $p(u) = e^{i\theta} -1 + \frac{1}{p-1} (e^{-(p-1)i\theta}-1)$ et

$\Psi(\theta) = \mathrm{Re}(e^{i\delta_m} p(u)) = \cos(\delta_m+\theta) + \frac{1}{p-1} \cos((p-1)\theta-\delta_m) - \frac{p}{p-1} \cos \delta_m$.

Comme $p(u) = \frac{p}{2} u^2 + O(u^3)$ et $u = i\theta + O(\theta^2)$ au voisinage de 0 ,

$\Psi(\theta) = - \frac{p}{2} \theta^2 \cos \delta_m + O(\theta^3)$ qui est négatif au voisinage de 0 ,

. Si $p=2$, $\Psi(\theta) = -2\cos \delta_m(1 - \cos \theta)$ qui est négatif lorsque $\theta \in [\theta_1,\theta_2]$ avec $- \pi < \theta_1 < 0 < \theta_2 < \pi$, nul seulement pour $\theta = 0$. Comme $\delta_m \in]-\pi/2,\pi/2[$ (modulo 2π) il est toujours possible de choisir θ_1 et θ_2 tels qu'on ait aussi $\cos(\theta_j + \delta_m) < 0$ $(j = 1, 2)$.

. Si $p \geq 3$, la fonction $\Psi(\theta)$ a pour dérivée :

$\Psi'(\theta) = -2\sin(p\theta/2) \cos(\frac{1}{2}(p-2)\theta-\delta_m)$ qui s'annule aux points :

$\theta \equiv 0 \quad (2\pi/p)$ et $\theta \equiv (2\delta_m-\pi)/(p-2) \quad (2\pi/(p-2))$.

En supposant que $\delta_m \in]- \frac{\pi}{2} , \frac{\pi}{2}[$ (sinon il faut décaler la suite d'un multiple de 2π) , les deux racines de la deuxième famille qui encadrent 0 sont :

$$\theta_1' = (2\delta_m-\pi)/(p-2) \in]-2\pi/(p-2) , 0[$$

et $$\theta_2' = (2\delta_m+\pi)/(p-2) \in]0, 2\pi/(p-2)[$$

D'autre part la fonction $\chi(\theta) = \cos((p-1)\theta-\delta_m)$ change de signe pour :

$\theta \equiv (2\delta_m-\pi)/2(p-1) \quad (\pi/(p-1))$ dont les deux valeurs encadrant 0 sont :

$$\theta_1'' = (2\delta_m-\pi)/2(p-1) \in]-\pi/(p-1) , 0[$$

et $$\theta_2'' = (2\delta_m+\pi)/2(p-1) \in]0,\pi/(p-1)[\ .$$

Comme $\sup(-2\pi/p,\theta_1') < \theta_1'' < 0 < \theta_2'' < \inf(2\pi/p,\theta_2')$, en choisissant :

$\theta_1 \in]\sup(-2\pi/p,\theta_1'),\theta_1''[$ et $\theta_2 \in]\theta_2'',\inf(2\pi/p,\theta_2')[$ on aura le résultat annoncé.

c) Commençons par le cas où $\delta_m \equiv \pi/2 \ (2\pi)$, donc $\gamma = \pi/4$ et

$u = \dfrac{\sin\theta}{\sin(\frac{\pi}{4}-\theta)} e^{i\pi/4}$ décrit la droite D quand θ décrit $]-3\pi/4 , \pi/4[$

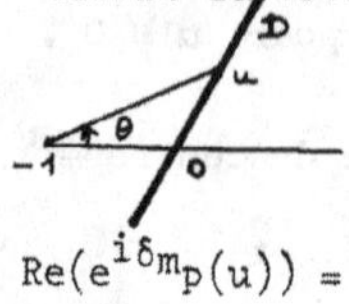

Si on pose $\Psi(\theta) = \mathrm{Re}(e^{i\delta_m}p(u)) = -\mathrm{Im}\ p(u)$, il vient :

$$\Psi(\theta) = -\frac{\sin\theta}{2^{\frac{1}{2}}\sin(\frac{\pi}{4}-\theta)} + \frac{2^{(p-1)/2}}{p-1}\sin^{p-1}(\frac{\pi}{4}-\theta)\sin(p-1)\theta .$$

Au voisinage de $\theta = 0$, $u = 2^{\frac{1}{2}} e^{i\pi/4}\theta + O(\theta^2)$ donc :

$p(u) = ip\theta^2 + O(\theta^3)$ et $\Psi(\theta) = -p\theta^2 + O(\theta^3)$ qui est négatif au voisinage de 0 .

D'autre part :

$$\Psi'(\theta) = -\frac{1}{2\sin^2(\frac{\pi}{4}-\theta)}[1 + 2^{(p+1)/2}\sin^p(\frac{\pi}{4}-\theta)\sin(p\theta-\pi/4)] .$$

La fonction $\Psi_1(\theta) = \sin^p(\frac{\pi}{4}-\theta)\sin(p\theta-\pi/4)$ a pour dérivée :

$p\sin^{p-1}(\frac{\pi}{4}-\theta)\cos((p+1)\theta)$ qui s'annule (si $\theta \in]-3\pi/4 , \pi/4[$)

aux points $\theta \equiv \pi/2(p+1) \quad (\pi/p+1)$.

Donc si $\theta \in [-\pi/2(p+1),\pi/2(p+1)]$, la fonction Ψ' est décroissante, comme elle est nulle en 0 , elle est positive pour $\theta \in [-\pi/2(p+1) , 0]$, négative pour $\theta \in [0,\pi/2(p+1)]$. Comme d'autre part, $\Psi'(\theta)$ est manifestement négatif pour : $0 < p\theta - \pi/4 < \pi$ i.e. pour $\pi/4p < \theta < 5\pi/4p$ ($\theta \in]-\frac{3\pi}{4},\frac{\pi}{4}[$ toujours) et que $\pi/4p < \pi/2(p+1)$ on a le résultat.

Le cas $\delta_m \equiv 3\pi/2 \ (2\pi)$ est semblable : il revient à remplacer θ par $-\theta$ dans $\Psi(\theta)$.

PROPOSITION 2.5. :

<u>Si</u> (z_1,z_2) <u>est un chemin du plan des</u> y , <u>passant par le point</u> y_m <u>et dont l'image dans le plan des</u> u <u>est un chemin</u> $\mathcal{T}$ <u>comme il est dit dans</u>

la proposition 2.4. on a quand $\rho \to \infty$ avec $\mathrm{Re}\, x > 0$ le développement asymptotique :

$$(A)_m : \int_{[z_1,z_2]} y^{x-1}\varphi(y)dy \sim 2y_m^{x-1}(y_m-a)^{\mu+1} e^{P(1/(y_m-a))} (\pi/p)^{\frac{1}{2}}(-a/k^{1/p}x^{1-1/p})^{\frac{1}{2}}$$

$$.[a_o + \sum_{i\geq 1} d_i(\tfrac{1}{x})^{\frac{i}{p}}]$$

où $\arg(-a/k^{1/p}x^{1-1/p})^{\frac{1}{2}} = -\frac{1}{2}(\delta_m + \pi + 2n\pi)$ où l'entier n est choisi de sorte que :

i) si $\cos\delta_m < 0$: $|\delta_m + \pi + 2n\pi| \leq \pi/2$

ii) si $\cos\delta_m > 0$: $|\delta_m + (1+\varepsilon)\pi + 2n\pi| \leq \pi/2$ où $\varepsilon = +1$ si (z_1, z_2) est parcouru dans le sens direct, $\varepsilon = -1$ dans le cas contraire.

iii) si $\cos\delta_m = 0$: $|\delta_m + \pi + 2\varepsilon\gamma + 2n\pi| \leq \pi/2$ où γ a la valeur indiquée dans la proposition 2 c) et où $\varepsilon = +1$ si $\arg z_2 > 0$, $\varepsilon = -1$ dans le cas contraire.

Démonstration :

Les propositions 2.2. et 2.4. montrent en effet qu'on peut étudier cette intégrale par la même méthode que dans [3], propositions 2 et 3. Remarquons que la "partie principale" de cette intégrale est celle de $y_m^x \exp[b_o/(p-1)(y_m-a)^{p-1}]$ c'est-à-dire : $a^x e^{sp/(p-1)}$ où

$$s = \left|\frac{k}{a}\right|^{1/p} \rho^{(p-1)/p} e^{i\delta_m}.$$

La proposition 2.4. indique comment choisir le chemin d'intégration au voisinage du col y_m. Les résultats suivants permettent de choisir globalement ce chemin de manière à ce que la portion voisine du col soit prédominante.

On supposera dans la suite que le segment $[0,a]$ est tracé dans un secteur de décroissance du facteur exponentiel (Σ_i) (i.e. que : $(-1)^p\cos(p\alpha-\beta) > 0$). On indiquera à la fin comment modifier les chemins si cette condition n'est pas vérifiée.

On supposera aussi que sur le segment $[0,a]$ il n'y a pas d'autre racine du polynôme caractéristique que a (si ce n'était pas le cas il faudrait remplacer dans la suite $[0,a]$ par un chemin "voisin" de la forme $(0,0',a)$:

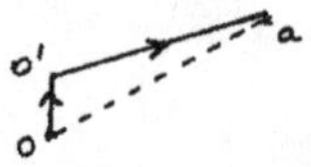

LEMME 2.6.

Soit c un réel positif $(c < |a|)$ et z l'intersection du cercle de centre a de rayon c et du segment $[0,a]$, alors la quantité :

$$\left|a^{-x} \int_{[0,z]} y^{x-1}\, \varphi(y)\, dy\right| \text{ tend vers } 0 \text{ comme } e^{-h\rho} \ (h > 0)$$

quand ρ tend vers l'infini dans le demi-plan $\operatorname{Re} x > \Lambda$.

Démonstration :

Soit $d > 0$ un réel assez petit pour que :
la boule $B(0,d)$ de centre 0 de rayon d ne contienne aucune racine du polynôme caractéristique.
Alors si z' est le point de $[0,z]$ de module d, sur le segment $[z',z]$ la fonction $\varphi(y)$ est bornée et la fonction $|y^{x-1}|$ est maximum au point z (si $\operatorname{Re} x > 1$) donc, comme la longueur du segment $[z',z]$ est inférieure à $|z|$ on a :

$$\left|a^{-x} \int_{[z',z]} y^{x-1}\, \varphi(y)\, dy\right| \le M|a^{-x}||z^{x-1}||z| = M|(z/a)^x|$$

Mais z/a est réel et a pour module $1 - c/|a|$ donc :

$$\left|a^{-x} \int_{[z',z]} y^{x-1} \varphi(y)\, dy\right| \le M\, e^{\rho \log(1 - c/|a|)\cos\sigma}$$

et $\log(1 - c/|a|) \cos\sigma < 0$.

D'autre part $\int_{[0,z']}$ est combinaison linéaire d'intégrales du type :
$\int_{[0,z']} y^{x-\lambda_j-1} \log^r y\ \Psi(y)\ dy$ où Ψ est holomorphe dans $B(0,d)$.

Sur le segment $[0,z']$, $|y^x|$ est maximum au point $z' = de^{i\alpha}$ et donc :

$$\int_{[0,z']} y^{x-\lambda_j-1} \log^r y\ \Psi(y)\ dy \sim \frac{-z'^{x-\lambda_j}}{x} \log^r z'\ \Psi(z')$$

et il existe une constante K telle que :

$$|a^{-x} \int_{[0,z']} y^{x-\lambda_j-1} \log^r y\ \Psi(y)\ dy| \le \frac{K}{\rho}\ e^{-\rho \log(|a|/d) \cos \sigma}$$

LEMME 2.7.

Soient c *un réel positif et* $[z,z']$ *un segment de droite inclus dans* $[0,a]$ *tel que* $|z-a| = c$ *et* $|z'-a| = \Lambda\ |k|^{1/p} \rho^{-1/p}$, *la quantité*

$$|a^{-x}\ e^{-sp/(p-1)} \int_{[z,z']} y^{x-1} \varphi(y)\ dy| \ \text{ tend vers } 0 \text{ comme } e^{-h\ \rho^{(p-1)/p}}$$

$(h > 0)$ *quand* $\rho \to \infty$ *dans les deux cas suivants* :

i) $\cos \delta_m \ge 0$, $\Lambda > 0$

ii) $\cos \delta_m < 0$ *pour* $\sigma \in]\sigma_1, \sigma_2[\in]-\frac{\pi}{2}, \frac{\pi}{2}[$, $\Lambda > p/(p-1) \inf(\cos \sigma_1, \cos \sigma_2)$

Démonstration :

Comme $[0,a]$ est dans un secteur de décroissance du facteur exponentiel , $\varphi(y)$ est bornée sur $[z,a]$ et

$$|\int_{[z,z']} y^{x-1}\ \varphi(y)\ dy| \le M|z'^x|$$

donc $|a^{-x}\ e^{-sp/(p-1)} \int_{[z,z']} y^{x-1} \varphi(y)\ dy| \le M|(z'/a)^x| e^{-(p/(p-1)) \mathrm{Re}\ s}$

Le nombre z'/a est réel et a pour module : $1 - \Lambda(\frac{|k|}{\rho})^{1/p}|a|^{-1}$ donc

$|(z'/a)^x| \sim e^{-\Lambda|k|^{1/p}|a|^{-1}\rho^{(p-1)/p}\cos\sigma}$ quand ρ tend vers l'infini et

$$|a^{-x}\,e^{-ps/(p-1)}\int_{[z,z']} y^{x-1}\,\varphi(y)\,dy| \leq M'\,e^{-|k|^{1/p}|a|^{-1}\rho^{(p-1)/p}[\Lambda\cos\sigma+\frac{p}{p-1}\cos\delta_m]}$$

Dans les conditions i) ou ii) de l'énoncé, le crochet est prositif.

LEMME 2.8. :

<u>Soit</u> (z,z') <u>un arc de courbe tracé dans un cercle de centre</u> a <u>de rayon</u> $\Lambda\rho^{-1/p}$ (Λ <u>constante positive quelconque). On pose</u> : $y = a + t(y_m-a)e^{i\theta}$ (t <u>réel positif). On suppose que la condition</u> (C) <u>suivante est vérifiée</u> : $\exists h > 0$ <u>et</u> $]\sigma_1,\sigma_2[$ <u>tels que</u> $\forall y \in (z,z')$, $\forall\sigma \in]\sigma_1,\sigma_2[$ <u>on ait</u> :

$$(C) \qquad t\cos(\delta_m+\theta) + \frac{1}{(p-1)t^{p-1}}\cos((p-1)\theta-\delta_m) - \frac{p}{p-1}\cos\delta_m < -h$$

<u>Alors</u> $|a^{-x}\,e^{-sp/(p-1)}\int_{(z,z')} y^{x-1}\varphi(y)\,dy|$ <u>tend vers</u> 0 <u>comme</u> $e^{-h\,\rho^{(p-1)/p}}$ <u>quand</u> $\rho \to \infty$ <u>et</u> $\sigma \in]\sigma_1,\sigma_2[$.

<u>Démonstration</u> :

On choisit ρ assez grand pour que dans la boule de centre a de rayon $\Lambda\rho^{-1/p}$ la quantité $|\frac{\varphi(y)}{\exp(b_o/(p-1)(y-a)^{p-1})} - 1|$ soit aussi petite qu'on veut. Alors $\forall y \in (z,z')$ $|\varphi(y)| \leq K|\exp(b_o e^{-(p-1)i\theta}/t^{p-1}(y_m-a)^{p-1})|$ donc $|\varphi(y)| \leq K'\exp(|s|\cos((p-1)\theta-\delta_m)/(p-1)t^{p-1})$.

D'autre part : $y^x = a^x(1 + t\frac{y_m-a}{a}e^{i\theta})^x = a^x\,e^{ste^{i\theta}} + O((1/\rho)^{(p-2)/p})$

Donc :

$$|a^{-x}e^{-sp/(p-1)}\int_{(z,z')} y^{x-1}\varphi(y)dy| \leq K''\exp|s|[t\cos(\theta+\delta_m) + \frac{1}{(p-1)t^{p-1}}\cos((p-1)\theta-\delta_m) - \frac{p}{p-1}\cos\delta_m]$$

et le résultat annoncé.

LEMME 2.9. :

Soit p un entier $(p \geq 5)$, la fonction :

$H_p(\delta) = \cos^{(p-1)/p}(\delta + 2\pi/p) - \cos\delta$ est strictement négative pour $\delta \in [0, \frac{\pi}{2} - \frac{2\pi}{p}]$.

Démonstration :

Quand $p \to \infty$ un développement limité de $H_p(\delta)$ en $1/p$ montre que :

$$H_p(\delta) = -\frac{1}{p}(2\pi \sin\delta + \cos\delta \operatorname{Log}\cos\delta) + O(1/p^2).$$

Or la quantité $2\pi \operatorname{tg}\delta + \operatorname{Log}\cos\delta$ est croissante pour $\delta \in [0,\pi/2[$, nulle en 0 donc positive sur cet intervalle. Comme $H_p(0) = \cos^{(p-1)/p}(2\pi/p)-1$ est négatif, le résultat est établi pour les grandes valeurs de p.
Mais la quantité $H_p(\delta)$ est une fonction croissante de p : sa dérivée est en effet du même signe que l'expression :

$\operatorname{Log}\cos(\delta + 2\pi/p) + (1-1/p)2\pi \operatorname{tg}(\delta+2\pi/p)$ qui est positive (c'est la même expression que précédemment au facteur $(1-1/p)$ près, qui ne modifie pas le résultat parce que $2\pi(1-1/p) > 1$).

THEOREME 2.10. :

Pour $m = 0, 1, \ldots, p-1$, pour tout x tel que $\operatorname{Re} x$ soit assez grand, il existe un chemin $S_m(x)$ tel que

$$f_m(x) = \int_{S_m(x)} y^{x-1}\varphi(y)\, dy$$

soit solution de (Δ) et admette quand $\rho \to \infty$ dans une direction $\sigma \in]-\frac{\pi}{2},\frac{\pi}{2}[$ (ou au voisinage d'une direction fixée) le développement asymptotique $(A)_m$ de la proposition 2.5.

Démonstration :

A) Si $\cos\delta_m < -\varepsilon < 0$ pour $\sigma \in [\sigma_1,\sigma_2] \subset]-\frac{\pi}{2},\frac{\pi}{2}[$

On définit : $z_1 = a + (1-\ell)(y_m-a)$ où $0 < \ell < 1$

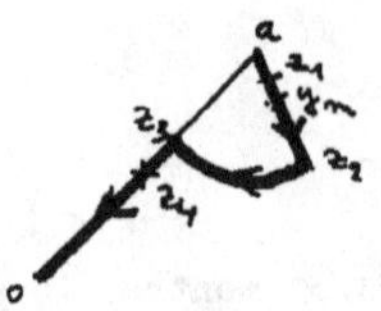

$z_2 = a + (1+\ell')(y_m-a)$ où $1' > 0$

$z_3 = a - (1+\ell')|y_m-a|e^{i\alpha}$

$z_4 = a - ce^{i\alpha}$ où $c < |a|$

et $S_m(x) = [a,z_2] \cup (z_2,z_3) \cup [z_3,0]$

où $[a,z_2]$ et $[z_3,0]$ sont des segments de droite et (z_2,z_3) l'arc de cercle de centre a , intérieur au cercle de centre 0 de rayon $|z_2|$.

D'abord $[a,z_2] \subset \Sigma$ puisque $\cos\delta_m < 0$, donc le lemme 2.1. montre que $f_m(x)$ est solution de (Δ) .

i) L'intégrale $I_1 = \int_{[z_1,z_2]} y^{x-1}\varphi(y)\,dy$ admet d'après les propositions 2.4. et 2.5. le développement asymptotique $(A)_m$.

ii) On choisit c assez petit pour que dans la boule $B(a,c)$ on ait :

$$|\varphi(y)| \leq K|\exp b_o/(p-1)(y-a)^{p-1}| \quad (K \text{ constante positive})$$

Le changement de variable $y-a = (y_m-a)(1+u)$ dans l'intégrale : $\int_{[a,z_1]} y^{x-1}\varphi(y)\,dy$ conduit par le même calcul que dans la proposition 2.2. à :

$$\left|\int_{[a,z_1]} y^{x-1}\varphi(y)\,dy\right| \leq K_1|(y_m-a)^{\mu+1}\; y_m^{x-1}\; e^{P(1/(y_m-a))}|\left|\int_{-1}^{-\ell}|e^{sp(u)}|du\right|$$

et donc $\left|\int_{[a,z_1]} y^{x-1}\varphi(y)\,dy \,/\, I_1\right| \leq K_2 \sup_{u\in]-1,-\ell]} e^{\mathrm{Re}(sp(u))}$

Mais sur $]-1,-\ell]$, la fonction $p(u)$ décroit de $+\infty$ à $p(-\ell) > 0$ donc $e^{\mathrm{Res}.p(-\ell)}$ tend vers 0 comme $e^{-h\rho^{(p-1)/p}}$ quand $\rho \to \infty$.

iii) Le choix de l'arc de cercle (z_2,z_3) montre que $|y|$ est maximum en z_2 et la condition (C) du lemme 2.8. sera remplie sur cet arc si on choisit

$t = 1+\ell' > \frac{1}{p-1}(p+1/\varepsilon)$, ce qui assurera :

$$t \cos \delta_m - \frac{p}{p-1} \cos \delta_m + 1/(p-1)t^{p-1} < 0$$ et a fortiori la condition (C).

iv) En supposant aussi $t > p/(p-1) \inf(\cos \sigma_1, \cos \sigma_2)$ (i.e. en prenant $1 + \ell' = \frac{1}{p-1} \max(p+1/\varepsilon\ ,\ p/\inf(\cos \sigma_1, \cos \sigma_2))$ le lemme 2.7. montre que $\int_{[z_3, z_4]} y^{x-1} \varphi(y)\, dy$ est négligeable devant I_1 .

v) Enfin le lemme 2.6. montre que c'est aussi le cas de $\int_{[z_4, 0]} y^{x-1} \varphi(y)\, dy$.

B) Si $\cos \delta_m > 0$ pour $\sigma \in [\sigma_1, \sigma_2] \subset]-\frac{\pi}{2}, \frac{\pi}{2}[$

Supposons d'abord $\delta_m \in [0, \frac{\pi}{2}[$.

Les deux zéros de $\cos(\theta + \delta_m)$ encadrant $\theta = 0$ sont :

$\tilde{\theta}_1 = -\delta_m - \pi/2$ et $\tilde{\theta}_2 = -\delta_m + \pi/2$.

En reprenant les notations de la proposition 2.4.b) on aura :

1) si $0 \leq \delta_m \leq \frac{\pi}{2} - \frac{2\pi}{p}$: $0 < \theta'_2 \leq 2\pi/p \leq \tilde{\theta}_2$

2) si $\frac{\pi}{2} - \frac{2\pi}{p} \leq \delta_m < \pi/2$: $0 < \tilde{\theta}_2 \leq 2\pi/p \leq \theta'_2$

(le cas 1) ne se produit que si $p \geq 5$) .

1) $0 \leq \delta_m \leq (\pi/2) - 2\pi/p$

La fonction $\Psi(\theta)$ (Proposition 2.4. b) est alors négative (strictement) sur $]0\ ,\ 2\pi/p]$. En effet Ψ' décroit quand θ décrit $[0, \theta'_2]$ et croit ensuite sur $[\theta'_2, 2\pi/p]$ mais

$$\Psi(2\pi/p) = \frac{p}{p-1}(\cos(\delta_m + 2\pi/p) - \cos \delta_m)$$ qui est négatif.

On peut donc appliquer les propositions 2.4. et 2.5. en choisissant :

$$\theta_1 \in]-\inf(2\pi/p, -\theta'_1)\ ,\ \theta''_1[\quad \text{et} \quad \theta_2 = 2\pi/p\ .$$

On pose alors :
$$z_1 = a + (y_m - a)e^{i\theta_1}$$
$$z_2 = a + (y_m - a)e^{i\theta_2}$$
$$z_2' = a + t_o(y_m - a)e^{i\theta_2} \quad (t_o \text{ sera défini ci-dessous})$$
$$z_3 = a - t_o|y_m - a|e^{i\alpha}$$
$$z_4 = a - ce^{i\alpha} \quad (c < |a|)$$

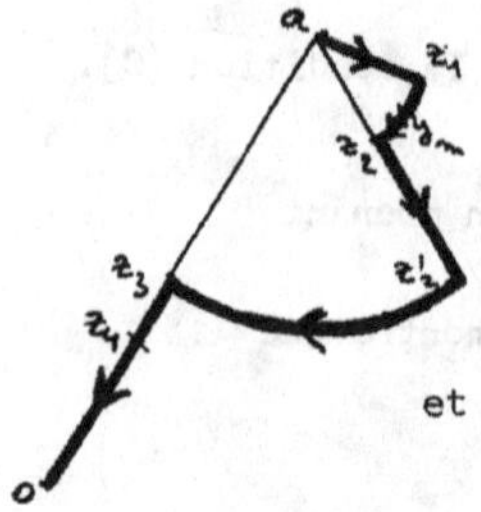

et $S_m(x) = [a,z_1]\cup(z_1,z_2)\cup[z_2,z_2']\cup(z_2',z_3)\cup[z_3,0]$

(les crochets désignent des segments de droite, les parenthèses des arcs de cercles de centre a , l'arc (z_2',z_3) étant intérieur au cercle de centre 0 de rayon $|z_2'|$) .

Comme $[a,z_1] \subset \Sigma$ (d'après la proposition 2.4., $\cos((p-1)\theta_1 - \delta_m) < 0$) , le lemme 2.1. montre que $f_m(x)$ est solution de (Δ) .

i) L'intégrale $I_1 = \int_{(z_1,z_2)} y^{x-1}\varphi(y)\,dy$ admet le développement asymptotique $(A)_m$ (c'est la remarque ci-dessus)

ii) L'intégrale $\int_{[a,z_1]}$ est négligeable devant I_1 :

• Si $|z_1| \le |a|$, il suffit de remarquer que $\varphi(y)$ étant bornée sur $[a,z_1]$ on aura :

$$|a^{-x}e^{-sp/p-1}\int_{[a,z_1]} y^{x-1}\varphi(y)\,dy| \le K\,e^{-|s|\frac{p}{p-1}\cos\delta_m}$$

qui tend vers 0 comme $e^{-h\,\rho^{(p-1)/p}}$ quand $\rho \to \infty$.

• Si $|z_1| \ge |a|$, alors $|y^x\varphi(y)|$ se majore par :

$$K|a^x|\exp|s|[\cos(\delta_m+\theta_1) + \frac{1}{p-1}\cos((p-1)\theta_1-\delta_m)]$$ et donc :

$$|a^{-x}e^{-sp/p-1}\int_{[a,z_1]} y^{x-1}\varphi(y)\,dy| \le K'e^{|s|\Psi(\theta_1)} \quad \text{où } \Psi(\theta_1) < 0$$

iii) Pour étudier l'intégrale sur le segment $[z_2,z_2']$ et sur l'arc de cercle (z_2',z_3) on utilisera le lemme 2.8. : comme, si $y \in (z_2',z_3)$, $|y|$ est maximum en z'_2 , la condition (C) sera remplie sur cet arc si :

$$t_o \cos(\delta_m + 2\pi/p) + \frac{1}{(p-1)t_o^{p-1}} - \frac{p}{p-1}\cos\delta_m < 0 .$$

Cette expression (comme fonction de t_o) est minimum pour : $t_o = \cos^{-1/p}(\delta_m + 2\pi/p)$ et vaut $\frac{p}{p-1} H_p(\delta_m)$ qui est négatif (lemme 2.9.) En choisissant cette valeur pour t_o , on pourra donc appliquer le lemme 2.8. à $\int_{(z'_2,z_3)}$.

Sur le segment $[z_2,z'_2]$ l'expression (C) s'écrit :

$$(t + \frac{1}{(p-1)t^{p-1}}) \cos(\delta_m + 2\pi/p) - \frac{p}{p-1}\cos\delta_m \quad (t \in [1,t_o]) .$$

Cette expression est maximum en t_o et elle est majorée par $\frac{p}{p-1} H_p(\delta_m)$. Donc le lemme 2.8. s'applique encore à $\int_{[z_2,z'_2]}$.

iv) L'intégrale $\int_{[z_3,z_4]}$ s'étudie par le lemme 2.7. qui n'introduit cette fois aucune nouvelle condition.

2) $(\pi/2) - 2\pi/p \leq \delta_m < \pi/2$.

Cette fois la fonction $\cos(\delta_m+\theta)$ change de signe pour une valeur $\tilde{\theta}_2 < 2\pi/p$. Choisissons alors une valeur $\theta_2 \in]\tilde{\theta}_2, 2\pi/p]$ telle que $\cos(\theta_2 + \delta_m) < 0$ et gardons les mêmes notations que ci-dessus. Il faut modifier le point iii) comme suit :

La quantité $G(t_o) = t_o\cos(\theta_2+\delta_m) + \frac{1}{(p-1)t_o^{p-1}} - \frac{p}{p-1}\cos\delta_m$ est cette fois une fonction décroissante de t_o , qui tend vers $-\infty$ quand $t_o \to +\infty$, donc on peut certainement choisir $t_o > 1$ tel que la condition (C) soit remplie pour l'arc (z'_2,z_3) . Elle est alors automatiquement remplie sur le segment $[z_2, z'_2]$ puisque l'expression :

$$t_o \cos(\theta_2+\delta_m) + \frac{\cos((p-1)\theta_2-\delta_m)}{(p-1)\, t_o^{p-1}} - \frac{p}{p-1}\cos\delta_m \quad \text{se majore par} \quad G(t_o) .$$

Remarquons qu'on peut encore choisir (sauf pour $p=2$) $\theta_2 = 2\pi/p$.

<u>Si $\delta_m \in]-\pi/2, 0]$</u> l'étude sera identique mais du "côté négatif" c'est-à-dire qu'on franchira le col y_m à partir d'une valeur $\theta_2 > 0$ $(\theta_2 \in]\inf(\frac{2\pi}{p}, \theta'_2), \theta''_2[)$ vers la valeur $\theta_1 = -2\pi/p$.

On définira : $z_1 = a + (y_m-a)e^{i\theta_2}$; $z_2 = a + (y_m-a)e^{-2i\pi/p}$;

$$z'_2 = a + t_o(y_m-a)e^{-2i\pi/p}$$

et le reste est sans changement, l'étude étant différente suivant que δ_m est plus grand ou plus petit que $-\frac{\pi}{2} + \frac{2\pi}{p}$.

C) <u>Si $\cos\delta_m$ s'annule pour un $\sigma \in]\sigma_1, \sigma_2[$</u> (intervalle assez petit)

Supposons que $\delta_m = \pi/2$ pour une certaine valeur de σ .

Choisissons $\theta_1 \in [-\pi/2(p+1), 0[$ et • si $p \geq 3$ posons $\theta_2 = \pi/2(p-1)$

• si $p = 2$ choisissons $\theta_2 \in]0, \pi/4[$ proche de $\pi/4$.

Puis on définit : $z_1 = a + \dfrac{(y_m-a)e^{i\theta_1}}{2^{\frac{1}{2}}\sin(\frac{\pi}{4}-\theta_1)}$

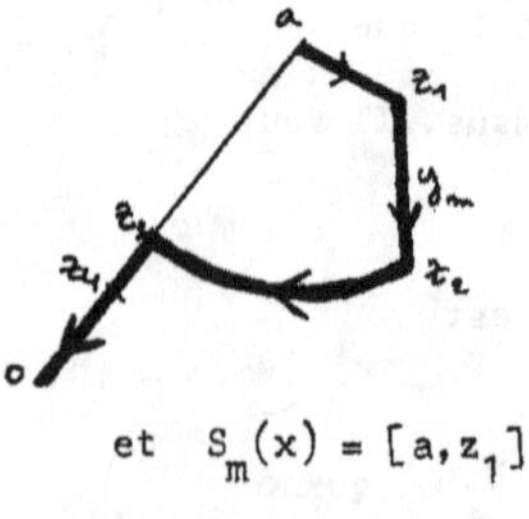

$$z_2 = a + (y_m-a)e^{i\theta_2}/2^{\frac{1}{2}}\sin(\tfrac{\pi}{4}-\theta_2)$$

$$z_3 = a - |y_m - a|\, e^{i\alpha}/2^{\frac{1}{2}}\sin(\tfrac{\pi}{4} - \theta_2)$$

$$z_4 = a - ce^{i\alpha}$$

et $S_m(x) = [a, z_1] \cup [z_1, z_2] \cup (z_2, z_3) \cup [z_3, 0]$ où l'arc (z_2, z_3) est choisi intérieur au cercle de centre 0 de rayon $|z_2|$.

Comme $\cos((p-1)\theta_1-\delta_m) = \sin(p-1)\theta_1 < 0$, le segment $[a, z_1]$ est inclus dans Σ et le lemme 2.1. montre que $f_m(x)$ est solution de (Δ).

i) Les propositions 2.4. c) et 2.5. montrent que $I_1 = \int_{[z_1,z_2]}$ admet le développement asymptotique $(A)_m$. En effet :

- si $p = 2$, $\Psi(\theta) = -\sin^2\theta \cos\theta/2^{\frac{1}{2}}\sin(\frac{\pi}{4} - \theta)$ qui est certainement négatif sur $]0,\theta_2[$.
- si $p \geq 3$, $\pi/2(p-1) \leq 5\pi/4p$

ii) Sur $[a,z_1]$ le même calcul que pour l'intégrale analogue du cas précédent montre que :

- si $|z_1| \leq |a|$, $|y^x\varphi(y)|$ est majoré à une constante multiplicative près par : $|a^x|\exp|s|[\frac{1}{p-1}\,2^{(p-1)/2}\sin^{p-1}(\frac{\pi}{4} - \theta_1)\sin(p-1)\theta_1]$ et le crochet est négatif.
- si $|a| \leq |z_1|$, $|y^x\varphi(y)|$ se majore par $K|a^x|e^{|s|\Psi(\theta_1)}$ et $\Psi(\theta_1)$ est négatif.

Dans les deux cas, $|a^{-x}\int_{[a,z_1]} y^{x-1}\varphi(y)\,dy|$ tend vers 0 comme $e^{-h\rho^{(p-1)/p}}$ $(h>0)$ quand $\rho\to\infty$.

iii) La condition (C) du lemme 2.8. sera certainement remplie sur l'arc de cercle (z_2,z_3) si on a : $\frac{1}{p-1}\,2^{(p-1)/2}\sin^{p-1}(\frac{\pi}{4} - \theta_2) - \sin\theta_2/2^{\frac{1}{2}}\sin(\frac{\pi}{4} - \theta_2) < 0$.

Si $p \geq 3$, comme $\theta_2 = \pi/2(p-1)$, cette expression n'est autre que $\Psi(\theta_2)$ qui est bien négatif. Si $p = 2$, la condition (C) devient :

$\sin\theta_2 - 2\sin^2(\frac{\pi}{4} - \theta_2) > 0$ qui est sûrement remplie si θ_2 est choisi assez voisin de $\pi/4$.

Le cas $\delta_m = 3\pi/2$ est analogue.

Enfin si δ_m est assez voisin de $\pi/2$ (resp. de $3\pi/2$) ce chemin est encore valable, l'ouverture du voisinage de $\pi/2$ acceptable dépend de p, et tend vers 0 quand p augmente.

REMARQUES :

1) Quand σ varie de $-\pi/2$ à $\pi/2$, chaque argument δ_m décrit un intervalle d'amplitude $(p-1)\pi/p$ donc (dès que p est assez grand) chaque col y_m s'étudie successivement par les trois méthodes précédentes quand σ varie. D'autre part pour chaque valeur de σ il y a "autant" de cols tels que $\cos\delta_m > 0$ que de cols tels que $\cos\delta_m < 0$. En particulier si p est pair $\pi + \delta_m = \delta_{m'}$.

2) Dans le cas $p = 2$, qui est celui étudié par GALBRUN , on peut utiliser les chemins simplifiés suivants :

$\cos\delta_m < 0$

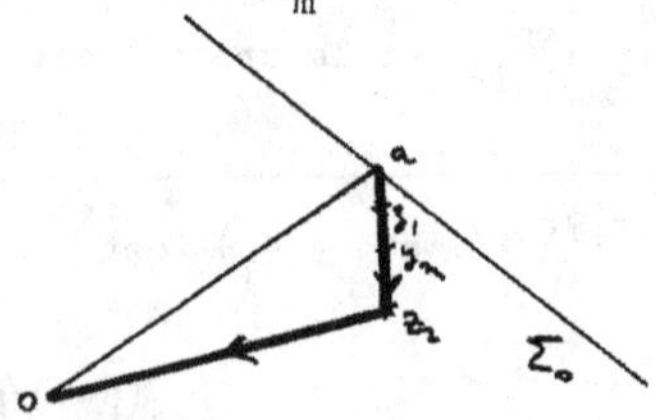

$S_m(x) = [a,z_2] \cup [z_2,0]$

(z_1 et z_2 comme précédemment)

$\cos\delta_m > 0$ (et $\sin\delta_m > 0$)

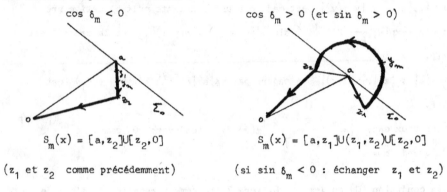

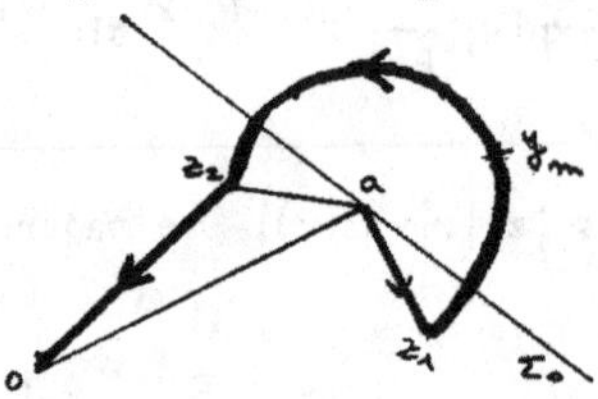

$S_m(x) = [a,z_1] \cup (z_1,z_2) \cup [z_2,0]$

(si $\sin\delta_m < 0$: échanger z_1 et z_2)

On peut supposer aussi puisque δ_m ne décrit qu'un intervalle d'amplitude $\pi/2$, que son cosinus ne change pas de signe quand σ décrit $]-\pi/2,\pi/2[$ et que le cas $\cos\delta_m = 0$ ne se produit pas (ou correspond à une valeur limite $\sigma = \pm\pi/2$) .

3) Si la condition : $(-1)^p \cos(p\alpha-\beta) > 0$ n'était pas remplie, il faudrait utiliser au lieu de $[0,a]$ un segment $[0',a]$ situé dans un secteur de décroissance Σ_i du facteur exponentiel où le point $0'$ est choisi de sorte que $|0'|<|a|$. Alors l'intégrale sur $[0',0]$ sera négligeable devant I_1 par le lemme 2.6.

THEOREME 2.11.

Pour $m = 0, 1, \dots, p-1$, la fonction $f_m(x)$ admet quand $x \to \infty$ dans une direction du demi-plan $\operatorname{Re} x > 0$ le développement asymptotique suivant :

$$f_m(x) \sim 2\sqrt{\frac{\pi}{p}}\, a^{x-1} \left(\frac{k}{x}\right)_m^{(\mu+1)/p} [-a/k^{1/p} x_m^{(p-1)/p}]^{\frac{1}{2}} \Big\{ \exp[\frac{p}{p-1} \frac{k}{a}^{1/p} x_m^{(p-1)/p} +$$

$$A_2 k^{2/p} x_m^{(p-2)/p} + \dots + A_n k^{n/p} x_m^{(p-n)/p} + \dots + A_{p-1} k^{(p-1)/p} x_m^{1/p} + A_p k] \Big\} .$$

$$[a_o + \sum_{i \geq 1} D_i \left(\frac{1}{x}\right)^{i/p}]$$

où : • $\arg k^{1/p} = \frac{\beta}{p}$

• $\arg x_m^{1/p} = \frac{1}{p}(\sigma + 2m\pi)$

• $\arg (k/x)_m^{(\operatorname{Re}\mu+1)/p} = (\operatorname{Re}\mu + 1)(\delta_m + \alpha)$

• $\arg(-a/k^{1/p} x_m^{(p-1)/p})^{\frac{1}{2}} = -\frac{1}{2}(\delta_m + \pi + 2n\pi)$ où l'entier n est choisi de sorte que

i) $|\delta_m + \pi + 2n\pi| \leq \pi/2$ si $\cos \delta_m < 0$

ii) $|\delta_m + (1+\varepsilon)\pi + 2n\pi| \leq \pi/2$ si $\cos \delta_m > 0$ avec $\varepsilon = 1$ si $\sin \delta_m > 0$ et $\varepsilon = -1$ si $\sin \delta_m < 0$

iii) $|\delta_m + \pi + 2\varepsilon\gamma + 2n\pi| \leq \pi/2$ si $\cos \delta_m = 0$, où $\gamma = \pi/4$, $\varepsilon = 1$ si $\delta_m \equiv \pi/2 (2\pi)$ et $\gamma = 3\pi/4$, $\varepsilon = -1$ si $\delta_m \equiv 3\pi/2\ (2\pi)$.

• $A_2 = -\dfrac{1}{2a^2} + \dfrac{b_1}{(p-2)k}$

$$A_3 = -\frac{1}{3!\, a^3}\left(\frac{3}{p} - 2\right) + \frac{b_2}{(p-3)k} - \frac{b_1}{pak} - \frac{a\, b_1^2}{2p\, k^2}$$

$$A_n = -\frac{1}{n!\, a^n}\left(\frac{n}{p} - 2\right)_{n-2} + \frac{b_{n-1}}{(p-n)k} - \frac{1}{p} \sum_{r=o}^{n-3} \sum_{(i,j) \in D_r} \frac{1}{(n-i-1)!} \left(\frac{n}{p} - 1\right)_{n-i-1} \cdot$$

$$\left(\frac{n}{p} - 2\right)_{j-2} \frac{a^{j+i-n}}{k^j} \sum_{\gamma \in \Gamma_{i,j}} \frac{b_1^{\gamma_1} \cdot b_2^{\gamma_2} \dots b_{r+1}^{\gamma_{r+1}}}{\gamma_1!\, \gamma_2! \dots \gamma_{r+1}!}$$

où : + $D_r = \{(i,j) \in \mathbb{N}^2 \mid 1 \leq i \leq n-1 \ , \ 1 \leq j \leq n-1 \ , \ i-j = r\}$

+ $\Gamma_{i,j} = \{\gamma = (\gamma_1, \dots, \gamma_{r+1}) \in \mathbb{N}^{r+1} \mid \gamma_r + \gamma_2 + \dots + \gamma_{r+1} = j \ ; \ \gamma_1 + 2\gamma_2 + \dots + (r+1)\gamma_{r+1} = i\}$

+ pour $t \in \mathbb{R}$ et $n \in \mathbb{N}$, on a posé

$$(t)_n = t(t-1)\dots(t-n+1)\ ;\ (t)_o=1\ ;\ (t)_{-1} = \frac{1}{t}$$

En particulier :

$$A_p = \frac{(-1)^{p-1}}{a^p p(p-1)} + \frac{1}{p\,k} \sum_{i=1}^{p-2} (-1)^i \frac{b_{p-i-1}}{i.a^i} + \frac{1}{p!} \sum_{i=1}^{p-2} \frac{a^i(-1)^i(i-1)!}{k^{i+1}} \,.$$

$$. \, B_{p-1,i+1}(b_1, 2!b_2, 3!b_3, \dots)$$

où $B_{i,j}$ désignent les polynômes de Bell exponentiels.

Démonstration :

Le développement asymptotique $(A)_m$ s'écrit :

$$2\sqrt{\frac{\pi}{p}}\, a^{x-1}(k/x_m)^{(\mu+1)/p}(-a/k^{1/p}x_m^{(p-1)/p})^{\frac{1}{2}}(y_m/a)^x e^{P(1/(y_m-a))}[a_o + \sum_{i\geq 1} d_i'(1/x)^{i/p}]$$

Pour expliciter le facteur $(y_m/a)^x\, e^{P(1/(y_m-a))}$ posons :
$y_m-a = au$. Il faut calculer $(1+u)^x\, e^{P(1/au)} = e^{x\log(1+u) + P(1/au)}$
où u et x sont liés par la relation (*) $x = \frac{1+u}{au^2} P'(1/au)$ qui équivaut à

(**) $k/x=(au)^p/(1+u)Q(u)$ où $Q(u)$ est le polynôme de degré $p-2$:

$$Q(u) = 1 + \frac{a^2u}{k}[b_1 + b_2\, au + \dots + b_{p-2}(au)^{p-3}]$$

On posera :

$$q_j = b_j.a^{j+1}/k \qquad \text{pour } j = 1,\dots,p-2$$

$$q_j = 0 \quad \text{si } j \geq p-1$$

Si on pose aussi $aw = (k/x_m)^{1/p}$, la relation (**) s'écrit :

$w = u/[(1+u)Q(u)]^{1/p}$ qui montre que u est une fonction analytique de w dont les coefficients du développement en série entière peuvent se calculer par la formule de Lagrange.

On veut le développement de Laurent de la fonction :

$$F(w) = x\log(1+u) + P(1/au)\,.$$

Or $F'(w) = \frac{dx}{dw} \,.\, \log(1+u) + \frac{d}{du}[x\log(1+u) + P(1/au)].\frac{du}{dw} = -\frac{pk}{a^p w^{p+1}}\log(1+u)$

La fonction $\log(1+u)$ est analytique au voisinage de 0, donc on peut obtenir son développement en w par la formule de Lagrange :

$$\log(1+u) = \sum_{n\geq 1} c_n w^n \quad \text{où} \quad c_n = \frac{1}{n!}\left\{\frac{d^{n-1}}{du^{n-1}}\left[(1+u)^{-1+(n/p)} Q(u)^{n/p}\right\}_{u=0}$$

En particulier $c_1 = 1$ et $c_p = 0$ car $Q(u)$ est un polynôme de degré $p-2$. Les autres coefficents s'écrivent explicitement en utilisant la formule de Leibniz et les polynômes de Bell exponentiels [2] :

$$c_n = \frac{1}{n!}\left[\left(\frac{n}{p}-1\right)_{n-1} + \sum_{i=1}^{n-1}\binom{n-1}{i}\left(\frac{n}{p}-1\right)_{n-i-1}\sum_{j=1}^{i}\left(\frac{n}{p}\right)_j B_{i,j}(g_1,g_2,\ldots,g_{i-j+1})\right]$$

où on a posé $g_j = j!\, q_j$.

$$c_n = \frac{1}{n!}\left(\frac{n}{p}-1\right)_{n-1} + \frac{1}{p}\sum_{i=1}^{n-1}\frac{1}{(n-i-1)!}\left(\frac{n}{p}-1\right)_{n-i-1}\sum_{j=1}^{i}\left(\frac{n}{p}-1\right)_{j-1}\frac{a^{j+i}}{k^j}\times\{\ \}$$

$$\text{où}\quad \{\ \} = \sum_{\gamma\in\Gamma_{i,j}}\frac{b_1^{\gamma_1}.b_2^{\gamma_2}\cdots b_{i-j+1}^{\gamma_{i-j+1}}}{\gamma_1!\,\gamma_2!\cdots\gamma_{i-j+1}!}$$

Les premiers coefficients sont :

$$c_2 = \left(\frac{2}{p}-1\right)\left(\frac{1}{2}-\frac{b_1a^2}{(p-2)}\right)$$

$$c_3 = \left(\frac{3}{p}-1\right)\left[\frac{1}{3!}\left(\frac{3}{p}-2\right) - \frac{b_2\,a^3}{k(p-3)} + \frac{b_1\,a^2}{pk} + \frac{b_1^2\,a^4}{2p\,k^2}\right] \quad \text{etc.}$$

On a alors :

$$F'(w) = -\frac{pk}{a^p}\left[\frac{1}{w^p}+\frac{c_2}{w^{p-1}}+\cdots+\frac{c_{p-1}}{w^2}\right] + \varphi_1(w) \quad \text{où} \quad \varphi_1(w)\in \mathbb{C}\{w\}$$

$$\text{et}\quad F(w) = C + \frac{pk}{a^p}\left[\frac{1}{(p-1)w^{p-1}} + \frac{c_2}{(p-2)w^{p-2}} + \cdots + \frac{c_n}{(p-n)w^{p-n}} + \cdots + \frac{c_{p-1}}{w}\right] + \varphi_2(w)$$

où $\varphi_2(w) \in w\mathbb{C}\{w\}$.

En revenant aux notations de départ et en simplifiant chaque terme par $\left(\frac{n}{p}-1\right)$ on obtient la formule annoncée sauf pour le terme constant kA_p que cette méthode ne permet pas d'obtenir.

On calcule A_p comme dans [3] : kA_p est le coefficient de w^p dans le développement en w de :

$$a^p w^p F(w) = k\log(1+u) + \frac{k}{x} P(1/au) = k\log(1+u) + \frac{u^p P(1/au)}{(1+u)\,Q(u)}$$

Mais $u^p P(1/au)$ est le polynôme de degré p-1 :

$$R(u) = \frac{b_o u}{(p-1)a^{p-1}} + \frac{b_1 u^2}{(p-2)a^{p-2}} + \dots + \frac{b_{p-2} u^{p-1}}{a}$$

Toujours par la même formule de Lagrange on a donc :

$$k\,A_p = \frac{1}{p!}\left\{\frac{d^{p-1}}{du^{p-1}}\left[\left(\frac{k\log}{a^p}(1+u) + \frac{R(u)}{(1+u)Q(u)}\right)'(1+u)Q(u)\right]\right\}_{u=0}$$

$$= \frac{1}{p!}\left\{\frac{d^{p-1}}{du^{p-1}}\left(\frac{k}{a^p}Q(u)\right)\right\}_{u=0} + \frac{1}{p!}\left\{\frac{d^{p-1}}{du^{p-1}} R'(u)\right\}_{u=0} - \frac{1}{p!}\left\{\frac{d^{p-1}}{du^{p-1}}(R(u)/(1+u))\right\}_{u=0}$$

$$- \frac{1}{p!}\left\{\frac{d^{p-1}}{du^{p-1}}(R(u)Q'(u)/Q(u))\right\}_{u=0}$$

Les deux premiers termes sont nuls puisque Q et R' sont des polynômes de degré $p-2$.

Le troisième est : $(-\frac{1}{p})$x (le coefficient du terme de degré $(p-1)$ dans :

$$R(u)/(1+u) = \left[\frac{b_o u}{(p-1)a^{p-1}} + \frac{b_1 u^2}{(p-2)a^{p-2}} + \dots + \frac{b_{p-2} u^{p-1}}{a}\right][1 - u + u^2 - u^3 + \dots])$$

donc ce terme vaut :

$$k\,A'_p = \frac{1}{p}\sum_{i=1}^{p-1} (-1)^i\, b_{p-i-1}/i.a^i$$

Enfin le dernier terme est : $(-\frac{1}{p})$x (le coefficient de u^{p-1} dans $R(u)\frac{d}{du}\log Q(u)$) .

Or $\log Q(u) = \sum_{n\geq 1} L_n(g_1,\dots,g_n)\, u^n/n!$

où $L_n(g_1,\dots,g_n) = \sum_{i=1}^{n} (-1)^{i-1}(i-1)!\,B_{n,i}$

donc $\frac{d}{du}\log Q(u) = \sum_{n\geq 1} L_n\, u^{n-1}/(n-1)!$ et ce dernier terme vaut :

$$k\,A''_p = -\frac{1}{p}\sum_{n=1}^{p-1} b_{p-n-1}\; L_n/a^n.n!$$

$$= -\frac{1}{p}\sum_{n=1}^{p-1}\frac{b_{p-n-1}}{a^n.n!}\sum_{i=1}^{n}(-1)^{i-1}(i-1)!\;B_{n,i}$$

$$= -\frac{1}{p}\sum_{i=1}^{p-1}(-1)^{i-1}(i-1)!\sum_{n=i}^{p-1}\frac{b_{p-n-1}}{a^n\; n!}\,B_{n,i}$$

Or si $i < p-1$ on peut écrire :

$$\sum_{n=i}^{p-1}\frac{b_{p-n-1}}{a^n\; n!}\,B_{n,i} = \frac{b_o}{a^{p-1}(p-1)!}\,B_{p-1,i} + \sum_{n=i}^{p-2}\frac{k\,g_{p-n-1}}{a^p\; n!(p-n-1)!}\,B_{n,i}$$

$$= \frac{k}{a^p(p-1)!}\,B_{p-1,i} + \frac{k}{a^p(p-1)!}\sum_{n=i}^{p-2}\binom{p-1}{n}\,g_{p-n-1}\,B_{n,i}$$

$$= \frac{k}{a^p(p-1)!}\,[B_{p-1,i} + (i+1)B_{p-1,i+1}]$$

On obtient alors en regroupant les termes et en tenant compte du fait que $B_{p-1,1} = (p-1)!\,q_{p-1} = 0$:

$$A''_p = \frac{1}{p!}\sum_{i=1}^{p-2}(-1)^i(i-1)!\;B_{p-1,i+1}$$

Donc $$A_p = \frac{(-1)^{p-1}}{a^p p(p-1)} + \frac{1}{pk}\sum_{i=1}^{p-2}(-1)^i\,\frac{b_{p-i-1}}{i\,a^i} + \frac{1}{a^p p!}\sum_{i=1}^{p-2}(-1)^i(i-1)!B_{p-1,i+1}(g_1,g_2\dots)$$

formule dont on peut vérifier qu'elle prolonge au cas $n = p$ la formule donnant A_n pour $n \leq p-1$.

COROLLAIRE 2.12.

<u>Dans le cas particulier où</u> $\varphi(y)$ <u>admet au voisinage de</u> a <u>le développement asymptotique</u> :

$$\varphi(y) \sim \exp[k/(p-1)\; a(y-a)^{p-1}].(y-a)^{\mu}\sum_{i\geq 0} a_i(y-a)^i$$

<u>les coefficients</u> $A_2, \dots, A_p$ <u>sont donnés par</u> :

$$A_n = - \frac{1}{a^n\, n!} \left(\frac{n}{p} - 2\right)_{n-2} \quad \text{pour} \quad n = 2, 3, \dots, p .$$

§ 3. CAS PARTICULIERS.

En supposant, comme à la fin du § 1, qu'il existe un r tel que $B_r(a) \neq 0$, une adaptation de la méthode précédente permet de fabriquer p solutions de (Δ) et d'en donner le développement asymptotique pour $\mathrm{Re}\, x$ assez grand, à partir des solutions correspondant soit à la partie de pente > 0 du polygone de Newton de D en a, soit aux racines non entières de l'équation déterminante relative au côté de pente nulle. En particulier on a le

THEOREME 3.1.

<u>On suppose que</u> a <u>est racine d'ordre</u> p <u>de</u> B_o , <u>d'ordre</u> ℓ <u>de</u> B_1 <u>et que</u> $B_2(a) \neq 0$. <u>L'équation</u> (Δ) <u>admet</u> p <u>solutions</u> $f_o, f_1, \dots f_{p-1}$ <u>ayant un développement asymptotique pour</u> $\mathrm{Re}\, x > \Lambda$ <u>de la forme</u> : (<u>les notations sont celles de la Proposition 1.2.</u>) :

i) <u>si</u> $\ell = 1$:

$$f_o(x) \sim \frac{a^x}{x^{\mu_1+1}} \sum_{i\geq 0} D_i \left(\frac{1}{x}\right)^n \qquad (\text{solution singulière})$$

<u>et pour</u> $m = 1 , - p-1$

$$f_m(x) \sim \frac{a^x}{x_m^{(\mu_2+p/2)/p-1}} \exp Q[x_m^{1/p-1}] \cdot \sum_{i\geq 0} D_i \left(\frac{1}{x}\right)^{i/p-1}$$

<u>où</u> • $\arg x_m^{1/p-1} = \frac{1}{p-1} [\sigma + 2(m-1)\pi]$

• Q <u>est un polynôme de degré</u> $p-2$.

ii) si $2 \leq \ell < p/2$

• pour $m = 0, 1, \dots, \ell-1$

$$f_m(x) \sim \frac{a^x}{x_m^{\frac{1}{2}+\frac{\mu_1+\frac{1}{2}}{\ell}}} \exp Q_1[x_m^{1/\ell}] \cdot \sum_{i\geq 0} D_i\left(\frac{1}{x}\right)^{i/\ell}$$

<u>où</u> • $\arg x_m^{1/\ell} = \frac{1}{\ell}[\sigma + 2m\pi]$

• Q_1 <u>est un polynôme de degré</u> $\ell-1$

• <u>pour</u> $m = \ell, \ell+1, \ldots, p-1$

$$f_m(x) \sim \frac{a^x}{x_m^{\frac{1}{2}+\frac{\mu_2+\frac{1}{2}}{p-\ell}}} \exp Q_2[x_m^{1/p-\ell}] \cdot \sum_{i\geq 0} D_i\left(\frac{1}{x}\right)^{i/p-\ell}$$

<u>où</u> • $\arg x_m^{1/p-\ell} = \frac{1}{p-\ell}[\sigma + 2(m-\ell)\pi]$

• Q <u>est un polynôme de degré</u> $p-\ell-1$

iii) a) <u>si</u> $\frac{p}{2} \leq \ell$ <u>et</u> p <u>pair</u>, $p = 2p'$,

• <u>pour</u> $m = 0, 1, \ldots, p'-1$

$$f_m(x) = \frac{a^x}{x_m^{\frac{1}{2}+\frac{2\mu_1+1}{p}}} \exp Q_1[x_m^{1/p'}] \sum_{i\geq 0} D_i\left(\frac{1}{x}\right)^{i/p'}$$

<u>où</u> • $\arg x_m^{1/p'} = \frac{1}{p'}[\sigma + 2m\pi]$

• Q_1 <u>est un polynôme de</u> d^o $p'-1$ (<u>calculé à partir de</u> P_1)

• <u>pour</u> $m = p', p'+1, \ldots, p-1$

$$f_m(x) = \frac{a^x}{x_m^{\frac{1}{2}+\frac{2\mu_2+1}{p}}} \exp Q_2[x_m^{1/p'}] \sum_{i\geq 0} D_i\left(\frac{1}{x}\right)^{i/p'}$$

<u>où</u> • $\arg x_m^{1/p'} = \frac{1}{p'}[\sigma + 2(m-p')\pi]$

• Q_2 <u>est un polynôme de</u> d^o $p'-1$ (calculé à partir de P_2)

Exceptionnellement on a $Q_1 = Q_2$, $\mu_1 = \mu_2$ et pour $m = p', p'+1, \ldots, p-$

$$f_m(x) = \frac{a^x}{x_m^{\frac{1}{2}+\frac{2\mu_1+1}{p}}} \exp Q_1(x_m^{1/p'}) \left[\sum_{i\geq 0} (E_i + E_i' \operatorname{Log} x_m^{1/p'})\left(\frac{1}{x}\right)^{i/p'}\right]$$

où Log désigne la détermination principale.

b) si $\frac{p}{2} < \ell$ et p impair, pour $m = 0, 1, \ldots, p-1$

$$f_m(x) \sim \frac{a^x}{x_m^{\frac{1}{2}+\frac{2\mu+1}{p}}} \exp Q[x_m^{1/p}] \sum_{i\geq 0} D_i \left(\frac{1}{x}\right)^{i/p}$$

où • $\arg x_m^{1/p} = \frac{1}{p}[\sigma + 2m\pi]$

• Q est un polynôme de degré $p-2$

Démonstration :

Dans le cas i) la fonction f_o s'obtient (ainsi que son développement asymptotique) par la même méthode que dans le cas Fuchsien ([4]).

On peut par exemple prendre :

$f_o(x) = \int_L y^{x-1} \varphi(y)\, dy$ où L est un lacet d'origine 0 entourant une fois a dans le sens direct.

Les autres cas, sauf iii) b) se traitent comme au § 2 (la méthode permet d'obtenir explicitement les polynômes Q).

Pour le cas iii) b) le changement de variable $y - a = w^2$ dans l'intégrale $\int y^{x-1} \varphi(y)\, dy$ prise le long d'un chemin voisin de a , conduit à chercher les cols parmi les solutions de $h'(w) = o$ où $h(w) = x \log(a + w^2) + P(\frac{1}{w})$ i.e. : $x = \frac{a + w^2}{2w^3} P'(\frac{1}{w})$ équation polynômiale de degré p en w (puisque $d^o\ P = p-2$) dont les p déterminations fourniront les solutions.

§ 4. INDEPENDANCE DES SOLUTIONS.

Dans le cas général il est donc possible, pour une équation (Δ) d'ordre r dont le polygone de Newton est horizontal, de fabriquer à partir des racines de B_o , r solutions (régulières ou non). On peut reprendre l'étude de Nörlund ([8] § 18) pour s'assurer de l'indépendance de ces solutions. En effet la présence de solutions irrégulières n'empêche pas (au contraire!) de pouvoir, en général, ranger les solutions de (Δ) dans un ordre $u_1, \ldots, u_2$

tel que :

$$(*) \quad \lim_{\substack{x\to\infty \\ \mathrm{Re}\, x>\Lambda}} \frac{u_h(x)}{u_{h+1}(x)} = 0$$

L'ordre de numérotation peut dépendre de $\sigma = \arg x$, mais en fait on n'utilise cette propriété que pour $x = x_o + \nu$ où $\nu \in \mathbb{N}$, $\nu \to \infty$ donc dans une direction voisine de $\sigma = 0$.

On range les racines de B_o , par ordre de module croissant.
Si $|a_i| < |a_j|$ les solutions formées à partir de a_i viendront avant celles relatives à a_j .
Si $|a_i| = |a_j|$ (en particulier s'il y a plusieurs solutions obtenues à partir d'une même racine de B_o) , les solutions régulières (s'il y en a) sont rangées comme dans Nörlund (§ 31) , les solutions irrégulières correspondant à une même valeur p de l'ordre de ramification sont rangées par ordre croissant de $\mathrm{Re}(s)$ où s désigne le terme de plus haut degré du facteur exponentiel (en général $s = O(x^{(p-1)/p})$. Ce rangement peut en général se faire strictement. Si ce n'est pas le cas, le terme suivant du facteur exponentiel permet en général de conclure ... etc... au pire on se trouve dans le cas particulier traité par Nörlund. Pour ranger entre elles les solutions correspondant à deux valeurs différentes p et q de l'ordre de ramification ($p < q$, on conviendra que les solutions régulières correspondent à $p=1$) , on partage les solutions (g_m) correspondant à l'ordre de ramification q en deux "blocs" : (g'_m) correspondant à $\mathrm{Re}\, s > 0$, (g''_m) correspondant à $\mathrm{Re}\, s < 0$

Dans chaque bloc l'ordre est celui défini précédemment et les solutions sont alors rangées dans l'ordre suivant :
(g''_m) puis (f_m) puis (g'_m) où (f_m) désigne les solutions d'ordre de ramification p .

En résumé la présence de solutions irrégulières ne complique pas le problème de l'indépendance des solutions... mais dans le cas où les solutions ne peuvent plus se ranger de manière à vérifier (*) le raisonnement fait par

Nörlund ([8] § 31) n'est guère convaincant. Dans [13] figure une démonstration valable dans tous les cas qui relie les solutions trouvées ici à celles que J.P. Ramis obtient par une autre méthode ([11]) et pour lesquelles l'indépendance est une conséquence immédiate de leur définition.

BIBLIOGRAPHIE

[1] C.R. ADAMS : On the irregular cases of the linear ordinary difference equations. Trans. AMS 30 (1928) p. 507-541

[2] L. COMTET : Analyse combinatoire tome 1 collection Sup. PUF Paris 1970.

[3] A. DUVAL : Etude asymptotique d'une intégrale analogue à la fonction "Γ modifiée". Ce Lecture Notes.

[4] H. GALBRUN : Sur la représentation des solutions d'une équation linéaire aux différences finies pour les grandes valeurs de la variable. Acta. Math. 36 (1913) p.1-68

[5] H. GALBRUN : Sur certaines solutions exceptionnelles d'une équation linéaire aux différences finies. Bull. SMF 49 (1921) p. 206-241.

[6] E.L. INCE : Ordinary differential equations Dover Publ. INC New-York 1956.

[7] B. MALGRANGE : Sur la réduction formelle des équations différentielles à singularités irrégulières. Preprint, Grenoble 1979.

[8] N.E. NÖRLUND : Leçons sur les équations linéaires aux différences finies Gauthier Villars Paris 1929.

[9] J.P. RAMIS : Dévissage Gevrey Astéristique 59-60 (1978) p. 173-204.

[10] J.P. RAMIS : Les séries -k-sommables et leurs applications Springer Lecture Notes in Physics vol. 126 (1980).

[11] J.P. RAMIS : Développement asymptotique Gevrey, séries -k-sommables et applications aux équations différentielles et aux différences. En préparation.

[13] A. DUVAL : Equations aux différences algébriques : solutions méromorphes dans $C-R^-$. Système fondamental de solutions holomorphes dans un demi-plan. Ce Lecture Note.

EQUATIONS AUX DIFFERENCES ALGEBRIQUES :

SOLUTIONS MEROMORPHES DANS $\mathbb{C} - \mathbb{R}^-$

SYSTEME FONDAMENTAL DE SOLUTIONS HOLOMORPHES DANS UN DEMI-PLAN

Anne DUVAL

Ce travail se compose de deux parties : la première est la suite de [1] : on prolonge au cas irrégulier qui y est étudié la construction de Galbrun ([2] et [3]) qui définit, par des formules intégrales, des solutions méromorphes dans $\mathbb{C} - \mathbb{R}^-$ d'équations aux différences algébriques, et en donne des développements asymptotiques à l'infini. Cette étude met en évidence un "pseudo-phénomène de Stokes" ([2] ou [5]) .

La deuxième partie compare, pour une même équation aux différences algébrique régulière ou non, les résultats fournis par la méthode précédente (transformation de Mellin) et par celle que J.P. Ramis propose dans [8] . On montre que ces deux méthodes conduisent en fait au même <u>espace vectoriel</u> (sur $\mathbb{C}$) de solutions (et même à "la même" base dans le cas régulier) , alors qu'a priori les "solutions" d'une équation aux différences constituent un module sur l'anneau des fonctions périodiques de période 1 . On obtient ainsi également une démonstration plus convaincante de l'indépendance des solutions construites dans [1] .

PREMIERE PARTIE :

SOLUTIONS MEROMORPHES DANS TOUT LE PLAN COMPLEXE.

Les hypothèses et les notations sont celles de [1] .

L'équation aux différences étudiée est :

$$(\Delta) \qquad F[f(x)] \equiv \sum_{i=0}^{r} A_i(x)\, f(x+r-i) \quad \text{où } A_i \in \mathbb{C}[x] .$$

On suppose que $d^\circ A_o = d^\circ A_r \geq d^\circ A_i , \forall\, i$ (i.e. que le "polygone de Newton" de Δ au sens de [0] ou de [8] est horizontal) .
La transformée de Mellin inverse de (Δ) est alors un opérateur différentiel d'ordre q de la forme :

$$D = \sum_{j=0}^{q} y^{q-j}\, B_j(y)\, \partial^{q-j} \quad \text{où } B_j \in \mathbb{C}[y] ,\ d^\circ B_j \leq r \quad (d^\circ B_o = r)$$

L'équation $B_o(y) = 0$ ("équation caractéristique" de Δ) a r racines qui sont les points singuliers de D (autres que 0 et ∞ qui sont des points singuliers réguliers) . Dans [1] on montre qu'à une racine a d'ordre p de B_o $(p \geq 2)$ telle que $B_1(a) \neq 0$ on peut associer p solutions de Δ holomorphes dans un demi-plan $\operatorname{Re} x > \Lambda$ assez grand et on en donne le développement asymptotique quand $x \to \infty$ dans ce demi-plan. (le cas $B_1(a) = 0$, mais $B_2(a) \neq 0$) est également rapidement étudié) .

Dans cette partie, on suppose $B_1(a) \neq 0$ et que a est le seul point irrégulier de D . On indiquera à la fin comment s'affranchir de cette condition.

§ 1.- SOLUTIONS MEROMORPHES DANS LE DEMI-PLAN $\mathrm{Re}\, x > 0$.

Notations.

Soient Ω la plus grande boule ouverte de centre 0 ne contenant aucune racine de B_o et $(v_1, v_2, \dots, v_q)$ une base de Ker D dans Ω . On peut la supposer (puisque 0 est un point singulier régulier) de la forme :

$$v_j(y) = y^{-\lambda_j} [\psi_{j,o}(y) + \psi_{j,1}(y) \log y + \dots + \psi_{j,n(j)}(y) \log^{n(j)} y]$$
$$j = 1, \dots q$$

On notera (v) la matrice colonne constituée par les q fonctions v_j .

Pour $e \in \Omega$ on notera Γ_e^+ (resp. Γ_e^-) le cercle de centre 0 passant par e décrit à partir de e une fois dans le sens direct (resp. inverse) .

On notera enfin $(\bar{v})$ la matrice obtenue par prolongement analytique de (v) le long de Γ_e^+ .

LEMME I.1.1. (Galbrun [2]) . Pour chaque $x \in \mathbb{C}$ et pour tout $e \in \Omega$, il existe une base (V) de ker D telle que : $e^{2i\pi x}(\bar{V}) - (V) = (v)$. De plus (V) est une fonction méromorphe de x dont les pôles appartiennent à l'ensemble $\mathcal{N} = \bigcup_{j=1}^{q} (\lambda_j + \mathbb{Z})$.

Démonstration : Tout d'abord $(\bar{v}) = \mathcal{J}(v)$ où $\mathcal{J}$ est une matrice constante constituée de 0 en dehors de blocs triangulaires inférieurs (en dessous de la diagonale principale) , chaque bloc correspondant à (et ayant la dimension d') un groupe de Frobenius de racines de l'équation indicielle de D en 0 . La diagonale est formée des nombres $e^{-2i\lambda_j \pi}$.

D'autre part : $(V) = \mathbb{C}(v)$ où $\mathbb{C}$ est une matrice indépendante de y avec dét $\mathbb{C} \neq 0$ donc $(\bar{V}) = \mathbb{C}\,\mathcal{J}\,(v)$. La condition du lemme s'écrit :

$$(e^{2i\pi x}\mathbb{C}\mathcal{J} - \mathbb{C})(v) = (v) \quad \text{qui est vérifiée si on choisit :}$$

$$\mathbb{C} = (e^{2i\pi x}\mathcal{J} - I)^{-1} \quad \text{qui est une fonction méromorphe de } x \text{ à pôles dans } \mathcal{N} .$$

On sait (par ex. [7] que l'équation D possède au voisinage de a une solution φ définie dans un secteur épointé d'origine a , d'ouverture $2\pi+\pi/p-1$, de bissectrice $\alpha = \arg a$ et que φ admet dans ce secteur un développement asymptotique (généralisé) de la forme :

$$\exp(P(1/y-a))\,(y-a)^{\mu} \sum_{n\geq 0} a_n(y-a)^n \quad \text{où } P(X) \text{ est un polynôme de degré } p-1$$

$$P(X) = \sum_{i=1}^{p-1} b_{p-i-1}\, X^i/i$$

On note encore φ le prolongement analytique de la fonction précédente le long d'un chemin issu de a . Soit $e \in \Omega$ et $\widetilde{S}$ un chemin joignant a à e (dépendant éventuellement de x) , on note $c_1,\dots c_q$ les composantes de φ au voisinage de e sur la base (v) .

THEOREME I.1.2. Pour $m = 0,\dots p-1$ et pour $\forall x$ tel que $\operatorname{Re} x > 0$, il existe un point $e \in \Omega$ et un chemin $\widetilde{S}_m(x)$ joignant e à a tels que les formules :

$$f_m(x) = \int_{\widetilde{S}_m(y)} y^{x-1}\varphi(y)dy - \int_{\Gamma_e^+} y^{x-1}(c_1V_1(y) +\dots+ c_qV_q(y))dy \quad \text{si } \operatorname{Im} x \geq 0$$

$$f_m(x) = \int_{\widetilde{S}_m(x)} y^{x-1}\varphi(y)dy + \int_{\Gamma_e^-} y^{x-1}(c_1V_1(y) +\dots+ c_qV_q(y))dy \quad \text{si } \operatorname{Im} x \leq 0$$

définissent des solutions de Δ , méromorphes dans $\operatorname{Re} x > 0$, holomorphes dans $\{\operatorname{Re} x > 0\} - \eta$ et admettant quand $x \to \infty$ dans le plan $\operatorname{Re} x > 0$ (en restant à distance finie des pôles de f_m) le développement asymptotique :

$$(A)_m : 2\sqrt{\frac{\pi}{p}}\, a^{x-1}\left(\frac{k}{x}\right)^{(\mu+1)/p} . \left[-a/k^{1/p} x_m^{(p-1)/p}\right]^{\frac{1}{2}} . \exp\left\{\frac{p}{p-1}\frac{k^{1/p}}{a} x_m^{(p-1)/p} + \dots\right.$$

$$\left.\dots + A_n k^{n/p} x_m^{(p-n)/p} +\dots+ A_p k\right\} . \left\{ a_o + \sum_{i\geq 1} D_i x^{-i/p}\right\}$$

(on renvoie à [1] (Th. 2.11) pour la définition des déterminations utilisées et pour les formules explicites donnant les constantes A_n) .

Démonstration :

Si $f(x) = \int_\alpha^\beta y^{x-1}\varphi(y)dy$ et si $D\varphi = 0$, on a :

$$F[f(x)] = M[\varphi(\beta)] - M[\varphi(\alpha)] \quad \text{où :}$$

$$M[\varphi(y)] = \sum_{i=1}^{q} \sum_{j=o}^{q-i} (-1)^j \varphi^{(j)}(y)\, C_i^{(q-i-j)}(y) \quad \text{avec :}$$

$$C_i(y) = (-1)^{q-i+1}\, y^{x+q-i}\, B_{i-1}(y) .$$

D'après le lemme I.1.1. on a :

$$\overline{M[V_j(e)]} - M[V_j(e)] = M[v_j(e)] \quad j = 1,\dots q$$

$$\text{et} \qquad F[f_m(x)] = M[\varphi(e)\,] - \sum_{j=1}^{q} c_j M[v_j(e)] = 0 .$$

Supposons $\operatorname{Im} x \geq 0$. Sur Γ_e^+ , on a $y = |e|e^{i\theta}$ avec $\theta \in [\theta_o, \theta_o+2\pi](\theta_o = \arg e)$ donc $|y^x|$ est maximum au point e . De plus l'hypothèse que x reste à distance finie des pôles de f_m implique que la matrice $C(x) = (e^{2i\pi x}J - I)^{-1}$ reste bornée quand x tend vers l'infini car ses coefficients sont de la forme $\gamma_{ij} = P_{ij}(e^{2i\pi x})/(e^{2i\pi(x-\lambda_j)} - 1)^k$ avec $k = i-j+1$ et P_{ij} polynôme de degré $k-1$.

Donc :

$$|a^{-x}\int_{\Gamma_e^+} y^{x-1}(c_1V_1(y) + \dots + c_qV_q(y))dy| \leq K|(e/a)^x|$$

Si $x = \rho e^{i\sigma}$ $|(e/a)^x| = \exp - \rho[\cos\sigma \log|a/e| + \sin\sigma(\theta_o - \alpha)]$

. si $\sigma \neq \frac{\pi}{2}$(i.e. si $\sigma \in [0, \frac{\pi}{2} - \varepsilon]$) on choisit : $\theta_o = \alpha$ et $|e| < |a|$

. si $\sigma \in [\frac{\pi}{2} - \varepsilon, \frac{\pi}{2}[$, on choisit $\theta_o > \alpha$ (arbitrairement proche de α).

Lorsque $\operatorname{Im} x \leq 0$, le même raisonnement s'applique à Γ_e^- mais cette fois lorsque $\sigma \in]-\frac{\pi}{2}, -\frac{\pi}{2}+\varepsilon[$ il faut choisir $\theta_o < \alpha$.

Dans ces conditions $|a^{-x}\int_{\Gamma_e^+}|$ (resp. $|a^{-x}\int_{\Gamma_e^-}|$) tend vers 0 lorsque $x \to \infty$ dans le demi-plan $\operatorname{Re} x > 0$ comme $e^{-h\rho}$ avec $h > 0$. Le point e a été choisi sur le segment $[0,a]$ (ou arbitrairement proche de ce segment) ; on peut donc utiliser pour $\widetilde{S}_m(x)$ le même chemin (à partir de e) que dans [1] et obtenir le développement asymptotique indiqué. □

Remarque : En reprenant l'étude précédente (et celle de [1] mais en y remplaçant le point 0 par le point ∞ (sur la sphère de Riemann) qui est aussi point singulier régulier de D , on obtient des solutions méromorphes dans le demi-plan Re $x < 0$; les fonctions $\bar{f}_0, \dots \bar{f}_{p-1}$ correspondant au point a ont des expressions intégrales analogues, mais les chemins vont à ou tournent autour de l'infini, et les "mêmes" développements asymptotiques (à la détermination des arguments près) .

§ 2. - PROLONGEMENT DES SOLUTIONS $f_0, \dots f_{p-1}$ au demi-plan coupé $\{\mathrm{Re}\, x \leq 0\} - \mathbb{R}^-$

a) Au voisinage de l'axe imaginaire.

Le domaine de validité de l'étude précédente dépasse (en général) le demi-plan $\mathrm{Re}\, x > 0$: (on regarde le cas $\mathrm{Im}\, x > 0$) si $\sigma \in [\frac{\pi}{2} - \epsilon, \frac{\pi}{2} + \epsilon]$ on utilise le point e' d'argument $\theta_0 = \alpha + \eta$ $(\eta > 0)$ et on remplace dans la détermination des chemins $\widetilde{S}_m(x)$ le point z_3 ([1] th. 2.10) par le point $z_3' \in [a, e']$ tel que $|z_3 - a| = |z_3' - a|$. Alors si $\cos \sigma > 0$ les lemmes utilisés dans [1] restent valables (si η est assez petit) et si $\cos \sigma \leq 0$ le lemme 2.7 , qui étudie l'intégrale sur le chemin $[z_3', e']$ est modifié de la manière suivante : c'est au point e' que y^x a un module maximum. Or, $|(e'/a)^x| = \exp \rho\, [\cos \sigma \log(c/|a|) - \theta_0 \sin \sigma\,]$ et le crochet est négatif si :

$$\theta_0 > \log(c/|a|)/\mathrm{tg}\, \sigma \quad \text{ce qui est vérifié si} \quad \theta_0 > \log(|a|/c)\ \mathrm{tg}\, \epsilon\ .$$

Bien sûr cette construction n'est possible que si θ_0 n'est pas trop grand (i.e. ϵ assez petit) . Ce point sera précisé par l'étude qui suit.

b) Cas où les racines de B_0 de module inférieur à celui de a sont simples

L'étude qui suit est très proche de celle de Galbrun [2] et [3] .

Notations : Désignons par $a_1, \dots a_k$ $(k \leq r-p)$ les racines, supposées simples de B_0 situées dans le disque (fermé) de centre 0 passant par a . Pour chacune on choisit la détermination α_i de l'argument appartenant à l'intervalle $]\alpha, \alpha+2\pi[$ (pour simplifier on suppose qu'il n'y a pas de racine de B_0

sur le segment $[0,a[)$ et on les suppose rangées par ordre d'argument croissant.

Soit $D_a = \{a+te^{i\alpha},\ t \in \mathbb{R}^+\}$. On suppose que D_a est située dans un secteur de décroissance de φ au voisinage de a (on s'affranchit de cette hypothèse à la fin).

On définit le chemin Γ_e^+ (resp. Γ_e^-) suivant :

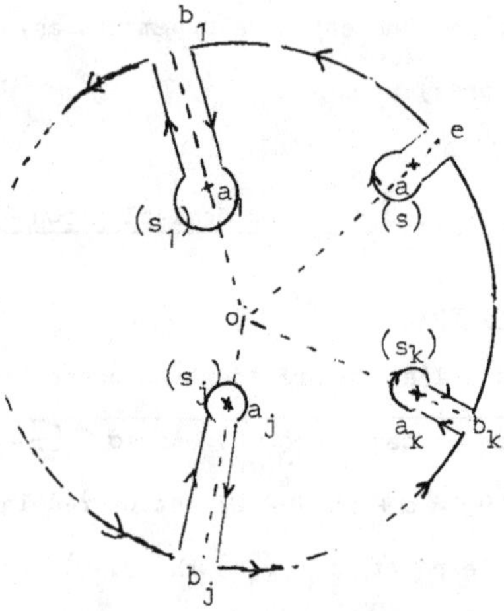

(pour Γ_e^-, on inverse les flèches).

Le point e est choisi de module $> |a|$ (et inférieur à celui de toute racine de B_o de module $> |a|$). Il est situé sur D_a. Les contours (s_j) sont des petits cercles entourant a_j parcourus dans le sens inverse.

Le domaine de $\mathbb{C}$ limité par Γ_e et contenant 0 ne contient pas d'autre point singulier de D donc (v) est encore une base de $\operatorname{Ker} D$ le long de Γ_e et le lemme I.1.1. s'applique toujours.

LEMME I.2.1. Si γ est un arc de Γ_e^+ (resp. Γ_e^-) tracé sur le cercle de centre 0 de rayon $|e|$, et si $c_1, \dots c_q$ sont des constantes, on a

$$|a^{-x}\int_\gamma y^{x-1}(c_1V_1(y) + \dots + c_qV_q(y))dy| \quad \text{tend vers } 0 \text{ comme } e^{-h\rho}$$

avec $h > 0$ quand $x \to \infty$ avec $\operatorname{Re} x < 0$ et $\operatorname{Im} x > 0$ (resp. $\operatorname{Im} x < 0$).

En effet sur γ on a : $|y^x| \le |e^x|$ et comme cette fois $|e| > |a|$ l'expression : $\cos\sigma \log |a| / |e|)$ est encore positive. □

LEMME I.2.2. Pour chaque j $(j \leq k)$ et pour toute solution $V(y)$ de D au voisinage de a_j, l'intégrale $\int_{(s_j)} y^{x-1}V(y)dy$ admet un développement asymptotique de la forme :

$$- m_j a_j^{x+\mu_j} x^{-\mu_j-1} e^{i\pi(\mu_j+1)} u(x) \quad \text{ou} \quad u(x) \in \mathbb{C}[[\tfrac{1}{x}]] \quad \text{et } u(0) = 1 .$$

Démonstration : Une base de Ker D au voisinage de a_j est constituée de $q-1$ fonctions "régulières" au voisinage de a_j (correspondant aux racines entières de l'équation indicielle) dont l'intégrale prise le long de (s_j) est nulle, et de la fonction $\varphi_j(y) = (y-a_j)^{\mu_j} \psi_j(y)$ (ψ_j holomorphe en a_j) dont l'intégrale sur le chemin (s_j) prolongé jusqu'à l'infini (en général dans la direction Oa_j) et parcouru dans le sens direct fournit la fonction $\bar{u}_j(x)$ correspondant à a_j dans le système complet de solutions de Δ (dans $\mathrm{Re}\, x < 0$) obtenu comme indiqué dans la remarque de la fin du § 1 : son développement asymptotique est celui indiqué (changé de signe, et divisé par m_j, composante de V sur φ_j) et l'intégrale sur (s_j) fournit la seule contribution non négligeable dans le développement de $\bar{u}_j$. □

La définition de la partie $\tilde{S}_m(x)$ et l'étude de l'intégrale correspondante s'appuie sur les lemmes 2.1., 2.3. et 2.8 de [1] qui restent valides dans le demi-plan $\mathrm{Re}\, x < 0$. Le lemme 2.7 doit être remplacé par le suivant (notations de [1]).

LEMME I.2.3. Soit c un réel positif et $[z',z]$ le segment de droite d'extrémités : $z' = a + \Lambda(\frac{|k|}{\rho})^{1/p} e^{i\alpha}$ $(\Lambda > 0)$ et $z = a + ce^{i\alpha}$ $(c > 0)$, la quantité :

$$|a^{-x} e^{-sp/(p-1)} \int_{[z,z']} y^{x-1}\varphi(y)dy| \quad \text{tend vers 0 comme} \quad e^{-h\rho^{(p-1)/p}} \quad (h > 0)$$

quand $\rho \to \infty$ dans les deux cas suivants :

i) $\cos \delta_m \geq 0$ et $\Lambda > 0$

ii) $\cos \delta_m < 0$ pour $\sigma \in]\sigma_1,\sigma_2[\subset]\frac{\pi}{2},\pi[\cup]-\pi,-\frac{\pi}{2}[$ et $\Lambda > p/(p-1)\inf(-\cos\sigma_1, -\cos\sigma_2)$.

En utilisant ces lemmes, on montre exactement comme dans le cas $\mathrm{Re}\, x > 0$ la

PROPOSITION I.2.4. Pour $m = 0,1,\dots p-1$ et pour tout $x \in \mathbb{C}-\mathbb{R}^-$ il existe un chemin $S_m(x)$ joignant a au point e de D_a défini ci-dessus tel que l'intégrale

$$\int_{S_m(x)} y^{x-1}\, \varphi(y)\, dy$$

admette le développement asymptotique $(A)_m$ lorsque $x \to \infty$ dans l'un ou l'autre des quadrants de $\{\mathrm{Re}\, x < 0\} - \mathbb{R}^-$.

Démonstration : Les notations sont celles de [1] th. 2.10.

i) si $\cos \delta_m < -\varepsilon$ pour $\sigma \in]\sigma_1,\sigma_2[$, $S_m(x)$ est le chemin suivant :

$$S_m(x) = [a,z_1] \cup (z_1,z_2) \cup [z_2,e]$$

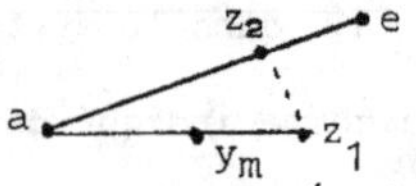

le point z_1 est $a+(1+\ell')(y_m-a)$ et le point z_2 est $a+(1+\ell')|y_m-a|e^{i\alpha}$ où $\ell' = \frac{1}{p-1}\max(p+\frac{1}{\varepsilon}, p/\inf(-\cos\sigma_1, -\cos\sigma_2))$ et l'arc (z_1,z_2) est l'arc de centre a extérieur au cercle de centre 0 de rayon $|z_2|$.

ii) si $\cos \delta_m > 0$, θ_1 et θ_2 sont définis comme dans le th. 2.10, ainsi que les points z_1, z_2, z_2'. On définit $z_3 = a + t_o|y_m-a|e^{i\alpha}$ et l'arc (z_2',z_3) est l'arc du cercle de centre a , extérieur au cercle de centre 0 de rayon $|z'_2|$.

iii) si $\cos \delta_m$ s'annule pour $\sigma \in]\sigma_1,\sigma_2[$ le seul changement par rapport au théorème 2.10 est encore le choix de $z_3 = a + |y_m-a|e^{i\alpha}/\sqrt{2}\sin(\frac{\pi}{4}-\theta_2)$ et de l' arc (z_2,z_3) (extérieur au cercle de centre 0 passant par z_2). □

Un dernier lemme permet l'étude de l'intégrale sur le cercle (s).

LEMME I.2.5. Soit $V(y)$ une solution de D au voisinage de a , alors

$$\left|a^{-x}\int_{(s)} y^{x-1}\, V(y)dy\right| \text{ tend vers } 0 \text{ comme } e^{-h\rho} \quad (h>0) \text{ quand}$$

$x \to \infty$ dans l'un ou l'autre des quadrants de $\{\mathrm{Re}\, x < 0\} - \mathbb{R}^-$.

Démonstration : La fonction $V(y)$ est combinaison linéaire de $\varphi(y)$, solution irrégulière au voisinage de a, et de solutions qui sont "régulières" et dont l'intégrale est nulle sur (s). Quand y décrit Γ_e^+ (resp. Γ_e^-) l'argument de $y-a$ reste compris entre α et $\alpha+2\pi$, donc le développement asymptotique de $\varphi(y)$ reste valable. D'autre part y a sur (s) un argument égal à : celui qu'il a sur $S_m(x)$ augmenté (resp. diminué) de 2π si $\operatorname{Im} x > 0$ (resp. < 0). Donc en remplaçant (s) par un chemin passant par les points cols et y empruntant un chemin de descente, on voit que (si $\operatorname{Im} x > 0$) :

$$\int_{(s)} y^{x-1} V(y)\, dy = K e^{2i\pi(x-1)} \sum_{m=0}^{p-1} \epsilon_m (A_m) \quad \text{où } \epsilon_m = \pm 1$$

suivant que le chemin de descente est pris dans le même sens ou dans le sens inverse à celui qui est utilisé dans $S_m(x)$.

Comme $a^{-x}(A_m)$ est d'ordre $e^{k_m \rho^{(p-1)/p}}$ et que $|e^{2i\pi x}| = e^{-2\pi\rho \sin\sigma}$ le résultat en découle.

Si $\operatorname{Im} x < 0$, le facteur est $e^{-2i\pi(x-1)}$ et la conclusion est la même. □

On peut alors établir le

THEOREME I.2.6. ("pseudo-phénomène de Stokes")

Pour $m = 0,1,\dots p-1$ et pour $x \in \{\operatorname{Re} x < 0\} - \mathbb{R}^-$, les formules :

$$\begin{cases} f_m(x) = \int_{S_m(x)} y^{x-1}\varphi(y)dy - \int_{\Gamma_e^+} y^{x-1}(c_1 V_1(y)+\dots+ c_q V_q(y))dy & \text{si } \operatorname{Im} x > 0 \\ f_m(x) = \int_{S_m(x)} y^{x-1}\varphi(y)dy + \int_{\Gamma_e^-} y^{x-1}(c_1 V_1(y)+\dots+ c_q V_q(y))dy & \text{si } \operatorname{Im} x < 0 \end{cases}$$

(où $S_m(x)$ et Γ_e sont ceux définis ci-dessus) définissent des solutions méromorphes de Δ, à pôles dans $\mathcal{N}$, prolongeant celles que l'on avait obtenues dans $\operatorname{Re} x > 0$ et admettant quand $\rho \to \infty$ le développement asymptotique suivant :

Soient $\frac{\pi}{2} < \nu_1 < \nu_2 \dots < \nu_h < \pi$

et $-\pi < \nu_{h+1} < \dots < \nu_\ell < -\pi/2$

les directions des médiatrices du polygone convexe enveloppe des points :

$$a' = \log|a| - i\alpha$$
$$a'_1 = \log|a_1| - i\alpha_1$$
$$\vdots$$
$$a'_k = \log|a_k| - i\alpha_k$$
$$a'' = \log|a| - i(\alpha+2\pi)$$

et soient $a_{i_1}, a_{i_2}, \ldots a_{i_\ell}$ les points correspondants aux sommets de ce polygone, alors :

si $\sigma \in]\frac{\pi}{2}, \nu_1[$, $f_m(x) \sim (A_m)$

si $\sigma \in]\nu_1, \nu_2[$, $f_m(x) \sim a_{i_1}^{x+\mu_{i_1}} x^{-\mu_{i_1}-1} u_1(x)$ où $u_1(x) \in \mathbb{C}[[\frac{1}{x}]]$

$\vdots$

si $\sigma \in]\nu_h, \pi[$, $f_m(x) \sim a_{i_h}^{x+\mu_{i_h}} x^{-\mu_{i_h}-1} u_{i_h}(x)$ à condition que x reste à distance finie des pôles de $f_m(x)$

si $\sigma \in]\nu_\ell, -\frac{\pi}{2}[$ $f_m(x) \sim (A_m)$

si $\sigma \in]\nu_{\ell-1}, \nu_\ell[$ $f_m(x) \sim e^{-2i\pi x} a_{i_\ell}^{x+\mu_{i_\ell}} x^{-\mu_{i_\ell}-1} u_{i_\ell}(x)$

$\vdots$

si $\sigma \in]-\pi, \nu_{h+1}[$ $f_m(x) \sim e^{-2i\pi x} a_{i_{h+1}}^{x+\mu_{i_{h+1}}} x^{-\mu_{i_{h+1}}-1} u_{i_{h+1}}(x)$

à condition que x reste à distance finie des pôles de $f_m(x)$.

<u>Démonstration</u> : La proposition et les lemmes précédents montrent que le facteur dominant est celui qui provient de l'indice qui maximise $|z^x|$ pour $z \in \{a, a_1, \ldots, a_k\}$ où les arguments sont pris entre α et $\alpha+2\pi$ si on utilise Γ_e^+, entre α et $\alpha-2\pi$ si on utilise Γ_e^-.
Or $|z^x| = \exp \rho\, [\cos\alpha \log|z| - \sin\sigma \arg z]$ et le crochet représente la mesure algébrique de la projection du point $(\log|z|, -\arg z)$ sur la direction σ .
Le théorème en découle. Les constantes $u_i(0)$ ont pour valeur :

$$u_i(0) = [c_1 m_{1\,i} + \dots + c_q m_{q\,i}]\; e^{-i\pi\mu_i} \quad \text{si } i = i_1,\dots,i_h$$

$$u_i(0) = [c_1 m_{1\,i} + \dots + c_q m_{q\,i}]\; e^{i\pi(\mu_i+1)} \quad \text{si } i = i_{h+1},\dots,i_\ell$$

où $m_{j\,i}$ est le coefficient de φ_i dans la décomposition de V_j au voisinage de a_i. □

<u>Remarque</u> : Si D_a n'est pas dans un secteur de décroissance du facteur exponentiel de φ on remplace la direction D_a par une direction située dans un tel secteur, qui fasse avec D_a un angle < à $\pi/2(p-1)$ (c'est toujours possible puisque $\pi/(p-1)$ est l'ouverture de ces secteurs) et les résultats demeurent valables puisque le développement asymptotique indiqué pour φ est valable dans un secteur d'ouverture $2\pi + \pi/(p-1)$.

c) <u>Cas "général"</u>.

Supposons que certains a_i soient des racines multiples de B_o qui soient des points réguliers de D ou des points irréguliers tels que $B_1(a_i) \neq 0$.

Le premier cas est étudié en détails dans Galbrun [2] : il suffit de remplacer, lorsque σ appartient à l'angle où c'est ce point qui domine, le développement asymptotique donné par un développement où figurent les logarithmes de x, les coefficients étant ceux qui expriment les V_j suivant les $\varphi_{i\,\ell}$ ($\ell = 1,\dots$ ordre a_i).

Pour les racines multiples irrégulières, comme dans le lemme I.2.6. on choisit un chemin (s) qui tourne autour de a en empruntant au voisinage de chaque point col un chemin de descente. Ceci fournit une série de la forme :

$$\varepsilon_o(A_o) + \varepsilon_1(A_1) + \dots + \varepsilon_{p-1}(A_{p-1}) \quad (\varepsilon_i = \pm 1)$$

En fait pour chaque valeur de σ un seul terme domine, sauf pour des valeurs exceptionnelles de σ où la somme de 2 termes intervient (c'est aussi le cas dans le théorème précédent pour les valeurs limites de σ).

DEUXIEME PARTIE :

THEOREMES DE COMPARAISON.

Partant d'une équation aux différences linéaire homogène à coefficients polynômes Δ dont le polygone de Newton est horizontal, deux méthodes ont été proposées pour en chercher un système fondamental de solutions (dans un demi-plan) :

i) utiliser la transformation de Mellin (ou une de ses variantes) et intégrer sur des chemins convenables les solutions non holomorphes au voisinage des points singuliers (autres que 0 et ∞) de l'équation différentielle D obtenue : voir Galbrun [2] , ou Nörlund [5] pour le cas où tous les points singuliers de D sont réguliers, Galbrun [3] et Duval [1] pour le cas irrégulier "générique".

ii) faire dans Δ un changement de fonction (Poincaré)(*) $h(x) = \Gamma(x-1)^{\sigma} f(x)$ ($\sigma \in \mathbb{Z}$) : on obtient une équation algébrique Δ_1 dont le polygone de Newton a un (unique) côté de pente strictement négative : sa transformée de Mellin est alors une équation différentielle qui n'a que 0 et ∞ pour points singuliers, l'un est irrégulier, l'autre régulier et on utilise une base convenable de l'espace vectoriel sur $\mathbb{C}$: $H^1(S;\mathcal{G}_{o,D_1})$ pour construire une base de solutions de Δ_1 donc aussi de Δ : voir Ramis [8] .

Le but de cette partie est de montrer que ces deux constructions conduisent au même espace vectoriel sur $\mathbb{C}$ de solutions de Δ . Ceci montrera en particulier que la méthode i) conduit bien à un système fondamental de solutions de Δ , résultat délicat à mettre au point en toute généralité par une méthode directe (voir [1]) .

Pour démontrer ceci, on commence par établir qu'en choisissant des variantes convenables de la transformation de Mellin, le changement de fonctions (*) correspond à la transformation de Laplace pour les opérateurs différentiels D et D_1 associés respectivement à Δ et Δ_1. On utilise cette remarque pour exprimer, à l'aide d'intégrales de Laplace, les solutions irrégulières de D_1 au voisinage de l'infini à partir de chacune des solutions non holomorphes de D au voisinage de ses points singuliers et, réciproquement, les solutions non holomorphes de D au voisinage de ses points singuliers à partir d'une base de $H^1(S;\mathcal{G}_{o,D_1})$. Enfin, on s'assure que les solutions de Δ et de Δ_1 qu'on en déduit se correspondent par la transformation (*) .

§ 1.- COMPARAISON FORMELLE DES OPERATEURS DIFFERENTIELS.

Notations. Soit Δ l'opérateur aux différences algébrique :

$$\Delta = A_o(x)\tau^r + A_1(x)\tau^{r-1} + \dots + A_r(x)$$

où $A_i(x) \in \mathbb{C}[x]$ avec $d°A_o = d°A_r \geq d°A_i \quad \forall\, i \geq 0$ et τ est l'opérateur de translation : $\tau(f(x)) = f(x+1)$.

Pour $x \in \mathbb{C}$ et $n \in \mathbb{N}$ on note :

$$(x)_n = x(x-1)\dots(x-n+1) \text{ si } n > 0 \text{ et } (x)_o = 1$$

$$[x]_n = x(x+1)\dots(x+n-1) \text{ si } n > 0 \text{ et } [x]_o = 1$$

On note ∂ l'opérateur différentiel $\partial(f(x)) = f'(x)$

1) On cherche des solutions de Δ de la forme :

$$f(x) = (x-1)e^{i\pi x}\int y^{-x}\varphi(y)dy$$

LEMME II.1.1. A l'opérateur $\delta = (x+k-2)_p\tau^k$ est associé l'opérateur différentiel : $d = (-1)^k y^{r-k+p}\partial^{p+1}$ (k et p entiers naturels) .

<u>Démonstration</u> : En effectuant p+1 intégrations par parties dans $(x+k-2)\ f(x+k)$ la partie "non intégrée" est : $(-1)^k e^{i\pi x} \int y^{-x-k+p-1} \varphi^{(p+1)}(y)dy$.

□

2) On effectue dans Δ le changement de fonction défini par :

$$f(x) = \Gamma(x-1)^{-1} h(x) \quad (f \text{ solution de } \Delta \text{ , } h \text{ solution de } \Delta_1) .$$

L'opérateur Δ devient Δ_1 (on notera $\Delta_1 = \Gamma(x-1)^{-1}\Delta$)

$$\Delta_1 = A_o(x)\ \tau^r + \ldots + (x+r-j)_j\ A_j(x)\ \tau^{r-j} + \ldots + (x)_r A_r(x)$$

LEMME II.1.2. L'image par $\Gamma(x-1)^{-1}$ de l'opérateur $\delta = (x+k-2)_p \tau^k$ est l'opérateur $\delta_1 = [x+k-p-1]_{p+r-k}\ \tau^k$

<u>Démonstration</u> : On a $\Gamma(x-1)^{-1}\delta = (x+r-2)_{r-k}(x+k-2)_p\tau^k = (x+r-2)_{p+r-k}\tau^k$

$$= [x+k-p-1]_{p+r-k}\ \tau^k$$ □

On associe à Δ_1 sa transformée de Mellin, c'est-à-dire qu'on cherche des solutions de Δ_1 de la forme :

$$h(x) = \int u^{x-1} v(u)du$$

LEMME II.1.3. L'opérateur transformé de Mellin de δ_1 est :

$$d_1 = (-1)^{p+r-k} \partial^{p+r-k}(u^{p+1} .)$$

<u>Démonstration</u> : On écrit

$$h(x+k) = \int u^{x+k-1} v(u)du = \int u^{x+k-p-1-1}(u^{p+1} v(u))du$$

puis on intègre p+r-k fois par partie. □

PROPOSITION II.1.4. Soit L la transformation de Laplace de noyau e^{uy} , on a

$$L(D_1) = (-1)^{r+1} D .$$

<u>Démonstration</u> : Les lemmes précédents montrent que $L(d_1) = (-1)^{r+1} d$.

En décomposant le polynôme $A_j(x)$ sur la base : $(x+r-j-2)_{q-k}$ $k = 0,\dots q$ pour $j = 0,\dots r$ la proposition devient une conséquence de la linéarité de L. □

3) <u>Etude des singularités de</u> D <u>et</u> de D_1.

Si $A_j(x) = \sum_{k=0}^{q} a_{jk}\,(x+r-j-2)_{q-k}$ on a :

$$D = (-1)^r \sum_{k=0}^{q} y^{q-k} B_k(y)\partial^{q-k+1} \quad \text{où} \quad B_k(y) = \sum_{j=0}^{r} (-1)^j a_{jk} y^j$$

et $$D_1 = \sum_{j=0}^{r} \sum_{k=0}^{q} (-1)^{q-k+j}\, a_{jk}\, \partial^{q-k+j}\,(u^{q-k+1}.)$$

PROPOSITION II.1.5.

a) Les points singuliers de D sont 0 et ∞ qui sont réguliers et les racines du polynôme caractéristique B_0.

b) Les points singuliers de D_1 sont 0 et ∞ : 0 est régulier, ∞ est irrégulier et le polygone de Newton de D_1 à l'infini a un côté horizontal et un côté de pente -1 dont le polynôme déterminant est B_0.

<u>Démonstration</u> :

a) Les conditions $a_{oo} \neq 0$ et $a_{ro} \neq 0$ assurent que le polygone de Newton de D en 0 et ∞ (Ramis [6]) est :

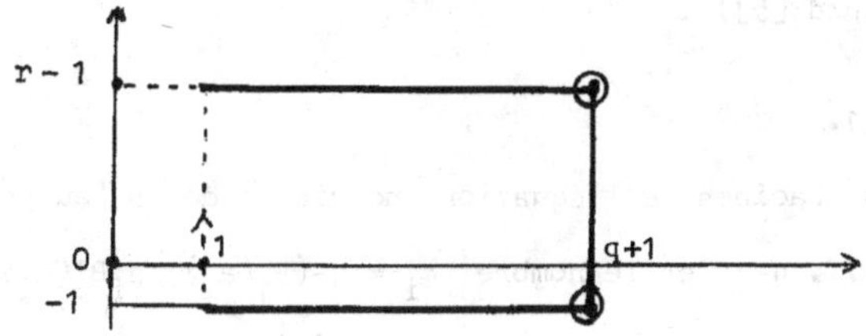

b) L'opérateur D_1 s'écrit : $\sum_{j=0}^{r} d_j$ où d_j est l'opérateur d'ordre $q+j$ homogène de poids $1-j$ (pour le poids $p(u^{\alpha}\partial^{\beta}) = \alpha - \beta$) :

$$d_j = \sum_{k=0}^{q} (-1)^{q-k+j} a_{jk} \partial^{q-k+j}(u^{q-k+1}.)$$

Ceci montre que le polynôme $C_s(u)$ coefficient de ∂^{q+r-s} dans D_1 $(s = 0,\dots q+r)$ est : de degré inférieur ou égal à $q+1$ si $0 \leq s \leq r$; le coefficient du terme de degré $q+1$ est : $(-1)^{q+r-s} a_{r-s\,o}$

de degré inférieur ou égal à $q+r-s+1$ si $r \leq s \leq q+r$.

de valuation $q+1-s$ si $s \leq q+1$, 0 si $s \geq q+1$.

En particulier $C_o(u) = (-1)^{q+r} a_{ro} u^{q+1}$ et D_1 a pour seuls points singuliers : 0 et ∞ et pour polygone de Newton :

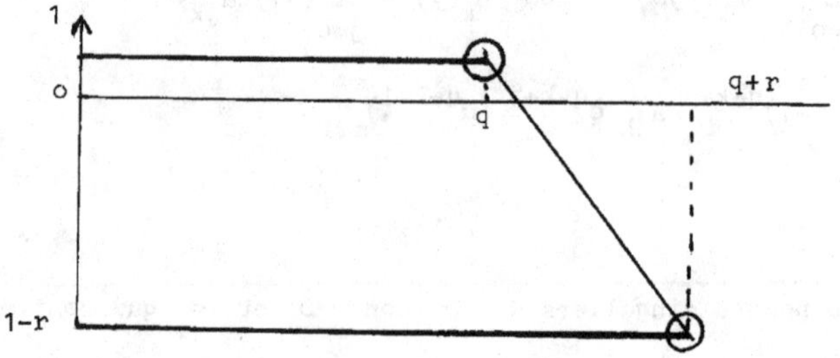

Le polynôme déterminant associé au côté de pente -1 est :

$$\sum_{s=o}^{r} (-1)^{q+r-s} a_{r-so} \tau^{r-s} = (-1)^q B_o(\tau) . \quad \square$$

§ 2.- CAS OU B_o a r RACINES SIMPLES.

On notera $a_1, a_2, \dots a_r$ les racines de B_o et $\alpha_i = \arg a_i \in [0,2\pi[$.

La proposition suivante est une variante de résultats classiques (par exemple Nörlund [5]) .

PROPOSITION II.2.1.

a) Les racines de l'équation indicielle de D au point a_i sont les entiers $0,1,\dots q-1$ et le nombre $\lambda_i = q-(B_1(a_i)/a_i B_o'(a_i))$ qu'on suppose non entier. L'équation D admet au voisinage de a_i une solution de la forme :

$$(*) \qquad \varphi_i(y) = (y-a_i)^{\lambda_i} \tilde{\varphi}_i(y) \quad \text{où} \quad \tilde{\varphi}_i(y) \in \mathbb{C}\{y-a_i\} ,$$

série convergente dans le disque de centre a_i de rayon $\inf_{j\neq i} |a_i - a_j|$ avec $\tilde{\varphi}_i(0) \neq 0$.

b) Il existe $\Lambda > 0$ tel que dans le demi-plan $P_\Lambda = \{\mathrm{Re}\, x > \Lambda\}$ l'équation $\Delta = 0$ admette les r solutions holomorphes dans P_Λ :

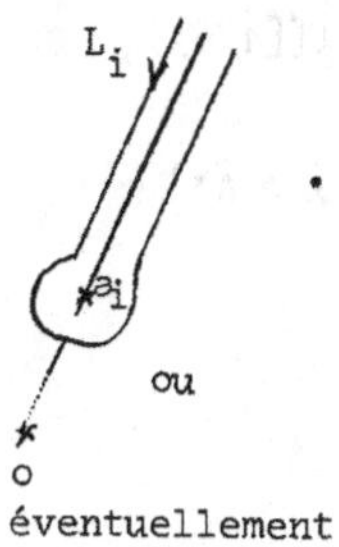

$$f_i(x) = (x-1)e^{i\pi x}\int_{L_i} y^{-x}\varphi_i(y)dy \qquad i = 1,\dots r \quad \text{où :}$$

. L_i est un lacet partant de l'∞ dans la direction α_i, tournant une fois autour de a_i dans le sens positif et repartant à l'∞ dans la direction α_i, évitant éventuellement par un demi-cercle les autres racines de B_o situées sur la demi-droite Oa_i au dela de a_i.

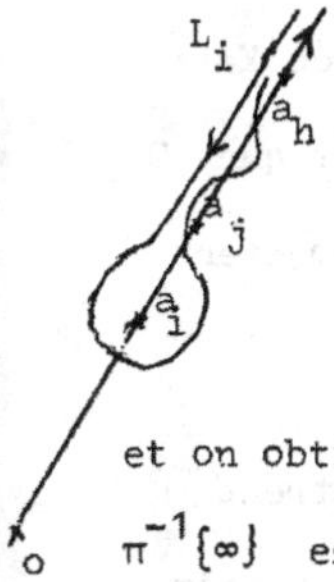

. $\varphi_i(y)$ est le prolongement analytique le long de L_i de la solution de D donnée au voisinage de a_i par la formule (*).

On fait un éclatement réel du point ∞ de la sphère de Riemann S_2 et on obtient une variété à bord $\tilde{S}_2$ et une projection $\pi : \tilde{S}_2 \to S_2$ où $\pi^{-1}\{\infty\}$ est un cercle S. Les ouverts de S sont en bijection avec les secteurs V de sommet ∞. Pour un tel secteur V on note $\mathcal{A}(V)$ le sous-espace de $\mathcal{O}(V)$ des fonctions f admettant un développement asymptotique à l'∞ $\hat{f} \in \mathbb{C}[[\frac{1}{u}]]$ et $\mathcal{A}_o(V) = \{f \in \mathcal{A}(V) | \hat{f} = 0\}$.

Soient $\mathcal{A}_o$ le faisceau sur S associé et $\mathcal{A}_{o,D_1}$ le noyau de l'application :

$$D_1 : \mathcal{A}_o \to \mathcal{A}_o$$

Rappelons d'autre part qu'une série formelle $\hat{f} = \Sigma\, a_n u^n \in \mathbb{C}[[u]]$ est dite Gevrey d'ordre s si la série $\Sigma\, a_n u^n/(n!)^{s-1} \in \mathbb{C}\{u\}$. On écrit $\hat{f} \in \mathbb{C}[[u]]_s$.

Dans [8] Ramis démontre la

PROPOSITION II.2.2.

a) Le $\mathbb{C}$-espace vectoriel $H^1(S;\mathcal{A}_{o,D_1})$ est de dimension r et admet une base constituée d' "éléments élémentaires" (v_i, V_i) $i = 1,\dots r$ où : $V_i = \{u \in \mathbb{C} - \{0\} |\ \arg u \in]\frac{\pi}{2} - \alpha_i, \frac{3\pi}{2} - \alpha_i[\}$

v_i est une solution de D_1 définie dans un secteur W_i d'ouverture 3π tel que $\pi(W_i) = S_2 - \{0\}$; elle s'écrit :

$$v_i(u) = e^{ua_i} u^{\mu_i} \tilde{v}_i(u) \quad \text{où} \quad \tilde{v}_i(u) \in \mathcal{O}(W_i) \text{ et } \hat{\tilde{v}}_i \in \mathbb{C}[[1/u]]_2$$

b) Il existe une constante $\Lambda' > 0$ telle que dans $\{\mathrm{Re}\, x > \Lambda'\}$ les r fonctions suivantes sont des solutions holomorphes de Δ_1 :

$$h_i(x) = \int_{d_i} u^{x-1} v_i(u)\, du$$

où d_i est une demi-droite joignant 0 à $l'\infty$ tracée dans V_i.

L'ouverture de W_i est $2\pi + \pi/k$ où k est l'invariant de Katz de D_1. Ici $k = 1$. Le fait que D_1 n'a pas d'autre point singulier que 0 et ∞ entraîne que les fonctions sont définies dans un secteur se projetant sur $S_2 - \{0\}$. □

Les propositions qui suivent pour une part classiques montrent comment utiliser la transformation de Laplace pour obtenir les v_i à partir des φ_i et réciproquement. On a tout d'abord le résultat classique :

PROPOSITION II.2.3. La fonction φ_i, le chemin L_i et le secteur V_i sont ceux des propositions 2.1 et 2.2 ci-dessus. La formule :

$$\bar{v}_i(u) = \int_{L_i} e^{uy} \varphi_i(y)\, dy$$

définit une solution de D_1 holomorphe dans V_i. Si $\tilde{\varphi}_i(y) = \sum_{n \geq 0} c_n^{(i)} (y-a_i)^n$, la fonction $\bar{v}_i(u)$ admet quand $u \to \infty$ dans V_i le développement asymptotique :

$$2i \sin \pi\lambda_i e^{ua_i} u^{-\lambda_i - 1} \sum_{n \geq 0} (-1)^n \Gamma(\lambda_i + n - 1) c_n^{(i)} / u^n .$$

<u>Notations</u> : Pour i fixé et pour $y \in \mathbb{C}$ on pose : $y - a_i = r\, e^{i\sigma}$ avec $\sigma \in [\alpha_i, \alpha_i + 2\pi[$. On définit dans le plan des u le chemin C_y suivant : partant de l'infini dans la direction $-\sigma$ on tourne une fois autour de 0 dans le sens direct puis on retourne à l'infini dans la direction $-\sigma$

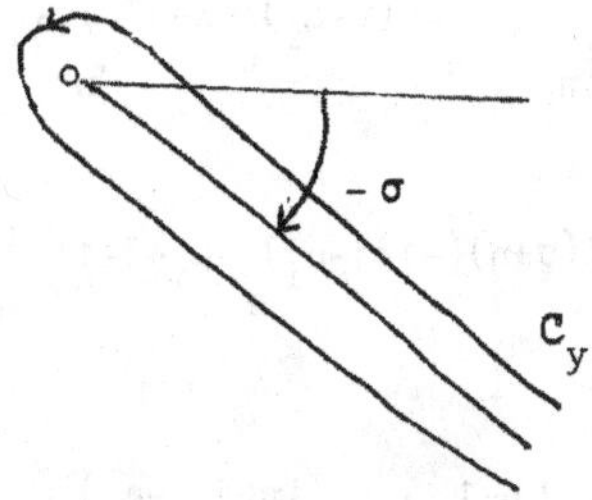

D'autre part, avec les notations de la proposition 2.2. on pose :

$$\hat{\tilde{v}}_i(u) = \sum_{n \geq o} b_n^{(i)}/u^n \in \mathbb{C}[[1/u]]_2, b_o^{(i)} \neq 0$$

PROPOSITION II.2.4. La formule $\bar{\varphi}_i(y) = \frac{1}{2i\pi}\int_{C_y} e^{-uy} v_i(u)du$ définit une solution de D au voisinage de a_i $(y \neq a_i)$ admettant le développement convergeant :

$$\bar{\varphi}_i(y) = (y-a_i)^{\lambda_i} e^{i\pi\lambda_i} \sum_{n \geq o} b_n^{(i)}(y-a_i)^n/\Gamma(-\mu_i+n). \quad (\lambda_i = -\mu_i - 1) .$$

<u>Démonstration</u> : Quand $|u| \to \infty$ sur C_y on a : $\arg - u(y-a_i) = \pi$ donc $\forall\, y \neq a_i$ l'intégrale existe. D'autre part localement, c'est-à-dire quand y appartient à un secteur de sommet a_i d'ouverture $< \pi$, on peut, sans changer $\bar{\varphi}_i(y)$ remplacer le chemin C_y par un chemin indépendant de y , ce qui assure que la fonction $\bar{\varphi}_i$ est une solution de D holomorphe au voisinage de a_i (sauf en a_i) (voisinage sur le revêtement universel) .

Pour étudier le comportement de $\bar{\varphi}_i$ au voisinage de a_i , fixons un entier n , on peut écrire : $v_i(u) = e^{ua_i} u^{\mu_i}[(\sum_{j=o}^{n-1} b_j^{(i)}/u^j)+w_n^{(i)}(u)/u^n]$ où $w_n^{(i)}(u)$ est une fonction bornée quand $|u| \to \infty$, holomorphe au voisinage de C_y .

Le changement de variable $t = -u\,e^{i\sigma}$ conduit à :

$$\bar{\varphi}_i(y) = \sum_{j=o}^{n-1} b_j^{(i)} \frac{e^{i(\sigma+\pi)(-1+j-\mu_i)}}{2i\pi} \int_C e^{rt} t^{\mu_i - j} dt + R_n(y)$$

où C est le chemin :

et $$R_n(y) = \frac{1}{2i\pi}\int_{C_y} e^{-u(y-a_i)}\, u^{-n+\mu_i}\, w_n^{(i)}(u)\,du$$

donc :

$$\bar{\varphi}_i(y) = \sum_{j=0}^{n-1} b_j^{(i)} e^{i(\sigma+\pi)(-1+j-\mu_i)}\, r^{-\mu_i+j-1} / \Gamma(-\mu_i+j) + R_n(y)$$

$$= (y-a_i)^{-\mu_i-1} \sum_{j=0}^{n-1} b_j^{(i)}\, e^{i\pi(j-1-\mu_i)} (y-a_i)^j / \Gamma(-\mu_i+j) + R_n(y) .$$

Dans $R_n(y)$ le changement de variable : $t' = -u(y-a_i)$ conduit à :

$$R_n(y) = \frac{1}{2i\pi}(y-a_i)^{n-\mu_i-1}\, e^{i\pi(n-\mu_i-1)} \int_C e^{t'}\, t'^{\mu_i-n}\, w_n^{(i)}(t'/(a_i-y))\,dt'$$

Fixons $c > 0$ assez petit pour avoir

$$\int_C = \int_{\infty e^{-\pi i}}^{ce^{-\pi i}} + \int_{\gamma_{c^+}} + \int_{ce^{i\pi}}^{\infty e^{i\pi}} = I_1 + I_2 + I_3$$

où γ_{c^+} est le cercle de rayon c décrit dans le sens direct.

Comme $w_n^{(i)}$ est bornée quand $|u| \to \infty$ il existe K et $A > 0$ tels que $|u| > A \Rightarrow |w_n^{(i)}(u)| < K$. Comme $|t'| > c$ implique $|t'/(y-a_i)| > A$ dès que $|y-a_i| < c/A$ on a :

$$|I_1| + |I_3| \le 2K \int_c^{\infty} e^{-t}\, t^{\mathrm{Re}\,\mu_i - n}\, dt .$$

D'autre part sur γ_c $|t'| = c$ donc si $|y-a_i| < c/A$ on a sur γ_c :

$$|w_n^{(i)}(t'/(a_i-y))| < K \quad \text{et} \quad |I_2| < K.2\pi.e^c\, c^{\mathrm{Re}\mu_i - n+1}$$

Ceci montre que $(y-a_i)^{-n+\mu_i+1} R_n(y)$ est bornée quand $y \to a_i$ c'est-à-dire que $\varphi_i(y)$ admet au voisinage de a_i le "développement asymptotique" :

$$\varphi_i(y) \sim (y-a_i)^{-\mu_i-1} \sum_{n\ge 0} b_n^{(i)}\, e^{i\pi(n-1-\mu_i)} (y-a_i)^n / \Gamma(-\mu_i+n)$$

Mais la série de terme général $b_n^{(i)}(a_i-y)^n/\Gamma(-\mu_i+n)$, qui a un rayon de convergence non nul puisque la série $b_n^{(i)} t^n$ est Gevrey 2 , est une solution holomorphe en a_i de l'équation différentielle obtenue en effectuant dans D le changement de fonction : $\varphi = (y-a_i)^{-\mu_i-1}\,\psi$. On conclut alors de la proposition 2.1. que $-\mu_i-1 = \lambda_i$ et que φ_i admet le développement indiqué.

□

THEOREME II.2.5. Soient (v_i,V_i) $(i = 1,\ldots r)$ une base de $H^1(S;\mathcal{G}_{o,D_1})$ constituée d'éléments élémentaires et $\varphi_i(y)$ $(i = 1,\ldots r)$ les fonctions qui leur sont associées par la proposition précédente. Soient $f_i(x)$ (resp. $h_i(x)$) les solutions de Δ (resp. Δ_1) correspondantes. Alors pour $x > \sup(\Lambda,\Lambda')$ on a :

$$h_i(x) = \Gamma(x-1)f_i(x) \quad i = 1,\ldots r$$

<u>Démonstration</u> : Tout d'abord en modifiant convenablement les contours L_i on peut prolonger analytiquement $\bar{v}_i(u)$ en une solution de D_1 dans un ouvert d'ouverture $> \pi$ sans que le développement asymptotique ne change. On utilise au lieu de la direction α_i une direction voisine α_i' qui conviendra pour u tel que $\arg u \in \left]\frac{\pi}{2} - \alpha_i', \frac{3\pi}{2} - \alpha_i'\right[$

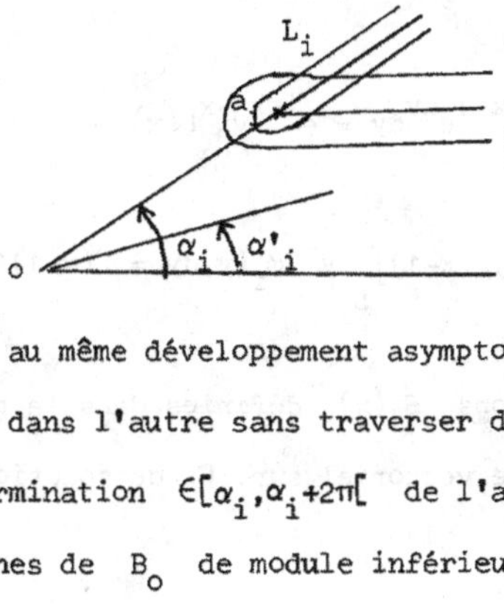

Le chemin L_i' conduit au même développement asymptotique que L_i tant qu'on peut les déformer l'un dans l'autre sans traverser de point singulier de D. En notant α_j la détermination $\in[\alpha_i,\alpha_i+2\pi[$ de l'argument de a_j si $|a_j| \geq |a_i|$ (les racines de B_o de module inférieur à celui de a_i n'interviennent pas), on pose :

$$\alpha_k = \inf\{\alpha_j \mid j \neq i, \alpha_j < \pi\} \quad \text{et} \quad \alpha_\ell = \sup(\{\alpha_j \mid \alpha_j \geq \pi\} \cup \{\pi\})$$

Le prolongement indiqué est possible dans $V_i' = \{u \in \mathbb{C} - \{o\} \mid \arg u \in \left]\frac{\pi}{2} - \alpha_\ell, \frac{3\pi}{2} - \alpha_k\right[\}$

Les propositions précédentes montrent que partant d'une base convenable de $H^1(S;\mathcal{G}_{o,D_1})$ on fabrique (à constante multiplicative près) les

r solutions non holomorphes de D au voisinage de ses r points singuliers et que les solutions $\bar{v}_i(u)$ définies dans V_i' qu'on peut alors leur associer y ont le même développement asymptotique généralisé que les fonctions $v_i(u)$ (multipliées par une constante convenable) . Rappelons que la partie régulière de ce développement asymptotique est Gevrey 2 . La fonction $e^{-ua_i} u^{-\mu_i}(C_i v_i(u) - \bar{v}_i(u))$ (C_i constante) appartient donc à $\mathcal{G}_{0,2}(V_i') = 0$ puisque V_i' est d'ouverture $> \pi$ (Ramis [7] th.2.3.). Donc $\bar{v}_i(u) = C_i v_i(u)$ et dans $\{\mathrm{Re}\ x\} > \Lambda$ on a : (en oubliant la constante C_i)

$$h_i(x) = \int_{d_i} u^{x-1}\, \bar{v}_i(u)du = \int_{d_i} u^{x-1}\Big(\int_{L_i} e^{uy}\varphi_i(y)dy\Big)du$$

(d_i est une demi-droite joignant 0 à $l'\infty$ tracée dans V_i)

Pour $\mathrm{Re}\ x > \sup\ (\Lambda,\Lambda')$ la fonction $|u^{x-1}e^{uy}\varphi_i(y)|$ est sommable sur $d_i x\ L_i$ donc :

$$h_i(x) = \int_{L_i} \varphi_i(y)\Big(\int_{d_i} u^{x-1}e^{uy}du\Big)dy\ .$$

En posant $t = -uy$ et en modifiant la pente de la droite d'intégration (Cauchy) il vient :

$$\int_{d_i} u^{x-1}e^{uy}dy = e^{i\pi x}y^{-x}\Gamma(x)$$

et

$$h_i(x) = e^{i\pi x}(x-1)\Gamma(x-1)\int_{L_i} y^{-x}\varphi_i(y)dy = \Gamma(x-1)f_i(x). \qquad \square$$

COROLLAIRE. Les r fonctions $f_i(x)$ définies dans la proposition II.1.b forment une base d'un espace vectoriel sur $\mathbb{C}$ de solutions holomorphes de Δ dans $\{\mathrm{Re}\ x > \Lambda\}$.

§ 3. - CAS OU B_o A UNE RACINE MULTIPLE NON RACINE DE B_1 .

Dans ce paragraphe, on étudie le cas où B_o possède une racine a telle que :

$$B_o(a) = B_o'(a) = \dots = B_o^{(p-1)}(a) = 0 \; ; \; B_o^{(p)}(a) \neq 0 \, , \, B_1(a) \neq 0 \quad (2 \leq p \leq r) \; .$$

La démarche est parallèle à celle du cas précédent dont on reprend les notations. On pose $\alpha = \arg a$.

PROPOSITION II.3.1.

a) Le point a est un point singulier irrégulier de D au voisinage duquel D possède une solution $\varphi(y)$ admettant quand $y \to a$ dans un secteur de sommet a d'ouverture $2\pi + \pi/p-1$ un développement asymptotique généralisé :

$$\varphi(y) \sim e^{P(1/(y-a))}(y-a)^{\lambda} \sum_{n \geq o} d_n (y-a)^n$$

où P est un polynôme de degré p-1 :

$$P(X) = \sum_{j=o}^{p-2} b_j X^{p-1-j}/(p-1-j)$$

(les coefficients b_i et la constante λ se déterminent explicitement à partir de B_o et de B_1 . En particulier $b_o = p! \, B_1(a)/a^{p-1}B_o^{(p)}(a))$.

b) Il existe Λ tel qu'à tout $x \in P_\Lambda = \{\mathrm{Re}\ x > \Lambda\}$ on puisse associer p chemins $S_m(x)$ joignant a à l'∞ dans la direction α tels que les fonctions :

$$f_m(x) = (x-1)e^{ix\pi}\int_{S_m(x)} y^{-x}\varphi(y)dy \qquad m = 0,1 \dots p-1$$

soient des solutions de Δ holomorphes dans P_Λ et admettant quand $x \to \infty$ dans ce demi-plan des développements asymptotiques qu'on peut déterminer.

Les chemins $S_m(x)$ sont ceux définis dans [1] th. 2.10 en changeant 0 en ∞ .

PROPOSITION II.3.2.

a) L'espace vectoriel $H^1(S;\mathcal{G}_{o,D_1})$ possède une base où figurent p éléments élémentaires de la forme (v_m, V) $m = 0,1.. p-1$ où :

$$V = \{u \in \mathbb{C} - \{0\} \mid \arg u \in]\frac{\pi}{2} - \alpha, \frac{3\pi}{2} - \alpha[\ \}$$

et $v_m(u) = e^{ua+Q(u_m^{1/p})}$ avec : . Q polynôme de degré p-1

. $u_m^{1/p} = |u|^{1/p} \exp \frac{i}{p}(\arg u + 2m\pi)$

. $\tilde{v}_m(u_m))$ fonction définie dans un secteur W_m d'ouverture $(2p+1)\pi$ contenant V (mais dépendant de la détermination choisie) et admettant quand $u \to \infty$ un développement asymptotique en $t = 1/u_m^{1/p}$ qui est Gevrey d'ordre $1+1/p$.

b) Identique au b) de la proposition II.2.2.

Dans le revêtement à p feuillets : $u = t^p$ l'opérateur D_1 se transforme en un opérateur d'invariant de Katz p , auquel on applique les résultats de Ramis cités précédemment. □

PROPOSITION II.3.3. La fonction φ et le secteur V sont ceux définis ci-dessus.

Il existe un secteur $V' \supset V$ (strictement) tel que pour tout $u \in V'$ il existe p chemins $S'_m(u)$ tels que les formules :

$$\bar{v}_m(u) = \int_{S'_m(u)} e^{uy}\varphi(y)dy \quad m = 0,1... p-1$$

définissent p solutions holomorphes de D_1 dans V' , y admettant quand $u \to \infty$ le développement asymptotique généralisé :

$$\bar{v}_m(u) \sim \exp\{ua + \frac{p}{p-1} b_o^{1/p} u_m^{(p-1)/p} + \frac{A_2}{p-2} b_o^{2/p} u_m^{(p-2)/p} + \dots + A_p b_o^{(p-1)/p} u_m^{1/p}\} .$$

$$u_m^{-\frac{1}{2}-(\lambda+\frac{1}{2})/p} \sum_{i \geq o} D_i u_m^{-i/p}$$

avec pour $2 \leq k \leq p-1$:

$$A_k = \sum_{i=1}^{k-1} \left(\frac{k}{p} - 1\right)_{i-1} b_o^{-i} \sum_{\gamma \in \Gamma_{k-1,i}} b_1^{\gamma_1} \dots b_{k-i}^{\gamma_{k-i}} / \gamma_i! \dots \gamma_{k-i}!$$

où $\Gamma_{k-1,i} = \{\gamma = (\gamma_1, \dots, \gamma_{k-i}) \in \mathbb{N}^{k-i} \mid \gamma_1 + \gamma_2 + \dots + \gamma_{k-i} = i,$

$\gamma_1 + 2\gamma_2 + \dots + (k-i)\,\gamma_{k-i} = k-1\}$

Démonstration : On le démontre pour $u \in V$ et on étend ensuite le résultat comme dans le cas précédent (th. 2.5.) : on butte sur la racine de B_o d'argument le plus proche de α parmi les racines de module $\geq |a|$.

Fixons donc $u \in V$. Le changement de variable $y-a = z$ conduit à l'intégrale : $\bar{v}_m(u) = e^{ua} \int_{S''_m(u)} e^{P(1/z)+uz} z^{\lambda} \tilde{\varphi}(z)dz$ (S''_m chemin d'origine 0 allant à l'infini dans la direction α.

Pour que l'intégrale existe, il faut qu'au voisinage de 0 le chemin S''_m soit tracé dans un secteur tel que $\mathrm{Re}\, b_o/z^{p-1} < 0$.

On étudie l'intégrale par la méthode du col. La fonction

$h(z) = P(1/z) + uz$ a une dérivée qui s'annule pour :

(*) $P'(1/z)/z^2 = u$ équation polynômiale de degré p dont les solutions admettent des développements en série convergent au voisinage de $u = \infty$ de la forme :

$$z_m = (b_o/u)_m^{1/p} + \sum_{k=2}^{\infty} c_k (b_o/u)_m^{k/p}$$

où $(b_o/u)_m^{1/p} = |b_o/u|^{1/p} \exp i[\arg b_o - \arg u + 2m\pi]/p$.

On calque alors la méthode de [1] : pour m fixé ($m = 0, \dots p-1$) le changement de variable : $z = z_m(1+t)$ conduit à :

$$v_m(u) = e^{u(a+z_m)+P(1/z_m)} z_m^{\lambda+1} \int_{S''_m} e^{h(t,u)} (1+t)^{\mu} \tilde{\varphi}(z_m(1+t))\, dt$$

où $h(t,u) = P(1/z_m(1+t)) - P(1/z_m) + uz_m t$ est une fonction admettant un développement en "série" double convergente pour $|t|$ assez petit et $|u|$ assez grand de la forme :

$$h(t,u) = b_o(u/b_o)_m^{(p-1)/p} p(t) + \sum_{i=2}^{p} (u/b_o)_m^{(p-i)/p} g_i(t) + \sum_{j\geq 1} (b_o/u)^{j/p} h_j(t)$$

avec $p(t) = t + [(1+t)^{1-p} - 1]/(p-1)$ et au voisinage de 0 :
$h_j(t) = O(t^2) = g_i(t)$.

La fonction $p(t)$ est celle qui intervient dans [1] dont la proposition 2.4 indique le chemin de descente et le comportement asymptotique de l'intégrale correspondante au voisinage de chaque col z_m . Cette fois l'infiniment grand principal est $s = b_o(u/b_o)^{(p-1)/p}$ dont l'argument est

$$\delta_m = [(p-1)\arg u + \beta + 2m\pi]/p \quad (\beta = \arg b_o)$$

On obtient un développement asymptotique valable pour un petit chemin de descente passant par le col z_m :

$$(A_m) \quad 2\, e^{u(a+z_m)+P(1/z_m)} z_m^{\lambda+1} (\pi/p)^{\frac{1}{2}} (b_o^{1/p}\, u^{(p-1)/p})^{-\frac{1}{2}} [d_o + \sum_{i\geq o} D_i (1/u)^{i/p}]$$

(pour le choix des déterminations, voir [1] proposition 2.5) .

La partie principale de $(A)_m$ est donc : $\exp(ua + uz_m + b_o/(p-1)z_m^p) =$
$= e^{ua} . e^{sp/(p-1)}$ qui est du même type que celle rencontrée dans [1] (avec e^a au lieu de a , ce qui est une modification inessentielle puisque $\mathrm{Re}\, ua < 0$) . Les chemins globaux utilisés dans ce papier conviennent donc encore ici.

Le calcul explicite des coefficients se fait aussi par la méthode utilisée dans [1] : c'est ici plus simple. □

PROPOSITION II.3.4. Soit $v(u)$ l'une quelconque des fonctions $v_m(u)$ de la proposition 3.2. Pour tout y d'un voisinage de a $(y \neq a)$ il existe un chemin C_y tel que la formule :

$$\bar{\varphi}(y) = \frac{1}{2i\pi} \int_{C_y} e^{-uy} v(u)\, du$$

définisse une solution de D_1 holomorphe (pas nécessairement univalente) dans ce voisinage et admettant quand $y \to a$ le même développement asymptotique généralisé que la fonction $\varphi(y)$ de la proposition 3.1.

<u>Démonstration</u> : Pour assurer l'existence de l'intégrale, on impose à $\mathcal{C}_y$ de partir de l'infini et d'y retourner avec un argument tel que $\mathrm{Re}(y-a)u > 0$.
On fera passer $\mathcal{C}_y$ par le (s) col (s) de la fonction : $h(u) = -u(y-a)+Q(u^{1/p})$ où $u^{1/p}$ est la détermination fixée par le choix de $v(u)$. Or $Q(X)$ s'écrivant : $b_o^{1/p}\, X^{p-1}/(p-1) + Q_1(X)$ $(d°Q_1 \leq p-2)$ la dérivée de h est de la forme :

$$h'(u) = -(y-a) + (b_o/u)^{1/p}[1 + Q_2(u^{-1/p})]$$

où Q_2 est un polynôme de degré $p-2$.
En utilisant par exemple la formule d'inversion de Lagrange, on voit que l'équation $h'(u) = 0$ admet une solution u_o telle que $(b_o/u_o)^{1/p}$ soit une fonction analytique de y au voisinage de a de la forme :

$$(b_o/u_o)^{1/p} = (y-a) + \sum_{k\geq 2} c_k(y-a)^k \in \mathbb{C}\,\{y-a\}$$

donc $$u_o = b_o(y-a)^{-p}[1 + \sum_{k\geq 1} c'_k(y-a)^k] \in (y-a)^{-p}\mathbb{C}\{y-a\}$$

On remarque que l'une quelconque des fonctions v_m conduit au même col u_o (en fait même c'est $u_o^{1/p}$ qui est déterminé (si on a fixé $b_o^{1/p}$) ; cette remarque permettra de s'assurer que les fonctions v_m conduiraient toutes à la même fonction $\bar{\varphi}$).

Quand $y \to a$, $|u_o| \to \infty$ mais il se trouve dans le demi-plan que doit emprunter $\mathcal{C}_y$ à l'infini si et seulement si $\mathrm{Re}\; b_o/(y-a)^{p-1} > 0$ c'est-à-dire, en posant : $\sigma = \arg(y-a)$; $\delta = \beta-(p-1)\sigma$, si : $\cos\delta > 0$.

Effectuons dans l'intégrale le changement de variable : $u = u_o(1+t)$:

$$\int_{\mathcal{C}_y} e^{-uy}v(u)du = e^{-u_o(y-a)+Q(u_o^{1/p})}\, u_o^{\mu+1} \int_{\hat{\mathcal{C}}_y} e^{h(t,y)}(1+t)^{\mu}\tilde{v}(u_o(1+t))\, dt$$

où $h(t,y) = -u_o t(y-a) + Q(u_o^{1/p}(1+t)^{1/p}) - Q(u_o^{1/p})$ se développe en "série" double convergente pour $|y-a|$ et $|t|$ assez petit de la forme :

$$h(t,y) = b_o(y-a)^{1-p}q(t) + \sum_{i=2}^{p} (y-a)^{i-p}\, g_i(t) + \sum_{j\geq 1} (y-a)^j h_j(t)$$

avec $q(t) = -t + \frac{p}{p-1}\,[(1+t)^{(p-1)/p} - 1] = -t^2/2p + O(t^3)$ quand $t \to 0$

et $$g_i(t) = O(t^2) = h_j(t) \quad \text{quand} \quad t \to 0 .$$

Dans la suite, on supposera que $\arg(1+t)^{1/p} = p^{-1} \arg(1+t)$.

Dans l'intégrale, l'infiniment grand principal est $s = b_o/(y-a)^{p-1}$ dont l'argument est δ défini précédemment.

1) Si $\cos \delta > 0$ (i.e. dans les p-1 secteurs de sommet a d'ouverture $2\pi/(p-1)$ où la quantité $|\exp(b_o/(y-a)^{p-1})| \to +\infty$ quand $y \to a$).

On prend pour C_y le chemin suivant (plan des u) :

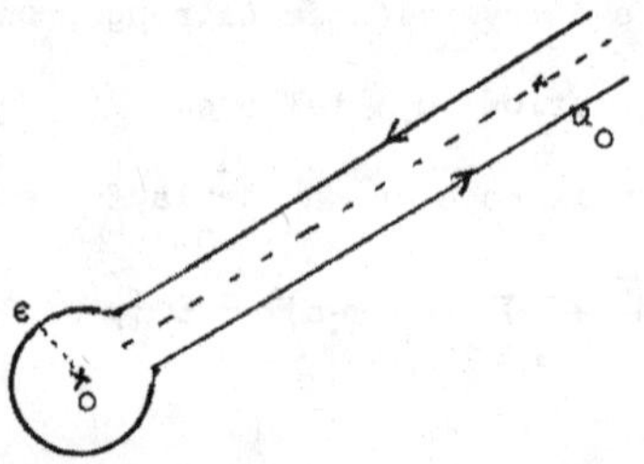

On suppose dans la suite $\mu \notin \mathbb{Z}$ (si $\mu \in \mathbb{N}$ on peut encore travailler avec C_y = la demi-droite d'origine 0 passant par u_o puisqu'alors l'intégrale converge jusqu'en 0 ; on peut d'ailleurs prendre aussi ce chemin lorsque $\operatorname{Re} \mu > -1$) .

L'image de C_y dans le plan des t est $\hat{C}$

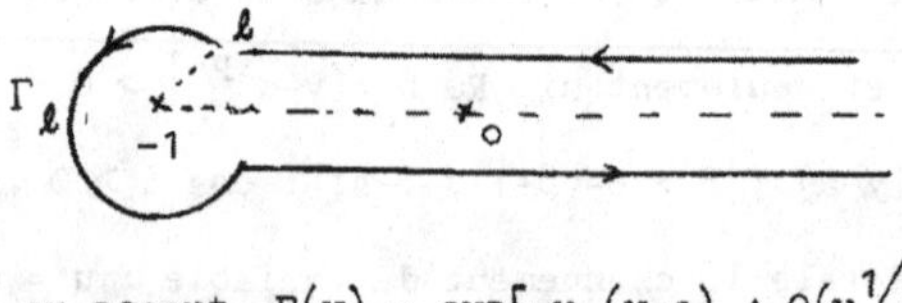

$\ell = -1+\epsilon/|u_o| \to -1$ quand $y \to a$

On aura, en posant $F(y) = \exp[-u_o(y-a) + Q(u_o^{1/p})] \cdot u_o^{\mu+1}$

$$\int_{\hat{C}} = F(y)\left[\int_{+\infty}^{-\frac{1}{2}} + \int_{-\frac{1}{2}}^{\ell} + \int_{\Gamma_\ell^+} + \int_{\ell e^{2i\pi}}^{-\frac{1}{2}e^{2i\pi}} + \int_{-\frac{1}{2}e^{2i\pi}}^{\infty e^{2i\pi}}\right]$$

où Γ_ℓ^+ est le cercle de centre -1 de rayon ℓ parcouru dans le sens direct et $e^{2i\pi}$ signifie que dans cette intégrale $\arg(1+t) = 2\pi$.

Mais $\displaystyle\int_{\ell e^{2i\pi}}^{-\frac{1}{2}e^{2i\pi}} = e^{2i\pi\mu}\int_{\ell}^{-\frac{1}{2}}$ et $\displaystyle\int_{-\frac{1}{2}e^{2i\pi}}^{\infty e^{2i\pi}} = e^{2\mu i\pi}\int_{-\frac{1}{2}}^{\infty}$

donc $$\int_{\widehat{C}} = F(y)\left[(e^{2i\mu\pi}-1)\left(\int_{\ell}^{-\frac{1}{2}}+\int_{-\frac{1}{2}}^{\infty}\right)+\int_{\Gamma_\ell}\right]$$

En utilisant le développement $\tilde{v}(u) \sim \sum_{n\geq 0} v_n u^{-n/p}$ $(u \to \infty$ dans $V)$, valable sur tout le chemin $[-\frac{1}{2},+\infty[$ (puisque $\forall A$, $\exists \eta$ tel que

$$|y-a| < \eta \Rightarrow |u_o| > A \Rightarrow |u_o(1+t)| > \tfrac{1}{2}A\,,\ \forall t \in]-\tfrac{1}{2},+\infty[)$$

et le fait que $u_o^{-1/p} \in C\{y-a\}$, la méthode du col donne :

$\displaystyle\int_{-\frac{1}{2}}^{\infty} e^{h(t,y)}(1+t)^{\mu}\,\tilde{v}(u_o(1+t))\,dt \sim K(y-a)^{(p-1)/2}\sum_{n\geq 0} d'_n(y-a)^n$ (K constante qu'on peut calculer) .

L'intégrale $|\int_{\ell}^{-\frac{1}{2}}|$ se majore par $M\,e^{q(-\frac{1}{2})\mathrm{Re}\,s}$. Comme $q(-\frac{1}{2}) < 0$, cette quantité tend vers 0 , quand $s \to \infty$, plus vite que toute fonction puissance de $(y-a)$.

Sur le chemin Γ_ℓ^+ on a : $1+t = \epsilon\, e^{i\theta}/|u_o|$, $\theta \in [0,2\pi]$

donc $$s\,q(t) = |b_o/(y-a)^{p-1}|\,e^{i\delta}\,q(t)$$
$$= -\epsilon|b_o/u_o(y-a)^{p-1}|e^{i(\theta+\delta)} + \frac{p}{p-1}\epsilon^{(p-1)/p}|b_o/u_o^{(p-1)/p}(y-a)^{p-1}|\,e^{i(\delta+\theta(p-1)/p)} - |b_o/(y-a)^{p-1}|e^{i\delta}/p-1$$

Or : $b_o/(y-a)^{p-1}u_o = O(y-a)$ quand $y \to a$ et $b_o/(y-a)^{p-1}u_o^{(p-1)/p} = O(1)$

donc $\mathrm{Re}\,sq(t) \sim -\frac{1}{p-1}\mathrm{Re}\,s$ uniformément sur Γ_ℓ^+ et :

$$\left|\int_{\Gamma_\ell^+}\right| \leq M'\exp(-\mathrm{Re}\,s/(p-1)) \text{ tend vers } 0$$

quand $y \to a$ plus vite que toute fonction puissance de $y-a$.

On en déduit que $\bar{\varphi}(y)$ admet quand $y \to a$ dans les $p-1$ secteurs de croissance du terme dominant un développement asymptotique de la forme :

$$(1) \qquad \bar{\varphi}(y) \sim e^{-u_o(y-a)+Q(u_o^{1/p})}\,(y-a)^{-(p\mu+\frac{1}{2}(p+1))}\sum_{n\geq 0} d''_n(y-a)^n$$

où $-u_o(y-a)+Q(u_o^{1/p}) = b_o/(p-1)(y-a)^{p-1}$ + polynôme en $1/(y-a)$ de degré $(p-2)+O(1)$ où $e^{O(1)}$ est analytique au voisinage de a .

2) $\cos\delta < 0$.

Remarquons d'abord que la condition $\operatorname{Re} u(y-a) > 0$ s'écrit dans le plan des t : $\operatorname{Re} u_o(y-a)(1+t)$ $(\sim \operatorname{Re} s(1+t)) > 0$ i.e. si $\theta = \arg(1+t)$:

$$\cos(\theta+\delta) > 0$$

Le chemin de descente sera cette fois une droite du plan des t , passant par $t = 0$ (qui est le col) et faisant avec l'axe réel un angle $\gamma \in]0,\pi[$: les notations sont les suivantes :

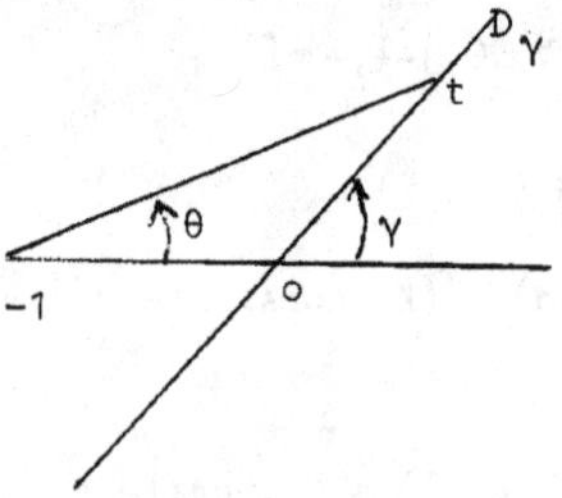

D_γ est décrite pour $\theta \in]-\pi+\gamma,\gamma[$ et on a :

$$t \in D_\gamma \Leftrightarrow t = \sin\theta\, e^{i\gamma}/\sin(\gamma-\theta)$$

$$\Leftrightarrow 1+t = \sin\gamma\, e^{i\theta}/\sin(\gamma-\theta)$$

Alors sur D_γ :

$$\operatorname{Re} q(t)\, e^{i\delta} = -\sin\gamma\cos(\theta+\delta)/\sin(\gamma-\theta) + \frac{p}{p-1}\,(\sin\gamma/\sin(\gamma-\theta))^{(p-1)/p}\,.$$
$$\cos((p-1)\theta/p+\delta) - \cos\delta/(p-1)\,.$$

Choisissons alors : $\gamma = -\frac{1}{2}\pi - \delta + 2k\pi$: comme $\sin\gamma = -\cos\delta > 0$, il y a toujours un choix de $k \in \mathbb{Z}$ possible tel que $\gamma \in]0,\pi[$

Il vient :

$$\psi(\theta) = \operatorname{Re} q(t) e^{i\delta} = -\frac{p}{p-1}\cos\delta + (\cos\delta/\cos(\theta+\delta))^{(p-1)/p}\cos((p-1)\theta/p+\delta)$$

dont la dérivée est :

$\psi'(\theta) = (\cos\delta/\cos(\theta+\delta))^{2-1/p}\sin(\theta/p)/\cos\delta$ qui ne s'annule (en changeant de signe) qu'en $\theta = 0$ dès que $p \geq 2$.

Donc $\psi(\theta)$ qui, au voisinage de 0 est négative $(q(t) = -pt^2/2 + O(t^3) = -\frac{1}{2}p\sin^2\theta\, e^{2i\gamma}\sin^2(\gamma-\theta) + O(\theta^3)$ donc $\psi(\theta)$ a le signe de $\cos(2\gamma+\delta) = \cos(\pi+\delta) < 0$) est négative sur toute la droite D_γ nulle seulement à l'origine.

On choisit alors le chemin $\hat{C}_y$ suivant :

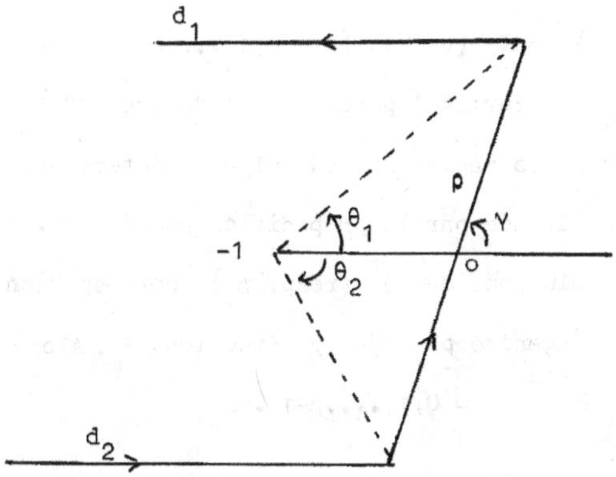

Si $t \in d_1$, $1+t = \rho e^{i\theta}/\sin\theta$ où $\theta \in]\theta_1,\pi$ (avec $0 < \theta_1 < \gamma$ et

$\psi(\theta) = -\rho\cos(\theta+\delta)/\sin\theta + \frac{p}{p-1}\rho^{(p-1)/p}\sin^{-1+1/p}\theta\cos(\frac{p-1}{p}\theta+\delta) - \cos\delta/(p-1)$

On sait que $\psi(\theta_1) < 0$. D'autre part :

$\psi'(\theta) = \rho\cos\delta/\sin^2\theta - \rho^{(p-1)/p}\sin^{-2+1/p}\theta\cos(\delta-(\theta/p))$ a le signe de :

$\cos\delta - \rho^{-1/p}\sin^{1/p}\theta\cos(\delta-(\theta/p))$ quantité qui est négative sur tout l'intervalle $[\theta_1,\pi[$ si on choisit $\rho > (-\cos\delta)^{-p}$ (*)

Avec un tel ρ, $\psi(\theta) \le \psi(\theta_1) < 0$ et

$|\int_{d_1} e^{h(t,y)}(1+t)^{\mu}\,\tilde{v}(u_o(1+t))dt| \le Ke^{-\psi(\theta_1)|s|}$ tend vers 0 quand $y \to a$ plus vite que toute fonction puissance de $(y-a)$.

De même sur d_2 on a : $1+t = -\rho e^{i\theta}/\sin\theta$ avec $\theta \in]-\pi,\theta_2[$, $-\pi+\gamma < \theta_2 < 0$ et la même condition (*) assure que $\forall\,\theta \in]-\pi,\theta_2[$, $\psi(\theta) \le \psi(\theta_2) < 0$.

En résumé, un développement asymptotique de la forme (1) est valable dans tout un voisinage de a. Et comme par déformation continue (il n'y a pas d'obstacle à celle-ci puisque D_1 n'a que 0 et ∞ pour points singuliers) on peut passer d'un chemin à un autre, on définit ainsi une fonction $\bar{\varphi}$, solution de D (localement on peut remplacer C_y par C indépendant de y), ayant au voisinage de a un comportement décrit par la formule (1). En utilisant le forme a priori des solutions formelles de D en a on en conclut que le développement asymptotique de $\bar{\varphi}$ est le même que celui de φ (toujours à constante près).

THEOREME II.3.5. Soient (v_m,V) $(m = 0,1 \ldots,p-1)$ les p éléments d'une base de $H^1(S;G_{o,D_1})$ formés à partir de l' "aggrégat" (au sens de [4]) de solutions associé à la racine a du polynôme déterminant de D_1 et $\varphi(y)$ la solution de D donnée par la proposition précédente. Soient $f_m(x)$ (resp. $h_m(x)$) les solutions de Δ (resp. Δ_1) correspondantes et $\mathfrak{F}_a$ l'espace vectoriel sur C engendré par les p fonctions f_m. Alors si $x \geq \sup(\Lambda,\Lambda')$ on a: $h_m \in \Gamma(x-1)\ \mathfrak{F}_a$, $m = 0,1,\ldots,p-1$.

<u>Démonstration</u> : La forme a priori des solutions formelles de D_1 au voisinage de l'infini montre que $\bar{v}_m(u)$ et $v_m(u)$ ont (à constante près) le même développement asymptotique dans V'_m secteur ouvert d'ouverture $> 2\pi$ (la concordance des parties irrégulières peut s'établir par un calcul direct simple) . Après changement de variable (défini par $t^p = u$) on en déduit que la fonction $e^{-ua-Q(u_m^{1/p})}u_m^{-\mu}\ (C_m v_m(u)-\bar{v}_m(u))$ appartient à $G_{o,1+1/p}(\widetilde{V}_m)$ où $\widetilde{V}_m$ est un secteur du plan des t d'ouverture $> \pi/p$ donc est nulle et $\bar{v}_m(u) = C_m v_m(u)$.

On recopie la suite de la démonstration du théorème 2.5. en remarquant que sur une droite d (joignant 0 à $l'\infty$ dans V) on a : $\arg u = \text{cste}$ donc les chemins $S_m(u)$ ont tous la même forme et on peut fixer S_m (indépendant de u) de sorte qu'il soit voisin de $S_m(u)$ pour tout u assez grand $\in d$. Par prolongement analytique on aura :

$$\forall\, u \in d\, ,\ v_m(u) = \int_{S_m} u^{uy}\ \varphi(y)dy$$

Mais ensuite on ne sait pas quel est le col (en x) qui sera dominant (il pourrait exceptionnellement y en avoir plus d'un) donc on ne sait pas laquelle des fonctions f_m on obtiendra (ou quelle combinaison linéaire). □

Cependant les fonctions h_m étant indépendantes sur C on peut encore en déduire le

COROLLAIRE. L'espace vectoriel $\mathfrak{F}_a$ est de dimension p .

BIBLIOGRAPHIE

[0] C.R. ADAMS — On the irregular cases on the linear difference equation. Trans.A.M.S. 30 (1928) p. 507-541

[1] A. DUVAL — Solutions irrégulières d'équations aux différences polynomiales. Ce Lecture Notes.

[2] H. GALBRUN — Sur la représentation des solutions d'une équation linéaire aux différences finies pour les grandes grandes valeurs de la variable. Acta Math.36 (1913) p. 1-68 .

[3] H. GALBRUN — Sur certaines solutions exceptionnelles d'une équation linéaire aux différences finies. Bulletin S.M.F. 49 (1921) p.206-241.

[4] E.L. INCE — Ordinary differential Equation Dover Publ. Inc. New York 1956.

[5] N.E. NORLUND — Leçons sur les équations linéaires aux différences finies. Gauthier Villars Paris 1929 .

[6] J.P. RAMIS — Dévissage Gevrey Astéristique 59-60 (1978) p. 173-204.

[7] J.P. RAMIS — Les séries k-sommables et leurs applications. Springer Lecture Notes in Physics n° 126 (1980) .

[8] J.P. RAMIS — Etude des solutions méromorphes des équations aux différences linéaires algébriques. En préparation.

A Multi-Point Connection Problem

Mitsuhiko KOHNO

§1. Introduction

The purpose of this paper is to solve in the large the system of linear differential equations of the Schlesinger type

$$\frac{dX}{dt} = \left(\frac{A_0}{t} + \frac{A_1}{t-1} + A_2\right)X, \tag{1.1}$$

the coefficients A_i $(i=0,1,2)$ being n by n constant matrices, that is, to derive explicit connection formulas between fundamental sets of solutions of (1.1) locally defined near three singularities t=0,1 and t=∞, together with showing a method to solve in the large more general systems of linear differential equations of the Schlesinger type

$$\frac{dX}{dt} = \left(\sum_{i=1}^{p} \frac{A_i}{t-a_i} + \sum_{k=1}^{q} B_k t^{k-1}\right)X.$$

According to the local theory of linear differential equations, we can easily obtain convergent power series solutions near a regular singularity and formal power series solutions at an irregular singularity, which become asymptotic behaviors of actual solutions in sectorial neighborhoods of the irregular singularity. However, in order to analyze linear differential equations in the large, we need more detailed informations on all quantities given by the local theory, for instance, characteristic exponents, an invariant identity called the Fuchs relation and growth orders of coefficients of convergent and formal power series solutions. As was seen in cases of two point connection problems [3], growth orders of coefficients of formal power series solutions are needed in proving the well-definedness of some series similar to modified factorial series, the Fuchs relation plays an important role in the discussion of their linear independence and growth orders of convergent power series solutions are needed in the calculation of explicit values of connection coefficients (Stokes multipliers). Taking account of this fact, we should always pay attentions to the appropriate choice of expressions of local solutions as possible to obtain better informations.

For such systems as (1.1) it seems to be desirable to gather up all regular singularities to one point by means of a change of variables and to treat the system of linear differential equations considered as if it has only two singularities since to that case the method established in [4][3] is applicable. Following this consideration, we shall now solve the multi-point connection problem for (1.1).

§2. Expressions of local solutions

In (1.1) we may assume without loss of generality that one of the constant matrices A_i $(i=0,1,2)$ is of Jordan's canonical form and we here assume that

$$A_2 = \mathrm{diag}(\lambda_1,\lambda_2,\ldots,\lambda_n) = \begin{bmatrix} \lambda_1 & & 0 \\ & \lambda_2 & \\ & & \ddots \\ 0 & & \lambda_n \end{bmatrix},$$

where $\lambda_i \neq 0$ and $\lambda_i \neq \lambda_j$ $(i\neq j;i,j=1,2,\ldots,n)$. Moreover, for simplicity, it will be assumed throughout this paper that the respective eigenvalues α_j and β_j $(j=1,2,\ldots,n)$ of the matrices A_0 and A_1 are mutually distinct and

$$\alpha_j \neq \alpha_i \pmod 1,\ \beta_j \neq \beta_i \pmod 1$$
$$(i\neq j;i,j=1,2,\ldots,n).$$

Then (1.1) has regular singularities at $t=0$ and $t=1$ and an irregular singularity of rank 1 at $t=\infty$ in the whole complex t-plane.

Now we shall seek appropriate expressions of local solutions near three singularities. To this end, we put

$$\phi = t(1-t) \tag{2.1}$$

and rewrite (1.1) in the form

$$\phi\frac{dX}{dt} = \phi' \mathcal{D} X = (A\phi+B\phi'+C)X \qquad (\mathcal{D}=\phi\frac{d}{d\phi}), \tag{2.2}$$

where $A = A_2$, $B = \frac{1}{2}(A_1+A_0)$ and $C = \frac{1}{2}(A_0-A_1)$.

We write convergent power series solutions of (1.1) in neighborhoods of the regular singularities at $t=0$ and $t=1$ as follows:

$$X(t) = X_1(\phi) + \phi' X_2(\phi), \tag{2.3}$$

$$X_i(\phi) = \phi^{\rho} \sum_{m=0}^{\infty} G_i(m)\phi^m \qquad (i=1,2). \tag{2.4}$$

The substitution of (2.3) into (2.2) yields

$$\phi'\mathcal{D}X_1 + (1-4\phi)\mathcal{D}X_2 - 2\phi X_2$$

$$= \phi'\{BX_1 + (A\phi+C)X_2\} + (A\phi+C)X_1 + B(1-4\phi)X_2,$$

whence it follows that

$$\left.\begin{aligned} \mathcal{D}X_1 &= BX_1 + (A\phi+C)X_2, \\ (1-4\phi)\mathcal{D}X_2 &= (A\phi+C)X_1 + \{B(1-4\phi)+2\phi\}X_2. \end{aligned}\right\} \quad (2.5)$$

Moreover, substituting (2.4) into (2.5) and equating coefficients of like powers of ϕ in both sides, we find that the coefficients $G_i(m)$ $(i=1,2)$ are given as a particular solution of the system of linear difference equations

$$\begin{pmatrix} m+\rho-B & -C \\ -C & m+\rho-B \end{pmatrix} \begin{pmatrix} G_1(m) \\ G_2(m) \end{pmatrix} = \begin{pmatrix} 0 & A \\ A & 4((m-1+\rho)-B)+2 \end{pmatrix} \begin{pmatrix} G_1(m-1) \\ G_2(m-1) \end{pmatrix} \quad (2.6)$$

subject to the initial conditions that $G_i(r)=0$ for $r<0$ and $G_i(0)\neq 0$ $(i=1,2)$. The number ρ must be equal to one of eigenvalues of the matrix

$$\begin{pmatrix} B & C \\ C & B \end{pmatrix},$$

or its similar matrix

$$\begin{pmatrix} I & I \\ -I & I \end{pmatrix} \begin{pmatrix} B & C \\ C & B \end{pmatrix} \begin{pmatrix} I & I \\ -I & I \end{pmatrix}^{-1} = \begin{pmatrix} B+C & 0 \\ 0 & B-C \end{pmatrix} = \begin{pmatrix} A_0 & 0 \\ 0 & A_1 \end{pmatrix}$$

and is therefore equal to one of α_j and β_j $(j=1,2,\ldots,n)$. From the assumption made on α_j and β_j we see that no solutions near the regular singularities involve logarithmic terms and we thus obtain fundamental sets of solutions of (1.1) expressed in terms of (2.3-4) in neighborhoods of the regular singularities at $t=0$ and $t=1$.

Next we seek formal power series solutions at the irregular singularity $t=\infty$. We put

$$Y(t) = e^{\lambda t}(Y_1(\phi)+\phi' Y_2(\phi)), \tag{2.7}$$

$$Y_i(\phi) = \sum_{s=0}^{\infty} H_i(s)\phi^{-s+\mu} \qquad (i=1,2). \tag{2.8}$$

A direct calculation shows that $Y_i(\phi)$ $(i=1,2)$ satisfy the system of linear differential equations

$$\left.\begin{aligned} \mathcal{D}Y_1 &= BY_1 + \{(A-\lambda)\phi+C\}Y_2, \\ (1-4\phi)\mathcal{D}Y_2 &= \{(A-\lambda)\phi+C\}Y_1 + \{B(1-4\phi)+2\phi\}Y_2. \end{aligned}\right\} \tag{2.9}$$

Substituting (2.8) into (2.9) and equating coefficients of like powers of ϕ in both sides, we again find that the coefficients $H_i(s)$ $(i=1,2)$ are given as a particular solution of the system of linear difference equations

$$\begin{pmatrix} 0 & \lambda-A \\ \lambda-A & 4(s+1-\mu+B)-2 \end{pmatrix}\begin{pmatrix} H_1(s+1) \\ H_2(s+1) \end{pmatrix} = \begin{pmatrix} B-\mu+s & C \\ C & B-\mu+s \end{pmatrix}\begin{pmatrix} H_1(s) \\ H_2(s) \end{pmatrix} \tag{2.10}$$

subject to the initial conditions that $H_i(r)=0$ for $r<0$ and $H_i(0)\neq 0$ $(i=1,2)$. From

$$\begin{pmatrix} 0 & \lambda-A \\ \lambda-A & 4(-\mu+B)-2 \end{pmatrix}\begin{pmatrix} H_1(0) \\ H_2(0) \end{pmatrix} = 0,$$

it is immediately seen that the number λ must be equal to one of λ_k $(k=1,2,\ldots,n)$ and then the coefficient $H_2^k(0)$ and the characteristic exponent μ_k corresponding to λ_k are given by

$$H_2^k(0) = \begin{pmatrix} 0 \\ \vdots \\ 0 \\ 1 \\ 0 \\ \vdots \\ 0 \end{pmatrix} < k \tag{2.11}$$

and

$$\mu_k = b_{kk} - \frac{1}{2}, \tag{2.12}$$

where b_{kk} is the k-th diagonal element of the matrix B.

We can thus determine n linearly independent formal solutions of (1.1) expressed in terms of (2.7-8).

We here make a remark on an invariant identity between the characteristic exponents. From (2.12) it follows that

$$\sum_{k=1}^{n} \mu_k = \sum_{k=1}^{n} (b_{kk} - \tfrac{1}{2}) = \mathrm{trace}(B) - \frac{n}{2}.$$

Combining this with the relation

$$\sum_{j=1}^{n} \alpha_j + \sum_{j=1}^{n} \beta_j = \mathrm{trace}(A_0) + \mathrm{trace}(A_1) = 2\mathrm{trace}(B),$$

we immediately obtain the following identity called the Fuchs relation:

$$\sum_{j=1}^{n} \alpha_j + \sum_{j=1}^{n} \beta_j = 2\sum_{k=1}^{n} \mu_k + n . \tag{2.13}$$

§3. Associated fundamental functions

Our analysis to solve the connection problem is based on the expansion of convergent power series solutions in terms of functions whose global behaviors in the whole complex t-plane can be easily known.

Let $\{x(t,s);s=0,1,\ldots\}$ be a sequence of functions with properties

$$x(t,s) \sim \phi^{\rho} \qquad \text{near } \phi=0,$$

$$x(t,s) \sim e^{\lambda t}\phi^{\mu-s} \qquad \text{near } \phi=\infty,$$

and then we attempt to derive the expansion like

$$\begin{aligned} X(t) &= \phi^{\rho}\{\sum_{m=0}^{\infty} G_1(m)\phi^m+\phi'\sum_{m=0}^{\infty} G_2(m)\phi^m\} \\ &= \sum_{s=0}^{\infty} H_1(s)x(t,s)+\phi'\sum_{s=0}^{\infty} H_2(s)x(t,s) \\ &\sim e^{\lambda t}\phi^{\mu}\{\sum_{s=0}^{\infty} H_1(s)\phi^{-s}+\phi'\sum_{s=0}^{\infty} H_2(s)\phi^{-s}\}. \end{aligned}$$

Taking account of the fact that solutions of first order linear differential equations can be analyzed in the large through their integral representations, as such functions $x(t,s)$ associated with this connection problem we take particular solutions of the form

$$\left.\begin{aligned} x(t,s) &= x_1(\phi,s)+\phi' x_2(\phi,s), \\ x_i(\phi,s) &= \phi^{\rho}\sum_{m=0}^{\infty} g_i(m+s)\phi^m \qquad (i=1,2) \end{aligned}\right\} \tag{3.1}$$

satisfying the nonhomogeneous linear differential equations

$$\phi\frac{d}{dt}x(t,s) = \{\lambda\phi+(\mu-s)\phi'\}x(t,s)+F_\rho(t,s), \qquad (3.2)$$

where the $F_\rho(t,s)$ are polynomials in t multiplied by ϕ^ρ. From the homogeneous part of (3.2) we see that the coefficients $g_i(m+s)$ $(i=1,2)$ satisfy the system of linear difference equations

$$\left.\begin{aligned}(m+s+\rho-\mu)g_1(m+s) &= \lambda g_2(m+s-1),\\ (m+s+\rho-\mu)g_2(m+s) &= \lambda g_1(m+s-1)+\{4(m+s+\rho-\mu)-2\}g_2(m+s-1).\end{aligned}\right\} \quad (3.3)$$

Then combining the relations

$$\begin{aligned}\mathcal{D}x_i(\phi,s) &= \sum_{m=0}^{\infty}(m+\rho)g_i(m+s)\phi^{m+\rho}\\ &= \sum_{m=0}^{\infty}(m+s+\rho-\mu)g_i(m+s)\phi^{m+\rho}+(\mu-s)x_i(\phi,s),\\ x_i(\phi,s-1) &= g_i(s-1)\phi^\rho+\phi x_i(\phi,s) \qquad (i=1,2)\end{aligned}$$

with (3.3), we have

$$\begin{aligned}\mathcal{D}x_1(\phi,s) &= (\mu-s)x_1(\phi,s)+\lambda\phi x_2(\phi,s)+\lambda g_2(s-1)\phi^\rho,\\ \mathcal{D}x_2(\phi,s) &= (\mu-s)x_2(\phi,s)+\lambda x_1(\phi,s-1)+4\mathcal{D}x_2(\phi,s-1)+\{4(s-\mu)-2\}x_2(\phi,s-1)\\ &= 4\phi\mathcal{D}x_2(\phi,s)+\lambda\phi x_1(\phi,s)+\{(1-4\phi)(\mu-s)+2\phi\}x_2(\phi,s)\\ &\quad +[\lambda g_1(s-1)+\{4(s+\rho-\mu)-2\}g_2(s-1)]\phi^\rho.\end{aligned}$$

From this it follows that

$$\phi\frac{d}{dt}x(t,s) = \phi'\mathcal{D}x_1(\phi,s)+(1-4\phi)\mathcal{D}x_2(\phi,s)-2\phi x_2(\phi,s)$$

$$= \{\lambda\phi+(\mu-s)\phi'\}(x_1(\phi,s)+\phi' x_2(\phi,s))$$

$$+\lambda\phi' g_2(s-1)\phi^\rho+[\lambda g_1(s-1)+\{4(s+\rho-\mu)-2\}g_2(s-1)]\phi^\rho$$

$$= \{\lambda\phi+(\mu-s)\phi'\}x(t,s)+[(s+\rho-\mu)g_2(s)+\lambda g_2(s-1)\phi']\phi^\rho,$$

which implies that in (3.2)

$$F_\rho(t,s) = [(s+\rho-\mu)g_2(s)+\lambda g_2(s-1)\phi']\phi^\rho \qquad (3.4)$$

in order that the $x(t,s)$ are of the required form (3.1).

Now we shall investigate the global behavior of the associated fundamental function $x(t,s)$ on its Riemann surface which is constructed from sheets with cuts $t\leqq 0$ and $t\geqq 1$. Hereafter it is assumed that $\rho-\mu\neq$integer. Moreover we may assume from now on that $\mathrm{Re}(s+\rho-\mu)>0$ since we have

$$\begin{aligned} x(t,s-r) = {} & \phi^\rho\{g_1(s-r)+\phi' g_2(s-r)\} \\ & + \phi^{\rho+1}\{g_1(s-r+1)+\phi' g_2(s-r+1)\} \\ & + \\ & \vdots \\ & + \phi^{\rho+r-1}\{g_1(s-1)+\phi' g_2(s-1)\} \\ & +\phi^r x(t,s). \end{aligned} \qquad (3.5)$$

By quadrature we immediately obtain the integral representation

$$x(t,s) = e^{\lambda t}\phi^{\mu-s}\int_0^t e^{-\lambda\tau}\phi(\tau)^{s-\mu-1}F_\rho(\tau,s)d\tau,$$

where under the above assumption the path of integration is taken as the straight line from 0 to t.

We first consider the asymptotic behavior of x(t,s) as t tends to infinity in the sector

$$S(\lambda;0,0) = \{t: |\arg\lambda t| \leqq \frac{3}{2}\pi-\varepsilon,\ |\arg\lambda(1-t)+\pi| \leqq \frac{3}{2}\pi-\varepsilon'\}$$

$$(-\pi \leqq \arg\lambda < \pi),$$

$\varepsilon, \varepsilon'$ being arbitrarily small numbers such that $0<\varepsilon<\varepsilon'$. To do this, we deform the above path of integration into two paths

(i) the straight line from 0 to 1 and an asymptote to the line $\arg\lambda t=0$ from 1 to infinity, and

(ii) the Friedrichs path.

Precisely speaking, the path (i) is considered as follows:

when $\arg(1-t) \geqq -\pi$,

(i) the straight line from 0 to $1-\eta$, η being a small positive number, a clockwise circuit on $|\tau-1|=\eta$ from $1-\eta$ to $1+\eta$, and then the asymptote,

and when $\arg(1-t)<-\pi$,

(i) the straight line from 0 to $1-\eta$, a counterclockwise circuit on $|\tau-1|=\eta$ from $1-\eta$ to $1+\eta$, and then the asymptote.

(See the figure p. 146.)

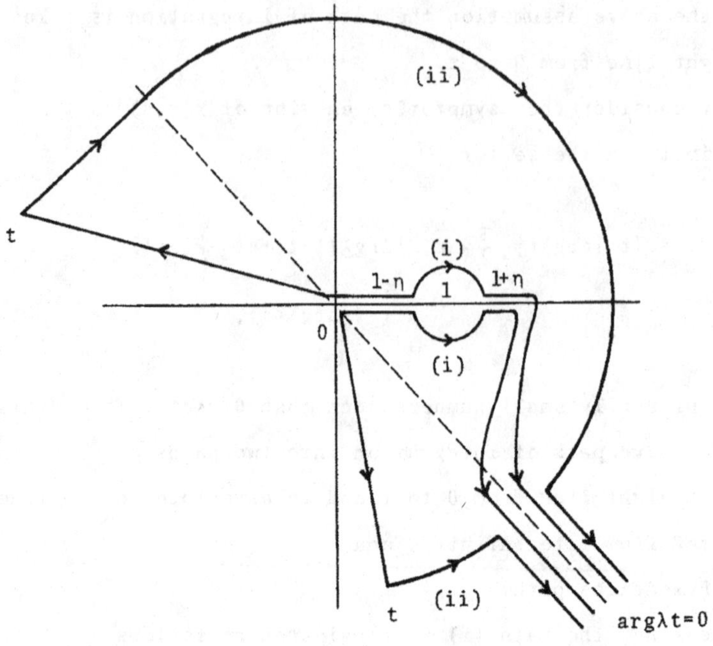

Then we have

$$x(t,s) = e^{\lambda t}\phi^{\mu-s}\int_{0\,(i)}^{\infty} e^{-\lambda\tau}\phi(\tau)^{s-\mu-1}F_\rho(\tau,s)d\tau$$

$$- e^{\lambda t}\phi^{\mu-s}\int_{t\,(ii)}^{\infty} e^{-\lambda\tau}\phi(\tau)^{s-\mu-1}F_\rho(\tau,s)d\tau. \qquad (3.6)$$

From (3.4) the second integral, denoting $\hat{x}(t,s)$, in the right hand side of (3.6) can be written in the form

$$\int_{t\,(ii)}^{\infty} e^{\lambda(t-\tau)}\left(\frac{\phi(\tau)}{\phi(t)}\right)^{s+\rho-\mu-1}d\tau[(s+\rho-\mu)g_2(s)]\phi^{\rho-1}$$

$$+ \int_{t\,(ii)}^{\infty} e^{\lambda(t-\tau)}\left(\frac{\phi(\tau)}{\phi(t)}\right)^{s+\rho-\mu-1}d\phi(\tau)[\lambda g_2(s-1)]\phi^{\rho-1},$$

and hence we have only to consider an integral of the form

$$R(\eta,\nu) = \int_{\eta\,(ii)}^{\infty} e^{\eta-\xi}\left(\frac{\hat{\psi}(\xi)}{\psi(\eta)}\right)^{\nu}\frac{d\xi}{\xi} \qquad (\hat{\psi}(\xi)=\xi(\xi-\lambda))$$

$$= \int_{\eta\,(ii)}^{\infty} e^{\eta-\xi}\left(\frac{\xi}{\eta}\right)^{2\nu}\left(\frac{1-\frac{\lambda}{\xi}}{1-\frac{\lambda}{\eta}}\right)^{\nu}\frac{d\xi}{\xi}$$

under the assumption that $\text{Re}\nu > 0$.

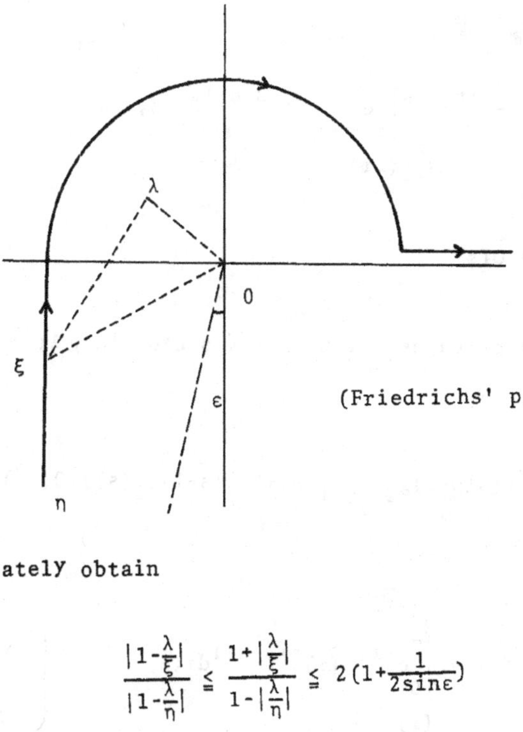

(Friedrichs' path)

We immediately obtain

$$\frac{|1-\frac{\lambda}{\xi}|}{|1-\frac{\lambda}{\eta}|} \leqq \frac{1+|\frac{\lambda}{\xi}|}{1-|\frac{\lambda}{\eta}|} \leqq 2\left(1+\frac{1}{2\sin\varepsilon}\right)$$

for $|\eta| \geqq 2\lambda$. When ξ runs along the first straight line or the circle, there hold

$$|e^{\eta-\xi}| \leqq 1, \qquad |\frac{\xi}{\eta}| \leqq 1,$$

and when ξ runs along the last straight line, there hold

$$|e^{\eta-\xi}| \leqq e^{-t}, \qquad |\frac{\xi}{\eta}| \leqq 1 + \frac{t}{2|\lambda|}$$

by the change of variables $\xi=|\eta|+t$ or $\xi=|\mathrm{Re}\eta|+t$ $(0\leqq t\leqq\infty)$. Taking account of this fact, we consequently obtain

$$R(\eta,\nu) = O(1)$$

for sufficiently large values of η in the sector $|\arg\eta|\leqq\frac{3}{2}\pi-\varepsilon$. Returning to (3.6), we have

$$\hat{x}(t,s) = -e^{\lambda t}\phi^{\mu-s}\int_{t\ (ii)}^{\infty} e^{-\lambda\tau}\phi(\tau)^{s-\mu-1}F_\rho(\tau,s)d\tau$$

$$= O(\phi^\rho) \tag{3.7}$$

for sufficiently large values of t in the sector $|\arg\lambda t| \leqq \frac{3}{2}\pi-\varepsilon$. We thus obtain

$$x(t,s) = e^{\lambda t}\phi^{\mu-s}\{(s+\rho-\mu)g_2(s)\Psi_1(s)+\lambda g_2(s-1)\Psi_2(s)\}+O(\phi^\rho), \tag{3.8}$$

where

$$\left.\begin{aligned} \Psi_1(s) &= \int_{0\ (i)}^{\infty} e^{-\lambda\tau}\phi(\tau)^{s+\rho-\mu-1}d\tau, \\ \Psi_2(s) &= \int_{0\ (i)}^{\infty} e^{-\lambda\tau}\phi(\tau)^{s+\rho-\mu-1}d\phi(\tau). \end{aligned}\right\} \tag{3.9}$$

We shall now consider the functions $\Psi_i(s)$ $(i=1,2)$. By partial integration it is easily seen that they satisfy the system of linear difference equations as follows:

$$\left.\begin{aligned}\Psi_1(s+1) &= \left[-\frac{e^{-\lambda\tau}}{\lambda}\phi(\tau)^{s+\rho-\mu}\right]_0^{\infty} + \frac{1}{\lambda}(s+\rho-\mu)\int_{0\,(i)}^{\infty} e^{-\lambda\tau}\phi(\tau)^{s+\rho-\mu-1}d\phi(\tau)\\ &= \frac{1}{\lambda}(s+\rho-\mu)\Psi_2(s),\\ \Psi_2(s+1) &= \left[-\frac{e^{-\lambda\tau}}{\lambda}\phi(\tau)^{s+\rho-\mu}\right]_0^{\infty} + \frac{1}{\lambda}\int_{0\,(i)}^{\infty} e^{-\lambda\tau}(\phi(\tau)^{s+\rho-\mu}\phi'(\tau))'d\tau\\ &= -\frac{1}{\lambda}\{4(s+\rho-\mu)+2\}\Psi_1(s+1) + \frac{1}{\lambda}(s+\rho-\mu)\Psi_1(s).\end{aligned}\right\} \quad (3.10)$$

As for $\Psi_1(s)$, it satisfies the linear difference equation of the second order

$$\Psi_1(s+2) + \frac{1}{\lambda^2}(s+1+\rho-\mu)\{4(s+\rho-\mu)+2\}\Psi_1(s+1) - \frac{1}{\lambda^2}(s+1+\rho-\mu)(s+\rho-\mu)\Psi_1(s) = 0. \quad (3.11)$$

From (3.10) we again see that the assumption $\mathrm{Re}(s+\rho-\mu)>0$ can be relaxed. In fact, $\Psi_i(s)$ $(i=1,2)$ can be analytically continued over the whole complex s-plane except for $s+\rho-\mu\neq 0,-1,\ldots,$ and hence they are well-defined for all integers s from the assumption that $\rho-\mu\neq$integer.

If we put

$$\Psi_i(s) = \Gamma(s+\rho-\mu)\lambda^{-(s+\rho-\mu)}\hat{\Psi}_i(s) \qquad (i=1,2),$$

then we observe that $\hat{\Psi}_i(s)$ $(i=1,2)$ satisfy the system of linear difference equations

$$\left.\begin{aligned}\hat{\Psi}_1(s+1) &= \hat{\Psi}_2(s),\\ \hat{\Psi}_2(s+1) &= -\frac{1}{\lambda}\{4(s+\rho-\mu)+2\}\hat{\Psi}_1(s+1)+\hat{\Psi}_1(s),\end{aligned}\right\} \quad (3.12)$$

which is just the hypergeometric difference equation investigated in detail by P.M. Batchelder, i.e., for instance, $\hat{\Psi}_1(s)$ is a particular solution of the hypergeometric difference equation

$$\hat{\Psi}_1(s+2)+\frac{1}{\lambda}\{4(s+\rho-\mu)+2\}\hat{\Psi}_1(s+1)-\hat{\Psi}_1(s) = 0. \qquad (3.13)$$

(See P.M. Batchelder [1] pp 159-174.)

$\Psi_1(s)$ can be written in the form

$$\Psi_1(s) = \int_{0\,(i)}^{1} e^{-\lambda\tau}(\tau(1-\tau))^{s+\rho-\mu-1}d\tau + \int_{1\,(i)}^{\infty} e^{-\lambda\tau}(\tau(\tau-1))^{s+\rho-\mu-1}d\tau e^{-\pi i(s+\rho-\mu-1)}$$
$$= \psi^1(s) + \psi^2(s)$$

in the case when $\arg(1-t)\geqq-\pi$, and

$$\Psi_1(s) = \int_{0\,(i)}^{1} e^{-\lambda\tau}(\tau(1-\tau))^{s+\rho-\mu-1}d\tau e^{-2\pi i(s+\rho-\mu-1)} + \int_{1\,(i)}^{\infty} e^{-\lambda\tau}(\tau(\tau-1)^{s+\rho-\mu-1}d\tau e^{-\pi i(s+\rho-\mu-1)}$$

$$= \psi^1(s)p(s) + \psi^2(s) \qquad (p(s)=e^{-2\pi i(s+\rho-\mu)})$$

in the case when $\arg(1-t)<-\pi$.

By partial integration it is again seen that $\psi^i(s)$ $(i=1,2)$ are particular solutions of (3.11) and moreover, if we put

$$\psi^i(s) = \Gamma(s+\rho-\mu)\lambda^{-(s+\rho-\mu)}\hat{\psi}^i(s) \qquad (i=1,2), \qquad (3.14)$$

then we also observe that $\hat{\psi}^i(s)$ $(i=1,2)$ are particular solutions of (3.13). We here show that $\hat{\psi}^i(s)$ $(i=1,2)$ form a fundamental set of solutions of (3.13). To see this, we have to investigate the asymptotic behaviors of them for sufficiently large values of s in the right half-plane. We put

$$\Phi^1(\nu) = \int_0^1 e^{-\lambda\tau}(\tau(1-\tau))^\nu d\tau,$$

$$\Phi^2(\nu) = \int_1^\infty e^{-\lambda\tau}(\tau(\tau-1))^\nu d\tau \qquad (\mathrm{Re}\nu>0),$$

where the paths of integration are the real axis from 0 to 1 and an asymptote to $\arg\lambda t=0$ from 1 to ∞, respectively.

We apply the well-known saddle point method to the integrals $\Phi^i(\nu)$ $(i=1,2)$. We immediately obtain

$$\Phi^1(\nu) \sim e^{-2\nu\log 2}\int_{\frac{1}{2}-\varepsilon}^{\frac{1}{2}+\varepsilon} e^{-\lambda\tau}e^{-4\nu(\tau-\frac{1}{2})^2}d\tau \qquad (\varepsilon>0)$$

$$= e^{-2\nu\log 2-\frac{\lambda}{2}}\left(\frac{\pi}{4\nu}\right)^{\frac{1}{2}}\{1+O(\nu^{-1})\}.$$

As for $\Phi^2(\nu)$ we rewrite it in the form

$$\Phi^2(\nu) = e^{-\lambda}\int_0^\infty e^{\nu\{\log\tau(\tau+1)-\frac{\lambda}{\nu}\tau\}}d\tau$$

$$= e^{-\lambda}\int_0^\infty e^{\nu h(\tau)}d\tau.$$

The saddle point τ_1 is a point where $h'(\tau_1)=0$, i.e.,

$$\tau_1 = \frac{(\frac{2}{\lambda}\nu-1)+\sqrt{(\frac{2}{\lambda}\nu-1)^2+4}}{2}$$

$$= (\frac{2}{\lambda}\nu - 1) + \frac{\lambda^2}{\nu} + O(\frac{1}{\nu^2})$$

and then there holds

$$h(\tau) = h(\tau_1) - \frac{\lambda^2}{4\nu}(\tau - \tau_1)^2 + \cdots .$$

We deform the path of integration in a path which is the steepest-descent path near τ_1, and then obtain

$$\Phi^2(\nu) \sim e^{-\lambda} e^{\nu h(\tau_1)} \int_{\tau_1 - \varepsilon}^{\tau_1 + \varepsilon} e^{-\frac{\lambda^2}{4\nu}(\tau - \tau_1)^2} d\tau$$

$$= e^{-\lambda} e^{\nu h(\tau_1)} \frac{2}{\lambda} (\nu\pi)^{\frac{1}{2}} \{1 + O(\nu^{-1})\}$$

$$= e^{2\nu \log\nu + \nu \log(\frac{4}{\lambda^2}) - 2\nu - \frac{\lambda}{4}} \frac{2}{\lambda} (\nu\pi)^{\frac{1}{2}} \{1 + O(\nu^{-1})\}.$$

Returning to (3.14), we consequently obtain

$$\hat{\psi}^1(s) = \frac{\lambda^{s+\rho-\mu}}{\Gamma(s+\rho-\mu)} e^{-2(s+\rho-\mu-1)\log 2 - \frac{\lambda}{2}} \{\frac{\pi}{4s}\}^{\frac{1}{2}} \{1 + O(s^{-1})\},$$

$$\hat{\psi}^2(s) = \frac{\lambda^{s+\rho-\mu}}{\Gamma(s+\rho-\mu)} e^{2(s+\rho-\mu-1)\log s - 2s + (s+\rho-\mu-1)\log(\frac{4}{\lambda^2}) - \frac{\lambda}{4}} \frac{2}{\lambda} (s\pi)^{\frac{1}{2}}$$

$$\times e^{-\pi i(s+\rho-\mu-1)} \{1 + O(s^{-1})\}$$

for sufficiently large values of s. Next we consider the Casorati determinant

$$C_\psi(s) = \begin{vmatrix} \hat{\psi}^2(s) & \hat{\psi}^1(s) \\ \hat{\psi}^2(s+1) & \hat{\psi}^1(s+1) \end{vmatrix}.$$

From (3.13) it is easy to see that $C_\psi(s)$ satisfies the first order linear difference equation

$$C_\psi(s+1) = -C_\psi(s),$$

whence it follows that

$$(-1)^s C_\psi(s) = C_\psi(0). \tag{3.15}$$

Substituting the asymptotic behaviors (3.14) into the left hand side of (3.15) and then letting s tend to infinity, we obtain

$$C_\psi(0) = 2e^{-\frac{3}{4}\lambda} e^{-\pi i(\rho-\mu-1)}, \tag{3.16}$$

which, in turn, implies the non-vanishing of the Casorati determinant. Hence we have proved that $\hat{\psi}^i(s)$ (i=1,2) form a fundamental set of solutions of (3.13).

In the discussion so far we have made no use of properties of $g_i(s)$ (i=1,2). Even in the definition of the associated fundamental functions x(t,s) we have only used the fact that $g_i(s)$ (i=1,2) are particular solutions of (3.3). We here put

$$g_i(s) = \frac{\lambda^{s+\rho-\mu}}{\Gamma(s+\rho-\mu+1)} \hat{g}_i(s) \qquad (i=1,2) \tag{3.17}$$

and then we see from (3.3) that $\hat{g}_i(s)$ (i=1,2) satisfy the hypergeometric difference equation

$$\left.\begin{aligned} \hat{g}_1(s) &= \hat{g}_2(s-1), \\ \hat{g}_2(s) &= \hat{g}_1(s-1) + \frac{1}{\lambda}\{4(s+\rho-\mu)-2\}\hat{g}_2(s-1), \end{aligned}\right\} \tag{3.18}$$

whence $\hat{g}_2(s)$ is a particular solution of the hypergeometric difference equation

$$\hat{g}_2(s+2) - \frac{1}{\lambda}\{4(s+\rho-\mu)+6\}\hat{g}_2(s+1) - \hat{g}_2(s) = 0. \quad (3.19)$$

One of two difference equations (3.13) and (3.19) is of the converse type of the other. From the theorem on relations between such difference equations [2 ;Theorem 2.4] we can choose the particular solution $\hat{g}_2(s)$ such that there holds the relation

$$\hat{\psi}^2(s)\hat{g}_2(s) + \hat{\psi}^2(s+1)\hat{g}_2(s-1) = 1. \quad (3.20)$$

According to the theorem, we may only put

$$\hat{g}_2(s) = \frac{\hat{\psi}^1(s+1)}{C_\psi(s)}. \quad (3.21)$$

From this we consider the coefficients $g_i(s)$ $(i=1,2)$ in the definition (3.1) as the functions defined by

$$\left.\begin{aligned} g_1(s) &= \frac{\lambda^{s+\rho-\mu}}{\Gamma(s+\rho-\mu+1)}\,\frac{\hat{\psi}^1(s)}{C_\psi(s-1)}, \\ g_2(s) &= \frac{\lambda^{s+\rho-\mu}}{\Gamma(s+\rho-\mu+1)}\,\frac{\hat{\psi}^1(s+1)}{C_\psi(s)}. \end{aligned}\right\} \quad (3.22)$$

Combining the results (3.14-16) with the above, we here write down the asymptotic behaviors of $g_i(s)$ $(i=1,2)$ in the following:

$$\left.\begin{aligned} g_1(s) &= \frac{(\frac{\lambda}{2})^{2(s+\rho-\mu)}(\frac{\pi}{s})^{\frac{1}{2}}}{\Gamma(s+\rho-\mu+1)\Gamma(s+\rho-\mu)}\, e^{\pi i(s+\rho-\mu-2)} e^{\frac{\lambda}{4}}\{1+O(s^{-1})\}, \\ g_2(s) &= \frac{(\frac{\lambda}{2})^{2(s+\rho-\mu)}(\frac{\pi}{s})^{\frac{1}{2}}}{(\Gamma(s+\rho-\mu+1))^2}\, e^{\pi i(s+\rho-\mu-1)} e^{\frac{\lambda}{4}}\{1+O(s^{-1})\} \end{aligned}\right\} \quad (3.23)$$

for sufficiently large values of s in the right half-plane.

We shall now return to the investigation of behaviors of $x(t,s)$. From the consideration made above the coefficient in (3.8) can be calculated as follows:

$$(s+\rho-\mu)g_2(s)\Psi_1(s) + \lambda g_2(s-1)\Psi_2(s)$$

$$= \hat{g}_2(s)\hat{\Psi}_1(s) + \hat{g}_2(s-1)\hat{\Psi}_1(s+1)$$

$$= \frac{1}{C_\psi(s)} [\hat{\psi}^1(s+1)\{\hat{\psi}^1(s)(p(s))^{\ell-1}+\hat{\psi}^2(s)\}-\hat{\psi}^1(s)\{\hat{\psi}^1(s+1)(p(s+1))^{\ell-1}+\hat{\psi}^2(s+1)\}]$$

$$= \frac{1}{C_\psi(s)} [\hat{\psi}^1(s+1)\hat{\psi}^2(s)-\hat{\psi}^1(s)\hat{\psi}^2(s+1)] = 1.$$

In the last but one statement $\ell=1$ and $\ell=2$ imply the cases in which $\arg(1-t)\geqq-\pi$ and $\arg(1-t)<-\pi$, respectively. Hence we have obtained the behavior

$$\begin{aligned} x(t,s) &= e^{\lambda t}\phi^{\mu-s} + \hat{x}(t,s) \\ &= e^{\lambda t}\phi^{\mu-s} + O(\phi^{\rho}) \qquad (3.24) \end{aligned}$$

as t tends to infinity in the sector $S(\lambda;0,0)$. Moreover, combining this with the relation (3.5), we have

$$\begin{aligned} x(t,s) &= -\phi^{\rho-1}\{g_1(s-1)+\phi' g_2(s-1)\} \\ &\quad - \phi^{\rho-2}\{g_1(s-2)+\phi' g_2(s-2)\} \\ &\quad - \\ &\quad \vdots \\ &\quad - \phi^{\rho-r}\{g_1(s-r)+\phi' g_2(s-r)\} \\ &\quad + \phi^{-r}x(t,s-r) \\ &= -\phi^{\rho-1}\{g_1(s-1)+\phi' g_2(s-1)\} \end{aligned}$$

$$- \phi^{\rho-2}\{g_1(s-2)+\phi' g_2(s-2)\}$$

$$-$$

$$\vdots$$

$$- \phi^{\rho-r}\{g_1(s-r)+\phi' g_2(s-r)\}$$

$$+ O(\phi^{\rho-r}) ,$$

which implies that

$$x(t,s) \sim e^{\lambda t}\phi^{\mu-s} - \phi^{\rho}\{\sum_{r=1}^{\infty} g_1(s-r)\phi^{-r}+\phi' \sum_{r=1}^{\infty} g_2(s-r)\phi^{-r}\} \tag{3.25}$$

as t tends to infinity in the sector $S(\lambda;0,0)$.

Now let t lie in the sector

$$S(\lambda;\ell_1,\ell_2) = \{t: |\arg\lambda t-2\pi\ell_1| \leq \tfrac{3}{2}\pi-\varepsilon, \quad |\arg\lambda(1-t)+\pi-2\pi\ell_2| \leq \tfrac{3}{2}\pi-\varepsilon'\}, \tag{3.26}$$

where ℓ_1 and ℓ_2 are integers. In this case we may only follow the same consideration as above on the shifted plane and obtain the result similar to (3.25) in which the first term in the right hand side of (3.25) is only multiplied by the constant $e^{2\pi i(\ell_1+\ell_2)(\rho-\mu)}$.

We summarize our results in the following

Theorem 1. The associated fundamental function $x(t,s)$ defined by (3.1) and (3.22) has the asymptotic behavior

$$x(t,s) \sim e^{2\pi i(\ell_1+\ell_2)(\rho-\mu)}e^{\lambda t}\phi^{\mu-s} - \phi^{\rho}\{\sum_{r=1}^{\infty} g_1(s-r)\phi^{-r}+\phi' \sum_{r=1}^{\infty} g_2(s-r)\phi^{-r}\} \tag{3.27}$$

as t tends to infinity in the sector (3.26).

§4. Estimates of coefficients of formal solutions

In this section we shall attempt to derive the growth order of coefficients $H_i^k(s)$ $(i=1,2)$ for sufficiently large values of s through the system of linear difference equations

$$\begin{pmatrix} 0 & \lambda_k - A \\ \lambda_k - A & 4(s+\frac{1}{2}-\mu_k+B) \end{pmatrix} \begin{pmatrix} H_1^k(s+1) \\ H_2^k(s+1) \end{pmatrix} = \begin{pmatrix} B-\mu_k+s & C \\ C & B-\mu_k+s \end{pmatrix} \begin{pmatrix} H_1^k(s) \\ H_2^k(s) \end{pmatrix}. \quad (4.1)$$

For simplicity, we shall now treat the case for k=1. Other cases will be treated in just the same manner.

We put

$$\Lambda = \operatorname{diag}(\lambda_1-\lambda_2, \lambda_1-\lambda_3, \ldots, \lambda_1-\lambda_n),$$

$$B = \begin{pmatrix} b_{11} & \beta \\ \alpha & \hat{B} \end{pmatrix}, \quad C = \begin{pmatrix} c_{11} & \delta \\ \gamma & \hat{C} \end{pmatrix},$$

$\hat{B}, \hat{C}$ being (n-1) by (n-1) matrices, α, γ being column vectors and β, δ being row vectors, and, dropping the superindex 1,

$$H_i(s) = \begin{pmatrix} h_i(s) \\ \hat{H}_i(s) \end{pmatrix} \qquad (i=1,2).$$

Taking account of the relation $b_{11}-\mu_1=\frac{1}{2}$, we can write down the relation (4.1) in the following:

$$(s+\tfrac{3}{2})h_1(s+1)+\beta\hat{H}_1(s+1)+c_{11}h_2(s+1)+\delta\hat{H}_2(s+1) = 0, \quad (4.2)$$

$$\Lambda\hat{H}_2(s+1) = \alpha h_1(s)+(\hat{B}-\mu_1+s)\hat{H}_1(s)+\gamma h_2(s)+\hat{C}\hat{H}_2(s), \quad (4.3)$$

$$4(s+1)h_2(s+1)+4\beta\hat{H}_2(s+1) = c_{11}h_1(s)+\delta\hat{H}_1(s)+(s+\tfrac{1}{2})h_2(s)+\beta\hat{H}_2(s), \quad (4.4)$$

$$\Lambda\hat{H}_1(s+1)+4\alpha h_2(s+1)+4(\hat{B}+s+\tfrac{1}{2}-\mu_1)\hat{H}_2(s+1)$$

$$= \gamma h_1(s)+\hat{C}\hat{H}_1(s)+\alpha h_2(s)+(\hat{B}+s-\mu_1)\hat{H}_2(s). \qquad (4.5)$$

From (4.3) it follows that

$$\hat{H}_2(s+1) = \Lambda^{-1}\alpha h_1(s)+\Lambda^{-1}(\hat{B}-\mu_1+s)\hat{H}_1(s)+\Lambda^{-1}\gamma h_2(s)+\Lambda^{-1}\hat{C}\hat{H}_2(s)$$

$$= \xi_{21}h_1(s)+A_{21}(s)\hat{H}_1(s)+\xi_{22}h_2(s)+A_{22}\hat{H}_2(s). \qquad (4.6)$$

Substituting this into (4.4), we have

$$h_2(s+1) = -\frac{1}{s+1}\{\beta\xi_{21}-\frac{c_{11}}{4}\}h_1(s)-\frac{1}{s+1}\{\beta A_{21}(s)-\frac{\delta}{4}\}\hat{H}_1(s)$$

$$-\frac{1}{s+1}\{\beta\xi_{22}\,\frac{s}{4}\,\frac{1}{8}\}h_2(s)-\frac{1}{s+1}\{\beta A_{22}-\frac{\beta}{4}\}\hat{H}_2(s)$$

$$= a_{21}(s)h_1(s)+\eta_{21}(s)\hat{H}_1(s)+a_{22}(s)h_2(s)+\eta_{22}(s)\hat{H}_2(s). \qquad (4.7)$$

Substituting (4.6) and (4.7) into (4.5), we have

$$\hat{H}_1(s+1) = \Lambda^{-1}\{-4\alpha a_{21}(s)-4(\hat{B}+s+\tfrac{1}{2}-\mu_1)\xi_{21}+\gamma\}h_1(s)$$

$$+\ \Lambda^{-1}\{-4\alpha\eta_{21}(s)-4(\hat{B}+s+\tfrac{1}{2}-\mu_1)A_{21}(s)+\hat{C}\}\hat{H}_1(s)$$

$$+\ \Lambda^{-1}\{-4\alpha a_{22}(s)-4(\hat{B}+s+\tfrac{1}{2}-\mu_1)\xi_{22}+\alpha\}h_2(s)$$

$$+\ \Lambda^{-1}\{-4\alpha\eta_{22}(s)-4(\hat{B}+s+\tfrac{1}{2}-\mu_1)A_{22}+(\hat{B}+s-\mu_1)\}\hat{H}_2(s)$$

$$= \xi_{11}(s)h_1(s)+A_{11}(s)\hat{H}_1(s)+\xi_{12}(s)h_2(s)+A_{12}(s)\hat{H}_2(s) \qquad (4.8)$$

and then, substituting the above three relations (4.6-8) into (4.2), we have

$$h_1(s+1) = -\frac{1}{s+\frac{3}{2}}\{\beta\xi_{11}(s)+c_{11}a_{21}(s)+\delta\xi_{21}\}h_1(s)$$

$$-\frac{1}{s+\frac{3}{2}}\{\beta A_{11}(s)+c_{11}\eta_{21}(s)+\delta A_{21}(s)\}\hat{H}_1(s)$$

$$-\frac{1}{s+\frac{3}{2}}\{\beta\xi_{12}(s)+c_{11}a_{22}(s)+\delta\xi_{22}\}h_2(s)$$

$$-\frac{1}{s+\frac{3}{2}}\{\beta A_{12}(s)+c_{11}\eta_{22}(s)+\delta A_{22}\}\hat{H}_2(s)$$

$$= a_{11}(s)h_1(s)+\eta_{11}(s)\hat{H}_1(s)+a_{12}(s)h_2(s)+\eta_{12}(s)\hat{H}_2(s), \qquad (4.9)$$

whence we consequently obtain the system of linear difference equations of the normal form

$$\mathcal{H}(s+1) = \begin{pmatrix} h_1(s+1) \\ \hat{H}_1(s+1) \\ h_2(s+1) \\ \hat{H}_2(s+1) \end{pmatrix} = \begin{pmatrix} a_{11}(s) & \eta_{11}(s) & a_{12}(s) & \eta_{12}(s) \\ \xi_{11}(s) & A_{11}(s) & \xi_{12}(s) & A_{12}(s) \\ a_{21}(s) & \eta_{21}(s) & a_{22}(s) & \eta_{22}(s) \\ \xi_{21} & A_{21}(s) & \xi_{22} & A_{22} \end{pmatrix} \begin{pmatrix} h_1(s) \\ \hat{H}_1(s) \\ h_2(s) \\ \hat{H}_2(s) \end{pmatrix}$$

$$= A(s)\mathcal{H}(s). \qquad (4.10)$$

Also, from the above procedure of the derivation of (4.10) we can easily see the growth orders of all elements of A(s) for sufficiently large values of s as follows:

$$A_{21}(s) = \Lambda^{-1}s\{1+O(s^{-1})\},$$

$$\xi_{11}(s) = -4\Lambda^{-1}\xi_{21}s\{1+O(s^{-1})\},$$

$$A_{11}(s) = -4\Lambda^{-2}s^2\{1+O(s^{-1})\},$$

$$\xi_{12}(s) = -4\Lambda^{-1}\xi_{22}s\{1+O(s^{-1})\},$$

$$A_{12}(s) = -(4\Lambda^{-1}A_{22}+1)s\{1+O(s^{-1})\},$$

$$\eta_{11}(s) = 4\beta\Lambda^{-2}s\{1+O(s^{-1})\}$$

and all other elements are at most O(1), which implies that

$$\lim_{s\to\infty} s^{-2}A(s) = \begin{pmatrix} & 0 & \\ 0 & -4\Lambda^{-2} & 0 \\ & 0 & \end{pmatrix}.$$

Defining the norm of an n by m matrix $A=(a_{ij})$ by

$$||A|| = \max_{1\leq i\leq n}\{\sum_{j=1}^{m}|a_{ij}|\},$$

we have for a sufficiently large value s_0

$$||A(s)|| \leq \left(\frac{2}{|\lambda_1-\hat{\lambda}_1|}\right)^2(s+c)^2 \qquad (s\geq s_0), \qquad (4.11)$$

where c is a suitably chosen positive constant and

$$|\lambda_1-\hat{\lambda}_1| = \min_{i\neq 1}|\lambda_1-\lambda_i|.$$

From (4.10) and (4.11) we then have

$$||H(s)|| \leq ||A(s-1)||\,||H(s-1)||$$

$$\leq \left(\frac{2}{|\lambda_1-\hat{\lambda}_1|}\right)^2(s-1+c)^2||H(s-1)||$$

$$\leqq \left(\frac{2}{|\lambda_1-\hat{\lambda}_1|}\right)^{2(s-s_0)}\left(\frac{\Gamma(s+c)}{\Gamma(s_0+c)}\right)^2 \| H(s_0)\| \qquad (s\geqq s_0).$$

Thus we obtain the growth orders of the coefficients $H_i^k(s)$ $(i=1,2)$.

Theorem 2. The coefficients $H_i^k(s)$ $(i=1,2)$ have the growth orders

$$\| H_i^k(s)\| \leqq M\left(\frac{2}{|\lambda_k-\hat{\lambda}_k|}\right)^{2s}(\Gamma(s+c))^2 \tag{4.12}$$

$$(i=1,2;k=1,2,\ldots,n),$$

where M and c are appropriately chosen positive numbers and

$$|\lambda_k-\hat{\lambda}_k| = \min_{i\neq k}|\lambda_k-\lambda_i| \ .$$

§5. Expansion formulas

This section deals with the expansion of the convergent solutions near $\phi=0$ in terms of the associated fundamental functions.

We shall define the functions $F_{ij}^k(m)$ $(i,j=1,2;k=1,2,\ldots,n)$ by

$$F_{ij}^k(m) = \sum_{s=0}^{\infty} H_i^k(s)g_j^k(m+s) \qquad (i,j=1,2;k=1,2,\ldots,n), \tag{5.1}$$

where the superindex k denotes the dependence on λ_k and μ_k. From Theorem 2 and the asymptotic behaviors (3.23) of $g_j^k(m)$, we can easily prove the well-definedness of those functions. In fact, for a sufficient large positive integer σ such that $\sigma+\mathrm{Re}(m+\rho-\mu)>0$, we have

$$\left\| \sum_{s=\sigma}^{\infty} H_i^k(s) g_j^k(m+s) \right\| = \left\| \sum_{s=0}^{\infty} H_i^k(s+\sigma) g_j^k(m+\sigma+s) \right\|$$

$$\leq \sum_{s=0}^{\infty} \| H_i^k(s+\sigma) \| \, | g_j^k(m+\sigma+s) |$$

$$\leq M \sum_{s=0}^{\infty} \left(\frac{|\lambda_k|}{|\lambda_k-\hat{\lambda}_k|} \right)^{2s} \frac{|\Gamma(s+\sigma+c)|^2}{|\Gamma(s+m+\sigma+\rho-\mu_k+1)\Gamma(s+m+\sigma+\rho-\mu_k+j-1)| \sqrt{|s+m+\sigma|}}$$

$$\leq M \sum_{s=0}^{\infty} \frac{(\sigma+c)_s (\sigma+c)_s (1)_s}{s!(\sigma+\mathrm{Re}(m+\rho-\mu_k)+1)_s (\sigma+\mathrm{Re}(m+\rho-\mu_k)+j-1)_s} \left(\left| \frac{\lambda_k}{\lambda_k-\hat{\lambda}_k} \right|^2 \right)^s$$

$$= M \; {}_3F_2 \left\{ \begin{matrix} \sigma+c, & \sigma+c, & 1 \\ \sigma+\mathrm{Re}(m+\rho-\mu_k)+1, & \sigma+\mathrm{Re}(m+\rho-\mu_k)+j-1 & \end{matrix} ; \frac{|\lambda_k|^2}{|\lambda_k-\hat{\lambda}_k|^2} \right\},$$

where the constant M is used in the generic sense and ${}_pF_q\left\{\begin{matrix} a_1,\ldots,a_p \\ b_1,\ldots,b_q \end{matrix}; z\right\}$ is the generalized hypergeometric function which, in case $p=q+1$, is originally defined in the disk $|z|<1$, but can be extended outside the disk by analytic continuation.

From the above consideration, as long as

$$0 < |\lambda_k| < |\lambda_k-\lambda_i| \qquad (i\neq k), \tag{5.2}$$

such functions (5.1) are well-defined, however, the condition (5.2) is not essential and, as is just remarked on ${}_pF_q$, will be dropped by the principle of analytic continuation.

Moreover, we can obtain the asymptotic behaviors

$$F_{ij}^k(m) \sim H_i^k(0) g_j^k(m)\{1+O(m^{-2})\} \tag{5.3}$$

for sufficiently large values of m in the right half-plane.

Now we shall investigate relations between the functions $F_{ij}^k(m)$ $(i,j=1,2)$. Taking account of (2.10) and (3.3), we can carry out the following calculation:

$$(m+\rho-B)F_{11}^k(m) = \sum_{s=0}^{\infty}\{(m+s+\rho-\mu_k)-(B-\mu_k+s)\}H_1^k(s)g_1^k(m+s)$$

$$= \sum_{s=0}^{\infty}(m+s+\rho-\mu_k)g_1^k(m+s)H_1^k(s)-\sum_{s=0}^{\infty}(B-\mu_k+s)H_1^k(s)g_1^k(m+s)$$

$$= \lambda_k\sum_{s=0}^{\infty}g_2^k(m+s-1)H_1^k(s)-\sum_{s=0}^{\infty}\{(\lambda_k-A)H_2^k(s+1)-CH_2^k(s)\}g_1^k(m+s)$$

$$= \lambda_k F_{12}^k(m-1)+(A-\lambda_k)F_{21}^k(m-1)+CF_{21}^k(m).$$

In this calculation we have used the fact that the series

$$\sum_{s=0}^{\infty} sH_i^k(s)g_j^k(m+s)$$

are also absolutely convergent, which will be easily proved. In exactly the same manner, we obtain

$$(m+\rho-B)F_{12}^k(m) = \lambda_k F_{11}^k(m-1)+(A-\lambda_k)F_{22}^k(m-1)+CF_{22}^k(m)$$
$$+\{4(m+\rho-B)-2\}F_{12}^k(m-1)-4(A-\lambda_k)F_{22}^k(m-2)-4CF_{22}^k(m-1),$$

$$(m+\rho-B)F_{21}^k(m) = \lambda_k F_{22}^k(m-1)+(A-\lambda_k)F_{11}^k(m-1)+CF_{11}^k(m)$$
$$+\{4(m+\rho-B)-2\}F_{21}^k(m-1)-4\lambda_k F_{22}^k(m-2),$$

$$(m+\rho-B)F_{22}^k(m) = \lambda_k F_{21}^k(m-1)+(A-\lambda_k)F_{12}^k(m-1)+CF_{12}^k(m)$$
$$+4(m+\rho-B)F_{22}^k(m-1).$$

We here put

$$\left.\begin{aligned}\hat{F}_1^k(m) &= F_{11}^k(m)+F_{22}^k(m)-4F_{22}^k(m-1),\\ \hat{F}_2^k(m) &= F_{12}^k(m)+F_{21}^k(m).\end{aligned}\right\}\quad(5.4)$$

From the formulas just derived we then obtain

$$\left.\begin{aligned} (m+\rho-B)\hat{F}_1^k(m) &= C\hat{F}_2^k(m) + A\hat{F}_2^k(m-1) \\ (m+\rho-B)\hat{F}_2^k(m) &= C\hat{F}_1^k(m)+A\hat{F}_1^k(m-1)+\{4(m+\rho-B)-2\}\hat{F}_2^k(m-1). \end{aligned}\right\} \quad (5.5)$$

This implies that n functions

$$F^k(m) = \begin{pmatrix} \hat{F}_1^k(m) \\ \\ \hat{F}_2^k(m) \end{pmatrix} \qquad (k=1,2,\ldots,n)$$

are particular solutions of the system of linear difference equations (2.6). Hence we express $G_i(m)$ $(i=1,2)$ in terms of a linear combination of $\hat{F}_i^k(m)$ $(i=1,2;k=1,2,\ldots,n)$ as follows:

$$\begin{pmatrix} G_1(m) \\ \\ G_2(m) \end{pmatrix} = \sum_{k=1}^{n} T^k \begin{pmatrix} \hat{F}_1^k(m) \\ \\ \hat{F}_2^k(m) \end{pmatrix}. \qquad (5.6)$$

In general, the coefficients T^k must be periodic functions with period 1, however, in the present case they are constants since m takes integral values. As will be shown later, the constants T^k are the required Stokes multipliers. We here make a remark on the determination of the Stokes multipliers T^k $(k=1,2,\ldots,n)$. Because of the special expressions of local solutions, the difference equation (2.6) looks like a 2n-th order difference equation in appearance. But, $G_1(0)=\pm G_2(0)$ and hence the number of constants of arbitrariness included in $G_i(m)$ $(i=1,2)$ is equal to n. The situation is quite the same in (2.10). Combining (5.3-4) with (3.23), we have

$$\det(\hat{F}_1^1(m),\hat{F}_1^2(m),\ldots,\hat{F}_1^n(m))$$

$$= \det(F_{22}^1(m),F_{22}^2(m),\ldots,F_{22}^n(m))\{1+O(m^{-1})\}$$

$$= \det(H_2(0),H_2(0),\ldots,H_2(0))\left[\prod_{k=1}^{n} g_2^k(m)\right]\{1+O(m^{-1})\}$$

$$= \left[\prod_{k=1}^{n} g_2^k(m)\right]\{1+O(m^{-1})\}$$

and therefore, if the asymptotic behavior of $G_1(m)$ as $m\to\infty$ can be known, then we can easily calculate the explicit values of T^k by the terminal method.

From (5.6) we at last obtain

Theorem 3.

$$X(t) = \phi^\rho\{\sum_{m=0}^{\infty} G_1(m)\phi^m + \phi' \sum_{m=0}^{\infty} G_2(m)\phi^m\}$$

$$= \sum_{k=1}^{n} T^k\{\sum_{s=0}^{\infty} H_1^k(s)x^k(t,s) + \phi' \sum_{s=0}^{\infty} H_2^k(s)x^k(t,s)\}$$

$$- 4(\sum_{k=1}^{n} T^k F_{22}^k(-1))\phi^\rho , \qquad (5.7)$$

where

$$x^k(t,s) = x_1^k(\phi,s) + \phi' x_2^k(\phi,s),$$

$$x_i^k(\phi,s) = \phi^\rho \sum_{m=0}^{\infty} g_i^k(m+s)\phi^m \qquad (i=1,2).$$

Proof. For a sufficiently large positive integer σ, we put

$$R_{ij}^k(m,\sigma) = \frac{1}{g_j^k(m+\sigma)} \sum_{s=\sigma+1}^{\infty} H_i^k(s) g_j^k(m+s)$$

and then we can prove the uniform boundedness of $R^k_{ij}(m,\sigma)$ in the right half m-plane by means of Abel's transformation and the asymptotic behaviors (3.23). From this we see that

$$\|\sum_{m=0}^{\infty}\sum_{s=0}^{\infty}H^k_i(s)g^k_j(m+s)\phi^{m+\rho}\|$$

$$\leq \sum_{s=0}^{\sigma}\|H^k(s)\|\sum_{m=0}^{\infty}|g^k_j(m+s)\phi^{m+\rho}| + \sum_{m=0}^{\infty}\|R^k_{ij}(m,\sigma)\|\,|g^k_j(m+\sigma)\phi^{m+\rho}|$$

$$\leq \sum_{s=0}\|H^k(s)\|\sum_{m=0}^{\infty}|g^k_j(m+s)\phi^{m+\rho}| + M\sum_{m=0}^{\infty}|g^k_j(m+\sigma)\phi^{m+\rho}|.$$

Hence we can carry out the calculation below:

$$X(t) = \phi^\rho\{\sum_{m=0}^{\infty}G_1(m)\phi^m+\phi'\sum_{m=0}^{\infty}G_2(m)\phi^m\}$$

$$= \sum_{k=1}^{n}T^k\{\sum_{m=0}^{\infty}\hat{F}^k_1(m)\phi^{m+\rho}+\phi'\sum_{m=0}^{\infty}\hat{F}^k_2(m)\phi^{m+\rho}\}$$

$$= \sum_{k=1}^{n}T^k\{\sum_{m=0}^{\infty}(F^k_{11}(m)+F^k_{22}(m)-4F^k_{22}(m-1))\phi^{m+\rho}$$

$$+\phi'\sum_{m=0}^{\infty}(F^k_{12}(m)+F^k_{21}(m))\phi^{m+\rho}\}$$

$$= \sum_{k=1}^{n}T^k\{\sum_{s=0}^{\infty}H^k_1(s)[\sum_{m=0}^{\infty}g^k_1(m+s)\phi^{m+\rho}+\phi'\sum_{m=0}^{\infty}g^k_2(m+s)\phi^{m+\rho}]$$

$$+\sum_{s=0}^{\infty}H^k_2(s)[(1-4\phi)\sum_{m=0}^{\infty}g^k_2(m+s)\phi^{m+\rho}+\phi'\sum_{m=0}^{\infty}g^k_1(m+s)\phi^{m+\rho}]\}$$

$$-4(\sum_{k=1}^{n}T^kF^k_{22}(-1))\phi^\rho$$

$$= \sum_{k=1}^{n}T^k\{\sum_{s=0}^{\infty}H^k_1(s)x^k(t,s)+\phi'\sum_{s=0}^{\infty}H^k_2(s)x^k(t,s)\}$$

$$-4(\sum_{k=1}^{n}T^kF^k_{22}(-1))\phi^\rho.$$

§6. Main theorem

We are now in a position to explain our main result. To begin with, we consider the behaviors of the functions

$$X_i^k(t) = \sum_{s=0}^{\infty} H_i^k(s)x^k(t,s) \qquad (i=1,2). \tag{6.1}$$

From (3.5) and the integral representation of $x^k(t,s)$, we have for sufficiently large positive integers p and σ

$$\begin{aligned} X_i^k(t) &= \sum_{s=0}^{\infty} H_i^k(s)\{-\sum_{r=1}^{p}[g_1^k(s-r)+\phi' g_2^k(s-r)]\phi^{\rho-r}+x^k(t,s-p)\phi^{-p}\} \\ &= -\sum_{r=1}^{p}[F_{i1}^k(-r)+\phi' F_{i2}^k(-r)]\phi^{\rho-r}+\{\sum_{s=0}^{\infty} H_i^k(s)x^k(t,s-p)\}\phi^{-p} \\ &= -\sum_{r=1}^{p}[F_{i1}^k(-r)+\phi' F_{i2}^k(-r)]\phi^{\rho-r} \\ &\quad + \phi^{-p}\{\sum_{s=0}^{\sigma} H_i^k(s)x^k(t,s-p)+t\phi^{\rho-1}\int_0^1 e^{\lambda_k t(1-\eta)}R_i^k(t,\eta)d\eta\}, \end{aligned} \tag{6.2}$$

where

$$R_i^k(t,\eta) = \sum_{s=\sigma+1}^{\infty} H_i^k(s)\{(s-p+\rho-\mu_k)g_2^k(s-p)+\lambda_k g_2^k(s-p-1)\phi'(\eta t)\}\left(\frac{\phi(\eta t)}{\phi}\right)^{s-p+\rho-\mu_k-1}. \tag{6.3}$$

In the above calculation we have used the termwise integration, which is garanteed by the fact that under the condition (5.2) the series appearing in (6.3) are absolutely and uniformly convergent for $0 \leqq \eta \leqq 1$, and in fact, they are majorized by the generalized hypergeometric function ${}_3F_2$ since $|\phi(\eta t)| \leqq |\phi|$ for $0 \leqq \eta \leqq 1$.

Since we can easily obtain

$$t\phi^{\rho-1}\int_0^1 e^{\lambda_k t(1-\eta)}R_i^k(t,\eta)d\eta = O(e^{\lambda_k t}\phi^{-\sigma+p+\mu_k}) + O(\phi^{\rho}),$$

applying Theorem 1 to (6.2), we consequently obtain

$$x_i^k(r) = -\sum_{r=1}^{p}[F_{i1}^k(-r)+\phi' F_{i2}^k(-r)]\phi^{\rho-r}$$

$$+\ \phi^{-p}\{\sum_{s=0}^{\sigma} H_i^k(s)(e^{\lambda_k t}\phi^{\mu_k - s+p}+O(\phi^{\rho-1}))+O(e^{\lambda_k t}\phi^{-\sigma+p+\mu_k})+O(\phi^{\rho})\}$$

$$= -\sum_{r=1}^{p}[F_{i1}^k(-r)+\phi' F_{i2}^k(-r)]\phi^{\rho-r}+O(\phi^{\rho-p})$$

$$+\ e^{\lambda_k t}\phi^{\mu_k}\{\sum_{s=0}^{\sigma} H_i^k(s)\phi^{-s}+O(\phi^{-\sigma})\} \qquad (6.4)$$

for sufficiently large values of t in the sector $S(\lambda_k,0,0)$.

Now, combining (6.4) with the expansion formula (5.7), we have

$$X(t) = \sum_{k=1}^{n} T^k\{x_1^k(t)+\phi' x_2^k(t)\}-4(\sum_{k=1}^{n} T^k F_{22}^k(-1))\phi^{\rho}$$

$$= \sum_{k=1}^{n} T^k e^{\lambda_k t}\phi^{\mu_k}\{\sum_{s=0}^{\sigma}(H_1^k(s)+\phi' H_2^k(s))\phi^{-s}+O(\phi^{-\sigma}t)\}$$

$$-\ \sum_{k=1}^{n} T^k \sum_{r=1}^{p}\{[F_{11}^k(-r)+\phi' F_{12}^k(-r)]+\phi'[F_{21}^k(-r)+\phi' F_{22}^k(-r)]\}\phi^{\rho-r}$$

$$+\ O(\phi^{\rho-p}t)-4(\sum_{k=1}^{n} T^k F_{22}^k(-1))\phi^{\rho}$$

$$= \sum_{k=1}^{n} T^k e^{\lambda_k t}\phi^{\mu_k}\{\sum_{s=0}^{\sigma}(H_1^k(s)+\phi' H_2^k(s))\phi^{-s}+O(\phi^{-\sigma}t)\}$$

$$-\ \sum_{r=1}^{p-1}\{G_1(-r)+\phi' G_2(-r)\}\phi^{\rho-r}+O(\phi^{\rho-p+1}) \qquad (6.5)$$

as t tends to infinity in the sector

$$\bigcap_{k=1}^{n} S(\lambda_k,0,0). \qquad (6.6)$$

Since $G_i(r)=0$ (i=1,2) for all r<0, the expansion

$$-\sum_{r=1}^{p-1}\{G_1(-r)+\phi' G_2(-r)\}\phi^{\rho-r}+O(\phi^{\rho-p+1})$$

means the asymptotically zero expansion.

In other sectors

$$\bigcap_{k=1}^{n} S(\lambda_k;\ell_1^k,\ell_2^k) \tag{6.7}$$

ℓ_1^k,ℓ_2^k (k=1,2,...,n) being integers, we can also apply Theorem 1 to (6.2) and obtain the results similar to (6.5), where the Stokes multipliers T^k are replaced by the $T^k e^{2\pi i(\ell_1^k+\ell_2^k)(\rho-\mu_k)}$.

We have thus obtained our main theorem in this paper.

Theorem 4. Suppose that

(i) $\rho-\mu_k \neq$ an integer (k=1,2,...,n), and

(ii) $0 < |\lambda_k| < |\lambda_j-\lambda_k|$ ($j\neq k$; $j,k=1,2,\dots,n$).

Then we have

$$\begin{aligned} X(t) &= \phi^{\rho}\{\sum_{m=0}^{\infty} G_1(m)\phi^m+\phi'\sum_{m=0}^{\infty} G_2(m)\phi^m\} \\ &\sim \sum_{k=1}^{n} T^k e^{2\pi i(\ell_1^k+\ell_2^k)(\rho-\mu_k)} Y^k(t), \end{aligned} \tag{6.8}$$

as t tends to infinity in the sector (6.7), where

$$Y^k(t) = e^{\lambda_k t}\phi^{\mu_k}\{\sum_{s=0}^{\infty} H_1^k(s)\phi^{-s}+\phi'\sum_{s=0}^{\infty} H_2^k(s)\phi^{-s}\}$$

and, strictly speaking, in the right hand side of (6.8) the asymptotically zero expansion is included.

Lastly we here summarize our results. We can express local fundamental sets of solutions of (1.1) near t=0 and t=1 in terms of convergent power series of ϕ in the form

$$X_j^0(t) = \phi^{\alpha_j}\{\sum_{m=0}^{\infty} G_{j1}^0(m)\phi^m + \phi' \sum_{m=0}^{\infty} G_{j2}^0(m)\phi^m\} \quad (j=1,2,\ldots,n), \quad (6.9)$$

$$X_j^1(t) = \phi^{\beta_j}\{\sum_{m=0}^{\infty} G_{j1}^1(m)\phi^m + \phi' \sum_{m=0}^{\infty} G_{j2}^0(m)\phi^m\} \quad (j=1,2,\ldots,n), \quad (6.10)$$

respectively. Then from Theorem 4 we can know the complete asymptotic behavior of each solution $X_j^0(t)$ or $X_j^1(t)$ in the whole complex t-plane, where the Stokes multipliers T_j^{0k} or T_j^{1k} (k=1,2,..., n) corresponding to α_j or β_j are determined by the relation (5.6). Moreover, Theorem 4 will give us the connection coefficients between two fundamental sets of solutions (6.9) and (6.10) which are determined by the Stokes multipliers T_j^{0k} and T_j^{1k} (k=1,2,...,n).

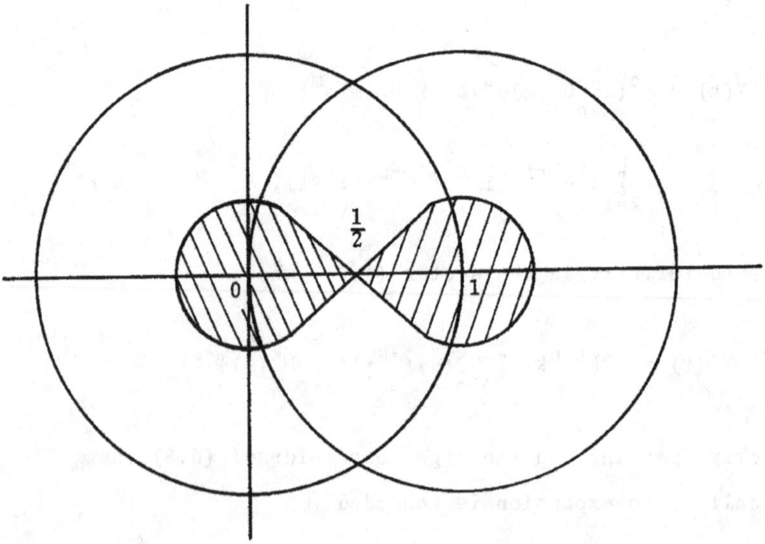

Acknowledgement: This research, mainly performed while the author was staying at l'Institut de Recherche Mathématique Avancée de Strasbourg, was supported by l'Action Thématique Programmée du Centre National de la Recherche Scientifique. The author would like to express his sincere thanks to Professor R. Gérard and Professor Y. Sibuya for their valuable suggestions and warm encouragement during the preparation of this work.

References

[1] P.M. Batchelder: An introduction to linear difference equations, Dover Publications, Inc. New York, 1967

[2] M. Kohno: A two point connection problem for general linear ordinary differential equations, Hiroshima Math. J., 4(1974), 293-338

[3] M. Kohno: A two point connection problem, Hiroshima Math. J., 9(1979), 61-135

[4] K. Okubo: A global representation of a fundamental set of solutions and a Stokes phenomenon for a system of linear ordinary differential equations, J. Math. Soc. Japan, 15(1963), 268-288

Department of Mathematics,
Faculty of Science,
Hiroshima University,
Hiroshima 730, Japan

THEOREMES D'INDICES DANS LES ESPACES DE TYPE GEVREY GENERALISE

Michèle LODAY-RICHAUD

INTRODUCTION

Les invariants formels d'un opérateur différentiel d'ordre fini à coefficients formels $D \in \mathbb{C}[[x]][\frac{d}{dx}]$ sont ceux du système différentiel d'ordre un associé. Ils sont définis à partir d'une solution fondamentale de ce dernier de la forme

$$\hat{H}(t).t^L.\exp Q(\frac{1}{t})$$

où t est une ramification $(t^P = x)$ convenable de x, où L est une matrice de Jordan constante, où $Q(\frac{1}{t})$ est une matrice diagonale à coefficients $q_j(\frac{1}{t})$ polynômiaux en $\frac{1}{t}$ et sans termes constants et où $\hat{H}$ appartient à $GL(n;\mathbb{C}[[t]])$.

L'étude faite par B. MALGRANGE ([M1]) permet d'obtenir ces invariants directement à partir de D en utilisant des équations algébriques et des polygones de Newton (il s'agit du polygone de Newton de D et de ceux d'opérateurs D^a déduits de D par des "translations" qui "tuent" de proche en proche les termes dominants des polynômes q_j). On obtient ainsi les invariants formels par un algorithme explicite, moyennant la résolution d'un certain nombre d'équations algébriques.

Par ailleurs, pour un opérateur différentiel à coefficients séries convergentes $D \in \mathbb{C}\{x\}[\frac{d}{dx}]$ J-P. RAMIS ([R1]) interprète le polygone de Newton en termes d'invariants indiciels. Ces invariants sont les indices de D opérant dans les espaces de Gevrey (-Roumieu) $\mathbb{C}[[x]]_k$ (et les espaces de Gevrey-Beurling $\mathbb{C}[[x]]_{(k)}$). (Ils généralisent l'irrégularité de B. MALGRANGE ([M2]) définie comme différence entre l'indice holomorphe et l'indice formel). Ce sont des fonctions localement constantes de $k \geq 0$ admettant des discontinuités pour des valeurs "exceptionnelles" de k qui sont précisément les pentes k_i des côtés du polygone de Newton de D ainsi qu'au facteur p près, les degrés des polynômes q_j .

L'introduction des espaces de Gevrey précisés $\mathbb{C}[[x]]_{k,\Lambda_0+}$ (et $\mathbb{C}[[x]]_{k,\Lambda_0-}$) permet de raffiner cette étude (J-P. RAMIS [R3]) . Un opérateur différentiel $D \in \mathbb{C}\{x\}[\frac{d}{dx}]$ est encore d'indice fini dans de tels espaces. Ces indices s'expriment en fonction du polygone de Newton et des racines caractéristiques correspondantes de D . Leurs discontinuités fournissent non plus seulement les degrés des termes dominants des polynômes q_j mais les modules de ces termes dominants eux-mêmes.

Nous itérons la construction d'invariants indiciels faite par J-P. RAMIS pour un opérateur différentiel $D \in \mathbb{C}\{x\}[\frac{d}{dx}]$ sous certaines hypothèses de "simplicité" de D (Définition I.2.15). Pour cela nous définissons des espaces de type Gevrey généralisé $\mathbb{C}[[x]]_{k,\Lambda*}$ et $\mathbb{C}[[x]]_{(k,\Lambda*)}$ où $k \in \mathbb{N}$ et où $\Lambda = (\Lambda_0,\Lambda_1,\dots,\Lambda_q) \in \mathbb{R}^{q+1}$ avec $0 \leq q \leq k-2$ et des espaces de type Gevrey précisé généralisé $\mathbb{C}[[x]]_{k,\Lambda+}$ et $\mathbb{C}[[x]]_{k,\Lambda-}$ où $k \in \mathbb{N}$ et où $\Lambda = (\Lambda_0,\Lambda_1,\dots,\Lambda_q) \in \mathbb{R}^{q+1}$ avec $0 \leq q \leq k-1$ raffinant les espaces classiques. Nous montrons que l'opérateur D est d'indice fini dans ces espaces et que ses indices s'expriment en fonction des $q+1$ termes de plus haut degré des polynômes q_j (Théorèmes I.7.1., II.5., III.8. et III.9.).

Les discontinuités de ces indices permettent de déterminer les modules de ces $q+1$ termes (Proposition IV.2.4. Il y a un nombre fini de possibilités mais pas toujours unicité).

La méthode utilisée tout en s'appuyant sur l'algorithme de construction des invariants formels de B. MALGRANGE ([M1]) s'inspire largement de celle de J-P. RAMIS ([R3]) : c'est une méthode de perturbation compacte dans des espaces de Banach convenables suivie d'un passage à la limite inductive ou projective suivant les cas. La technique de filtration par des espaces de Banach employée ici est toutefois notablement plus délicate. (Remarque I.2.7. et § I.4.).

Nous dualisons ensuite ces résultats à des espaces d'ultradistributions ponctuelles de type Gevrey généralisé et nous les étendons aux valeurs négatives de k dans le cas particulier des opérateurs différentiels à coefficients polynômiaux (Théorèmes IV.1.5. et V.3., V.4. et V.5.).

Enfin, nous donnons une application au type de "croissance" des solutions formelles des équations différentielles linéaires (Théorèmes III.11 et V.6.).

Ce sont les conseils et les encouragements bienveillants de J-P. RAMIS qui m'ont permis de réaliser ce travail. Qu'il trouve ici mes remerciements.

TABLE DES MATIERES

I.- OPERATEURS DIFFERENTIELS DANS LES ESPACES DE GEVREY(-ROUMIEU) GENERALISES.

Dans ce chapitre les nombres $k \in \mathbb{N}$ et $\Lambda_o \in \mathbb{R}$ sont fixés. Les opérateurs différentiels considérés sont des opérateurs différentiels ordinaires d'ordre fini à coefficients polynômes ou séries convergentes d'une variable complexe x c'est-à-dire de la forme $D = \sum_{j=1}^{d} a_j(x)\,\partial^j$ avec $a_j \in \mathbb{C}[x]$ ou $\mathbb{C}\{x\}$ et $\partial = \frac{d}{dx}$.

I.1. Théorèmes d'indices dans les espaces de Gevrey ordinaires.

DEFINITION I.1.1. Espaces de Gevrey

On appelle espaces de Gevrey les espaces vectoriels suivants :

Espaces de Gevrey-Roumieu

$$\mathbb{C}[[x]]_k = \{ \sum_{n \in \mathbb{N}} a_n x^n \in \mathbb{C}[[x]] \mid \text{Il existe } C > 0 \text{ et } \Lambda \in \mathbb{R} \text{ tels que pour tout } n \in \mathbb{N} \text{ on ait } |a_n| \leq C(n!)^{1/k} \exp(\Lambda n)\}$$

Espaces de Gevrey-Beurling

$$\mathbb{C}[[x]]_{(k)} = \{ \sum_{n \in \mathbb{N}} a_n x^n \in \mathbb{C}[[x]] \mid \text{Pour tout } \Lambda \in \mathbb{R} \text{ il existe } C_\Lambda > 0 \text{ tel que pour tout } n \in \mathbb{N} \text{ on ait } |a_n| \leq C_\Lambda (n!)^{1/k} \exp(\Lambda n)\}$$

Espaces de Gevrey précisés (par Λ_o) :

$$\mathbb{C}[[x]]_{k,\Lambda_o} = \{ \sum_{n \in \mathbb{N}} a_n x^n \in \mathbb{C}[[x]] \mid \text{Il existe } C > 0 \text{ tel que pour tout } n \in \mathbb{N} \text{ on ait } |a_n| \leq C(n!)^{1/k} \exp(\Lambda_o n)\}$$

$$\mathbb{C}[[x]]_{k,\Lambda_o+} = \{ \sum_{n \in \mathbb{N}} a_n x^n \in \mathbb{C}[[x]] \mid \text{Pour tout } \varepsilon > 0 \text{ il existe } C_\varepsilon > 0 \text{ tel que pour tout } n \in \mathbb{N} \text{ on ait } |a_n| \leq C_\varepsilon (n!)^{1/k} \exp((\Lambda_o+\varepsilon)n)\}$$

$$\mathbb{C}[[x]]_{k,\Lambda_o-} = \{ \sum_{n\in N} a_n x^n \in \mathbb{C}[[x]] \mid \text{Il existe } \varepsilon > 0 \text{ et } C > 0 \text{ tels que pour}$$

$$\text{tout } n \in N \text{ on ait } |a_n| \leq C(n!)^{1/k} \exp((\Lambda_o-\varepsilon)n)\}$$

Dans la littérature il apparaît plus souvent l'indice $s = 1 + \frac{1}{k}$ à la place de l'indice k et même parfois $s = \frac{1}{k}$. Dans les calculs qui suivent c'est plus naturellement k qui s'introduit. Nous n'utiliserons donc que le paramètre k.

DEFINITION I.1.2. Indice d'une application linéaire.

Soient E et F deux espaces vectoriels. Une application linéaire $u : E \to F$ est dite à indice ou d'indice fini si son noyau $\ker u$ et son conoyau $\operatorname{coker} u$ sont deux espaces vectoriels de dimension finie. L'indice $\chi(u)$ est alors donné par

$$\chi(u) = \dim \ker u - \dim \operatorname{coker} u .$$

Les opérateurs différentiels à coefficients séries convergentes opèrent dans les espaces de Gevrey $\mathbb{C}[[x]]_k$ et $\mathbb{C}[[x]]_{(k)}$ ainsi que dans les espaces de Gevrey précisés $\mathbb{C}[[x]]_{k,\Lambda_o+}$ et $\mathbb{C}[[x]]_{k,\Lambda_o-}$. Il est démontré dans [R3] Théorème 1.5.9. qu'ils sont d'indice fini dans ces espaces. Nous rappelons ci-dessous la valeur de ces indices après avoir introduit quelques définitions et notations. Même lorsqu'ils opèrent dans $\mathbb{C}[[x]]_{k,\Lambda_o}$ les opérateurs différentiels à coefficients séries convergentes ne sont en général pas d'indice fini dans $\mathbb{C}[[x]]_{k,\Lambda_o}$.

DEFINTION I.1.3. Etant donné un opérateur différentiel $D = \sum_{j=1}^{d} a_j(x)\, \partial^j$ à coefficients $a_j(x) = \sum a_{i,j} x^i$ ($a_{ij} \in \mathbb{C}$ pour tout (i,j)) séries méromorphes en x on définit son poids dans la direction k par

$$w_k(D) = \inf_{a_{i,j}\neq 0} (i-(k+1)j)$$

et son <u>polygone de Newton</u> $N(D)$ de la façon suivante ([R1],[M1]).

Soit $\mathfrak{D} = \{(u,v) \in \mathbb{R}^2 | u \leq 0$ et $v \geq 0\}$ le deuxième quadrant de $\mathbb{R}^2$ et soit $\mathfrak{D}(u_o,v_o)$ son translaté de sommet (u_o,v_o). On considère l'ensemble $M(D) \subset \mathbb{R}^2$ réunion des quadrants $\mathfrak{D}(j,i-j)$ pour lesquels $a_{i,j} \neq 0$. Le polygone de Newton $N(D)$ de D est l'intersection de $\mathbb{R}^+ \times \mathbb{R}$ avec l'enveloppe convexe de $M(D)$.

Le polygone de Newton $N(D)$ comporte à gauche un côté horizontal (éventuellement réduit à un point), à droite un côté vertical (illimité vers le haut) et entre les deux un nombre fini de côtés de pentes rationnelles positives. Dans un changement de variable de la forme $x = t^q$, $q \in \mathbb{N}$ (ramification) le polygone de Newton est modifié par une affinité parallèle au deuxième axe de coordonnées. On peut ainsi toujours se ramener à un polygone à côtés de pentes entières.

DEFINITION I.1.4.

Soit $D \in \mathbb{C}[[x]][\partial]$ un opérateur différentiel.

On appelle <u>polynôme caractéristique</u> (ou <u>déterminant</u>) <u>de</u> D <u>dans la direction</u> k le polynôme de $\mathbb{C}[x,\tau]$ obtenu en remplaçant ∂ par $x^{-(k+1)}\tau$ dans la partie homogène de poids nul dans la direction k de $x^{-w_k(D)}.D$. Ses zéros non nuls sont appelés <u>racines caractéristiques de</u> D <u>dans la direction</u> k.

Nous admettons ici d'éventuels facteurs τ qui sont exclus dans la définition donnée dans [M1] ou [R3].

DEFINITION I.1.5.

Deux opérateurs différentiels D_1 et D_2 sont dits <u>k-équivalents</u> si leurs poids dans la direction k satisfont à

$$w_k(D_1) = w_k(D_2) < w_k(D_1-D_2)$$

DEFINITION I.1.6.

Soit $D \in \mathbb{C}[[x]][\partial]$.

Notons $\tau^{\sigma_o} \prod_{j=1}^{m} (\tau + \alpha_j)^{\sigma_j}$ avec σ_o et $\sigma_j \in \mathbb{N}$, $\alpha_j \in \mathbb{C}^*$ pour $j = 1,\ldots,m$ le polynôme caractéristique de D dans la direction k et $w_k(D)$ le poids de D dans la direction k .

L'opérateur différentiel

$$\mathcal{D} = x^{w_k(D)+(k+1)\sigma_o} \partial^{\sigma_o} \prod_{j=1}^{m} (x^{k+1} \partial + \alpha_j)^{\sigma_j}$$

est k-équivalent à D .

Nous dirons que $\mathcal{D}$ est <u>l'opérateur réduit</u> <u>k-équivalent à</u> D .

Nous pouvons énoncer maintenant, pour $k \in \mathbb{N}$, les théorèmes d'indices Gevrey de [R3] (théorème 1.5.9.)

THEOREME I.1.7.

Soit $D \in \mathbb{C}\{x\}[\partial]$ et soit $\mathcal{D} = x^{w_k(D)+(k+1)\sigma_o} \partial^{\sigma_o} \prod_{j=1}^{m} (x^{k+1} \partial + \alpha_j)^{\sigma_j}$ avec σ_o et $\sigma_j \in \mathbb{N}$, $\alpha_j \in \mathbb{C}^*$ pour $j = 1,\ldots,m$ l'opérateur réduit k-équivalent à D .

Les opérateurs

$D : \mathbb{C}[[x]]_k \to \mathbb{C}[[x]]_k$

$D : \mathbb{C}[[x]]_{(k)} \to \mathbb{C}[[x]]_{(k)}$

$D : \mathbb{C}[[x]]_{k,\Lambda_o+} \to \mathbb{C}[[x]]_{k,\Lambda_o+}$

$D : \mathbb{C}[[x]]_{k,\Lambda_o-} \to \mathbb{C}[[x]]_{k,\Lambda_o-}$

sont d'indices finis respectivement donnés par

$\chi_{\mathbb{C}[[x]]_k}(D) = -w_k(D) - k\sigma_o$

$\chi_{\mathbb{C}[[x]]_{(k)}}(D) = -w_k(D) - k\,\sigma_o - k \sum_{j=1}^{m} \sigma_j$

$\chi_{\mathbb{C}[[x]]_{k,\Lambda_o+}}(D) = \chi_{\mathbb{C}[[x]]_k}(D) - k \sum_{\{j \mid |\alpha_j| < \exp -k\,\Lambda_o\}} \sigma_j$

$$\chi_{\mathbb{C}[[x]]_{k,\Lambda_o^-}}(D) = \chi_{\mathbb{C}[[x]]_{(k)}}(D) + k \sum_{\{j \mid |\alpha_j| > \exp -k\Lambda_o\}} \sigma_j$$

Ainsi $-\chi_{\mathbb{C}[[x]]_k}(D)$ (resp. $-\chi_{\mathbb{C}[[x]]_{(k)}}(D)$) est l'ordonnée minimale (resp. maximale) des points situés sur le côté de pente k (éventuellement réduit à un point) du polygone de Newton de D. L'expression de $-\chi_{\mathbb{C}[[x]]_{k,\Lambda_o^+}}(D)$ (resp. $-\chi_{\mathbb{C}[[x]]_{k,\Lambda_o^-}}(D)$) tient compte en outre des racines caractéristiques de D dans la direction k dont le module est "assez petit" (resp. "assez grand").

I.2. Espaces de Gevrey généralisés. Définitions, généralités, schéma de la démonstration du théorème d'indice.

Nous nous donnons désormais deux nombres entiers k et q, $0 \leq q \leq k-1$ et $\Lambda = (\Lambda_o, \Lambda_1, \ldots, \Lambda_{q-1}) \in \mathbb{R}^q$.

DEFINITION I.2.1. Nous appelons espaces de Gevrey(-Roumieu) généralisés (par Λ à l'ordre q) les espaces du type

$\mathbb{C}[[x]]_{k,\Lambda*} = \{\sum_{n \in \mathbb{N}} a_n x^n \in \mathbb{C}[[x]] \mid$ Il existe $C > 0$ et $\Lambda_q \in \mathbb{R}$ tels que pour tout $n \in \mathbb{N}$ on ait $|a_n| \leq C(n!)^{1/k} \exp(\Lambda_o n + \Lambda_1 n^{1-1/k} + \ldots + \Lambda_{q-1} n^{1-\frac{q-1}{k}} + \Lambda_q n^{1-\frac{q}{k}})\}$

Cette définition trouve sa justification dans les calculs de développements asymptotiques des solutions d'équations aux différences ([R2] Introduction (8)(d)).

Un opérateur différentiel D à coefficients séries convergentes opère dans ces espaces. Nous allons voir que, sous une hypothèse assez générique, il y est d'indice fini calculable, la valeur de son indice dépendant de ses exposants caractéristiques d'ordre q-1 associés à la direction k.

DEFINITION I.2.2. Etant donnés une série méromorphe formelle a et un opérateur différentiel $D \in \mathbb{C}[[x]][\partial]$ on note (suivant B. MALGRANGE [M1]) D^a l'opérateur différentiel déduit de D en substituant $\partial - a$ à ∂.

On a $D = (D^a)^{-a}$. Lorsque la série a est méromorphe convergente de valuation supérieure ou égale à $-(k+1)$, si D est à coefficients séries convergentes il en est de même de $x^{-w_k(D)} D^a$; en particulier, il en est de même de D^a si le poids $w_k(D)$ est positif ou nul.

Soit $\alpha_o \in \mathbb{C}$. Si $-\alpha_o$ n'est pas racine caractéristique de D dans la direction k alors le polygone de Newton $N(D^{\alpha_o/x^{k+1}})$ de $D^{\alpha_o/x^{k+1}}$ se déduit du polygone de Newton $N(D)$ de D en prolongeant le côté de pente k de $N(D)$ (éventuellement réduit à un point) jusqu'à l'axe des ordonnées. Si $-\alpha_o$ est racine caractéristique de D dans la direction k d'ordre σ alors d'une part, σ polynômes $q_j(\frac{1}{x})$ de la partie irrégulière des solutions formelles de D admettent $\frac{\alpha_o}{kx^k}$ comme terme dominant en 0, d'autre part, le polygone de Newton $N(D^{\alpha_o/x^{k+1}})$ s'obtient à partir de $N(D)$ en "prolongeant" le côté de pente k de $N(D)$ jusqu'à l'abscisse σ ; à gauche de l'abscisse σ apparaît un certain nombre de côtés de pentes inférieures à k. Les polynômes caractéristiques qui leur sont attachés fournissent les exposants caractéristiques d'ordre supérieur de D associés à l'exposant α_o "d'ordre 0". Si on suppose maintenant que $N(D^{\alpha_o/x^{k+1}})$ n'a que des côtés de pentes entières on peut itérer le résultat aux opérateurs du type $D^{\alpha_o/x^{k+1}+\alpha_1/x^k}$ relativement au côté de pente $k-1$ de $N(D^{\frac{\alpha_o}{x^{k+1}}})$ et ainsi de suite. Il résulte de la forme des polygones de Newton successifs ainsi associés à D que moyennant une ramification convenable, on peut toujours se ramener au cas suivant :

<u>Hypothèse I.2.3.</u> Nous supposerons dans toute la suite que les polygones de Newton des opérateurs différentiels D considérés et de tous leurs "translatés"

$$D^{\frac{\alpha_0}{x^{k+1}} + \frac{\alpha_1}{x^k} + \dots + \frac{\alpha_i}{x^{k+1-i}}}$$ ont des côtés de pentes entières.

En général, cette hypothèse est trop forte. Par exemple pour le calcul de l'indice de D dans un espace $\mathbb{C}[[x]]_{k,\Lambda^*}$ fixé $(\Lambda = (\Lambda_0,\Lambda_1,\dots,\Lambda_{q-1}))$ on n'a pas besoin que soient entières les pentes supérieures à k ni celles inférieures à $k-q$. Nous travaillerons néanmoins toujours sous cette hypothèse pour plus de simplicité.

DEFINITION I.2.4. Une suite $\alpha = (\alpha_0,\alpha_1,\dots,\alpha_\varkappa) \in \mathbb{C}^{k+1}$, $0 \le \varkappa \le k-1$, est appelée une $(k,\varkappa)$-<u>caractéristique de</u> D <u>de multiplicité</u> $\sigma = (\sigma_0,\sigma_1,\dots,\sigma_\varkappa)$ si $-\alpha_0$ est racine caractéristique d'ordre σ_0 de D dans la direction k et,pou $i = 1,2,\dots,\varkappa$, $-\alpha_i$ est un zéro d'ordre σ_i du polynôme caractéristique de l'opérateur $D^{\frac{\alpha_0}{x^{k+1}} + \frac{\alpha_1}{x^k} + \dots + \frac{\alpha_i}{x^{k+2-i}}}$ dans la direction $k-i$ ($-\alpha_i$ est soit nul soit racine caractéristique).

Ceci signifie que parmi les polynômes $q_j(\frac{1}{x})$ il y en a σ_0 qui "commencent" par $\frac{\alpha_0}{kx^k}$, il y en a σ_1 qui "commencent" par $\frac{\alpha_0}{kx^k} + \frac{\alpha_1}{(k-1)x^{k-1}}$, etc..

DEFINITION I.2.5. Soit $\alpha = (\alpha_0,\alpha_1,\dots,\alpha_{q'-1}) \in \mathbb{C}^{q'}$. Nous dirons que deux opérateurs différentiels D_1 et D_2 sont (k,α)-<u>équivalents</u> s'ils satisfont aux conditions de poids suivantes :

$$w_{k-j}\Big(D_1^{\frac{\alpha_0}{x^{k+1}}+\dots+\frac{\alpha_{q'-1}}{x^{k-q'+2}}}\Big) = w_{k-j}\Big(D_2^{\frac{\alpha_0}{x^{k+1}}+\dots+\frac{\alpha_{q'-1}}{x^{k-q'+2}}}\Big) < w_{k-j}\Big((D_1-D_2)^{\frac{\alpha_0}{x^{k+1}}+\dots+\frac{\alpha_{q'-1}}{x^{k-q'+2}}}\Big)$$

pour $j = 0,1,\dots,q'$.

PROPOSITION I.2.6. Soit $D \in \mathbb{C}\{x\}[\partial]$ et soit $\alpha = (\alpha_0,\dots,\alpha_{q'-1})$ une $(k,q'-1)$-caractéristique de D de multiplicité $\tau = (\tau_0,\dots,\tau_{q'-1})$.

Il existe, à l'ordre des facteurs prés, un unique opérateur différentiel (k,α)-équivalent à D de la forme

$$\mathcal{D}_{q'} = x^{w_k(D)+(k+1)\sigma_o}\, \partial^{\sigma_o} \prod_{j\in J_o} (x^{k+1}\partial+\alpha_j)^{\sigma_j}$$

$$\times \prod_{j\in J_1} (x^{k+1}\partial + \alpha_o + \alpha_j x)^{\tau_{o,j}}$$

$$\times \prod_{j\in J_2} (x^{k+1}\partial + \alpha_o + \alpha_1 x + \alpha_j x^2)^{\tau_{1,j}}$$

$$\cdots\cdot$$

$$\times \prod_{j\in J_{q'}} (x^{k+1}\partial + \alpha_o + \alpha_1 x + \ldots + \alpha_{q'-1} x^{q'-1} + \alpha_j x^{q'})^{\tau_{q'-1,j}}$$

Nous l'appellerons <u>l'opérateur réduit</u> (k,α)-<u>équivalent à</u> D.

Démonstration : $w_k(D)$ désigne le poids de D dans la direction k.

Les coefficients σ_o, α_j et σ_j pour $j \in J_o$ sont fournis par le polynôme caractéristique $T^{\sigma_o} (T+\alpha_o)^{\tau_o} \prod_{j\in J_o} (T+\alpha_j)^{\sigma_j}$ de D dans la direction k.

Les coefficients α_j et $\tau_{i-1,j}$ pour $j \in J_i$ et $1 \leq i \leq q'$ sont fournis par le polynôme caractéristique

$$\prod_{j\in J_i} (T+\alpha_j)^{\tau_{i-1,j}} \quad \text{de} \quad D^{x\frac{\alpha_o}{k+1} + \frac{\alpha_1}{x^k} + \cdots + \frac{\alpha_{i-1}}{x^{k+2-i}}} \quad \text{dans la direction } k-i .$$

Remarquons en outre qu'on a

$$\tau_i = \sum_{j\in J_{i+1}} \tau_{i,j} + \sum_{j\in J_{i+2}} \tau_{i+1,j} + \cdots + \sum_{j\in J_{q'}} \tau_{q'-1,j} \quad \text{pour } i = 0,\ldots,q'-1 .$$

<u>Remarque I.2.7.</u> <u>Schéma de la démonstration du théorème d'indice.</u>

L'idée de la démonstration du théorème d'indice est de montrer que l'on peut remplacer l'opérateur différentiel D considéré par l'un de ses opérateurs réduits $\mathcal{D}$ puis de montrer un théorème d'indice pour chaque facteur de $\mathcal{D}$. L'argument permettant de passer de D à l'opérateur réduit $\mathcal{D}$ est un argument de perturbation compacte valable entre espaces de Banach. On ne peut pas ici l'appliquer directement aux espaces de type Gevrey dans lesquels les perturbations ne sont pas compactes. C'est ce qui entraîne les complications techniques qui suivent :

Schématiquement, nous allons d'abord modifier les espaces de Gevrey par une transformation de Leroy généralisée (§ I.3.) puis écrire ces nouveaux espaces comme limites inductives d'espaces de Banach convenables (§ I.4.), passer de l'opérateur D "lu" dans ces espaces à l'un de ses opérateurs réduits $\mathcal{D}$ par application du théorème de perturbation compacte dans ces espaces de Banach (§ I.5.) puis y démontrer les théorèmes d'indice pour chaque facteur de $\mathcal{D}$ (§ I.6.) Le théorème d'indice cherché s'en déduit enfin grâce au théorème d'additivité des indices par passage à la limite inductive modulo un argument de densité (§ I.7).

Mais auparavant nous donnons encore quelques notations et définitions.

I.2.8. Fonction gamma généralisée.

Nous utiliserons la généralisation suivante de la fonction gamma

$$G_P(n) = \int_0^{\infty.\exp i \frac{\pi-\varphi_o}{k}} \exp P(t).t^{n-1}\, dt \quad \text{pour} \quad n \in \mathbb{N}$$

où P est un polynôme de la forme $P(t) = \beta_o t^k + \beta_1 t^{k-1} + \ldots + \beta_q t^{k-q}$ avec $\beta_o \in \mathbb{C}^*$, $\beta_j \in \mathbb{C}$ pour $j = 1,\ldots,q$ et $-\pi < \varphi_o = \arg \beta_o \leq +\pi$.
Il est démontré dans ([D] Théorème 1) que la fonction G_P admet, quand n tend vers $+\infty$, un développement asymptotique de la forme

$$G_P(n) = n^{-\frac{1}{2}(1+\frac{1}{k})} (n!)^{1/k} \exp(\lambda_o n + \lambda_1 n^{1-1/k} + \ldots + \lambda_{k-1} n^{1-\frac{k-1}{k}}) \left(\sum_{j\in\mathbb{N}} D_j \frac{1}{n^{j/k}} \right)$$

où les constantes λ_j, $j = 0,\ldots,k-1$, s'expriment explicitement en fonction des coefficients β_i, $0 \leq i \leq j$, du polynôme P. De plus, la constante D_o est non nulle. On a $D_o = (2\pi)^{\frac{1}{2} - \frac{1}{2k}} k^{-\frac{1}{2}}$.

Nous appliquons ce résultat dans les cas particuliers suivants (cf I.6.2.) :

Soit $\alpha = (\alpha_o, \alpha_1, \ldots, \alpha_{q'}) \in \mathbb{C}^{q'+1}$, $0 \leq q' \leq k-1$.

Pour $\ell = 1,2,\ldots,k$ les fonctions

$$a_\ell(n) = \int_0^{\infty . \exp -i[\frac{\pi-\varphi_1}{k} - (\ell-1)\frac{2\pi}{k}]} \exp\left(\frac{\alpha_o}{kx^k} + \frac{\alpha_1}{(k-1)x^{k-1}} + \ldots + \frac{\alpha_{q'}}{(k-q')x^{k-q'}}\right).x^{-n-1}dx$$

où $\varphi_1 = \arg \alpha_o$ et $-\pi < \varphi_1 \leq +\pi$

sont du type fonctions gamma généralisées. Elles admettent donc, quand n tend vers $+\infty$ des développements asymptotiques de la forme

$$(\text{I.2.9}) \quad a_\ell(n) = n^{-\frac{1}{2}(1+\frac{1}{k})}(n!)^{\frac{1}{k}} \exp(\lambda_{o,\ell}(\alpha)n + \lambda_{1,\ell}(\alpha)n^{1-\frac{1}{k}} + \ldots + \lambda_{k-1,\ell}(\alpha)n^{1-\frac{k-1}{k}}). \left(D_o + \sum_{j\geq 1} \frac{D_{j,\ell}}{n^{j/k}}\right)$$

où $D_o = (2\pi)^{\frac{1}{2}-\frac{1}{2k}} k^{-\frac{1}{2}}$. En outre, l'expression des coefficients $\lambda_{j,\ell}(\alpha)$ en fonction de α conduit aux formules

$$(\text{I.2.10}) \quad \begin{cases} \lambda_{o,\ell}(\alpha) = \lambda_{o,1}(\alpha) - i(\ell-1)\frac{2\pi}{k} \quad \text{et} \quad \lambda_{o,1}(\alpha) = -\frac{1}{k}\operatorname{Log}|\alpha_o| + i\,\frac{\pi-\varphi_1}{k} \\ \lambda_{j,\ell}(\alpha) = \lambda_{j,1}(\alpha).\exp ij(\ell-1)\frac{2\pi}{k} \quad (i^2 = -1) \quad 1 \leq j \leq k-1 \end{cases}$$

Ainsi les $\lambda_{o,\ell}$, $\ell = 1,\ldots,k$, ont tous même partie réelle et pour $j \neq 0$ fixé les $\lambda_{j,\ell}(\alpha)$, $\ell = 1,\ldots,k$, sont répartis aux sommets d'un polygone régulier d'angle $j\frac{2\pi}{k}$. Remarquons en outre que $\lambda_{j,\ell}(\alpha)$ ne dépend que de $\alpha_o, \alpha_1, \ldots, \alpha_j$.

DEFINITION I.2.11.

(i) Nous appelons <u>suites critiques dans la direction</u> k ou <u>k-suite critique de</u> $\alpha = (\alpha_o,\dots,\alpha_{q'}) \in \mathbb{C}^{q'+1}$, $0 \leq q' \leq k-1$, les k suites finies $(\mathrm{Re}\,\lambda_{o,\ell}(\alpha)\ ,\ \mathrm{Re}\,\lambda_{1,\ell}(\alpha),\dots,\mathrm{Re}\,\lambda_{k-1,\ell}(\alpha))$ pour $\ell = 1,\dots,k$.

(ii) Etant donné un opérateur différentiel $D \in \mathbb{C}\{x\}\ [\ \frac{d}{dx}\ ]$ nous appelons <u>k-suite critique de</u> D toute suite critique dans la direction k d'une $(k,k-1)$-caractéristique α de D .

DEFINITION I.2.12. Soit $\alpha = (\alpha_o,\alpha_1,\dots,\alpha_{q'}) \in \mathbb{C}^{q'+1}$, $0 \leq q' \leq k-1$.

1) $\Lambda = (\Lambda_o,\Lambda_1,\dots,\Lambda_{q-1})$ est <u>critique d'ordre au moins</u> q'' , $0 \leq q'' \leq q$, <u>pour</u> α (ou bien α est critique d'ordre au moins q'' par rapport à Λ) si la troncature $(\Lambda_o,\Lambda_1,\dots,\Lambda_{q''-1})$ de Λ coïncide avec l'une au moins des troncatures au même ordre des suites critiques de α .

2) Λ est critique d'ordre q'' pour α s'il est critique d'ordre au moins q'' et si en outre, lorsque $q'' < q$, il n'est pas critique d'ordre au moins $q''+1$.

<u>Remarque</u> I.2.13. Si Λ est critique d'ordre 0 pour α nous dirons aussi que Λ n'est pas critique pour α .

<u>Remarque</u> I.2.14. Supposons $q'' \leq q'$. Alors Λ est critique d'ordre q'' pour $\alpha = (\alpha_o,\dots,\alpha_{q'})$ si et seulement si Λ est critique d'ordre q'' pour $\alpha = (\alpha_o,\dots,\alpha_{q''})$.

En effet, nous avons vu que les $q''+1$ premiers termes des suites critiques de α ne dépendent que des $q''+1$ premiers termes de α .

DEFINITION I.2.15.

1) Un opérateur différentiel $D \in \mathbb{C}[[x]][\partial]$ <u>est</u> <u>k-simple pour</u> $\Lambda = (\Lambda_o,\Lambda_1,\dots,\Lambda_{q-1}) \in \mathbb{R}^q$ s'il satisfait aux deux conditions suivantes :

(i) D satisfait à l'hypothèse I.2.3. : Les pentes des polygones de Newton de D et de tous ses translatés $D_{x} \frac{\alpha_o}{x^{k+1}} + \frac{\alpha_1}{x^k} + \dots + \frac{\alpha_1}{x^{k+1-i}}$ (au moins pour $0 \leq i \leq q-1$) sont entières.

(ii) Soit α une $(k,k-1)$-caractéristique critique d'ordre maximum $q' \leq q$ pour Λ. Alors pour tout $q'' \leq q'$ la seule $(k,q''-1)$-caractéristique qui soit critique à l'ordre au moins q'' pour Λ est la troncature de α à l'ordre $q''-1$.

2) Un opérateur différentiel $D \in \mathbb{C}[[x]][\partial]$ est <u>(k,q)-simple</u> s'il est k-simple pour tout $\Lambda = (\Lambda_o,\Lambda_1,\dots,\Lambda_q) \in \mathbb{R}^{q+1}$ et il est <u>k-simple</u> s'il est (k,q)-simple pour tout q.

Si un opérateur D ne satisfait pas à l'hypothèse I.2.3. nous avons vu qu'on peut toujours y satisfaire au moyen d'une ramification $x = t^p$ convenable. Mais l'opérateur D_t obtenu à partir de D par ramification ne satisfait à la condition (ii) ci-dessus que si Λ n'est critique pour aucune $(k,k-1)$-caractéristique de D $(q'=0)$.

<u>Relation d'ordre</u>. Nous dirons qu'une suite $(a_o,a_1,\dots,a_r)$ est strictement supérieure (resp. égale, resp. strictement inférieure) à une suite $(b_o,b_1,\dots,b_q)$ avec $q \leq r$ si la troncature $(a_o,a_1,\dots,a_q)$ de $(a_o,a_1,\dots,a_r)$ est strictement supérieure (resp. égale, resp. strictement inférieure) à $(b_o,b_1,\dots,b_q)$ pour l'ordre lexicographique.

DEFINITION I.2.16. Nous appelons <u>poids d'ordre</u> q'', $0 \leq q'' \leq q-1$, <u>de</u> $\alpha = (\alpha_o,\dots,\alpha_{q'}) \in \mathbb{C}^{q'+1}$ <u>dans la direction</u> k <u>par rapport à</u> $\Lambda = (\Lambda_o,\dots,\Lambda_{q-1})$ et nous notons $\omega_{k,\Lambda}(q'',\alpha)$ le nombre de suites critiques de α strictement supérieures à $(\Lambda_o,\dots,\Lambda_{q''})$.

<u>Remarque</u> I.2.17 :

1) Si Λ est critique d'ordre $q'' < q-1$ pour α alors on a

$\omega_{k,\Lambda}(q'',\alpha) = \omega_{k,\Lambda}(q''+1,\alpha) = \cdots = \omega_{k,\Lambda}(q-1,\alpha)$.

2) Compte tenu des premières formules I.2.10. si Λ n'est pas critique pour $\alpha = (\alpha_o,\ldots,\alpha_{q'})$ alors

$$\omega_{k,\Lambda}(q,\alpha) = \begin{cases} 0 & \text{si } |\alpha_o| > \exp(-k\,\Lambda_o) \\ k & \text{si } |\alpha_o| < \exp(-k\,\Lambda_o) \end{cases}$$

DEFINITION I.2.18. Nous appelons <u>contre-poids d'ordre</u> q'' , $0 \leq q'' \leq q-1$, <u>de</u> $\alpha = (\alpha_o,\ldots,\alpha_{q'}) \in \mathbb{C}^{q'+1}$ <u>dans la direction</u> k <u>par rapport</u> à $\Lambda = (\Lambda_o,\ldots,\Lambda_{q-1})$ et nous notons $\omega_{(k,\Lambda)}(q'',\alpha)$ le nombre de suites critiques de α strictement inférieures à $(\Lambda_o,\ldots,\Lambda_{q''})$.

<u>Remarque</u> I.2.19. Si Λ est critique d'ordre au moins $q''+1$ pour α on a $\omega_{k,\Lambda}(q'',\alpha) + \omega_{(k,\Lambda)}(q'',\alpha) < k$.

Si Λ est critique d'ordre inférieur ou égal à q'' pour α on a $\omega_{k,\Lambda}(q'',\alpha) + \omega_{(k,\Lambda)}(q'',\alpha) = k$.

I.3. <u>Espace de Gevrey et transformation de Leroy généralisés</u>

DEFINITION I.3.1. <u>Transformation de Leroy</u> (formelle) associée au polynôme $P(t) = \beta_o\, t^k + \beta_1\, t^{k-1} + \cdots + \beta_q\, t^{k-q}$.

C'est la transformation

$$\hat{\Psi}_P : \begin{cases} \mathbb{C}[[x]] \to \mathbb{C}[[x]] \\ \sum_{n\in\mathbb{N}} a_n x^n \mapsto \sum_{n\in\mathbb{N}} \dfrac{a_n}{G_P^o(n)} x^n \end{cases} \quad \text{où } G_P^o(n) = \begin{cases} G_P(n) & \text{si } G_P(n) \neq 0 \\ 1 & \text{si } G_P(n) = 0 \end{cases}$$

Le développement asymptotique de la fonction gamma généralisée G_P montre que G_P ne s'annule pas au voisinage de $+\infty$. Par la suite (cf. I.6.2.) nous n'appliquerons la transformation $\hat{\Psi}_P$ qu'à des séries de $x^{n_o}\mathbb{C}[[x]]$ avec n_o assez grand pour que G_P^o coïncide avec G_P .

Pour $P(t) = t^k$ on retrouve la transformation de Leroy formelle usuelle.

<u>Hypothèse</u> I.3.2. Nous fixons désormais le polynôme $P(t) = \beta_o t^k + \beta_1 t^{k-1} + \dots + \beta_q t^{k-q}$ de telle sorte que les coefficients λ_j de la partie irrégulière du développement asymptotique au voisinage de $+\infty$ de la fonction gamma généralisée G_P satisfassent aux conditions

$$\mathcal{R}e\, \lambda_o = \Lambda_o \ ,\ \mathcal{R}e\, \lambda_1 = \Lambda_1, \dots, \mathcal{R}e\, \lambda_{q-1} = \Lambda_{q-1}$$

Cette condition est toujours réalisable puisque les formules donnant les λ en fonction des β ([D] théorème 1) sont inversibles.

PROPOSITION I.3.3. L'espace vectoriel $X_q = \hat{\Psi}_P(\mathbb{C}[[x]]_{k,\Lambda^*})$ est indépendant de Λ et de P. Plus précisément on a

$$X_q = \{ \sum_{n\in\mathbb{N}} b_n x^n \in [[x]] \mid \text{Il existe } C > 0 \text{ et } \Lambda_q \in \mathbb{R} \text{ tels que pour tout } n \in \mathbb{N} \text{ on ait } |b_n| \le C \exp(\Lambda_q\, n^{1-\frac{q}{k}}) \} .$$

DEFINITION I.3.4. <u>Transmutation</u> f_P <u>d'un opérateur différentiel par la transformation de Leroy</u> $\hat{\Psi}_P$.

Soit $D \in \mathbb{C}\{x\}[\partial]$. On définit $f_P(D)$ par

$$f_P(D) = \hat{\Psi}_P \circ D \circ \hat{\Psi}_P^{-1} \quad .$$

Dans le diagramme commutatif suivant

$$\begin{array}{ccc} \mathbb{C}[[x]]_{k,\Lambda^*} & \xrightarrow{D} & \mathbb{C}[[x]]_{k,\Lambda^*} \\ \downarrow \hat{\Psi}_P & & \downarrow \hat{\Psi}_P \\ X_q & \xrightarrow{f_P(D)} & X_q \end{array} \qquad \begin{array}{ccc} \sum_{n\in\mathbb{N}} a_n x^n & \overset{D}{\longmapsto} & \sum_{n\in\mathbb{N}} c_n x^n \\ \downarrow \hat{\Psi}_P & & \downarrow \hat{\Psi}_P \\ \sum_{n\in\mathbb{N}} b_n x^n & \overset{f_P(D)}{\longmapsto} & \sum_{n\in\mathbb{N}} d_n x^n \end{array}$$

$$\text{avec } b_n = \frac{a_n}{G_P^o(n)} \quad \text{et} \quad d_n = \frac{c_n}{G_P^o(n)}$$

l'application $f_p(D)$ est linéaire et les flèches verticales sont des isomorphismes d'espaces vectoriels. On a donc

PROPOSITION I.3.5. Il y a égalité des indices

$$\chi_{\mathbb{C}[[x]]_{k,\Lambda^*}}(D) = \chi_{X_q}(f_p(D))$$

dès que l'un d'eux existe.

De plus f_p est un homomorphisme pour la composition.

Ceci permet de ramener l'étude de l'indice de l'opérateur différentiel D dans l'espace de Gevrey généralisé $\mathbb{C}[[x]]_{k,\Lambda^*}$ à l'étude de l'indice de l'application linéaire

$$f_p(D) : X_q \to X_q \ .$$

I.4. Quelques espaces de Banach

L'introduction d'espaces de Banach a pour but de permettre l'application du théorème de perturbation compacte ([G] Théorème 3) : Si dans ces espaces les opérateurs "perturbés" sont d'indice fini (et calculable), il en est de même des opérateurs initiaux (avec la même valeur de l'indice). L'indice dans les espaces de Gevrey généralisés s'en déduit comme dans [R3] proposition 1.3.6. par passage à la limite inductive grâce à la proposition I.4.7.

DEFINITION I.4.1.

Pour tout $r \geq 0$ et tout $R > 0$ définissons l'espace vectoriel

$$\mathcal{B}_q(r,R) = \{ \sum_{n \in \mathbb{N}} b_n x^n \in \mathbb{C}[[x]] \mid \sum_{n \in \mathbb{N}} n^r |b_n| R^{n^{1-\frac{q}{k}}} < +\infty \}$$

muni de la norme naturelle

$$\| \sum_{n \in \mathbb{N}} b_n x^n \|_{\mathcal{B}_q(r,R)} = \sum_{n \in \mathbb{N}} n^r |b_n| R^{n^{1-\frac{q}{k}}}$$

C'est un espace de Banach.

Soit $\alpha = (\alpha_0, \alpha_1, \dots, \alpha_{q'-1}) \in \mathbb{C}^{q'}$, $q' \leq q$

et soit $\sigma = (\sigma_0, \sigma_1, \dots, \sigma_{q'-1}) \in \mathbb{N}^{q'}$ vérifiant $\sigma_0 \geq \sigma_1 \geq \dots \geq \sigma_{q'-1} \geq 0$.

Pour tout $j \in \mathbb{N}$ notons

$$\sum_{n\in\mathbb{N}} b_n^{\alpha,j} x^n = f_p((x^{k+1}\partial + \alpha_0 + \alpha_1 x + \dots + \alpha_{q'-1}x^{q'-1})^j)(\sum_{n\in\mathbb{N}} b_n x^n)$$

On a $\sum_{n\in\mathbb{N}} b_n x^n = \sum_{n\in\mathbb{N}} b_n^{\alpha,0} x^n$

et $$\sum_{n\in\mathbb{N}} b_n^{\alpha,j} x^n = f_p(x^{k+1}\partial + \alpha_0 + \alpha_1 x + \dots + \alpha_{q'-1}x^{q'-1}) (\sum_{n\in\mathbb{N}} b_n^{\alpha,j-1} x^n) .$$

DEFINITION I.4.2.

Pour tout $r \geq 0$ et tout $R > 0$, pour tout $\alpha = (\alpha_0, \alpha_1, \dots, \alpha_{q'-1}) \in \mathbb{C}^{q'}$, $q' \leq q$ et tout $\sigma = (\sigma_0, \sigma_1, \dots, \sigma_{q'-1}) \in \mathbb{N}^{q'}$ vérifiant $\sigma_0 \geq \sigma_1 \geq \dots \geq \sigma_{q'-1} \geq 0$ définissons l'espace vectoriel

$\mathcal{B}_q^{\alpha,\sigma}(r,R) = \{ \sum_{n\in\mathbb{N}} b_n x^n \in \mathbb{C}[[x]]$ telles que en notant $\sigma_{q'} = 0$ on ait

$$\sum_{n\in\mathbb{N}} n^{r+\frac{1}{k}(\sigma_{q'-1}+\dots+\sigma_i)+\frac{j}{k}} |b_n^{\alpha,j}| R^{n^{1-\frac{q}{k}}} < +\infty \quad \text{pour } \sigma_i \leq j \leq \sigma_{i-1}$$

$$\text{et } i = 1, 2, \dots, q' \}$$

On vérifie aisément que muni de l'une quelconque de ses normes naturelles c'est un espace de Banach.

<u>Notation</u> I.4.3. Soit $\sigma = (\sigma_0, \dots, \sigma_{q'-1}) \in \mathbb{N}^{q'}$ vérifiant $\sigma_0 \geq \sigma_1 \geq \dots \geq \sigma_{q'-1} \geq 0$ et soit $j \in \mathbb{N}$.

On note $\sigma - j = (\max(0, \sigma_0 - j), \dots, \max(0, \sigma_{q'-1} - j))$

et $|\sigma| = \sigma_0 + \sigma_1 + \dots + \sigma_{q'-1}$.

LEMME I.4.4. On a l'inclusion

$$f_p(x)(\mathcal{B}_q^{\alpha,\sigma}(r,R)) \subset \mathcal{B}_q^{\alpha,\sigma}(r + \frac{1}{k}, R) .$$

Démonstration. Soit $\sum_{n\in\mathbb{N}} b_n x^n \in \mathcal{B}_q^{\alpha,\sigma}(r,R)$. Alors $\sum_{n\in\mathbb{N}} d_n x^n = f_p(x)\,(\sum_{n\in\mathbb{N}} b_n x^n)$ est donné par

$$d_o = 0$$
$$d_n = \frac{G_p(n-1)}{G_p(n)}\, b_{n-1}\ ,\ n \geq 1$$

Soit $j \in N$. On montre par récurrence qu'il existe des constantes c telles que

$$d_n^{\alpha,j} = \frac{G_p(n-1)}{G_p(n)}\, b_{n-1}^{\alpha,j} + \sum_{i=1}^{j} c_{i,j}\, \frac{G_p(n-ik-1)}{G_p(n)}\, b_{n-ik-1}^{\alpha,j-i}$$

Le lemme se déduit alors du fait que $\frac{G_p(n-1)}{G_p(n)} = \mathcal{O}(\frac{1}{n^{1/k}})$

LEMME I.4.5. Soient $\alpha = (\alpha_o,\ldots,\alpha_{q'-1})$ et $\sigma = (\sigma_o,\ldots,\sigma_{q'-2},0)$.
Notons $\alpha' = (\alpha_o,\ldots,\alpha_{q'-2})$ et $\sigma' = (\sigma_o,\ldots,\sigma_{q'-2})$.
Alors on a $\mathcal{B}_q^{\alpha,\sigma}(r,R) = \mathcal{B}_q^{\alpha',\sigma'}(r,R)$. En particulier $\mathcal{B}_q^{\alpha,0}(r,R) = \mathcal{B}_q(r,R)$.

Démonstration : Il s'agit de montrer que $\sum_{n\in\mathbb{N}} b_n^{\alpha,1} x^n \in \mathcal{B}_q^{\alpha,\sigma-1}(r+\frac{q'-1}{k},R)$ équivaut à $\sum_{n\in\mathbb{N}} b_n^{\alpha',1} x^n \in \mathcal{B}_q^{\alpha',\sigma'-1}(r+\frac{q'-1}{k},\ R)$.

Or $\sum_{n\in\mathbb{N}} b_n^{\alpha,1} x^n = \sum_{n\in\mathbb{N}} b_n^{\alpha',1} x^n + \alpha_{q'-1}\, f_p(x^{q'-1})\,(\sum_{n\in\mathbb{N}} b_n x^n)$

d'où le résultat en vertu du lemme précédent.

LEMME I.4.6. Supposons $\sigma_{q'-1} \geq 1$. Alors on a les inclusions

$$\mathcal{B}_q^{\alpha,\sigma-1}(r+\frac{q'}{k},\ R) \subset \mathcal{B}_q^{\alpha,\sigma}(r,R) \subset \mathcal{B}_q^{\alpha,\sigma-1}(r,R)\ .$$

Démonstration : La deuxième inclusion résulte de l'inclusion évidente

$$\mathcal{B}_q^{\alpha,\sigma}(r,R) \subset \mathcal{B}_q^{\alpha,\sigma'}(r,R) \quad \text{si} \quad \sigma' = (\sigma'_o,\ldots,\sigma'_{q'-1}) \quad \text{avec} \begin{cases} \sigma'_i = \sigma_i & \text{si } i \neq i_o \\ \sigma'_{i_o} = \sigma_{i_o} - 1 & \end{cases}$$

La première inclusion résulte du fait que si $\sum_{n\in\mathbb{N}} b_n x^n$ appartient à $\mathcal{B}_q^{\alpha,\sigma}(r,R)$ alors pour tout $j \geq \sigma_o$ la série

$$\sum_{n\in\mathbb{N}} n^{r+\frac{|\sigma|}{k}} |b_n^{\alpha,j}| R^{n^{1-q/k}} \quad \text{converge}$$

et ceci résulte par récurrence sur j de la formule

$$b_n^{\alpha,j} = \frac{(n-k)G_p(n-k)}{G_p(n)} b_{n-k}^{\alpha,j-1} + \sum_{i=o}^{q'-1} \alpha_i \frac{G_p(n-i)}{G_p(n)} b_{n-i}^{\alpha,j-1} \quad \text{où} \quad \frac{G_p(n-i)}{G_p(n)} = \mathcal{O}(\frac{1}{n^{i/k}})$$

le décalage d'indice des $b_{n-i}^{\alpha,j-1}$ n'influant pas sur la convergence.

PROPOSITION I.4.7. Pour tout $r \geq 0$ et pour tout $\alpha = (\alpha_o,\ldots,\alpha_{q'-1}) \in \mathbb{C}^{q'}$ et tout $\sigma = (\sigma_o,\ldots,\sigma_{q'-1}) \in \mathbb{N}^{q'}$ vérifiant $\sigma_o \geq \sigma_1 \geq \ldots \geq \sigma_{q'-1} \geq 0$, $0 \leq q' \leq q$ on a $X_q = \varinjlim_{R>0} \mathcal{B}_q^{\alpha,\sigma}(r,R)$

En particulier pour $\sigma = 0$ on a

$$X_q = \varinjlim_{R>0} \mathcal{B}_q(r,R) .$$

<u>Démonstration</u> : Pour $\sigma = 0$ et $r = 0$ c'est une conséquence du fait qu'on a pour les séries $\sum_{n\geq 0} u^{n^{1-q/k}}$, $u > 0$ comme pour les séries géométriques une notion de "rayon de convergence".

Pour $\sigma = 0$ et $r > 0$ cela résulte du cas précédent et des inclusions $\mathcal{B}_q(0,R') \subset \mathcal{B}_q(r,R) \subset \mathcal{B}_q(0,R)$ pour tout $0 < R' < R$.

On déduit le cas général du cas $\sigma = 0$ grâce au lemme I.4.6.

PROPOSITION I.4.8. Pour tout $R > 0$ et pour tous r_1 et r_2 tels que $0 < r_2 < r_1$ l'inclusion

$$\mathcal{B}_q(r_1,R) \to \mathcal{B}_q(r_2,R)$$

est compacte et d'image dense.

I.5. Perturbations compactes.

PROPOSITION I.5.1.

i) Soient $r \geq 0$, $R > 0$ et $q' \in \mathbb{N}$ tel que $0 \leq q' \leq q \leq k-1$.

On considère un opérateur différentiel $D \in \mathbb{C}\{x\}[\partial]$ admettant une $(k,q'-1)$-caractéristique $\alpha = (\alpha_o,\dots,\alpha_{q'-1})$ de multiplicité $\sigma = (\sigma_o,\dots,\sigma_{q'-1})$.

La restriction de l'application $f_P(D)$ à l'espace $\mathcal{B}_q^{\alpha,\sigma}(r,R)$ est à valeurs dans l'espace $\mathcal{B}_q(r + \frac{1}{k} w_{k-q'}(D^{\frac{\alpha_o}{x^{k+1}} + \frac{\alpha_1}{x^k} + \dots + \frac{\alpha_{q'-1}}{x^{k-q'+2}}}),R)$

ii) Si de plus un opérateur différentiel $D' \in \mathbb{C}\{x\}[\partial]$ est (k,α)-équivalent à D alors l'application

$$f_P(D) - f_P(D') : \mathcal{B}_q^{\alpha,\sigma}(r,R) \to \mathcal{B}_q(r + \frac{1}{k} w_{k-q'}(D^{\frac{\alpha_o}{x^{k+1}} + \frac{\alpha_1}{x^k} + \dots + \frac{\alpha_{q'-1}}{x^{k-q'+2}}}),R)$$

est compacte.

LEMME I.5.2.

Notons $\sigma_{q'}=0$ et $\sigma-j = (\max(0,\sigma_o-j),\max(0,\sigma_1-j),\dots,\max(0,\sigma_{q'-1}-j))$. La restriction de l'application $f_P((x^{k+1}\partial + \alpha_o + \alpha_1 x + \dots + \alpha_{q'-1} x^{q'-1})^j)$ à l'espace $\mathcal{B}_q^{\alpha,\sigma}(r,R)$ est à valeurs dans l'espace

$$\mathcal{B}_q^{\alpha,\sigma-j}(r+ \tfrac{1}{k}(\sigma_{q'-1}+\sigma_{q'-2}+\dots+\sigma_i+ij),R) \quad \text{si} \quad \sigma_i \leq j \leq \sigma_{i-1} \quad \text{et} \quad i = 1,\dots,q$$

$$\text{et} \quad \mathcal{B}_q(r + \tfrac{1}{k}(\sigma_{q'-1}+ \sigma_{q'-2}+\dots+ \sigma_o),R) \quad \text{si} \quad j \geq \sigma_o$$

Démonstration : Cela résulte par itérations du fait que si $\sigma_{q'-1}$ est strictement positif alors la restriction de l'application $f_P(x^{k+1}\partial+\alpha_o+\alpha_1 x+\dots+\alpha_{q'-1}x^{q'-1})$ à $\mathcal{B}_q^{\alpha,\sigma}(r,R)$ est à valeurs dans l'espace $\mathcal{B}_q^{\alpha,\sigma-1}(r + \frac{q'}{k},R)$. On itère le résultat en tenant compte du lemme I.4.5.

Démonstration de la proposition I.5.1.

i) Développons l'opérateur D suivant les puissances de $x^{k+1}\partial + \alpha_o + \alpha_1 x + \dots + \alpha_{q'-1}\, x^{q'-1}$ au lieu des puissances de ∂.

L'application du lemme I.5.2. puis du lemme I.4.4. montre que dans cette écriture les termes dominants en ce sens qu'ils apportent une contribution minimale à r sont les termes en

$$x^{w_k(D)+\sigma_o+\dots+\sigma_{i-1}-ij}(x^{k+1}\partial+\alpha_o+\alpha_1 x+\dots+\alpha_{q'-1}x^{q'-1})^j \quad \text{si} \quad \sigma_i \leq j \leq \sigma_{i-1} \quad \text{et } i=1,\dots,q'$$

(On note $\sigma_{q'} = 0$)

$$x^{w_k(D)}(x^{k+1}\partial+\alpha_o+\alpha_1 x+\dots+\alpha_{q'-1}x^{q'-1})^j \quad \text{si} \quad j \geq \sigma_o .$$

Ce sont ceux qui correspondent aux points marqués sur les côtés de pente $k-q'$, $k-q'+1,\dots,k$ du polygone de Newton de $D^{\frac{\alpha_o}{x^{k+1}} + \frac{\alpha_1}{x^k} + \dots + \frac{\alpha_{q'-1}}{x^{k-q'+2}}}$.

Or $w_{k-q'}(D^{\frac{\alpha_o}{x^{k+1}} + \frac{\alpha_1}{x^k} + \dots + \frac{\alpha_{q'-1}}{x^{k-q'+2}}}) = w_k(D) + \sigma_o + \sigma_1 + \dots + \sigma_{q'-1}$

d'où le résultat.

(ii) L'application de i) à $f_p(D-D') = f_p(D) - f_p(D')$ montre que

$f_p(D)-f_p(D')$ applique $\mathcal{B}_q^{\alpha,\sigma}(r,R)$ dans $\mathcal{B}_q(r + \frac{1}{k}\, w_{k-q'}((D-D')^{\frac{\alpha_o}{x^{k+1}} + \dots + \frac{\alpha_{q'-1}}{x^{k-q'+2}}}),R)$

Or D et D' étant (k,α)-équivalents on a

$$w_{k-q'}((D-D')^{\frac{\alpha_o}{x^{k+1}} + \dots + \frac{\alpha_{q'-1}}{x^{k-q'+2}}}) > w_{k-q'}(D^{\frac{\alpha_o}{x^{k+1}} + \dots + \frac{\alpha_{q'-1}}{x^{k-q'+2}}})$$

Ainsi l'application

$$f_p(D)-f_p(D') : \mathcal{B}_q^{\alpha,\sigma}(r,R) \to \mathcal{B}_q(r + \frac{1}{k}\, w_{k-q'}(D^{\frac{\alpha_o}{x^{k+1}} + \dots + \frac{\alpha_{q'-1}}{x^{k-q'+2}}}),R)$$

se factorisant par l'injection compacte (lemme I.4.8)

$$\mathcal{B}_q\left(r + \frac{1}{k} w_{k-q'},\left((D-D')^{\frac{\alpha_o}{x^{k+1}}+\dots+\frac{\alpha_{q'-1}}{x^{k-q'+2}}}\right),R\right) \to \mathcal{B}_q\left(r + \frac{1}{k} w_{k-q'},\left(D^{\frac{\alpha_o}{x^{k+1}}+\dots+\frac{\alpha_{q'-1}}{x^{k-q'+2}}}\right),R\right)$$

est elle-même compacte.

I.6. Etude des opérateurs élémentaires

I.6.1. Passage de l'opérateur différentiel $D_\alpha = x^{k+1}\partial+\alpha_o+\alpha_1 x+\dots+\alpha_{q'}x^{q'}$ à l'opérateur aux différences $\Delta_\alpha = \alpha_o \tau^k + \alpha_1 \tau^{k-1}+\dots+\alpha_{q'}\tau^{k-q'}+n$ où $\alpha = (\alpha_o,\alpha_1,\dots,\alpha_{q'}) \in \mathbb{C}^{q'+1}$ avec $0 \le q' \le q \le k-1$.

La résolution formelle de l'équation différentielle $D_\alpha(\sum_{n\in\mathbb{N}} a_n x^n) = \sum_{n\in\mathbb{N}} c_n x^n$ conduit au système linéaire triangulaire

I.6.11
$$\begin{cases} \alpha_o a_o = c_o \\ \alpha_o a_1 + \alpha_1 a_o = c_1 \\ \dots \\ \alpha_o a_{q'} + \alpha_1 a_{q'-1}+\dots+ \alpha_{q'} a_o = c_{q'} \\ \dots \\ \alpha_o a_{k-1} + \alpha_1 a_{k-2} +\dots+ \alpha_{q'} a_{k-q'-1} = c_{k-1} \\ \alpha_o a_{n+k} + \alpha_1 a_{n+k-1} +\dots+ \alpha_{q'} a_{n+k-q'}+ n a_n = c_{n+k} \quad \text{pour tout } n\in\mathbb{N} . \end{cases}$$

En particulier, pour $n \ge 0$, a_n est solution de l'équation aux différences avec second membre

$$\alpha_o a(n+k) + \alpha_1 a(n+k-1)+\dots+ \alpha_{q'} a(n+k-q')+ n a(n) = c_{n+k} .$$

L'opérateur aux différences $\Delta_\alpha = \alpha_o \tau^k + \alpha_1 \tau^{k-1}+\dots+\alpha_{q'}\tau^{k-q'}+n$ apparaissant au premier membre est l'opérateur aux différences associé à D_α par la transformation de Mellin-Pincherle formelle ([R2] Introduction).

Il en résulte que pour $n_o \ge k$ quelconque (n_o sera précisé ultérieurement) on a le diagramme commutatif exact

$$\begin{array}{ccccc}
 & 0 & & 0 & \\
 & \downarrow & & \downarrow & \\
 & x^{n_o}\,\mathbb{C}[[x]] & \xrightarrow{\Delta_\alpha} & x^{n_o+k}\,\mathbb{C}[[x]] & \\
 & \downarrow & & \downarrow & \\
 & \mathbb{C}[[x]] & \xrightarrow{D_\alpha} & \mathbb{C}[[x]] & \\
 & \downarrow & & \downarrow & \\
0 \to & \mathbb{C}^{n_o} & \xrightarrow{d_\alpha} & \mathbb{C}^{n_o+k} & \longrightarrow \mathbb{C}^k \longrightarrow 0 \\
 & \downarrow & & \downarrow & \\
 & 0 & & 0 &
\end{array}$$

dans lequel Δ_α s'identifie à l'opérateur aux différences $\alpha_o\tau^k + \alpha_1\tau^{k-1} + \dots + \alpha_{q'}\tau^{k-q'} + n$ si on identifie les séries entières $\sum_{n\in\mathbb{N}} a_n x^n \in \mathbb{C}[[x]]$ aux suites de leurs coefficients $(a_n)_{n\in\mathbb{N}} \in \mathbb{C}^{\mathbb{N}}$.

L'opérateur d_α est défini par $d_\alpha(a_o, a_1, \dots, a_{n_o-1}) = (c_o, c_1, \dots, c_{n_o+k-1})$ où les c_i sont donnés par le système des n_o+k premières équations du système I.6.1.1. modifiées par les conditions $a_n = 0$ pour tout $n \geq n_o$.

Les n_o premières équations de ce nouveau système forment un système triangulaire par rapport aux a_n ; les k dernières forment un système de Cramer par rapport aux k inconnues $a_{n_o-k}, \dots, a_{n_o-1}$.

On en déduit les isomorphismes Coker $d_\alpha \simeq \mathbb{C}^k$ et Ker $d_\alpha \simeq 0$.

L'indice de d_α est donc égal à $-k$. De plus si

$$\Delta_\alpha : x^{n_o}\,\mathbb{C}[[x]] \to x^{n_o+k}\,\mathbb{C}[[x]]$$

est d'indice fini il en est de même de

$$D_\alpha : \mathbb{C}[[x]] \to \mathbb{C}[[x]]$$

et son indice $\chi(D_\alpha)$ est donné par la relation

I.6.1.2. $\chi(D_\alpha) = \chi(\Delta_\alpha) - k$

(additivité de la caractéristique d'Euler-Poincaré).

On a également les diagrammes commutatifs exacts suivants.

Cas formel

$$
\begin{array}{ccccc}
 & 0 & & 0 & \\
 & \downarrow & & \downarrow & \\
 & x^{n_o}\mathbb{C}[[x]] & \xrightarrow{f_P(\Delta_\alpha)} & x^{n_o+k}\mathbb{C}[[x]] & \\
 & \downarrow & & \downarrow & \\
 & \mathbb{C}[[x]] & \xrightarrow{f_P(D_\alpha)} & \mathbb{C}[[x]] & \\
 & \downarrow & & \downarrow & \\
0 \to & \mathbb{C}^{n_o} & \xrightarrow{f_P(d_\alpha)} & \mathbb{C}^{n_o+k} & \longrightarrow \mathbb{C}^k \longrightarrow 0 \\
 & \downarrow & & \downarrow & \\
 & 0 & & 0 &
\end{array}
$$

Cas Gevrey généralisé

$$
\begin{array}{ccccc}
 & 0 & & 0 & \\
 & \downarrow & & \downarrow & \\
 & X_q \cap x^{n_o}\mathbb{C}[[x]] & \xrightarrow{f_P(\Delta_\alpha)} & X_q \cap x^{n_o+k}\mathbb{C}[[x]] & \\
 & \downarrow & & \downarrow & \\
 & X_q & \xrightarrow{f_P(D_\alpha)} & X_q & \\
 & \downarrow & & \downarrow & \\
0 \to & \mathbb{C}^{n_o} & \xrightarrow{f_P(d_\alpha)} & \mathbb{C}^{n_o+k} & \longrightarrow \mathbb{C}^k \longrightarrow 0 \\
 & \downarrow & & \downarrow & \\
 & 0 & & 0 &
\end{array}
$$

Cas Banach. Notons $\alpha' = (\alpha_o, \alpha_1, \dots, \alpha_{q'-1})$ et soit $\sigma' = (\sigma_o, \dots, \sigma_{q'-1}) \in \mathbb{N}^{q'}$ vérifiant $\sigma_o \geq \sigma_1 \geq \dots \geq \sigma_{q'-1} \geq 1$.

$$
\begin{array}{ccccc}
 & 0 & & 0 & \\
 & \downarrow & & \downarrow & \\
 & \mathcal{B}_q^{\alpha',\sigma'}(r,R) \cap x^{n_o}\mathbb{C}[[x]] & \xrightarrow{f_P(\Delta_\alpha)} & \mathcal{B}_q^{\alpha',\sigma'-1}(r+\frac{q'}{k},R) \cap x^{n_o+k}\mathbb{C}[[x]] & \\
 & \downarrow & & \downarrow & \\
 & \mathcal{B}_q^{\alpha',\sigma'}(r,R) & \xrightarrow{f_P(D_\alpha)} & \mathcal{B}_q^{\alpha',\sigma'-1}(r+\frac{q'}{k},R) & \\
 & \downarrow & & \downarrow & \\
0 \longrightarrow & \mathbb{C}^{n_o} & \xrightarrow{f_P(d_\alpha)} & \mathbb{C}^{n_o+k} & \longrightarrow \mathbb{C}^k \longrightarrow 0 \\
 & \downarrow & & \downarrow & \\
 & 0 & & 0 &
\end{array}
$$

D'où l'on déduit encore dans chacun de ces cas que, sous réserve de finitude, les indices sont liés par la relation

I.6.1.3. $\chi(f_P(D_\alpha)) = \chi(f_P(\Delta_\alpha)) - k$

I.6.2. <u>Etude formelle de</u> $f_P(\Delta_\alpha)$ <u>transmué de l'opérateur aux différences</u> $\Delta_\alpha = \alpha_0\tau^k + \alpha_1\tau^{k-1} + \dots + \alpha_{q'}\tau^{k-q'} + n \quad (\alpha = (\alpha_0, \alpha_1, \dots, \alpha_{q'}))$.

Un système fondamental de solutions de l'équation aux différences homogène

$$(\text{I.6.2.1.}) \quad \alpha_0 a(n+k) + \alpha_1 a(n+k-1) + \dots + \alpha_{q'} a(n+k-q') + n\, a(n) = 0$$

est donné par

$$(\text{I.6.2.2.}) \quad a_\ell(n) = \int_0^{\infty . \exp -i[\frac{\pi-\varphi_1}{k} - (\ell-1)\frac{2\pi}{k}]} \exp\left(\frac{\alpha_0}{k\, x^k} + \frac{\alpha_1}{(k-1)x^{k-1}} + \dots + \frac{\alpha_{q'}}{(k-q')x^{k-q'}}\right) . x^{-n-1} dx$$

où $\varphi_1 = \arg \alpha_0$ et $-\pi < \varphi_1 \leq +\pi$ pour $\ell = 1, 2, \dots, k$.

([R2] Introduction).

Notons, pour $n \geq k$,

$$C(n) = \begin{vmatrix} a_1(n-k+1) & \dots & a_k(n-k+1) \\ \vdots & & \vdots \\ a_1(n) & \dots & a_k(n) \end{vmatrix}$$

le déterminant de Casorati des fonctions a_ℓ, $\ell = 1, 2, \dots, k$

et notons, pour $\ell = 1, 2, \dots, k$,

$$C_\ell(n) = (-1)^{k+\ell} \begin{vmatrix} a_1(n-k+1) \dots & a_{\ell-1}(n-k+1) & a_{\ell+1}(n-k+1) & \dots & a_k(n-k+1) \\ \vdots & \vdots & \vdots & & \vdots \\ a_1(n-1) \dots & a_{\ell-1}(n-1) & a_{\ell+1}(n-1) & \dots & a_k(n-1) \end{vmatrix}$$

les cofacteurs des éléments de la dernière ligne.

Les fonctions $C(n)$, $a_\ell(n)$ et $C_\ell(n)$ pour $\ell = 1, 2, \ldots, k$ admettent, quand n tend vers $+\infty$, des développements asymptotiques de la forme ([D] Théorème 1) .

$$a_\ell(n) = n^{-\frac{1}{2}(1+\frac{1}{k})}(n!)^{1/k}\exp(\lambda_{o,\ell}(\alpha)n+\lambda_{1,\ell}(\alpha)n^{1-1/k}+\ldots+\lambda_{k-1,\ell}(\alpha)n^{1-\frac{k-1}{k}}).$$
$$(D_o+\sum_{j\geq 1} D_{j,\ell}\frac{1}{n^{j/k}})$$

(cf formules I.2.9. et I.2.10)

$$C(n) = n^{-\frac{1}{2}(k+1)}(n-k+1)!^{1/k}(n-k+2)!^{1/k}\ldots(n!)^{1/k}.$$
$$\exp[(\sum_{j=1}^{k}\lambda_{o,j}(\alpha))n+(\sum_{j=1}^{k}\lambda_{1,j}(\alpha))n^{1-1/k}+\ldots+(\sum_{j=1}^{k}\lambda_{k-1,j}(\alpha))n^{1-\frac{k-1}{k}}].(D+\mathcal{O}(\frac{1}{n^{1/k}}))$$

$$C_\ell(n) = n^{-\frac{1}{2k}(k+1)(k-1)}(n-k+1)!^{1/k}(n-k+2)!^{1/k}\ldots(n-1)!^{1/k}.$$
$$\exp[(\sum_{j\neq\ell}\lambda_{o,j}(\alpha))n+(\sum_{j\neq\ell}\lambda_{1,j}(\alpha))n^{1-1/k}+\ldots+(\sum_{j\neq\ell}\lambda_{k-1,j}(\alpha))n^{1-\frac{k-1}{k}}].(D_\ell+\mathcal{O}(\frac{1}{n^{1/k}}))$$

Les constantes D_o , D et D_ℓ , $\ell = 1,\ldots,k$, sont non nulles.

On a $D_o = (2\pi)^{\frac{1}{2}-\frac{1}{2k}}k^{-\frac{1}{2}}$

$$D = -D_o^k.\exp(-\frac{(k-1)k}{2}\lambda_{o,1}).V(1,\exp i\frac{2\pi}{k},\exp 2i\frac{2\pi}{k},\ldots,\exp(k-1)i\frac{2\pi}{k})$$

et $D_\ell = -D_o^{k-1}.\exp(-\frac{(k-1)k}{2}\lambda_{o,1}).V_\ell(1,\exp i\frac{2\pi}{k}, \exp 2i\frac{2\pi}{k},\ldots,\exp(k-1)i\frac{2\pi}{k})$

où $V(a_1,\ldots,a_k)$ désigne le déterminant de Van der Monde des nombres $a_1,\ldots,a_k$ et où $V_\ell(a_1,\ldots,a_k)$ désigne le cofacteur d'indice $(1,\ell)$ dans $V(a_1,\ldots,a_k)$.

Nous notons $\Lambda_{j,\ell} = \Re e\,\lambda_{j,\ell}$ pour $j = 0,1,\ldots,k-1$ et $\ell = 1,2,\ldots,k$.

Fixons désormais n_o supérieur ou égal à k et tel que $C(n)\,G_p(n)$ ne s'annule pas pour $n \geq n_o$.

La méthode de variations des constantes appliquée au système fondamental $a_\ell(n)$, $\ell = 1, 2,\ldots,k$, fournit pour $n \geq n_o$ une solution de

(I.6.2.3.) $\alpha_o\, a(n+k)+\alpha_1 a(n+k-1)+\ldots+\alpha_{q'}a(n+k-q')+n\, a(n) = c_{n+k}$

sous la forme $a(n) = \frac{1}{\alpha_o} \Sigma_{\ell=1}^{k} \left(\Sigma_{j=n_o}^{n} \frac{C_\ell(j)}{C(j)} c_j \right) a_\ell(n)$.

Notons

(I.6.2.4) $\quad b_\ell(n) = \frac{a_\ell(n)}{G_p(n)}$ pour $\ell = 1, 2, \ldots, k$

On a $b_\ell(n) = \exp[(\lambda_{o,\ell}(\alpha)-\lambda_o)n + (\lambda_{1,\ell}(\alpha)-\lambda_1)n^{1-1/k} + \ldots + (\lambda_{k-1,\ell}(\alpha)-\lambda_{k-1})n^{1-\frac{k-1}{k}}]$.

$$(D_o + \Sigma_{j\geq 1} D_{j,\ell} \frac{1}{n^{j/k}})$$

On a donc la

PROPOSITION I.6.2.5.

Soit $\alpha = (\alpha_o, \alpha_1, \ldots, \alpha_{q'}) \in \mathbb{C}^{q'+1}$ et soit

$$\Delta_\alpha = \alpha_o \tau^k + \alpha_1 \tau^{k-1} + \ldots + \alpha_{q'} \tau^{k-q'} + n$$

l'opérateur aux différences associé à α . Notons $\alpha' = (\alpha_o, \alpha_1, \ldots, \alpha_{q'-1})$.

L'opérateur "formel"

$$f_p(\Delta_\alpha) : \begin{cases} x^{n_o} \mathbb{C}[[x]] \longrightarrow x^{n_o+k} \mathbb{C}[[x]] \\ \Sigma_{n\geq n_o} b_n x^n \longmapsto \Sigma_{n\geq n_o+k} d_n x^n \end{cases}$$

est défini par

$$d_n = \frac{(n-k)G_p(n-k)}{G_p(n)} b_{n-k} + \alpha_o b_n + \alpha_1 \frac{G_p(n-1)}{G_p(n)} b_{n-1} + \ldots + \alpha_{q'} \frac{G_p(n-q')}{G_p(n)} b_{n-q'}$$

et on a les résultats suivants :

i) Les séries $\Sigma_{n\geq n_o} b_\ell(n) x^n$, $\ell = 1, 2, \ldots, k$, où les b_ℓ sont donnés par les formules I.6.2.4. et I.6.2.2. forment un système fondamental de solutions de l'équation homogène $f_p(\Delta_\alpha) (\Sigma_{n\geq n_o} b_n x^n) = 0$.

ii) L'opérateur $f_p(\Delta_\alpha) : x^{n_o}\mathbb{C}[[x]] \to x^{n_o+k} \mathbb{C}[[x]]$ est surjectif.

L'équation $f_p(\Delta_\alpha) (\Sigma_{n\geq n_o} b_n x^n) = \Sigma_{n\geq N_o} d_n x^n$, $N_o = n_o+k$, admet pour solutions

$$b_n = \frac{1}{\alpha_o} \Sigma_{\ell=1}^{k} (\gamma_\ell + \Sigma_{j=N_o}^{n} \frac{C_\ell(j)\, G_p(j)}{C(j)} d_j)\, b_\ell(n)$$

où les $\gamma_\ell \in \mathbb{C}$ sont des constantes arbitraires.

iii) On a, lorsque n tend vers $+\infty$, des développements asymptotiques de la forme

$$b_\ell(n) = \frac{C(n)}{C_\ell(n)G_p(n)}\left(1 + \mathcal{O}\left(\frac{1}{n^{1/k}}\right)\right)$$

$$= \exp[(\lambda_{o,\ell}(\alpha)-\lambda_o)n+(\lambda_{1,\ell}(\alpha)-\lambda_1)n^{1-1/k}+\ldots+(\lambda_{k-1,\ell}(\alpha)-\lambda_{k-1})n^{1-\frac{k-1}{k}}].$$

$$\left(D_o + \sum_{i\in N^*} D_{i,\ell}\,\frac{1}{n^{i/k}}\right)$$

où les λ_i et les $\lambda_{i,\ell}$ sont ceux définis en I.2.8. et I.2.9. et pour tout $j \in N$,

$$b_\ell^{\alpha',j}(n) = \exp[(\lambda_{o,\ell}(\alpha)-\lambda_o)n+(\lambda_{1,\ell}(\alpha)-\lambda_1)n^{1-1/k}+\ldots+(\lambda_{k-1,\ell}(\alpha)-\lambda_{k-1})n^{1-\frac{k-1}{k}}].$$

$$\left(\sum_{i\in N} D^j_{i,\ell}\,\frac{1}{n^{i/k}}\right)$$

où les $b_\ell^{\alpha',j}(n)$ sont définis par

$$\sum_{n\in N} b_\ell^{\alpha',j}(n)x^n = f_p((x^{k+1}\partial+\alpha_o+\alpha_1x+\ldots+\alpha_{q'-1}x^{q'-1})^j)\left(\sum_{n\in N} b_\ell(n)x^n\right)$$

I.6.3. <u>Indices des opérateurs élémentaires</u>

LEMME I.6.3.1.

Soit $q' \in N$, $0 \le q' \le k-1$ et soient $\mu_{q'} \neq 0$, $\mu_{q'+1},\ldots,\mu_{k-1}$ des nombres réels.

Quel que soit $s \in R^+$ on a les inégalités

(i) $$\sum_{n\ge j} n^s \exp\left(\mu_{q'}\, n^{1-\frac{q'}{k}} + \mu_{q'+1}\, n^{1-\frac{q'+1}{k}}+\ldots+\mu_{k-1}\, n^{1-\frac{k-1}{k}}\right)$$

$$\le C^{te}\, j^{s+\frac{q'}{k}} \exp\left(\mu_{q'} j^{1-\frac{q'}{k}} + \mu_{q'+1} j^{1-\frac{q'+1}{k}}+\ldots+\mu_{k-1} j^{1-\frac{k-1}{k}}\right) \text{ si } \mu_{q'}<0$$

(ii) $$\sum_{n=0}^{j-1} n^s \exp(\mu_{q'} n^{1-\frac{q'}{k}} + \mu_{q'+1} n^{1-\frac{q'+1}{k}} + \dots + \mu_{k-1} n^{1-\frac{k-1}{k}})$$
$$\leq C^{te}\, j^{s+\frac{q'}{k}} \exp(\mu_{q'} j^{1-\frac{q'}{k}} + \mu_{q'+1} j^{1-\frac{q'+1}{k}} + \dots + \mu_{k-1} j^{1-\frac{k-1}{k}}) \text{ si } \mu_{q'} > 0 .$$

<u>Démonstration</u>. Soit g_s la fonction définie sur $\mathbb{R}^+$ par

$$g_s(x) = x^s \exp (\mu_{q'} x^{1-\frac{q'}{k}} + \dots + \mu_{k-1} x^{1-\frac{k-1}{k}})$$

On compare les sommes à des intégrales en tenant compte de la relation

$$\frac{d}{dx} g_{s+\frac{q'}{k}} (x) = g_s(x) \left(\mu_{q'} + \mathcal{O}\left(\frac{1}{x^{1/k}}\right)\right) \text{ quand } x \text{ tend vers } +\infty .$$

Ce lemme permet d'établir les deux arguments sur lesquels repose le calcul des indices des opérateurs élémentaires.

Nous les appelons arguments de convergence ou de divergence par référence à la convergence ou à la divergence des séries $\sum_{n\in\mathbb{N}} n^r |A_n| R^{n^{1-q/k}}$, $r > 0$.

I.6.3.2. <u>Argument de convergence</u> (r,q') où $q' \leq q$.

Etant données trois séries $\sum_{n\in\mathbb{N}} A_n x^n$, $\sum_{n\in\mathbb{N}} C_n x^n$ et $\sum_{n\in\mathbb{N}} D_n x^n$

on considère la série $\sum_{n\in\mathbb{N}} B_n x^n$ définie par

$$B_n = \sum_{j=N_o}^{n} (C_j D_j) A_n$$

et on suppose que
$$\begin{cases} \text{la série } \sum_{n\geq N_o} n^r |D_n| R^{n^{1-q/k}} \text{ converge} \\ |A_n| R^{n^{1-q/k}} = \exp(\mu_{q'} n^{1-q'/k} + \dots + \mu_{k-1} n^{1-\frac{k-1}{k}})(Cte + \mathcal{O}(\frac{1}{n^{1/k}})) \\ \text{avec } \mu_{q'} < 0 . \\ |A_n C_n| = \mathcal{O}(1) \end{cases}$$

Alors la série $\sum_{n\geq N_o} n^{r-\frac{q'}{k}} |B_n| R^{n^{1-\frac{q}{k}}}$ converge.

<u>Démonstration</u> : On intervertit les signes de sommation puis on applique le lemme I.6.3.1.(i) d'où

$$\sum_{n\geq N_o} n^{r-\frac{q'}{k}} |B_n| R^{n^{1-\frac{q}{k}}} \leq \sum_{n\geq N_o} n^{r-\frac{q'}{k}} \sum_{j=N_o}^{n} |C_j\, D_j|\,|A_n| R^{n^{1-\frac{q}{k}}}$$

$$\leq \sum_{j\geq N_o} |C_j\, D_j| \sum_{n\geq j} n^{r-\frac{q'}{k}} |A_n| R^{n^{1-\frac{q}{k}}}$$

$$\leq C^{te} \sum_{j\geq N_o} |C_j\, D_j| j^r\, |A_j| R^{j^{1-\frac{q}{k}}} \quad \text{(lemme I.6.3.1.(i))}$$

$$\leq C^{te} \sum_{j\geq N_o} j^r |D_j| R^{j^{1-\frac{q}{k}}} < +\infty .$$

I.6.3.3. <u>Argument de divergence</u> (r,q') où $q' \leq q$.

Etant données trois séries $\sum_{n\in N} A_n x^n$, $\sum_{n\in N} C_n x^n$, $\sum_{n\in N} D_n x^n$

on considère la série $\sum_{n\in N} B_n x^n$ définie par

$$B_n = \sum_{j\geq n+1} (C_j\, D_j)\, A_n$$

et on suppose que

$$\begin{cases} \text{la série } \sum_{n\geq N_o} n^r |D_n| R^{n^{1-q/k}} \text{ converge} \\ |A_n| R^{n^{1-q/k}} = \exp(\mu_{q'} n^{1-q'/k} + \dots + \mu_{k-1}\, n^{1-\frac{k-1}{k}})(Cte + O(\frac{1}{n^{1/k}})) \\ \qquad \text{avec } \mu_{q'} > 0 \\ \text{et } |A_n\, C_n| = O(1) \end{cases}$$

Alors la série $\sum_{n\geq N_o} n^{r-\frac{q'}{k}} |B_n| R^{n^{1-\frac{q}{k}}}$ converge.

La démonstration est analogue à celle de l'argument de convergence en utilisant le lemme I.6.3.1.(ii).

Théorème d'indice élémentaire I.6.3.4.

Les deux entiers k et q, $0 \leq q \leq k-1$ et $\Lambda = (\Lambda_o,\dots,\Lambda_{q-1}) \in \mathbb{R}^q$ étant donnés on fixe un polynôme $P(t) = \beta_o t^k + \beta_1 t^{k-1} + \beta_q t^{k-q}$ satisfaisant à l'hypothèse I.3.2.

Soit $\alpha = (\alpha_o,\alpha_1,\dots,\alpha_{q'}) \in \mathbb{C}^{q'+1}$ où $q' \leq q$ et soit $\sigma = (\sigma_o,\sigma_1,\dots,\sigma_{q'-1}) \in \mathbb{N}^{q'}$ vérifiant $\sigma_o \geq \sigma_1 \geq \dots \geq \sigma_{q'-1} \geq 1$.

On note $\alpha' = (\alpha_o,\alpha_1,\dots,\alpha_{q'-1})$ la troncature à l'ordre $q'-1$ de α et $\sigma-1 = (\sigma_o-1, \sigma_1-1,\dots,\sigma_{q'-1}-1)$.

On suppose que Λ est critique d'ordre q' pour α.

Alors, si $R > 0$ est assez petit, l'opérateur

$$f_P(x^{k+1}\partial+\alpha_o+\alpha_1 x+\dots+\alpha_{q'}x^{q'}) : \mathcal{B}_q^{\alpha',\sigma}(r,R) \to \mathcal{B}_q^{\alpha',\sigma-1}(r + \frac{q'}{k}, R)$$

est d'indice fini égal à l'opposé du poids d'ordre $q-1$ de α par rapport à Λ

$$\chi(f_P(x^{k+1}\partial+\alpha_o+\alpha_1 x+\dots+\alpha_{q'}x^{q'})) = -\,\omega_{k,\Lambda}(q-1,\alpha)$$

Démonstration : Notons $D_\alpha = x^{k+1}\partial + \alpha_o + \alpha_1 x + \dots + \alpha_{q'}x^{q'}$ et $\Delta_\alpha = \alpha_o\, \tau^k + \alpha_1\, \tau^{k-1} + \dots + \alpha_{q'}\, \tau^{k-q'}+n$ l'opérateur aux différences associé.

Il résulte du lemme I.4.4. et de la définition des espaces $\mathcal{B}_q^{\alpha,\sigma}(r,R)$ que $f_P(D_\alpha)$ applique bien $\mathcal{B}_q^{\alpha',\sigma}(r,R)$ dans $\mathcal{B}_q^{\alpha',\sigma-1}(r+\frac{q'}{k},R)$.

On a vu au paragraphe I.6.1. que $f_P(D_\alpha)$ et $f_P(\Delta_\alpha)$ sont simultanément d'indice fini, leurs indices étant reliés par la relation $\chi(f_P(D_\alpha)) = \chi(f_P(\Delta_\alpha)) - k$.

La proposition I.6.2.5.(i) montre que le noyau de $f_P(\Delta_\alpha) : \mathcal{B}_q^{\alpha',\sigma}(r,R) \cap x^{n_o}\mathbb{C}[[x]] \to \mathcal{B}_q^{\alpha',\sigma-1}(r+\frac{q'}{k},R) \cap x^{n_o+k}\mathbb{C}[[x]]$ est librement engendré par celles des séries $\sum_{n\geq n_o} b_\ell(n)x^n$ qui appartiennent à $\mathcal{B}_q^{\alpha',\sigma}(r,R)$.

Or (proposition I.6.2.5.(iii)) on peut écrire

$$|b_{\ell}^{\alpha',j}(n)|R^{n^{1-\frac{q}{k}}} = \exp(\mu_{q''}n^{1-\frac{q''}{k}}+\dots+\mu_{k-1}\, n^{1-\frac{k-1}{k}})\Theta(1)$$

avec $\mu_{q''} \neq 0$ et $q'' \leq q$. Les coefficients μ sont indépendants de j .

On a $\mu_{q''} = \begin{cases} \Lambda_{q'',\ell}(\alpha) - \Lambda_{q''} & \text{si } q'' < q \\ \Lambda_{q'',\ell}(\alpha) - \Lambda_q + \operatorname{Log} R & \text{si } q'' = q \end{cases}$

Une série $\sum\limits_{n\in N} b_\ell(n)\, x^n$ appartient donc à $\mathcal{B}_q^{\alpha',\sigma}(r,R)$ pour R assez petit si $q'' = q$ ou bien si $q'' < q$ mais $\Lambda_{q'',\ell}(\alpha) - \Lambda_{q''} < 0$ d'où on a

$$\dim \operatorname{Ker} f_P(\Delta_\alpha) = k - \omega_{k,\Lambda}(q-1,\alpha)$$

Il reste à montrer que l'opérateur

$$f_P(\Delta_\alpha) : \mathcal{B}_q^{\alpha',\sigma}(r,R) \cap x^{n_o}\mathbb{C}[[x]] \to \mathcal{B}_q^{\alpha',\sigma-1}(r+\frac{q'}{k},R) \cap x^{n_o+k}\mathbb{C}[[x]]$$

est surjectif.

Soit donc $\sum\limits_{n\geq N_o} d_n\, x^n \in \mathcal{B}_q^{\alpha',\sigma-1}(r+\frac{q'}{k},R)$, $N_o = n_o + k$.

Montrons d'abord que parmi les solutions formelles $\sum\limits_{n\geq n_o} b_n\, x^n$ données par la proposition I.6.2.5.ii)

$$b_n = \frac{1}{\alpha_o}\sum_{\ell=1}^{k}(\gamma_\ell + \sum_{j=N_o}^{n}\frac{C_\ell(j)G_P(j)}{C(j)}\, d_j)\, b_\ell(n)$$

il en existe au moins une qui vérifie $\sum\limits_{n\geq n_o} n^r|b_n|R^{n^{1-\frac{q}{k}}} < +\infty$.

Notons

$$\begin{cases} L_q^- = \{\ell\in[1,k] \mid \text{Il existe } q'' < q \text{ tel que } \Lambda_{q'',\ell}(\alpha)-\Lambda_{q''} < 0 \\ \qquad\qquad \text{et } \Lambda_{Q,\ell}(\alpha) - \Lambda_Q = 0 \text{ pour tout } Q < q''\} \\ L_q = \{\ell\in[1,k] \mid \Lambda_{q'',\ell}(\alpha) - \Lambda_{q''} = 0 \text{ pour tout } q'' \leq q-1\} \\ L_q^+ = \{\ell\in[1,k] \mid \text{Il existe } q'' < q \text{ tel que } \Lambda_{q'',\ell}(\alpha) - \Lambda_{q''} > 0 \\ \qquad\qquad \text{et } \Lambda_{Q,\ell}(\alpha) - \Lambda_Q = 0 \text{ pour tout } Q < q''\} \end{cases}$$

Si $\ell \in L_q^- \cup L_q$ choisissons $\gamma_\ell = 0$ et si $\ell \in L_q^+$ choisissons

$$\gamma_\ell = -\sum_{j=N_o}^{+\infty} \frac{C_\ell(j)G_p(j)}{C(j)} d_j \quad \text{(cette série est convergente)} .$$

Si $\ell \in L_q^-$ on applique l'argument de convergence $(r + \frac{q'}{k}, q'')$.

On a $r + \frac{q'}{k} - \frac{q''}{k} < r$ car α étant critique d'ordre q' pour Λ on a nécessairement $q'' \leq q'$.

Si $\ell \in L_q$ alors nécessairement $q' = q$ et on applique l'argument de convergence $(r + \frac{q'}{k}, q)$. On a $r + \frac{q'}{k} - \frac{q}{k} = r$.

Si $\ell \in L_q^+$ on applique l'argument de divergence $(r + \frac{q'}{k}, q'')$.

Montrons enfin que les hypothèses

$$\sum_{n \geq n_o} n^r |b_n| R^{n^{1-\frac{q}{k}}} < +\infty \quad \text{et} \quad \sum_{n \geq N_o} d_n x^n \in \mathcal{B}_q^{\alpha',\sigma-1}(r + \frac{q'}{k}, R)$$

entraînent que $\sum_{n \geq n_o} b_n x^n$ appartient à $\mathcal{B}_q^{\alpha',\sigma}(r,R)$.

En effet $\sum_{n \in \mathbb{N}} b_n^{\alpha',1} x^n = \sum_{n \geq N_o} d_n x^n - \alpha_{q'} f_p(x^{q'}) (\sum_{n \in \mathbb{N}} b_n x^n)$ et d'après le lemme I.4.4. l'image $f_p(x^{q'})(\mathcal{B}_q^{\alpha,\sigma}(r,R))$ est contenue quels que soient α et σ avec $\sigma_{q'} \neq 0$ dans $\mathcal{B}_q^{\alpha,\sigma}(r + \frac{q'}{k}, R)$. On en déduit le résultat de proche en proche sur les séries $\sum_{n \in \mathbb{N}} b_n^{\alpha',j} x^n$ lorsque j varie de 1 à σ_o.

PROPOSITION I.6.3.5.

i) Pour tout $r > 0$ et tout $R > 0$ l'opérateur

$$f_p(x) : \mathcal{B}_q(r,R) \to \mathcal{B}_q(r + \frac{1}{k}, R)$$

est d'indice fini égal à -1.

ii) Pour tout $r > 1 + \frac{1}{k}$ et tout $R > 0$ l'opérateur

$$f_p(\partial) : \mathcal{B}_q(r,R) \to \mathcal{B}_q(r - \frac{k+1}{k}, R)$$

est d'indice fini égal à $+1$.

I.7. Théorème d'indice dans les espaces de Gevrey généralisés

THEOREME I.7.1.

Soient $k \in \mathbb{N}$ et $\Lambda = (\Lambda_o, \Lambda_1, \ldots, \Lambda_{q-1}) \in \mathbb{R}^q$ avec $0 \leq q \leq k-1$.

Soit $D \in \mathbb{C}\{x\}[\partial]$ un opérateur différentiel à coefficients séries convergentes k-simple pour Λ (Définition I.2.15).

Alors dans l'espace de Gevrey généralisé

$\mathbb{C}[[x]]_{k,\Lambda^*} = \{ \sum_{n \in \mathbb{N}} a_n x^n \in \mathbb{C}[[x]] \mid$ Il existe $C > 0$ et $\Lambda_q \in \mathbb{R}$ tels que pour tout $n \in \mathbb{N}$ on ait $|a_n| \leq C(n!)^{1/k} \exp(\Lambda_o n + \Lambda_1 n^{1-\frac{1}{k}} + \ldots + \Lambda_q n^{1-\frac{q}{k}})\}$

l'opérateur D est d'indice fini donné par

$$\boxed{\chi_{\mathbb{C}[[x]]_{k,\Lambda^*}}(D) = \chi_{\mathbb{C}[[x]]_k}(D) - \sum_{\alpha} \omega_{k,\Lambda}(q-1,\alpha)}$$

où $\chi_{\mathbb{C}[[x]]_k}(D)$ est l'indice de D dans l'espace de Gevrey ordinaire

$\mathbb{C}[[x]]_k = \{ \sum_{n \in \mathbb{N}} a_n x^n \in \mathbb{C}[[x]] \mid$ Il existe $C > 0$ et $\Lambda_o \in \mathbb{R}$ tels que pour tout $n \in \mathbb{N}$ on ait $|a_n| \leq C(n!)^{1/k} \exp(\Lambda_o\, n)\}$,

où la sommation est étendue aux $(k,q-1)$-caractéristiques de D compte tenu de leur multiplicité et où $\omega_{k,\Lambda}(q-1,\alpha)$ désigne le poids d'ordre q-1 de α dans la direction k par rapport à Λ (Définition I.2.16).

Démonstration : Soit $\alpha' = (\alpha_o, \ldots, \alpha_{q'-1})$ l'unique $(k,q'-1)$-caractéristique de D critique d'ordre maximum q' par rapport à Λ et soit $\mathcal{D}_{q'}$ l'opérateur réduit (k,α')-équivalent à D. Il est de la forme

$$\mathcal{D}_{q'} = x^{w_k(D)+(k+1)\sigma_o} \partial^{\sigma_o} \prod_{j \in J_o} (x^{k+1}\partial + \alpha_j)^{\sigma_j}$$

$$\times \prod_{j \in J_1} (x^{k+1}\partial + \alpha_o + \alpha_j x)^{\tau_{o,j}}$$

$$\times \prod_{j \in J_2} (x^{k+1}\partial + \alpha_o + \alpha_1 x + \alpha_j x^2)^{\tau_{1,j}}$$

$$\cdots \times \prod_{j\in J_{q'}} (x^{k+1}\partial+\alpha_o+\alpha_1 x+\dots+\alpha_{q'-1}x^{q'-1}+\alpha_j x^{q'})^{\tau_{q'-1,j}}$$

où $w_k(D)$ désigne le poids de D dans la direction k , où les σ et les τ sont dans N^* (et éventuellement $\sigma_o = 0$) et où les $(\alpha_o,\alpha_1,\dots,\alpha_{i-1},\alpha_j)$ pour $i = 0,\dots,q'$ et $j \in J_i$ sont critiques d'ordre i par rapport à Λ .

Soit $\tau = (\tau_o,\dots,\tau_{q'-1})$ la multiplicité de α comme $(k,q'-1)$-caractéristique de D . On note $|\tau| = \tau_o+\tau_1+\dots+\tau_{q'-1}$ et on a , pour $i = 0,\dots,q'-1$, $\tau_i = \sum_{j\in J_{i+1}} \tau_{i,j} + \sum_{j\in J_{i+2}} \tau_{i+1,j} +\dots+ \sum_{j\in J_{q'}} \tau_{q'-1,j}$.

D'après la proposition I.5.1. de perturbation compacte on peut ramener l'étude de l'indice de

$$f_p(D) : \mathcal{B}_q^{\alpha',\tau}(r,R) \to \mathcal{B}_q(r+ \frac{1}{k} w_{k-q'}(D^{\frac{\alpha_o}{x^{k+1}}+\frac{\alpha_1}{x^k}+\dots+\frac{\alpha_{q'-1}}{x^{k+2-q'}}}),R)$$

à l'indice de $f_p(\mathcal{D}_{q'})$ opérant entre les mêmes espaces.

On applique d'abord le théorème d'indice élémentaire I.6.3.4. à chacun des facteurs de $\mathcal{D}_{q'}$ dans l'ordre dans lequel ils apparaissent puis la proposition I.6.3.5. au facteur $x^{w_k(D)+(k+1)\sigma_o}\partial^{\sigma_o}$. On obtient par la règle d'additivité des indices que

$$f_p(\mathcal{D}_{q'}) : \mathcal{B}_q^{\alpha',\tau}(r,R) \to \mathcal{B}_q(r+ \frac{1}{k}(w_k(D)+|\tau|),R)$$

$$(\text{où } w_k(D)+|\tau| = w_{k-q'}(D^{\frac{\alpha_o}{x^{k+1}}+\dots+\frac{\alpha_{q'-1}}{x^{k+2-q'}}}))$$

est d'indice fini donné par

$$\chi = - \sum_{\substack{i=o,\dots,q' \\ j\in J_i}} \tau_{i-1,j}\, \omega_{k,\Lambda}(q-1,(\alpha_o,\dots,\alpha_{i-1},\alpha_j)) - w_k(D) - k\,\sigma_o$$

Ceci à condition d'avoir choisi r assez grand pour que $r + \frac{1}{k}(w_k(D)+|\tau|)$ soit positif.

On obtient le résultat dans l'espace de Gevrey généralisé $\mathbb{C}[[x]]_{k,\Lambda^*}$ grâce à la proposition I.4.7. par passage à la limite inductive.

II.- OPERATEURS DIFFERENTIELS DANS LES ESPACES DE GEVREY-BEURLING GENERALISES.

Nous supposons toujours donnés deux nombres entiers k et q, $0 \le q \le k-1$ et $\Lambda = (\Lambda_0, \Lambda_1, \dots, \Lambda_{q-1}) \in \mathbb{R}^q$.

DEFINITION II.1.

Nous appelons espaces de Gevrey-Beurling généralisés (par Λ à l'ordre q) les espaces du type

$\mathbb{C}[[x]]_{(k,\Lambda^*)} = \{ \sum_{n\in\mathbb{N}} a_n x^n \in \mathbb{C}[[x]] \mid$ Pour tout $\Lambda_q \in \mathbb{R}$ il existe $C_{\Lambda_q} > 0$ tel que pour tout $n \in \mathbb{N}$ on ait

$$|a_n| \le C_{\Lambda_q} (n!)^{1/k} \exp(\Lambda_0 n + \Lambda_1 n^{1-1/k} + \dots + \Lambda_q n^{1-\frac{q}{k}}) \} .$$

Ces espaces fournissent une généralisation des espaces de Gevrey-Beurling

$\mathbb{C}[[x]]_{(k)} = \{ \sum_{n\in\mathbb{N}} a_n x^n \in \mathbb{C}[[x]] \mid$ Pour tout $\Lambda \in \mathbb{R}$ il existe $C_\Lambda > 0$ tel que pour tout $n \in \mathbb{N}$ on ait $|a_n| \le C_\Lambda (n!)^{1/k} \exp(\Lambda n)\}$

analogue à la généralisation des espaces de Gevrey $\mathbb{C}[[x]]_k$ par les espaces $\mathbb{C}[[x]]_{k,\Lambda^*}$.

Un opérateur différentiel $D \in \mathbb{C}\{x\}[\partial]$ opère dans ces espaces. Comme dans les espaces $\mathbb{C}[[x]]_{k,\Lambda^*}$ et sous les mêmes conditions, il est d'indice fini dans $\mathbb{C}[[x]]_{(k,\Lambda^*)}$. Le calcul de son indice peut se conduire de façon tout à fait semblable. Nous indiquons brièvement les variantes aux propositions I.3.3. et I.4.7. et au théorème d'indice élémentaire I.6.3.4.

PROPOSITION II.2.

L'espace vectoriel $X_{(q)} = \hat{\Psi}_P(\mathbb{C}[[x]]_{(k,\Lambda^*)})$ où $\hat{\Psi}_P$ désigne la transformation de Leroy définie en I.3.1. est indépendant de Λ et de P lorsque Λ et P sont liés par l'hypothèse I.3.2. Plus précisément on a alors

$X_{(q)} = \{ \sum_{n\in N} b_n x^n \in \mathbb{C}[[x]] \mid$ Pour tout $\Lambda_q \in \mathbb{R}$ il existe $C_{\Lambda_q} > 0$ tel que pour tout $n \in N$ on ait $|b_n| \leq C_{\Lambda_q} \exp(\Lambda_q n^{1-\frac{q}{k}}) \}$

Nous continuons à supposer l'hypothèse I.3.2. satisfaite.

PROPOSITION II.3.

Pour tout $r \geq 0$ et pour tout $\alpha = (\alpha_o,\dots,\alpha_{q'-1}) \in \mathbb{C}^{q'}$ et tout $\sigma = (\sigma_o,\dots,\sigma_{q'-1}) \in N^{q'}$ vérifiant $\sigma_o \geq \sigma_1 \geq \dots \geq \sigma_{q'-1} \geq 0$, $0 \leq q' \leq q$ on a $X_{(q)} = \lim_{\substack{\leftarrow \\ R>0}} \mathcal{B}_q^{\alpha,\sigma}(r,R)$

En particulier pour $\sigma = 0$ on a

$$X_{(q)} = \lim_{\substack{\leftarrow \\ R>0}} \mathcal{B}_q(r,R) .$$

<u>Théorème d'indice élémentaire</u> II.4.

Soit $\alpha = (\alpha_o,\alpha_1,\dots,\alpha_{q'}) \in \mathbb{C}^{q'+1}$, $q' \leq q$

et soit $\sigma = (\sigma_o,\sigma_1,\dots,\sigma_{q'-1}) \in N^{q'}$ vérifiant $\sigma_o \geq \sigma_1 \geq \dots \geq \sigma_{q'-1} \geq 1$.

On note $\alpha' = (\alpha_o,\alpha_1,\dots,\alpha_{q'-1})$ la troncature à l'ordre $q'-1$ de α et $\sigma-1 = (\sigma_o-1,\sigma_1-1,\dots,\sigma_{q'-1}-1)$.

On suppose que Λ est critique d'ordre q' pour α .

Alors, si $R > 0$ est assez grand, l'opérateur

$$f_P(x^{k+1}\partial + \alpha_o + \alpha_1 x + \dots + \alpha_{q'} x^{q'}) : \mathcal{B}_q^{\alpha',\sigma}(r,R) \to \mathcal{B}_q^{\alpha',\sigma-1}(r + \tfrac{q'}{k},R)$$

est d'indice fini donné par

$$\chi(f_P(x^{k+1}\partial + \alpha_o + \alpha_1 x + \dots + \alpha_{q'} x^{q'})) = \omega_{(k,\Lambda)}(q-1,\alpha) - k$$

où $\omega_{(k,\Lambda)}(q-1,\alpha)$ est le contre-poids d'ordre $q-1$ de α par rapport à Λ défini en I.2.17.

La démonstration est analogue à celle du théorème I.6.3.4. mais une série $\sum_{n\geq 0} b_\ell(n)x^n$ appartient à $\mathbb{B}_q^{\alpha',\sigma}(r,R)$ pour $R > 0$ assez grand si $q'' < q$ et $\Lambda_{q'',\ell}(\alpha) - \Lambda_{q''} < 0$. D'où

$$\dim \operatorname{Ker} f_p(\Delta_\alpha) = \omega_{(k,\Lambda)}(q-1,\alpha)$$

Quant à la surjectivité de $f_p(\Delta_\alpha)$ elle découle à nouveau d'une application convenable des arguments de convergence et de divergence I.6.3.2. et I.6.3.3.

On en déduit comme précédemment le

THEOREME II.5. <u>Théorème d'indice dans les espaces de Gevrey-Beurling généralisés</u>.

Soient $k \in \mathbb{N}$ et $\Lambda = (\Lambda_o,\Lambda_1,\ldots,\Lambda_{q-1}) \in \mathbb{R}^q$ avec $0 \leq q \leq k-1$.

Soit $D \in \mathbb{C}\{x\}[\partial]$ un opérateur différentiel à coefficients séries convergentes k-simple pour Λ (Définition I.2.15).

Alors dans l'espace de Gevrey-Beurling généralisé

$\mathbb{C}[[x]]_{(k,\Lambda^*)} = \{\sum_{n\in\mathbb{N}} a_n x^n \in \mathbb{C}[[x]] \mid$ Pour tout $\Lambda_q \in \mathbb{R}$ il existe $C_{\Lambda_q} > 0$ tel que pour tout $n \in \mathbb{N}$ on ait $|a_n| \leq C_{\Lambda_q}(n!)^{1/k}\exp(\Lambda_o n + \Lambda_1 n^{1-1/k} + \cdots + \Lambda_q n^{1-\frac{q}{k}})\}$

l'opérateur D est d'indice fini donné par

$$\boxed{\chi_{\mathbb{C}[[x]]_{(k,\Lambda^*)}}(D) = \chi_{\mathbb{C}[[x]]_{(k)}}(D) + \sum_\alpha \omega_{(k,\Lambda)}(q-1,\alpha)}$$

où $\chi_{\mathbb{C}[[x]]_{(k)}}(D)$ est l'indice de D dans l'espace de Gevrey-Beurling ordinaire

$\mathbb{C}[[x]]_{(k)} = \{\sum_{n\in\mathbb{N}} a_n x^n \in \mathbb{C}[[x]] \mid$ Pour tout $\Lambda_o \in \mathbb{R}$ il existe $C_{\Lambda_o} > 0$ tel que pour tout $n \in \mathbb{N}$ on ait $|a_n| \leq C_{\Lambda_o}(n!)^{1/k}\exp(\Lambda_o n)\}$, où la sommation est étendue aux $(k,q-1)$-caractéristiques de D compte tenu de leur multiplicité et où $\omega_{(k,\Lambda)}(q-1,\alpha)$ est le contre-poids d'ordre $q-1$ de α dans la direction k par rapport à Λ (Définition I.2.17).

III. OPERATEURS DIFFERENTIELS DANS LES ESPACES DE GEVREY PRECISES GENERALISES.

Nous reprenons les notations, la méthode et les résultats des chapitres I et II en les "précisant" au besoin.

Outre les deux nombres entiers k et q , $0 \leq q \leq k$, nous fixons $\Lambda = (\Lambda_0,\Lambda_1,\ldots,\Lambda_q) \in \mathbb{R}^{q+1}$.

DEFINITION III.1. Nous appelons espaces de Gevrey précisés généralisés (par Λ à l'ordre q) les espaces du type

$\mathbb{C}[[x]]_{k,\Lambda+} = \{ \sum_{n\in\mathbb{N}} a_n x^n \in \mathbb{C}[[x]] \mid$ Pour tout $\varepsilon > 0$ il existe $C_\varepsilon > 0$ tel que pour tout $n \in \mathbb{N}$ on ait $|a_n| \leq C_\varepsilon (n!)^{1/k} \exp(\Lambda_0 n + \Lambda_1 n^{1-1/k} + \ldots + \Lambda_{q-1} n^{1-\frac{q-1}{k}} + (\Lambda_q+\varepsilon)\Lambda^{1-\frac{q}{k}})\}$

et du type

$\mathbb{C}[[x]]_{k,\Lambda-} = \{ \sum_{n\in\mathbb{N}} a_n x^n \in \mathbb{C}[[x]] \mid$ Il existe $\varepsilon > 0$ et $C > 0$ tels que pour tout $n \in \mathbb{N}$ on ait $|a_n| \leq C (n!)^{1/k} \exp(\Lambda_0 n + \Lambda_1 n^{1-\frac{1}{k}} + \ldots + \Lambda_{q-1} n^{1-\frac{q-1}{k}} + (\Lambda_q-\varepsilon) n^{1-\frac{q}{k}})\}$.

Un opérateur différentiel $D \in \mathbb{C}\{x\}[\frac{d}{dx}]$ opère dans ces espaces. Nous allons voir que, comme dans les espaces $\mathbb{C}[[x]]_{k,\Lambda*}$ et $\mathbb{C}[[x]]_{(k,\Lambda*)}$ et sous les mêmes conditions, il y est d'indice fini, l'indice dépendant maintenant des invariants d'ordre q et non plus seulement $q-1$ associés à la direction k . Pour le calcul des indices nous indiquons seulement les "précisions" nécessaires aux calculs des chapitres I et II .

Nous "précisons" l'hypothèse I.3.2. comme suit :

Hypothèse III.2. Nous fixons désormais le polynôme $P(t) = \beta_0 t^k + \beta_1 t^{k-1} + \ldots + \beta_q t^{k-q}$ de telle sorte que les coefficients λ_j de la partie irrégulière du développement asymptotique au voisinage de $+\infty$ de la fonction gamma généralisée G_P(cf I.2.8.) satisfassent aux conditions

$$\mathrm{Re}\,\lambda_o = \Lambda_o\ ,\ \mathrm{Re}\,\lambda_1 = \Lambda_1,\dots,\mathrm{Re}\,\lambda_q = \Lambda_q .$$

PROPOSITION III.3. L'espace vectoriel $X_{q+} = \hat{\Psi}_P(\mathbb{C}[[x]]_{k,\Lambda+})$ (resp. $X_{q-} = \hat{\Psi}_P(\mathbb{C}[[x]]_{k,\Lambda-})$ où $\hat{\Psi}_P$ désigne la transformation de Leroy définie en I.3.1. est indépendant de Λ et de P.

Plus précisément on a

$X_{q+} = \{\sum_{n\in\mathbb{N}} b_n x^n \in \mathbb{C}[[x]] \mid$ Pour tout $\varepsilon > 0$ il existe $C_\varepsilon > 0$ tel que pour tout $n \in \mathbb{N}$ on ait $|b_n| \le C_\varepsilon \exp(\varepsilon\, n^{1-\frac{q}{k}})\}$

(resp. $X_{q-} = \{\sum_{n\in\mathbb{N}} b_n x^n \in \mathbb{C}[[x]] \mid$ Il existe $\varepsilon > 0$ et $C > 0$ tels que pour tout $n \in \mathbb{N}$ on ait $|b_n| \le C \exp(-\varepsilon\, n^{1-\frac{q}{k}})\}$)

Soit $D \in \mathbb{C}\{x\}[\frac{d}{dx}]$ un opérateur différentiel à coefficients séries convergentes. Notons encore $f_P(D) = \hat{\Psi}_P \circ D \circ \hat{\Psi}_P^{-1}$ sa transmuée par $\hat{\Psi}_P$. On a l'analogue de la proposition I.3.5.

PROPOSITION III.4. Il y a égalité des indices

$$\chi_{\mathbb{C}[[x]]_{k,\Lambda+}}(D) = \chi_{X_{q+}}(f_P(D))$$

$$\text{(resp. } \chi_{\mathbb{C}[[x]]_{k,\Lambda-}}(D) = \chi_{X_{q-}}(f_P(D)))$$

dès que l'un d'eux existe.

Nous nous intéressons donc désormais à l'application linéaire $f_P(D) : X_{q+} \to X_{q+}$ (resp. $X_{q-} \to X_{q-}$).

PROPOSITION III.5. Pour tout $r \ge 0$ et pour tout $\alpha = (\alpha_o,\dots,\alpha_{q'-1}) \in \mathbb{C}^{q'}$ et tout $\sigma = (\sigma_o,\dots,\sigma_{q'-1}) \in \mathbb{N}^{q'}$ vérifiant $\sigma_o \ge \sigma_1 \ge \dots \ge \sigma_{q'-1} \ge 0$, $0 \le q' \le q$ on a $X_{q+} = \varprojlim_{R<1} \mathcal{B}_q^{\alpha,\sigma}(r,R)$ (resp. $X_{q-} = \varinjlim_{R>1} \mathcal{B}_q^{\alpha,\sigma}(r,R)$).

En particulier pour $\sigma = 0$ on a

$$X_{q+} = \varprojlim_{R<1} \mathcal{B}_q(r,R) \quad (\text{resp. } X_{q-} = \varinjlim_{R>1} \mathcal{B}_q(r,R)) .$$

Cette proposition permet encore d'obtenir les indices cherchés par passage à la limite projective (resp. inductive) à partir des indices des mêmes opérateurs $f_P(D)$ entre espaces de Banach du type $\mathcal{B}_q^{\alpha,\sigma}(r,R)$. La réduction par compacité à l'étude des opérateurs élémentaires se reconduit sans changement. Pour le calcul des indices des opérateurs élémentaires nous reprenons les paragraphes I.5. et I.6. Seul le théorème d'indice élémentaire I.6.3.4. (resp. II.4.) doit être étendu comme suit aux valeurs de $R < 1$ (resp. $R > 1$) voisines de 1 .

<u>Théorème d'indice élémentaire</u> III.6.

Les deux entiers k et q , $0 \leq q \leq k-1$ et $\Lambda = (\Lambda_0,\dots,\Lambda_q) \in \mathbb{R}^{q+1}$ étant donnés on fixe un polynôme $P(t) = \beta_0 \ t^k + \beta_1 \ t^{k-1} + \dots + \beta_q t^{k-q}$ satisfaisant à l'hypothèse III.2.

Soit $\alpha = (\alpha_0,\alpha_1,\dots,\alpha_{q'}) \in \mathbb{C}^{q'+1}$ où $q' \leq q$

et soit $\sigma = (\sigma_0,\dots,\sigma_{q'-1}) \in \mathbb{N}^{q'}$ vérifiant $\sigma_0 \geq \sigma_1 \geq \dots \geq \sigma_{q'-1} \geq 1$.

On note $\alpha' = (\alpha_0,\alpha_1,\dots,\alpha_{q'-1})$ la troncature à l'ordre $q'-1$ de α et $\sigma-1 = (\sigma_0-1, \sigma_1-1, \dots, \sigma_{q'-1}-1)$.

On suppose que Λ est critique d'ordre q' pour α .

Alors si $R < 1$ est assez voisin de 1 l'opérateur

$$f_P(x^{k+1}\partial + \alpha_0 + \alpha_1 x + \dots + \alpha_{q'} x^{q'}) : \mathcal{B}_q^{\alpha',\sigma}(r,R) \to \mathcal{B}_q^{\alpha',\sigma-1}(r + \tfrac{q'}{k} , R)$$

est d'indice fini égal à l'opposé du poids d'ordre q de α dans la direction k par rapport à Λ

$$\chi(f_P(x^{k+1}\partial + \alpha_0 + \alpha_1 x + \dots + \alpha_{q'} x^{q'})) = -\omega_{k,\Lambda}(q,\alpha) .$$

Démonstration : On reprend la démonstration du théorème I.6.3.4. en s'intéressant maintenant aux valeurs de $R < 1$ voisines de 1 . Le noyau de

$$f_p(\Delta_\alpha) : \mathcal{B}_q^{\alpha',\sigma}(r,R) \cap x^{n_o}\mathbb{C}[[x]] \to \mathcal{B}_q^{\alpha',\sigma-1}(r+\frac{q'}{k},R) \cap x^{n_o+k}\mathbb{C}[[x]]$$

est librement engendré par celles des séries $\Sigma\, b_\ell(n)\, x^n$ qui appartiennent à $\mathcal{B}_q^{\alpha',\sigma}(r,R)$. Lorsque $R < 1$ est assez voisin de 1 , c'est le cas si

$$q'' < q \quad \text{avec} \quad \Lambda_{q'',\ell}(\alpha) - \Lambda_{q''} < 0$$

et si $\quad q'' = q \quad \text{avec} \quad \Lambda_{q,\ell}(\alpha) - \Lambda_q \leq 0$

On a donc pour $R < 1$ assez voisin de 1

$$\dim \operatorname{Ker} f_p(\Delta_\alpha) = k - \omega_{k,\Lambda}(q,\alpha) .$$

La surjectivité de $f_p(\Delta_\alpha)$ se démontre de la même façon que dans le théorème I.6.3.4. avec la modification suivante :

On décompose L_q en $L'_q = \{\ell \in L_q \mid \Lambda_{q,\ell}(\alpha) - \Lambda_q \leq 0\}$

et $L''_q = \{\ell \in L_q \mid \Lambda_{q,\ell}(\alpha) - \Lambda_q > 0\}$.

Si $\ell \in L_q^- \cup L'_q$ on choisit $\gamma_\ell = 0$ et on applique l'argument de convergence correspondant. Si $\ell \in L_q^+ \cup L''_q$ on choisit $\gamma_\ell = -\sum_{j=N_o}^{+\infty} \frac{C_\ell(j)G_p(j)}{C(j)}\, d_j$ et on applique l'argument de divergence correspondant.

Théorème d'indice élémentaire III.7.

Sous les conditions du théorème d'indice élémentaire III.6. si $R > 1$ est assez voisin de 1 , l'opérateur

$$f_p(x^{k+1}\partial + \alpha_o + \alpha_1 x + \dots + \alpha_{q'} x^{q'}) : \mathcal{B}_q^{\alpha',\sigma}(r,R) \to \mathcal{B}_q^{\alpha',\sigma-1}(r + \frac{q'}{k}, R)$$

est d'indice fini donné par

$$\chi(f_p(x^{k+1}\partial + \alpha_o + \alpha_1 x + \dots + \alpha_{q'} x^{q'})) = \omega_{(k,\Lambda)}(q,\alpha) - k$$

où $\omega_{(k,\Lambda)}(q,\alpha)$ est le contre-poids d'ordre q dans la direction k de α par rapport à Λ (définition I.2.18).

Démonstration : On reprend encore la démonstration du théorème I.6.3.4. mais on s'intéresse aux valeurs de $R > 1$ voisines de 1 .
Les séries $\Sigma\, b_\ell(n)\, x^n$ qui appartiennent à $\mathbb{B}_q^{\alpha',\sigma}(r,R)$ sont celles pour lesquelles on a

$$q'' \leq q \quad \text{avec} \quad \Lambda_{q'',\ell}(\alpha) - \Lambda_{q''} < 0$$

On a donc, pour $R > 1$ assez voisin de 1

$$\dim \operatorname{Ker} f_p(\Delta_\alpha) = \omega_{(k,\Lambda)}(q,\alpha)$$

La surjectivité de $f_p(\Delta_\alpha)$ se démontre encore par une application convenable des arguments de convergence et de divergence I.6.3.2. et I.6.3.3.

En remplaçant le théorème d'indice élémentaire I.6.3.4. par le théorème III.6. (resp. III.7.) et en passant à la limite projective sur les $R < 1$ (resp. limite inductive sur les $R > 1$) au lieu de passer à la limite inductive sur les $R > 0$ la démonstration du théorème I.7.1. fournit les théorèmes d'indice dans les espaces de Gevrey précisés généralisés ci-dessous.

THEOREME III.8.

Soient $k \in \mathbb{N}$ et $\Lambda = (\Lambda_0, \Lambda_1, \ldots, \Lambda_q) \in \mathbb{R}^{q+1}$ avec $0 \leq q \leq k-1$.

Soit $D \in \mathbb{C}\{x\}[\frac{d}{dx}]$ un opérateur différentiel à coefficients séries convergentes k-simple pour Λ (définition I.2.15).

Alors dans l'espace de Gevrey précisé généralisé

$\mathbb{C}[[x]]_{k,\Lambda+} = \{ \sum_{n\in\mathbb{N}} a_n x^n \in \mathbb{C}[[x]] \mid$ Pour tout $\varepsilon > 0$ il existe $C_\varepsilon > 0$ tel que pour tout $n \in N$ on ait $|a_n| \leq C_\varepsilon (n!)^{1/k} \exp(\Lambda_0 n + \Lambda_1 n^{1-1/k} + \ldots + \Lambda_{q-1} n^{1-\frac{q-1}{k}} + (\Lambda_q + \varepsilon) n^{1-\frac{q}{k}}) \}$

l'opérateur D est d'indice fini donné par

$$\boxed{\chi_{\mathbb{C}[[x]]_{k,\Lambda+}}(D) = \chi_{\mathbb{C}[[x]]_k}(D) - \sum_\alpha \omega_{k,\Lambda}(q,\alpha)}$$

où $\chi_{\mathbb{C}[[x]]_k}(D)$ est l'indice de D dans l'espace de Gevrey ordinaire

$\mathbb{C}[[x]]_k = \{ \sum_{n\in\mathbb{N}} a_n x^n \in \mathbb{C}[[x]] \mid$ Il existe $C > 0$ et $\Lambda_0 \in \mathbb{R}$ tels que pour tout

$n \in \mathbb{N}$ on ait $|a_n| \leq C(n!)^{1/k} \exp(\Lambda_o n)\}$,

où la sommation est étendue aux (k,q)-caractéristiques de D compte tenu de leur multiplicité et où $\omega_{k,\Lambda}(q,\alpha)$ désigne le poids d'ordre q de α dans la direction k par rapport à Λ. (Définition I.2.16.)

THEOREME III.9.

Soient $k \in \mathbb{N}$ et $\Lambda = (\Lambda_o, \Lambda_1, \ldots, \Lambda_q) \in \mathbb{R}^{q+1}$ avec $0 \leq q \leq k-1$.

Soit $D \in \mathbb{C}\{x\}[\frac{d}{dx}]$ un opérateur différentiel à coefficients séries convergentes k-simple pour Λ (définition I.2.15).

Alors, dans l'espace de Gevrey précisé généralisé

$\mathbb{C}[[x]]_{k,\Lambda-} = \{\sum_{n\in\mathbb{N}} a_n x^n \in \mathbb{C}[[x]] \mid$ Il existe $\varepsilon > 0$ et $C > 0$ tels que pour tout $n \in \mathbb{N}$ on ait $|a_n| \leq C(n!)^{1/k} \exp(\Lambda_o n + \Lambda_1 n^{1-1/k} + \ldots + \Lambda_{q-1} n^{1-\frac{q-1}{k}} + (\Lambda_q - \varepsilon) n^{1-\frac{q}{k}})\}$

l'opérateur D est d'indice fini donné par

$$\boxed{\chi_{\mathbb{C}[[x]]_{k,\Lambda-}}(D) = \chi_{\mathbb{C}[[x]]_{(k)}}(D) + \sum_{\alpha} \omega_{(k,\Lambda)}(q,\alpha)}$$

où $\chi_{\mathbb{C}[[x]]_{(k)}}(D)$ est l'indice de D dans l'espace de Gevrey-Beurling ordinaire

$\mathbb{C}[[x]]_{(k)} = \{\sum_{n\in\mathbb{N}} a_n x^n \in \mathbb{C}[[x]] \mid$ Pour tout $\Lambda_o \in \mathbb{R}$ il existe $C_{\Lambda_o} > 0$ tel que pour tout $n \in \mathbb{N}$ on ait $|a_n| \leq C_{\Lambda_o}(n!)^{1/k} \exp(\Lambda_o n)\}$,

où la sommation est étendue aux (k,q)-caractéristiques de D compte-tenu de leur multiplicité et où $\omega_{(k,\Lambda)}(q,\alpha)$ désigne le contre-poids d'ordre q de α dans la direction k par rapport à Λ (Définition I.2.18).

Remarque III.10.

Soit $D \in \mathbb{C}\{x\}[\frac{d}{dx}]$. On a les égalités d'indices suivantes :

(i) Supposons $q \leq k-2$ et $\Lambda = (\Lambda_0, \Lambda_1, \ldots, \Lambda_q) \in \mathbb{R}^{q+1}$. Alors si D est k-simple pour Λ on a

$$\chi_{\mathbb{C}[[x]]_{k,\Lambda*}}(D) = \chi_{\mathbb{C}[[x]]_{k,\Lambda+}}(D)$$

$$\chi_{\mathbb{C}[[x]]_{(k,\Lambda*)}}(D) = \chi_{\mathbb{C}[[x]]_{k,\Lambda-}}(D)$$

Si $q = k-1$ les espaces $\mathbb{C}[[x]]_{k,\Lambda*}$ et $\mathbb{C}[[x]]_{(k,\Lambda*)}$ ne sont pas définis.

(ii) Supposons $q \leq k-1$ et $\Lambda = (\Lambda_0, \Lambda_1, \ldots, \Lambda_q)$ et $\Lambda' = (\Lambda'_0, \Lambda'_1, \ldots, \Lambda'_q)$ consécutifs $(\Lambda < \Lambda')$ pour l'ordre lexicographique dans l'ensemble des troncatures à l'ordre q des suites critiques de D dans la direction k . Si D est k-simple pour Λ et pour Λ' on a

$$\chi_{\mathbb{C}[[x]]_{k,\Lambda+}}(D) = \chi_{\mathbb{C}[[x]]_{k,\Lambda'-}}(D)$$

(iii) Soit $\Lambda = (\Lambda_0, \Lambda_1, \ldots, \Lambda_{q-1})$ la troncature à l'ordre $q-1 \leq k-2$ d'une suite critique de D dans la direction k et soient Λ^1 et Λ^m respectivement la plus petite et la plus grande (pour l'ordre lexicographique) des troncatures à l'ordre q des suites critiques de D dans la direction k commençant par $\Lambda_0, \Lambda_1, \ldots, \Lambda_{q-1}$. Si D est k-simple pour Λ^1 et pour Λ^m on a

$$\chi_{\mathbb{C}[[x]]_{k,\Lambda+}}(D) = \chi_{\mathbb{C}[[x]]_{k,\Lambda^m+}}(D)$$

$$\chi_{\mathbb{C}[[x]]_{k,\Lambda-}}(D) = \chi_{\mathbb{C}[[x]]_{k,\Lambda^1-}}(D) .$$

Comme conséquence des théorèmes d'indices précédents donnons le résultat suivant sur la "croissance" des solutions formelles des équations différentielles.

THEOREME III.11.

Soit $D \in \mathbb{C}\{x\}[\frac{d}{dx}]$ un opérateur différentiel à coefficients séries convergentes, k-simple pour tout $k \in \mathbb{N}^*$ (Définition I.2.15).

Soient $\hat{f} \in \mathbb{C}[[x]]$ et $g \in \mathbb{C}\{x\}$ tels que $D\hat{f} = g$.

Alors ou bien $\hat{f}$ appartient à $\mathbb{C}\{x\}$ ou bien il existe $k \in \mathbb{N}^*$ et $\Lambda = (\Lambda_o, \Lambda_1, \ldots, \Lambda_{k-1}) \in \mathbb{R}^k$ tels que $\hat{f}$ appartienne à $\mathbb{C}[[x]]_{k,\Lambda+}$ mais n'appartienne pas à $\mathbb{C}[[x]]_{k,\Lambda-}$.

De plus k est l'une des pentes du polygone de Newton de D et Λ est l'une des k-suites critiques de D (Définition I.2.11).

<u>Démonstration</u> : Les polynômes sont denses dans tous les espaces de Gevrey y compris $\mathbb{C}[[x]] = \mathbb{C}[[x]]_{(0)}$ et $\mathbb{C}\{x\} = \mathbb{C}[[x]]_{+\infty}$.
Les inclusions entre de tels espaces sont donc toujours injectives et d'images denses. Par ailleurs, nous venons de voir (théorèmes I.7.1., II.5., III.8. et III.9.) que l'opérateur D considéré est à indice dans n'importe lequel de ces espaces.

Soient E_1 et E_2 deux espaces de Gevrey avec $E_1 \subset E_2$. Le lemme 0.13. de [R3] montre alors que

(i) la suite $0 \to \operatorname{Ker} D \to E_1/\mathbb{C}\{x\} \xrightarrow{D} E_1/\mathbb{C}\{x\} \to 0$ est exacte et KerD est un espace vectoriel sur $\mathbb{C}$ de dimension finie donnée par

$$\dim(\operatorname{Ker} D) = \chi_{E_1}(D) - \chi_{\mathbb{C}\{x\}}(D).$$

(ii) Les injections du diagramme commutatif

$$\begin{array}{ccc} E_1 & \xrightarrow{D} & E_1 \\ \uparrow & & \uparrow \\ E_2 & \xrightarrow{D} & E_2 \end{array}$$

réalisent un quasi-isomorphisme si et seulement si $\chi_{E_1}(D) = \chi_{E_2}(D)$ avec pour conséquence la propriété

(iii) Si $\hat{f} \in E_2$ et si $D\hat{f} \in \mathbb{C}\{x\}$ alors $\hat{f} \in E_1$ dès que $\chi_{E_1}(D) = \chi_{E_2}(D)$.

Le théorème se démontre en déterminant de proche en proche $k, \Lambda_o, \Lambda_1, \ldots, \Lambda_{k-1}$ grâce à la propriété (iii) ci-dessus et à la remarque III.10 de la façon suivante :

Soient $0 < k_1 < k_2 < \ldots < k_\ell < +\infty = k_{\ell+1}$ la réunion de 0 et des pentes positives du polygone de Newton de D. On a les inclusions

$$\mathbb{C}[[x]] \supset \mathbb{C}[[x]]_{k_1} \supset \mathbb{C}[[x]]_{(k_1)} \supset \mathbb{C}[[x]]_{k_2} \supset \ldots$$
$$\supset \mathbb{C}[[x]]_{k_\ell} \supset \mathbb{C}[[x]]_{(k_\ell)} \supset \mathbb{C}[[x]]_{+\infty} = \mathbb{C}\{x\} .$$

Puisque $\hat{f}$ appartient à $\mathbb{C}[[x]]$ et que $\chi_{\mathbb{C}[[x]]}(D) = \chi_{\mathbb{C}[[x]]_{k_1}}(D)$ la propriété (iii) montre que nécessairement $\hat{f}$ appartient à $\mathbb{C}[[x]]_{k_1}$.
On a de même, pour tout $i = 1, 2, \ldots, \ell$,

$$\chi_{\mathbb{C}[[x]]_{(k_i)}}(D) = \chi_{\mathbb{C}[[x]]_{k_{i+1}}}(D)$$

et donc si $\hat{f}$ appartient à $\mathbb{C}[[x]]_{(k_i)}$ il appartient aussi à l'espace suivant $\mathbb{C}[[x]]_{k_{i+1}}$. Par conséquent, ou bien $\hat{f}$ appartient à $\mathbb{C}\{x\}$, ou bien il existe k parmi les nombres $k_1, k_2, \ldots, k_\ell$ tel que $\hat{f}$ appartienne à $\mathbb{C}[[x]]_k$ et n'appartienne pas à $\mathbb{C}[[x]]_{(k)}$. Si $\hat{f}$ appartient à $\mathbb{C}\{x\}$ le théorème est démontré. Sinon le nombre k ainsi déterminé est le nombre cherché.

Supposons qu'on ait déjà déterminé $k, \Lambda_o, \ldots, \Lambda_{q-1}$ $(0 \leq q \leq k-1$, k jouant le rôle de $\Lambda_{-1})$.

Soient $\Lambda^1, \Lambda^2, \ldots, \Lambda^m$ les différentes troncatures à l'ordre q des suites critiques de D dans la direction k commençant par $\Lambda_o, \ldots, \Lambda_{q-1}$ et ordonnées par ordre lexicographique croissant. On a les inclusions analogues aux précédentes

$$\mathbb{C}[[x]]_{k,(\Lambda_o,\ldots,\Lambda_{q-1})+} \supset \mathbb{C}[[x]]_{k,\Lambda^m{}_+} \supset \mathbb{C}[[x]]_{k,\Lambda^m{}_-} \supset$$
$$\mathbb{C}[[x]]_{k,\Lambda^{m-1}{}_+} \supset \ldots \supset \mathbb{C}[[x]]_{k,\Lambda^1{}_+} \supset \mathbb{C}[[x]]_{k,\Lambda^1{}_-} \supset \mathbb{C}[[x]]_{k,(\Lambda_o,\ldots,\Lambda_{q-1})^-}$$

et les égalités d'indices deux par deux (Remarque III.10. (ii) et (iii)). Puisque $\hat{f}$ n'appartient pas à $C[[x]]_{k,(\Lambda_o,\dots,\Lambda_{q-1})^-}$ on en déduit qu'il existe Λ_q tel que $\hat{f}$ appartienne à $C[[x]]_{k,(\Lambda_o,\Lambda_1,\dots,\Lambda_{q-1},\Lambda_q)+}$ mais n'appartienne pas à $C[[x]]_{k,(\Lambda_o,\Lambda_1,\dots,\Lambda_{q-1},\Lambda_q)^-}$ et $(\Lambda_o,\Lambda_1,\dots,\Lambda_{q-1},\Lambda_q)$ est l'un des $(q+1)$-uplets $\Lambda^1,\Lambda^2,\dots,\Lambda^m$. Ceci termine la récurrence et la démonstration du théorème III.11.

IV. OPERATEURS DIFFERENTIELS DANS LES ESPACES D'ULTRADISTRIBUTIONS PONCTUELLES DE TYPE GEVREY GENERALISE.

IV.1. Théorèmes d'indices duaux.

Les nombres entiers k et q étant fixés, $0 \leq q \leq k-1$, nous désignons par Λ un élément de R^q $(\Lambda = (\Lambda_o,\Lambda_1,\dots,\Lambda_{q-1}))$ ou un élément de R^{q+1} $(\Lambda = (\Lambda_o,\Lambda_1,\dots,\Lambda_q))$ suivant que nous considérons les espaces de Gevrey du type $C[[x]]_{k,\Lambda*}$ et $C[[x]]_{(k,\Lambda*)}$ ou les espaces de Gevrey précisés du type $C[[x]]_{k,\Lambda+}$ et $C[[x]]_{k,\Lambda-}$ (Définitions I.2.1., II.1., III.1.)

Nous dualisons les résultats des paragraphes précédents.

PROPOSITION IV.1.1.

i) Il existe sur les espaces $C[[x]]_{k,\Lambda*}$ et $C[[x]]_{k,\Lambda-}$ des topologies D.F.N. (dual de Fréchet nucléaire).

ii) Il existe sur les espaces $C[[x]]_{(k,\Lambda*)}$ et $C[[x]]_{k,\Lambda+}$ des topologies F.N. (Fréchet nucléaire).

Démonstration :

i) Il suffit de munir l'espace X_q (resp. X_{q-}) d'une structure D.F.N., l'isomorphisme $\hat{\Psi}_p$ entre $C[[x]]_{k,\Lambda*}$ et X_q (resp. $C[[x]]_{k,\Lambda-}$ et X_{q-}) permettant de transporter cette structure à $C[[x]]_{k,\Lambda*}$ (resp. $C[[x]]_{k,\Lambda-}$)) (cf. propositions I.3.3. et III.3.). Or on a

$$X_q = \lim_{\overrightarrow{R>0}} \mathcal{B}_q(r,R) \quad \text{(proposition I.4.7.)}$$

$$\text{(resp.} \qquad X_{q-} = \lim_{\overrightarrow{R>1}} \mathcal{B}_q(r,R) \quad \text{(proposition III.5.))}$$

La proposition en résulte grâce à un théorème de SILVA et au lemme IV.1.2.

ii) Il suffit de munir l'espace $X_{(q)}$ (resp. X_{q+}) d'une structure F.N. (cf. propositions II.2. et III.3.). Or on a

$$X_{(q)} = \lim_{\overleftarrow{R>0}} \mathcal{B}_q(r,R) \quad \text{(proposition II.3.)}$$

$$\text{(resp.} \quad X_{q+} = \lim_{\overleftarrow{R<1}} \mathcal{B}_q(r,R) \quad \text{(proposition III.5))}$$

On conclut encore grâce au théorème de SILVA et au lemme suivant.

LEMME IV.1.2. Pour tout $r \geq 0$ et pour tous R_1 et R_2 avec $R_2 < R_1$ l'inclusion entre espace de Banach

$$i : \mathcal{B}_q(r,R_1) \hookrightarrow \mathcal{B}_q(r,R_2)$$

est nucléaire.

Démonstration du lemme :

Dans les espaces de Banach $\mathcal{B}_q(r,R)$ la norme d'un élément $\sum_{n\in\mathbb{N}} b_n x^n$ est définie par

$$\|\sum_{n\in\mathbb{N}} b_n x^n\|_{\mathcal{B}_q(r,R)} = \sum_{n\in\mathbb{N}} n^r |b_n| R^{n^{1-\frac{q}{k}}}$$

En particulier on a $\|x^n\|_{\mathcal{B}_q(r,R_1)} = n^r R_1^{n^{1-\frac{q}{k}}}$ et $\|x^n\|_{\mathcal{B}_q(r,R_2)} = n^r R_2^{n^{1-\frac{q}{k}}}$.

Considérons sur $\mathcal{B}_q(r,R_1)$ les formes linéaires e_n^* définies pour tout $n \in \mathbb{N}$ par $e_n^*(\sum_{n\in\mathbb{N}} b_n x^n) = b_n$ pour tout $\sum_{n\in\mathbb{N}} b_n x^n \in \mathcal{B}_q(r,R_1)$.

Ce sont des formes linéaires continues sur $\mathcal{B}_q(r,R_1)$ de norme

$$\|e_n^*\|_{\mathcal{B}_q(r,R_1)'} = \frac{1}{n^r R_1^{n^{1-\frac{q}{k}}}}$$

Ainsi tout élément $\sum_{n\in\mathbb{N}} b_n x^n$ de $\mathcal{B}_q(r,R_1)$ peut s'écrire

$$\sum_{n\in\mathbb{N}} b_n x^n \hat{=} \sum_{n\in\mathbb{N}} e_n^* \left(\sum_{n\in\mathbb{N}} b_n x^n\right) x^n$$

où pour tout $n \in \mathbb{N}$, x^n appartient à $\mathcal{B}_q(r,R_2)$ et e_n^* appartient au dual fort $\mathcal{B}_q(r,R_1)'$ de $\mathcal{B}_q(r,R_1)$ avec la relation

$$\sum_{n\in\mathbb{N}} \|e_n^*\|_{\mathcal{B}_q(r,R_1)'} \cdot \|x^n\|_{\mathcal{B}_q(r,R_2)} = \sum_{n\in\mathbb{N}} \left(\frac{R_2}{R_1}\right)^{n^{1-\frac{q}{k}}} < +\infty$$

Ceci démontre que l'inclusion i est nucléaire.

De façon analogue on munit d'une topologie F.N. (resp. D.F.N.) les espaces vectoriels

$\mathcal{C}_{k,\Lambda^*} = \{\sum_{n\in\mathbb{N}} c_n \left(\frac{d}{dx}\right)^n \in \mathbb{C}[[\frac{d}{dx}]] \mid$ Pour tout $\Lambda_q \in \mathbb{R}$ il existe $C_{\Lambda_q} > 0$ tel que pour tout $n \in \mathbb{N}$ on ait $|c_n| \le C_{\Lambda_q} (n!)^{-(1+\frac{1}{k})} \exp-(\Lambda_o n + \Lambda_1 n^{1-\frac{1}{k}} + \dots + \Lambda_q n^{1-\frac{q}{k}})\}$

et $\mathcal{C}_{k,\Lambda-} = \{\sum_{n\in\mathbb{N}} c_n \left(\frac{d}{dx}\right)^n \in \mathbb{C}[[\frac{d}{dx}]] \mid$ Pour tout $\epsilon > 0$ il existe $C_\epsilon > 0$ tel que pour tout $n \in \mathbb{N}$ on ait $|c_n| \le C_\epsilon (n!)^{-(1+\frac{1}{k})} \exp-(\Lambda_o n + \Lambda_1 n^{1-\frac{1}{k}} + \dots + (\Lambda_q - \epsilon) n^{1-\frac{q}{k}})\}$

(resp. $\mathcal{C}_{(k,\Lambda^*)} = \{\sum_{n\in\mathbb{N}} c_n \left(\frac{d}{dx}\right)^n \in \mathbb{C}[[\frac{d}{dx}]] \mid$ Il existe $\Lambda_q \in \mathbb{R}$ et $C > 0$ tels que pour tout $n \in \mathbb{N}$ on ait $|c_n| \le C(n!)^{-(1+\frac{1}{k})} \exp-(\Lambda_o n + \Lambda_1 n^{1-\frac{1}{k}} + \dots + \Lambda_q n^{1-\frac{q}{k}})\}$

et $\mathcal{C}_{k,\Lambda+} = \{\sum_{n\in\mathbb{N}} c_n \left(\frac{d}{dx}\right)^n \in \mathbb{C}[[\frac{d}{dx}]] \mid$ Il existe $\epsilon > 0$ et $C > 0$ tels que pour tout $n \in \mathbb{N}$ on ait $|c_n| \le C(n!)^{-(1+\frac{1}{k})} \exp-(\Lambda_o n + \Lambda_1 n^{1-\frac{1}{k}} + \dots + (\Lambda_q + \epsilon) n^{1-\frac{q}{k}})\}$).

L'espace des ultradistributions ponctuelles est l'espace vectoriel des sommes formelles $\sum_{n\in\mathbb{N}} c_n \delta^{(n)}$ où $c_n \in \mathbb{C}$ et où $\delta^{(n)}$ est la dérivée d'ordre n de la masse de Dirac δ à l'origine de $\mathbb{C}$. Il s'identifie par l'application $\frac{d}{dx} \mapsto \delta$ à l'espace des opérateurs différentiels formels d'ordre infini $\mathbb{C}[[\frac{d}{dx}]]$.

DEFINITION IV.1.3. Nous appelons espaces d'<u>ultradistributions ponctuelles de type Gevrey généralisé</u> les images U_{k,Λ^*}, $U_{(k,\Lambda^*)}$, $U_{k,\Lambda+}$ et $U_{k,\Lambda-}$ de $\mathcal{C}_{k,\Lambda^*}$, $\mathcal{C}_{(k,\Lambda^*)}$, $\mathcal{C}_{k,\Lambda+}$ et $\mathcal{C}_{k,\Lambda-}$ par l'application $\frac{d}{dx} \mapsto \delta$. Ce sont des espaces respectivement F.N., D.F.N., D.F.N. et F.N.

Ces définitions généralisent celles données par H. Komatsu ([K]).

PROPOSITION IV.1.4. L'accouplement

$$U_{k,\Lambda^*} \times \mathbb{C}[[x]]_{k,\Lambda^*} \to \mathbb{C} \text{ (resp. } U_{(k,\Lambda^*)} \times \mathbb{C}[[x]]_{(k,\Lambda^*)} \to \mathbb{C}\,,$$

$$\text{resp. } U_{k,\Lambda+} \times \mathbb{C}[[x]]_{k,\Lambda+} \to \mathbb{C}\,, \text{ resp. } U_{k,\Lambda-} \times \mathbb{C}[[x]]_{k,\Lambda-} \to \mathbb{C}\,)$$

défini par $< \sum_{n\in\mathbb{N}} c_n \delta^{(n)}, \sum_{n\in\mathbb{N}} a_n x^n > = \sum_{n\in\mathbb{N}} (-1)^n n!\, a_n c_n$.

prolongeant les formules $< \delta^{(n)}, x^p > = (-1)^n \frac{d^n}{dx^n} x^p|_{x=o}$

met en dualité topologique les espaces U_{k,Λ^*} et $\mathbb{C}[[x]]_{k,\Lambda^*}$ (resp. $U_{(k,\Lambda^*)}$ et $\mathbb{C}[[x]]_{(k,\Lambda^*)}$, resp. $U_{k,\Lambda+}$ et $\mathbb{C}[[x]]_{k,\Lambda+}$, resp. $U_{k,\Lambda-}$ et $\mathbb{C}[[x]]_{k,\Lambda-}$).

Le transposé d'un opérateur différentiel $D \in \mathbb{C}\{x\}[\frac{d}{dx}]$ sur U_{k,Λ^*} (resp. $U_{(k,\Lambda^*)}$, resp. $U_{k,\Lambda+}$, resp. $U_{k,\Lambda-}$) est l'opérateur différentiel $D^* \in \mathbb{C}\{x\}[\frac{d}{dx}]$ sur $\mathbb{C}[[x]]_{k,\Lambda^*}$ (resp. $\mathbb{C}[[x]]_{(k,\Lambda^*)}$, resp. $\mathbb{C}[[x]]_{k,\Lambda+}$, resp. $\mathbb{C}[[x]]_{k,\Lambda-}$) obtenu en substituant $-\frac{d}{dx}$ à $\frac{d}{dx}$ dans D.
Pour tout $q' \leq q$ les (k,q')-caractéristiques de D^* sont les opposées des (k,q')-caractéristiques de D.

On déduit de ce qui précède et du théorème de transposition ([G] et [R3] Th. 0.10(ii)) le théorème d'indice suivant :

THEOREME IV.1.5. Soit $D \in \mathbb{C}\{x\}[\frac{d}{dx}]$ et soit D^* son transposé. Si D^* est k-simple pour Λ (Définition I.2.15) alors l'opérateur différentiel

$$D : U_{k,\Lambda^*} \to U_{k,\Lambda^*}$$

(resp. $D : U_{(k,\Lambda^*)} \to U_{(k,\Lambda^*)}$, resp. $D : U_{k,\Lambda+} \to U_{k,\Lambda+}$, resp. $D : U_{k,\Lambda-} \to U_{k,\Lambda-}$) est d'indice fini donné par

$$\chi_{U_{k,\Lambda^*}}(D) = - \chi_{\mathbb{C}[[x]]_{k,\Lambda^*}}(D^*)$$

(resp. $\chi_{U_{(k,\Lambda^*)}}(D) = - \chi_{\mathbb{C}[[x]]_{(k,\Lambda^*)}}(D^*)$, resp. $\chi_{U_{k,\Lambda+}}(D) = - \chi_{\mathbb{C}[[x]]_{k,\Lambda+}}(D^*)$, resp. $\chi_{U_{k,\Lambda-}}(D) = - \chi_{\mathbb{C}[[x]]_{k,\Lambda-}}(D^*)$) .

Remarque IV.1.6. Dans les espaces de Gevrey ordinaires $\mathbb{C}[[x]]_k$, $\mathbb{C}[[x]]_{(k)}$, $\mathbb{C}[[x]]_{k,\Lambda_o+}$, $\mathbb{C}[[x]]_{k,\Lambda_o-}$ l'indice de l'opérateur D et l'indice de son transposé D* sont égaux. On a alors l'égalité ([R3] Théorème 2.1.7.)

$$\chi_{U_k}(D) = - \chi_{\mathbb{C}[[x]]_k}(D)$$

(resp. $\chi_{U_{(k)}}(D) = - \chi_{\mathbb{C}[[x]]_{(k)}}(D)$, resp. $\chi_{U_{k,\Lambda_o+}}(D) = - \chi_{\mathbb{C}[[x]]_{k,\Lambda_o+}}(D)$, resp. $\chi_{U_{k,\Lambda_o-}}(D) = - \chi_{\mathbb{C}[[x]]_{k,\Lambda_o-}}(D)$)

Nous allons voir que dans un espace de Gevrey généralisé il n'y a pas toujours égalité entre l'indice de D et celui de D* (on n'a même pas de relation algébrique simple entre ces indices). En effet, nous avons déjà vu que pour tout $q' \leq q$ les (k,q')-caractéristiques α de D sont les opposées des (k,q')-caractéristiques de D* . De plus leurs suites critiques ($\mathrm{Re}\,\lambda_{o,\ell}(\alpha)$,

..., $\Re e\,\lambda_{k-1,\ell}(\alpha))$ et $(\Re e\,\lambda_{o,\ell}(-\alpha),\dots,\Re e\,\lambda_{k-1,\ell}(-\alpha))$ sont reliées par les formules

IV.1.7. Pour $\ell = 1,\dots,k$ on a

(i) $\Re e\,\lambda_{o,\ell}(-\alpha) = \Re e\,\lambda_{o,\ell}(\alpha)$

(ii) $\lambda_{j,\ell}(-\alpha) = \lambda_{j,\ell}(\alpha)\,\exp -i\frac{j\pi}{k}$ $(i^2=-1)$ pour $j=1,\dots,k-1$.

Ainsi les polygones critiques de D^* formés par les $\lambda_{j,\ell}(-\alpha)$ pour $j \geq 1$ fixé et $\ell = 1,\dots,k$ se déduisent des polygones critiques de D formés par les $\lambda_{j,\ell}(\alpha)$ correspondants par une rotation autour de leur centre d'angle le demi-angle au centre du polygone. Compte tenu des formules donnant l'indice d'un opérateur en fonction de ses suites critiques (théorèmes I.7.1., II.5., III.8. et III.9.) on voit donc qu'il n'y a en général pas égalité entre l'indice d'un opérateur D et celui de son transposé D^* .

Remarquons cependant que grâce aux formules IV.1.7.(i) il y a égalité entre l'indice de D et celui de D^* chaque fois que n'interviennent que les poids ou contre-poids d'ordre 0 des $(k,k-1)$-caractéristiques de D ; ainsi il y a égalité entre l'indice de D et celui de D^* dans les espaces déjà cités $\mathbb{C}[[x]]_k$, $\mathbb{C}[[x]]_{(k)}$, $\mathbb{C}[[x]]_{k,\Lambda_o^+}$, $\mathbb{C}[[x]]_{k,\Lambda_o^-}$ mais aussi dans les espaces $\mathbb{C}[[x]]_{k,\Lambda_o^*}$ et $\mathbb{C}[[x]]_{(k,\Lambda_o)^*}$ $(\Lambda_o \in \mathbb{R})$ et de façon générale si Λ n'est critique pour aucune $(k,k-1)$-caractéristique de D .

IV.2. Liens entre indices Gevrey, indices duaux et invariants formels.

LEMME IV.2.1. Etant donnés k points (éventuellement doubles) de l'axe réel de $\mathbb{C}$

(i) pour $k \neq 2$, il existe à symétrie près par rapport à l'axe réel au plus un polygone régulier convexe à k sommets centré à l'origine et dont les projections des sommets sur l'axe réel coïncident avec ces k points.

(ii) pour $k = 2$, s'il existe une solution, il en existe une infinité.

LEMME IV.2.2. Soient $k \in \mathbb{N}^*$ et $\Lambda_o \in \mathbb{R}$.

Soit $D \in \mathbb{C}\{x\}[\frac{d}{dx}]$ un opérateur k-simple (Définition I.2.15.)

Supposons qu'il existe au moins une $(k,k-1)$-caractéristique de D critique pour Λ_o. Alors

(i) si D admet une seule $(k,k-1)$-caractéristique critique pour Λ_o, les sauts des indices de D dans les espaces $\mathbb{C}[[x]]_{k,\Lambda+}$ (resp. $\mathbb{C}[[x]]_{k,\Lambda-}$) où $\Lambda = (\Lambda_o,\Lambda_1,\dots,\Lambda_q)$ et $1 \le q \le k-1$ déterminent de manière unique à conjugaison complexe près l'ensemble $(\lambda_{1,\ell},\lambda_{2,\ell},\dots,\lambda_{k-1,\ell})$, $\ell = 1,\dots,k$, des suites d'exposants critiques (privées de leur premier terme) associées à cette $(k,k-1)$-caractéristique sauf, lorsque $k = 2k'$ est pair, les termes médians $\lambda_{k',\ell}$ dont on n'obtient que la partie réelle.

(ii) Si $k = 2k'$ est pair on a unicité à conjugaison complexe près sur les troncatures $(\lambda_{1,\ell},\lambda_{2,\ell},\dots,\lambda_{k'-1,\ell})$; mais on n'obtient que les parties réelles des termes médians $\lambda_{k',\ell}$ et un nombre fini de possibilités pour les termes suivants.

(iii) Si k est impair, il n'y a pas de termes médians et au plus un nombre fini de solutions.

<u>Démonstration</u> : Une suite $(\Lambda_o,\Lambda_1,\dots,\Lambda_{k-1}) \in \mathbb{R}^k$ est une suite critique de D dans la direction k si pour tout $j = 0, 1, \dots, k-1$ les indices de D dans les espaces $\mathbb{C}[[x]]_{k,(\Lambda_o,\Lambda_1,\dots,\Lambda_{j-1},\Lambda)+}$ "sautent" au point $\Lambda = \Lambda_j$ lorsque $\Lambda \in \mathbb{R}$ varie. Ainsi pour k et Λ_o fixés les sauts des indices de D fournissent les suites critiques de D dans la direction k commençant par Λ_o. Ce sont les projections sur l'axe réel des suites d'exposants $(\lambda_{1,\ell},\dots,\lambda_{k-1,\ell})$ pour $\ell = 1,\dots,k$ et pour toutes les $(k,k-1)$-caractéristiques de D critiques pour Λ_o.

(i) Si D n'admet qu'une seule $(k,k-1)$-caractéristique critique pour Λ_o, le lemme précédent fournit à symétrie près par rapport à l'axe réel ses polygones critiques $P_j = \{\lambda_{j,\ell}\ ;\ \ell = 1,\dots,k\}$ pour $j = 1,\dots,k-1$ sauf lorsque $k = 2k'$ est pair le polygone médian $P_{k'}$ qui n'a que deux sommets distincts.

Les formules (I.2.10) montrent alors que l'un des polygones critiques étant fixé par exemple P_1 les autres sauf $P_{k'}$ sont uniquement déterminés et qu'une symétrie par rapport à l'axe réel sur P_1 impose la même symétrie sur les autres. D'où l'ensemble des exposants critiques de D à conjugaison complexe et aux termes médians près.

(ii) Si $k = 2k'$ et s'il existe plusieurs $(k,k-1)$-caractéristiques de D critiques pour Λ_o on est ramené au cas précédent dès qu'on a isolé les k suites critiques associées à chaque $(k,k-1)$-caractéristique. Or ceci est possible jusqu'à l'indice $k'-1$ grâce aux projections sur l'axe réel des polygones médians $P_{k'}$ deux à deux distinctes et qu'on détermine sans ambiguité puisque chacune d'elles se compose de deux points symétriques par rapport à l'origine.

(iii) Si k est impair, il n'y a qu'un nombre fini de choix possibles pour les suites critiques associées à chaque $(k,k-1)$-caractéristique de D et il n'y a pas de polygones médians impossibles à déterminer.

Lorsque $k = 3$ et que D admet trois $(k,k-1)$-caractéristiques critiques pour Λ_o la remarque suivante met l'unicité en défaut :

Etant donnés 9 points $a_1,a_2,\dots,a_9$ de l'axe réel tels que

$$\left\{\begin{array}{l} -\frac{a_3}{2} \text{ soit le milieu commun aux deux segments } [a_1,a_2] \text{ et } [a_4,a_7] \\ -\frac{a_6}{2} \text{ soit le milieu commun aux deux segments } [a_4,a_5] \text{ et } [a_1,a_8] \\ -\frac{a_9}{2} \text{ soit le milieu commun aux deux segments } [a_7,a_8] \text{ et } [a_2,a_5] \end{array}\right.$$

ils sont de deux façons au moins les projections de trois triangles équilatéraux centrés à l'origine. En effet, les deux regroupements (a_1,a_2,a_3), (a_4,a_5,a_6), (a_7,a_8,a_9) et $(a_4,a_7,a_3),(a_1,a_8,a_6),(a_2,a_5,a_9)$ sont tous deux les projections de trois triangles équilatéraux centrés à l'origine.

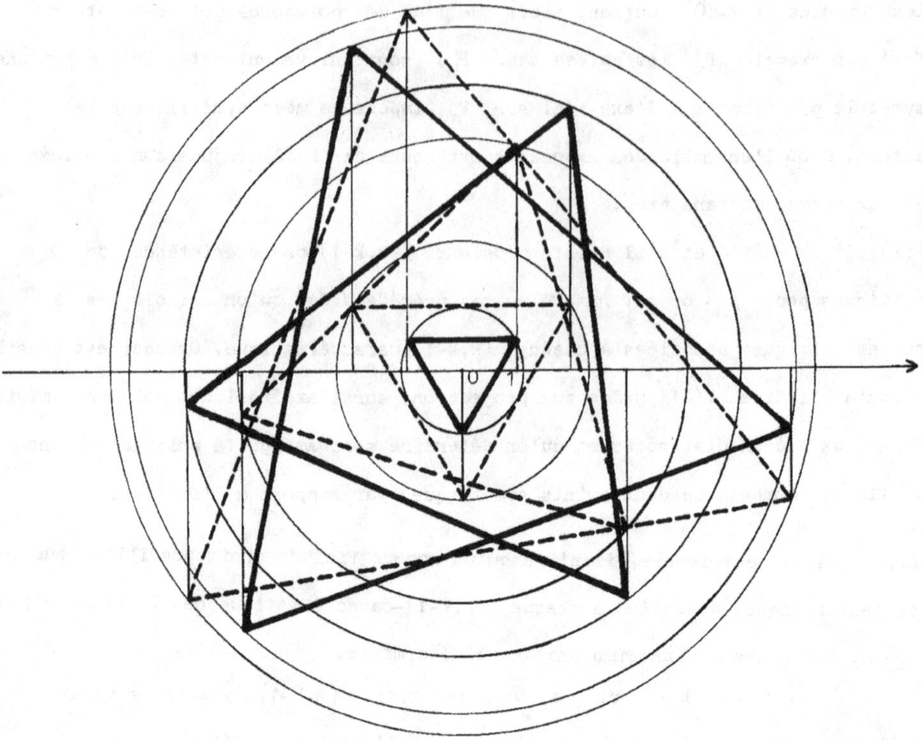

Figure réalisée avec $a_1 = +1$, $a_2 = -1$, $a_3 = 0$, $a_4 = -2$, $a_5 = -4$, $a_6 = +6$, $a_7 = +2$, $a_8 = -5$, $a_9 = +3$.

Les triangles équilatéraux centrés à l'origine qui se projettent suivant (a_1,a_2,a_3),(a_4,a_5,a_6),(a_7,a_8,a_9),(a_4,a_7,a_3),(a_1,a_8,a_6) et (a_2,a_5,a_9) sont respectivement inscrits dans des cercles centrés à l'origine de rayons $\frac{2}{\sqrt{3}} \simeq 1,15$, $\sqrt{\frac{112}{3}} \simeq 6,11$, $\sqrt{\frac{76}{3}} \simeq 5,03$, $\frac{4}{\sqrt{3}} \simeq 2,31$, $\sqrt{\frac{124}{3}} \simeq 6,43$ et $\sqrt{\frac{52}{3}} \simeq 4,16$.

PROPOSITION IV.2.3.

Soit $k \in N^*$.

Soit $D \in \mathbb{C}\{x\}[\frac{d}{dx}]$ un opérateur k-simple ainsi que son transposé D^* . (Définition I.2.15).

(i) L'opérateur D est à indice dans tous les espaces de Gevrey $\mathbb{C}[[x]]_{k,\Lambda+}$ et $\mathbb{C}[[x]]_{k,\Lambda-}$ et dans tous les espaces d'ultradistributions de type Gevrey précisé généralisé $U_{k,\Lambda+}$ et $U_{k,\Lambda-}$ pour $\Lambda = (\Lambda_o,\Lambda_1,\dots,\Lambda_q) \in \mathbb{R}^{q+1}$ et $0 \leq q \leq k-1$ (Définitions III.1. et IV.1.3.)

(ii) Si on connait l'indice de D dans les espaces de Gevrey ordinaires $\mathbb{C}[[x]]_k$ et $\mathbb{C}[[x]]_{(k)}$ alors les indices de D dans l'une des deux familles d'espaces $\mathbb{C}[[x]]_{k,\Lambda+}$ et $\mathbb{C}[[x]]_{k,\Lambda-}$ pour $\Lambda = (\Lambda_o,\Lambda_1,\dots,\Lambda_q)\in\mathbb{R}^{q+1}$ et $0 \leq q \leq k-1$ déterminent les indices de D dans l'autre famille.

(iii) Si k est impair les indices de D dans les espaces de Gevrey $\mathbb{C}[[x]]_{k,\Lambda+}$ pour $\Lambda = (\Lambda_o,\Lambda_1,\dots,\Lambda_q) \in \mathbb{R}^{q+1}$ et $0 \leq q \leq k-1$ déterminent génériquement de manière unique ses indices duaux, indices de D dans les espaces d'ultradistributions $U_{k,\Lambda+}$ ou $U_{k,\Lambda-}$ et réciproquement. Lorsqu'il n'y a pas unicité, il y a un nombre fini de solutions.

(iv) Si $k = 2k'$ est pair les indices de D dans les espaces de Gevrey $\mathbb{C}[[x]]_{k,\Lambda+}$ pour tous les $\Lambda = (\Lambda_o,\Lambda_1,\dots,\Lambda_q)$ de longueur $q \leq k'$ déterminent de manière unique les indices duaux pour tous les $\Lambda = (\Lambda_o,\Lambda_1,\dots,\Lambda_q)$ de longueur $q \leq k'-1$. Si $q \geq k'$ il y a une infinité de solutions possibles.

On a des résultats analogues dans les espaces de type Gevrey non précisé.

<u>Démonstration</u> :

(i) est contenu dans les théorèmes d'indices III.8.,III.9.,IV.1.5.

(ii) il résulte des théorèmes d'indices III.8. et III.9. que pour $\Lambda_o,\dots,\Lambda_{q-1}$ fixés, lorsque Λ_q décrit $\mathbb{R}$ les indices de D dans les espaces $\mathbb{C}[[x]]_{k,\Lambda+}$ et $\mathbb{C}[[x]]_{k,\Lambda-}$ sont deux fonctions localement constantes.
Elles présentent les mêmes sauts en un même nombre fini de valeurs critiques de Λ_q , la première étant continue à droite tandis que la deuxième est continue à gauche. De plus, si $\Lambda_o \in \mathbb{R}$ est assez grand on a

$\chi_{\mathbb{C}[[x]]_{k,\Lambda_o+}}(D) = \chi_{\mathbb{C}[[x]]_k}(D)$ et si $\Lambda_o \in \mathbb{R}$ est assez petit on a

$\chi_{\mathbb{C}[[x]]_{k,\Lambda_o-}}(D) = \chi_{\mathbb{C}[[x]]_{(k)}}(D)$. Le résultat s'en déduit par récurrence sur q .

(iii) Appelons "générique" la situation suivante : pour tout $\Lambda_o \in \mathbb{C}$ l'opérateur D admet au plus une $(k,k-1)$-caractéristique critique pour Λ_o.

Les formules IV.1.7. et le lemme IV.2.2.(i) (resp. IV.2.2.(iii)) permettent de déterminer de manière unique (resp. finie) les suites critiques de D^* avec leur multiplicité connaissant celles de D . On conclut alors par le théorème IV.1.5.

(iv) se démontre comme (iii) à partir du lemme IV.2.2. (ii) .

PROPOSITION IV.2.4.

Soit $D \in \mathbb{C}\{x\}[\frac{d}{dx}]$ un opérateur simple (Définition I.2.15) ainsi que son transposé D^* .

Notons $q_j^k(\frac{1}{x}) = \sum_{n=0}^{k-1} a_{j,n}^k \frac{1}{x^{k-n}}$ les invariants formels associés à D comme parties irrégulières $\exp q_j^k(\frac{1}{x})$ de la classe formelle de D .

(i) Les indices de D dans tous les espaces de Gevrey généralisés (Définitions I.2.1.,II.1.,III.1.) et les espaces d'ultradistributions ponctuelles de types Gevrey généralisés (Définition IV.1.3.) sont déterminés à partir de ses indices dans les espaces de Gevrey ordinaires par les invariants formels $a_{j,n}^k$ de D .

(ii) Les sauts des indices de D dans les espaces de Gevrey généralisés $\mathbb{C}[[x]]_{k,\Lambda+}$ et dans les espaces d'ultradistributions de type Gevrey généralisé $U_{k,\Lambda+}$ (resp. dans $\mathbb{C}[[x]]_{k,\Lambda-}$ et dans $U_{k,\Lambda-}$) pour tout $k \in \mathbb{N}$ et tout $\Lambda \in \mathbb{R}^q$, $0 \leq q \leq k$ déterminent un nombre fini de possibilités pour les modules des invariants $a^k_{j,n}$. De plus, il y a unicité génériquement (et aussi lorsque k est pair pour les modules des $\frac{k}{2}$ premiers coefficients $a^k_{j,n}$, $n = 0,\ldots,\frac{k}{2}-1$).

<u>Démonstration</u> :

(i) Les invariants formels $q^k_j(\frac{1}{x}) = \sum_{n=0}^{k-1} a^k_{j,n} \frac{1}{x^{k-n}}$ sont reliés aux $(k,k-1)$-caractéristiques $\alpha_j = (\alpha_{j,o},\ldots,\alpha_{j,k-1})$ de D (Définition I.2.4.) par les relations

$$\alpha_{j,o}=k.a^k_{j,o}\ ,\ \alpha_{j,1}=(k-1).a^k_{j,1},\ldots,\alpha_{j,k-1}=1.a^k_{j,k-1}\ .$$

Par ailleurs les $(k,k-1)$-caractéristiques de D et celles de D^* sont opposées. Les théorèmes d'indices précédents (Théorèmes I.7.1., II.5., III.8., III.9., IV.1.5.) fournissent les indices de D en fonction des $(k,k-1)$-caractéristiques de D ou de D^*.

(ii) Les degrés k des polynômes q^k_j sont à la fois les pentes du polygone de Newton de D et les points en lesquels la fonction

$$\begin{cases} \mathbb{R}^+ \to \mathbb{Z} \\ k \mapsto \chi_{\mathbb{C}[[x]]_k}(D) \quad (\text{resp. } \chi_{\mathbb{C}[[x]]_{(k)}}(D)\ ,\ \text{resp. } \chi_{U_k}(D)\ ,\ \text{resp. } \chi_{U_{(k)}}(D)) \end{cases}$$

([R3] Théorème 1.5.9) admet un saut. Compte tenu des hypothèses sur D ces nombres k sont entiers.

Fixons un tel k. Les sauts des indices de D dans les divers espaces $\mathbb{C}[[x]]_{k,\Lambda+}$ fournissent toutes les suites critiques de D. On en déduirait tous les invariants formels $a^k_{j,n}$ si on pouvait en déduire les exposants critiques $(\lambda_o,\lambda_1,\ldots,\lambda_{k-1})$.

En effet, les formules donnant les λ en fonction des a sont inversibles

(§ I.2.8. et [D] Théorème 1) . Cependant, on ne connait que $\Lambda_o = \mathrm{Re}\,\lambda_o$ d'où d'après les formules I.2.10 le module des coefficients $a^k_{j,o}$ correspondant à Λ_o :

$$|a^k_{j,o}| = \exp(-k\,\Lambda_o)$$

Si k est impair les suites critiques $(\Lambda_o,\Lambda_1,\ldots,\Lambda_{k-1})$ déterminent un nombre fini de suites d'exposants critiques $(\lambda_1,\lambda_2,\ldots,\lambda_{k-1})$ (Lemme IV.2.2.(iii)) d'où un nombre fini de possibilités pour les modules des $a^k_{j,n}$([D] Théorème 1) .
Si $k = 2k'$ est pair le lemme IV.2.2.(ii)fournit le résultat sauf pour les termes médians $\lambda_{k'}$ des suites d'exposants critiques. Ces termes ne sont définis qu'à l'addition près d'un nombre purement imaginaire car les polygones critiques $P_{k'}$ n'admettent que deux sommets (lemme IV.2.1.(ii)). La connaissance des indices duaux fournit en outre les projections des polygones déduits des polygones $P_{k'}$ par rotation d'angle $\frac{\pi}{2}$ autour de l'origine. On est alors ramené à la situation de polygones à quatre sommets. D'où un nombre fini de possibilités pour les termes $\lambda_{k'}$ (lemme IV.2.1.(i)).

V. INDICES DES OPERATEURS DIFFERENTIELS A COEFFICIENTS POLYNÔMIAUX.

Prolongeons la définition de l'espace de Gevrey généralisé $\mathbb{C}[[x]]_{k,\Lambda^*}$ au cas où l'entier k est négatif en posant
$\mathbb{C}[[x]]_{k,\Lambda^*} = \{\sum_{n\in\mathbb{N}} a_n x^n \in \mathbb{C}[[x]] \mid$ Il existe $C>0$ et $\Lambda_q \in \mathbb{R}$ tels que pour tout $n\in\mathbb{N}$ on ait $|a_n| \le C(n!)^{1/k}\exp(\Lambda_o n+\Lambda_1 n^{1-\frac{1}{|k|}}+\ldots+\Lambda_q n^{1-\frac{q}{|k|}})\}$.
Prolongeons de façon analogue les définitions des espaces $\mathbb{C}[[x]]_{(k,\Lambda^*)}$, $\mathbb{C}[[x]]_{k,\Lambda+}$ et $\mathbb{C}[[x]]_{k,\Lambda-}$.

Nous nous proposons de prolonger les théorèmes d'indices précédents au cas où l'entier k est négatif lorsque $D \in \mathbb{C}[x,\frac{d}{dx}]$ est un opérateur différentiel à coefficients polynômiaux.

Fixons donc désormais des entiers $k \in \mathbb{Z} - \mathbb{N}$ et q, $0 \leq q \leq -k+1$ et fixons $\Lambda = (\Lambda_o,\Lambda_1,\dots,\Lambda_{q-1}) \in \mathbb{R}^q$ (resp. $\Lambda = (\Lambda_o,\Lambda_1,\dots,\Lambda_q) \in \mathbb{R}^{q+1}$ pour la variante Gevrey précisé).
Nous explicitons le calcul dans le cas de l'espace $\mathbb{C}[[x]]_{k,\Lambda^*}$ nous contentant d'énoncer les résultats dans les autres cas.

Soit $D = \sum_{j=1}^{d} a_j(x) \left(\frac{d}{dx}\right)^j \in \mathbb{C}[x,\frac{d}{dx}]$ et soit $D_z = \sum_{j=1}^{d} a_j(\frac{1}{z})(-z^2 \frac{d}{dz})^j$ l'opérateur différentiel déduit de D par le changement de variable $z = \frac{1}{x}$.
Le diagramme commutatif

$$\begin{array}{ccc} \mathbb{C}[[x]]_{k,\Lambda^*} & \xrightarrow{\ D\ } & \mathbb{C}[[x]]_{k,\Lambda^*} \\ \Big\downarrow {\scriptstyle x \mapsto \frac{1}{z}} & & \Big\downarrow {\scriptstyle x \mapsto \frac{1}{z}} \\ \mathbb{C}[[\frac{1}{z}]]_{k,\Lambda^*} & \xrightarrow{\ D_z\ } & \mathbb{C}[[\frac{1}{z}]]_{k,\Lambda^*} \end{array}$$

où les flèches verticales sont des isomorphismes montre que l'étude de l'indice de D dans $\mathbb{C}[[x]]_{k,\Lambda^*}$ est équivalente à celle de D_z dans $\mathbb{C}[[\frac{1}{z}]]_{k,\Lambda^*}$.

Pour un opérateur à coefficients polynômiaux on peut étendre la définition du polygone de Newton aux pentes négatives. De plus la définition des $(k,\varkappa)$-caractéristiques garde un sens lorsque k est négatif, $0 \leq \varkappa \leq -k-1$ (Définition I.2.4.) On a alors

LEMME V.1. Les (k,q)-caractéristiques de D sont les opposées des $(-k,q)$-caractéristiques de D_z. Elles sont donc égales aux $(-k,q)$-caractéristiques de l'opérateur D_z^* transposé de D_z.

La notion de k-simplicité pour Λ (Définition I.2.15) se prolonge, elle aussi, de façon évidente au cas k négatif.

On appelle <u>résidu</u> et on note

$$\text{Rés} : \frac{1}{z}\,\mathbb{C}[[\tfrac{1}{z}]] \to \mathbb{C}[[\tfrac{d}{dz}]]\delta_\infty$$

l'application $\mathbb{C}$-linéaire qui prolonge les formules

$$\text{Rés}\left(\frac{1}{z^n}\right) = \frac{1}{2i\pi}\,\frac{(-1)^n}{(n-1)!}\left(\frac{d}{dz}\right)^{n-1}\delta_\infty \quad \text{pour} \quad n \in \mathbb{N}^*$$

LEMME V.2. Pour $k \in \mathbb{Z} - \mathbb{N}$ l'application Rés établit un isomorphisme entre les espaces $\frac{1}{z}\,\mathbb{C}[[\frac{1}{z}]]_{k,\Lambda^*}$ et $U_{(-k,-\Lambda^*)}$.

Dans tous les espaces considérés les opérateurs monômes x , z ou $\frac{1}{z}$ sont sont d'indice fini égal à $+1$ ou -1 suivant les cas. Notons alors $D_z = z^d\,\Delta_z = z^{d-c}\,\tilde{\Delta}_z$, $c \in \mathbb{N}$ étant choisi de telle sorte que $\tilde{\Delta}_z$ soit à coefficients polynômiaux en z . On peut appliquer à $\tilde{\Delta}_z$ le théorème d'indice IV.1.5. dans l'espace $U_{(-k,-\Lambda^*)}$, les conditions imposées à D coïncidant avec celles requises pour $\tilde{\Delta}_z^*$ (lemme V.1.)

On a alors

$$\chi_{U_{(-k,-\Lambda^*)}}(\tilde{\Delta}_z) = -\,\chi_{\mathbb{C}[[z]]_{(-k,-\Lambda^*)}}(\tilde{\Delta}_z^*)$$

Par suite Δ_z est aussi d'indice fini vérifiant

$$\chi_{U_{(-k,-\Lambda^*)}}(\Delta_z) = -c + \chi_{U_{(-k,-\Lambda^*)}}(\tilde{\Delta}_z)$$

(l'action de $\frac{1}{z}$ est donnée par $< \frac{1}{z}\Delta , \sum_{n\geq 0} a_n z^n > = < \Delta , \sum_{n\geq 1} a_n z^{n-1} >$) .

L'opérateur Δ_z opère dans l'espace $\frac{1}{z}\,\mathbb{C}[[\frac{1}{z}]]_{k,\Lambda^*}$ et par l'isomorphisme résidu il y est d'indice fini donné par

$$\chi_{\frac{1}{z}\mathbb{C}[[\frac{1}{z}]]_{k,\Lambda^*}}(\Delta_z) = \chi_{U_{(-k,-\Lambda^*)}}(\Delta_z) .$$

Pour montrer que D_z est d'indice fini dans $\mathbb{C}[[\frac{1}{z}]]_{k,\Lambda^*}$ satisfaisant à

$$\chi_{\mathbb{C}[[\frac{1}{z}]]_{k,\Lambda^*}}(D_z) = d-c-\chi_{\mathbb{C}[[z]]_{(-k,-\Lambda^*)}}(\tilde{\Delta}_z^*)$$

il nous reste à montrer que D_z est d'indice fini dans $\mathbb{C}[[\frac{1}{z}]]_{k,\Lambda^*}$ et que cet indice vérifie

$$\chi_{\mathbb{C}[[\frac{1}{z}]]_{k,\Lambda^*}}(D_z) = d + \chi_{\frac{1}{z}\mathbb{C}[[\frac{1}{z}]]_{k,\Lambda^*}}(\Delta_z)$$

THEOREME V.3.

Soient $k \in \mathbb{Z}$ et $q \in \mathbb{N}$, $0 \leq q \leq |k|-1$ et soit $\Lambda = (\Lambda_0,\ldots,\Lambda_{q-1}) \in \mathbb{R}^q$.

Si $D \in \mathbb{C}[x,\frac{d}{dx}]$ est un opérateur différentiel à coefficients polynômiaux k-simple pour $\mathrm{sgn}(k).\Lambda$ alors dans l'espace de Gevrey généralisé

$\mathbb{C}[[x]]_{k,\Lambda^*} = \{\sum_{n\in\mathbb{N}} a_n x^n \in \mathbb{C}[[x]] \mid$ Il existe $C > 0$ et $\Lambda_q \in \mathbb{R}$ tels que pour tout $n \in \mathbb{N}$ on ait $|a_n| \leq C(n!)^{1/k}\exp(\Lambda_0 n + \Lambda_1 n^{1-\frac{1}{|k|}} + \ldots + \Lambda_q n^{1-\frac{q}{|k|}})\}$

l'opérateur D est d'indice fini donné par

$$\chi_{\mathbb{C}[[x]]_{k,\Lambda^*}}(D) = \chi_{\mathbb{C}[[x]]_k}(D) - \begin{cases} \sum_{\alpha} \omega_{k,\Lambda}(q-1,\alpha) & \text{si } k > 0 \\ \sum_{\alpha} \omega_{(|k|,-\Lambda)}(q-1,\alpha) & \text{si } k < 0 \end{cases}$$

où $\chi_{\mathbb{C}[[x]]_k}(D)$ est l'indice de D dans l'espace de Gevrey

$\mathbb{C}[[x]]_k = \{\sum_{n\in\mathbb{N}} a_n x^n \in \mathbb{C}[[x]] \mid$ Il existe $C > 0$ et $\Lambda_0 \in \mathbb{R}$ tels que pour tout $n \in \mathbb{N}$ on ait $|a_n| \leq C(n!)^{1/k}\exp(\Lambda_0 n)\}$ ([R3] Théorème 3.2.5.),

où les sommations sont étendues aux $(k,q-1)$-caractéristiques de D compte-tenu de leur multiplicité, où $\omega_{k,\Lambda}(q-1,\alpha)$ est le poids d'ordre $q-1$ de α dans la direction k par rapport à Λ (Définition I.2.16) et où $\omega_{(|k|,\mathrm{sgn}(k).\Lambda)}(q-1,\alpha)$ est le contre-poids d'ordre $q-1$ de α dans la direction $|k|$ par rapport à $\mathrm{sgn}(k).\Lambda$ (Définition I.2.18)

Démonstration :

Pour $k = o$ on retrouve le théorème d'indice formel ([M2] Proposition 1.3.) et pour $k > 0$ c'est le théorème I.7.

Supposons $k \in \mathbb{Z} - \mathbb{N}$.

Soit $D = \sum_{j=1}^{d} a_j(x)(\frac{d}{dx})^j$ et soit $D_z = \sum_{j=1}^{d} a_j(\frac{1}{z})(-z^2\frac{d}{dz})^j$

La démonstration est analogue à celle de [M2], théorème 2.1. : on a les diagrammes commutatifs

$$\begin{array}{ccccccccc}
0 \longrightarrow & \mathbb{C}[[\frac{1}{z}]]_{k,\Lambda^*} & \longrightarrow & \mathbb{C}[[\frac{1}{z}]]_{k,\Lambda^*}[z] & \longrightarrow & z\,\mathbb{C}[z] & \longrightarrow 0 \\
 & \downarrow D_z & & \downarrow D_z & & \downarrow & \\
0 \longrightarrow & \mathbb{C}[[\frac{1}{z}]]_{k,\Lambda^*} & \longrightarrow & \mathbb{C}[[\frac{1}{z}]]_{k,\Lambda^*}[z] & \longrightarrow & z\,\mathbb{C}[z] & \longrightarrow 0
\end{array}$$

et

$$\begin{array}{ccccccccc}
0 \longrightarrow & \frac{1}{z}\mathbb{C}[[\frac{1}{z}]]_{k,\Lambda^*} & \longrightarrow & \mathbb{C}[[\frac{1}{z}]]_{k,\Lambda^*}[z] & \longrightarrow & \mathbb{C}[z] & \longrightarrow 0 \\
 & \downarrow \Delta_z & & \downarrow \Delta_z & & \downarrow & \\
0 \longrightarrow & \frac{1}{z}\mathbb{C}[[\frac{1}{z}]]_{k,\Lambda^*} & \longrightarrow & \mathbb{C}[[\frac{1}{z}]]_{k,\Lambda^*}[z] & \longrightarrow & \mathbb{C}[z] & \longrightarrow 0
\end{array}$$

où les flèches verticales de droite sont les flèches quotient avec les conditions

$$\chi_{\mathbb{C}[[\frac{1}{z}]]_{k,\Lambda^*}[z]}(z) = 0$$

et $\chi_{z\mathbb{C}[z]}(D_z) = -d + \chi_{z\mathbb{C}[z]}(\Delta_z) = -d + \chi_{\mathbb{C}[z]}(\Delta_z)$

d'où le résultat. On applique ensuite le théorème II.5. à $\tilde{\Delta}^*_z$ dans l'espace $\mathbb{C}[[z]]_{(-k,-\Lambda^*)}$.

THEOREME V.4.

Soient $k \in \mathbb{Z}$ et $q \in \mathbb{N}$, $0 \leq q \leq |k|-1$ et soit $\Lambda = (\Lambda_o, \Lambda_1, \ldots, \Lambda_{q-1}) \in$

Si $D \in \mathbb{C}[x, \frac{d}{dx}]$ est un opérateur différentiel à coefficients polynômiaux k-simple pour $\mathrm{sgn}(k).\Lambda$ (Définition I.2.15), alors dans l'espace de Gevrey-Beurling généralisé

$\mathbb{C}[[x]]_{(k,\Lambda^*)} = \{ \sum_{n\in\mathbb{N}} a_n x^n \in \mathbb{C}[[x]] \mid$ Pour tout $\Lambda_q \in \mathbb{R}$ il existe $C_{\Lambda_q} > 0$ tel que pour tout $n \in \mathbb{N}$ on ait $|a_n| \leq C_{\Lambda_q} (n!)^{1/k} \exp(\Lambda_o n + \Lambda_1 n^{1-\frac{1}{|k|}} + \ldots + \Lambda_q n^{1-\frac{q}{|k|}})\}$

l'opérateur D est d'indice fini donné par

$$\boxed{\chi_{\mathbb{C}[[x]]_{(k,\Lambda^*)}}(D) = \chi_{\mathbb{C}[[x]]_{(k)}}(D) + \begin{cases} \sum_\alpha \omega_{(k,\Lambda)}(q-1,\alpha) & \text{si } k > 0 \\ \sum_\alpha \omega_{|k|,-\Lambda}(q-1,\alpha) & \text{si } k < 0 \end{cases}}$$

où $\chi_{\mathbb{C}[[x]]_{(k)}}(D)$ est l'indice de D dans l'espace de Gevrey-Beurling

$\mathbb{C}[[x]]_{(k)} = \{\sum_{n\in\mathbb{N}} a_n x^n \in \mathbb{C}[[x]] \mid$ Pour tout $\Lambda_o \in \mathbb{R}$ il existe $C_{\Lambda_o} > 0$ tel que pour tout $n \in \mathbb{N}$ on ait $|a_n| \leq C_{\Lambda_o}(n!)^{1/k}\exp(\Lambda_o n)\}$ ([R3] Théorème 3.2.5.)

où les sommations sont étendues aux $(k,q-1)$-caractéristiques de D compte tenu de leur multiplicité,

où $\omega_{|k|,-\Lambda}(q-1,\alpha)$ est le poids d'ordre $q-1$ de α dans la direction $|k|$ par rapport à $-\Lambda$ (Définition I.2.16)

et où $\omega_{(k,\Lambda)}(q-1,\alpha)$ est le contre-poids d'ordre $q-1$ de α dans la direction k par rapport à Λ (Définition I.2.18)

THEOREME V.5.

Soient $k \in \mathbb{Z}$ et $q \in \mathbb{N}$, $0 \leq q \leq |k|-1$ et soit $\Lambda = (\Lambda_o,\Lambda_1,\ldots,\Lambda_q) \in \mathbb{R}^{q+1}$

Si $D \in \mathbb{C}[x,\frac{d}{dx}]$ est un opérateur différentiel à coefficients polynômiaux k-simple pour $\mathrm{sgn}(k).\Lambda$ (Définition I.2.15) alors dans les espaces de Gevrey précisés généralisés

$\mathbb{C}[[x]]_{k,\Lambda+} = \{\sum_{n\in\mathbb{N}} a_n x^n \in \mathbb{C}[[x]] \mid$ Pour tout $\varepsilon > 0$ il existe $C_\varepsilon > 0$ tel que pour tout $n \in \mathbb{N}$ on ait $|a_n| \leq C_\varepsilon (n!)^{1/k}\exp(\Lambda_o n + \Lambda_1 n^{1-\frac{1}{|k|}} + \ldots + \Lambda_{q-1} n^{1-\frac{q-1}{|k|}} + (\Lambda_q+\varepsilon) n^{1-\frac{q}{|k|}})\}$

et

$\mathbb{C}[[x]]_{k,\Lambda-} = \{\sum_{n\in\mathbb{N}} a_n x^n \in \mathbb{C}[[x]] \mid$ Il existe $\varepsilon > 0$ et $C > 0$ tels que pour tout $n \in \mathbb{N}$ on ait $|a_n| \leq C(n!)^{\frac{1}{k}}\exp(\Lambda_o n + \Lambda_1 n^{1-\frac{1}{|k|}} + \ldots + \Lambda_{q-1} n^{1-\frac{q-1}{|k|}} + (\Lambda_q-\varepsilon) n^{1-\frac{q}{|k|}})\}$

l'opérateur D est d'indices finis respectivement donnés par

$$\chi_{\mathbb{C}[[x]]_{k,\Lambda+}}(D) = \chi_{\mathbb{C}[[x]]_k}(D) - \begin{cases} \sum_\alpha \omega_{k,\Lambda}(q,\alpha) & \text{si } k > 0 \\ \sum_\alpha \omega_{(|k|,-\Lambda)}(q,\alpha) & \text{si } k < 0 \end{cases}$$

et

$$\chi_{\mathbb{C}[[x]]_{k,\Lambda-}}(D) = \chi_{\mathbb{C}[[x]]_{(k)}}(D) + \begin{cases} \sum_\alpha \omega_{(k,\Lambda)}(q,\alpha) & \text{si } k > 0 \\ \sum_\alpha \omega_{|k|,-\Lambda}(q,\alpha) & \text{si } k < 0 \end{cases}$$

où $\chi_{\mathbb{C}[[x]]_k}(D)$ et $\chi_{\mathbb{C}[[x]]_{(k)}}(D)$ désignent respectivement les indices de D dans l'espace de Gevrey $\mathbb{C}[[x]]_k$ et dans l'espace de Gevrey-Beurling $\mathbb{C}[[x]]_{(k)}$ ([R3] Théorème 3.2.5.), où les sommations sont étendues aux (k,q)-caractéristiques de D compte tenu de leur multiplicité et où $\omega_{|k|,\Lambda}(q,\alpha)$ resp. $\omega_{(|k|,\Lambda)}(q,\alpha)$ désigne le poids resp. le contre-poids d'ordre q de α dans la direction $|k|$ par rapport à Λ (Définition I.2.16 resp. I.2.18).

Par la même argumentation que pour le théorème III.11. on en déduit le

THEOREME V.6. Soit $D \in \mathbb{C}[x, \frac{d}{dx}]$ un opérateur différentiel à coefficients polynômiaux, k-simple pour tout $k \in \mathbb{Z}^*$ (Définition I.2.15) .

Soient $\hat{f} \in \mathbb{C}[[x]]$ et $g \in \mathbb{C}[x]$ tels que $D\hat{f} = g$.

Alors, ou bien $\hat{f}$ appartient à $\mathbb{C}[x]$ ou bien il existe $k \in \mathbb{Z}^*$ et $\Lambda = (\Lambda_0,\Lambda_1,\ldots,\Lambda_{k-1}) \in \mathbb{R}^k$ tels que $\hat{f}$ appartienne à $\mathbb{C}[[x]]_{k,\Lambda+}$ mais n'appartienne pas à $\mathbb{C}[[x]]_{k,\Lambda-}$.

De plus, k est l'une des pentes du polygone de Newton de D et Λ est l'une des k-suites critiques de D . (Définition I.2.11)

BIBLIOGRAPHIE

[D] DUVAL Anne — Etude asymptotique d'une intégrale analogue à la fonction " Γ modifiée" . Ce volume.

[G] GRISVARD Pierre — Opérateurs à indice. Lemme de compacité. Séminaire Cartan-Schwartz, 16e année, 1963-64 n°12.

[K] KOMATSU — Ultradistributions, I. Structure Theorems and a Characterization, J. Fac. Sci. Tokyo, Section IA, 1973, p.25-106.

[M1] MALGRANGE Bernard — Sur la réduction formelle des équations différentielles à singularités irrégulières. Préprint Grenoble, mars 1979.

[M2] MALGRANGE Bernard — Sur les points singuliers des équations différentielles. L'enseignement mathématique, t. XX, fasc. 1-2, (1974).

[R1] RAMIS Jean-Pierre — Dévissage Gevrey. Astéristique S.M.F., 59-60 (1978), p. 173-204.

[R2] RAMIS Jean-Pierre — Etude des solutions méromorphes des équations aux différences linéaires algébriques. A paraître.

[R3] RAMIS Jean-Pierre — Théorèmes d'indices Gevrey pour les équations différentielles ordinaires. Memoirs of the American Mathematical Society n° 385 (1983).

RESIDU D'UNE CONNEXION HOLOMORPHE

par

R. GÉRARD et J.P. RAMIS

I.R.M.A. 7 rue René Descartes

67084 STRASBOURG CEDEX (France)

INTRODUCTION

Dans tout l'article on désigne par X une variété analytique complexe, dénombrable à l'infini (que l'on peut sans inconvénient supposer connexe), et par $\mathcal{V}$ un fibré vectoriel holomorphe sur X et à fibre C^m.
On désigne par $\mathcal{O}_X$ le faisceau structural de X, par Ω_X^p ($p \in N$) le faisceau des formes holomorphes de degré p sur X. On note $\Omega_X(\mathcal{V}) = \Omega_X^p \otimes \mathcal{V}$.

Nous proposons dans cet article une notion de résidu "à la Leray-Poincaré" pour une connexion régulière ou à points singuliers réguliers. Nous avons pu développer un formalisme très voisin de celui de LERAY [6], au prix toutefois de l'abandon du point de vue exclusivement "logarithmique".

Si Y est un diviseur à croisement normaux et ∇ une connexion à pôles logarithmiques sur Y nous montrons que le complexe de De Rham $\Omega_X^{\bullet}(\mathcal{V})$ associé à la connexion ∇ est à cohomologie localement constante sur les strates de la stratification naturelle associée à Y et nous donnons une méthode de "calcul" de la dimension des fibres des faisceaux localement constants associés.

Les techniques mathématiques utilisées gardent un caractère élémentaire (malgré la nécessaire lourdeur des notations) et sont aussi effectives que possible.

CHAPITRE O.

NOTIONS FONDAMENTALES

Dans un certain nombre de notions introduites dans ce chapitre, on pourra consulter [1] . Le lecteur averti pourra considérer ce chapitre comme étant un dictionnaire.

§ 1. Systèmes locaux complexes.

Soit X un espace topologique. Un système local complexe sur X est un faisceau d'espaces vectoriels complexes sur X qui est localement isomorphe à l'un des faisceaux constants $\mathbb{C}^n$.

Si X est connexe, localement connexe par arc et localement simplement connexe muni d'un point de base $x_o \in X$, il y a équivalence entre se donner un système local complexe sur X et se donner une représentation complexe de dimension finie du groupe fondamental $\pi_1(X,x_o)$.

Cette équivalence est une équivalence de catégories.

Si X est simplement connexe, un système local complexe $\mathcal{H}$ sur X est entièrement déterminé par la donnée du $\mathbb{C}$-espace vectoriel $\Gamma(X;\mathcal{H})$ de ses sections sur X. Dans ce cas le morphisme :

$$\mathcal{H} \longrightarrow \Gamma(X;\mathcal{H})$$

est une équivalence entre la catégorie des systèmes locaux complexes sur X et la catégorie des $\mathbb{C}$-espaces vectoriels.

§ 2. Connexions linéaires holomorphes.

2.1. DEFINITIONS. Soit X une variété analytique complexe. Un fibré vectoriel holomorphe sur X est un faisceau de modules localement libres sur le faisceau structural $\mathcal{O}_X$ de X. Si $\mathcal{V}$ est un fibré vectoriel holomorphe sur X et x un point de X, on désignera par $\mathcal{V}_{(x)}$ le $\mathcal{O}_{(x)}$-module de type fini des germes de sections de $\mathcal{V}$ en x.

Si $\mathfrak{m}_x$ est l'idéal maximal de $\mathcal{O}_{(x)}$, la fibre en x du fibré vectoriel $\mathcal{V}$ est le $\mathbb{C}$-espace vectoriel de dimension finie

$$\mathcal{V}_x = \mathcal{V}_{(x)} \otimes_{\mathcal{O}_{(x)}} \frac{\mathcal{O}_{(x)}}{\mathfrak{m}_x} .$$

Notons Ω_X^p le faisceau sur X des germes de p-formes différentielles holomorphes. Soit $\mathcal{V}$ un fibré vectoriel holomorphe sur X, une connexion linéaire holomorphe sur $\mathcal{V}$ est un morphisme $\mathbb{C}$-linéaire

$$\nabla : \mathcal{V} \longrightarrow \Omega_X^1 \otimes_{\mathcal{O}_X} \mathcal{V}$$

Vérifiant l'identité de Leibniz :

$$\nabla(f\, s) = df \otimes s + f\nabla s$$

pour tous f et s sections locales respectivement de $\mathcal{O}_X$ et de $\mathcal{V}$.

Si τ est un champ de vecteurs holomorphes sur X , on pose pour toute section locale v de $\mathcal{V}$ sur un ouvert U de X

$$\nabla_\tau(v) = <\nabla v, \tau> \in \mathcal{V}(U) \quad .$$

L'application $\nabla_\tau : \mathcal{V} \longrightarrow \mathcal{V}$ est la dérivée covariante de ∇ selon le champ de vecteur τ.

La connexion canonique sur $\mathcal{O}_X$ est la connexion pour laquelle

$$\nabla f = df$$

pour toute section locale f de $\mathcal{O}_X$.

Soient $\mathcal{V}_1$ et $\mathcal{V}_2$ deux fibrés vectoriels holomorphes sur X munis des connexions ∇^1 et ∇^2, on définit alors une connexion sur :

1) $\mathcal{V}_1 \oplus \mathcal{V}_2$ par la formule

$$\nabla_\tau(v_1 + v_2) = \nabla^1_\tau(v_1) + \nabla^2_\tau(v_2)$$

pour tout champ de vecteurs τ holomorphe sur X .

2) $\mathcal{V}_1 \otimes \mathcal{V}_2$ par la formule

$$\nabla_\tau(v_1 \otimes v_2) = \nabla^1_\tau(v_1) \otimes v_2 + v_1 \otimes \nabla^2_\tau(v_2)$$

pour tout champ de vecteurs τ holomorphes sur X .

3) $\mathrm{Hom}.(\mathcal{V}_1, \mathcal{V}_2)$ par

$$\nabla_\tau(f)(v_1) = \nabla^2_\tau(f(v_1)) - f(\nabla^1_\tau(v_2)) \quad .$$

En particulier comme application de 3) on définit une connexion $\check{\nabla}$ sur le fibré $\check{\mathcal{V}} = \mathrm{Hom}.(\mathcal{V}, \mathcal{O}_X)$ dual de $\mathcal{V}$. On a donc la formule :

$$<\nabla_\tau v', v> = \partial_\tau < v', v> - < v', \nabla^v_\tau>$$

où ∂_τ est la dérivation associée au champ de vecteurs τ.

Un $\mathcal{O}_X$-morphisme f entre fibrés vectoriels $\mathcal{V}_1$ et $\mathcal{V}_2$ sur X munis de connexions ∇^1 et ∇^2 est dit compatible aux connexions si

$$\nabla^2 f = f\,\nabla^1 \quad .$$

Notons $\Omega_X^p(\mathcal{V}) = \Omega_X^p \otimes_{\mathcal{O}_X} \mathcal{V}$ le faisceau des germes de p-formes différentielles à valeurs dans $\mathcal{V}$.

On définit alors les morphismes $\mathbb{C}$-linéaires

$$\nabla : \Omega_X^p(\mathcal{V}) \longrightarrow \Omega_X^{p+1}(\mathcal{V})$$

par la formule

$$\nabla(\alpha \otimes v) = d\alpha \otimes v + (-1)^p \alpha \wedge \nabla v$$

pour tout α et v sections locales de Ω_X^p et $\mathcal{V}$.

Si $\tau_o, \tau_1, \ldots, \tau_p$ sont $p+1$ champs de vecteurs holomorphes sur X , on définit

$$\nabla_{\tau_o \wedge \tau_1, \ldots, \wedge \tau_p} : \Omega_X^p(\mathcal{V}) \longrightarrow \mathcal{V}$$

localement par la formule

$$\nabla_{\tau_o \wedge \tau_1 \wedge \ldots \tau_p}(\alpha) = \sum_{i=1}^{p} (-1)^i \nabla_{\tau_i}(\langle \alpha , \tau_o \wedge \ldots \hat{\tau}_i \wedge \ldots \tau_p \rangle)$$

$$+ \sum_{i<j} (-1)^{i+j} \langle \alpha, [\tau_i, \tau_j] \wedge \tau_o \wedge \ldots \hat{\tau}_i \wedge \ldots \tau_p \rangle \quad ;$$

Soient $\mathcal{V}_1$ et $\mathcal{V}_2$ deux fibrés vectoriels munis de connexions ∇^1 et ∇^2 et soit $\mathcal{V} = \mathcal{V}_1 \otimes \mathcal{V}_2$, on désigne par $\wedge$ l'application

$$\wedge : \Omega_X^p(\mathcal{V}_1) \otimes \Omega_X^q(\mathcal{V}_2) \longrightarrow \Omega_X^{p+q}(\mathcal{V})$$

telles que pour α_1 (resp. α_2 , v_1, v_2) section locale de $\Omega_X^p(\mathcal{V}_1)$ (resp. $\Omega_X^q(\mathcal{V}_2)$, $\mathcal{V}_1, \mathcal{V}_2$) on ait

$$(\alpha_1 \otimes v_1) \wedge (\alpha_2 \otimes v_2) = (\alpha_1 \wedge \alpha_2) \otimes (v_1 \otimes v_2) \quad .$$

Si α_1 (resp. α_2) est une section locale de $\Omega_X^p(\mathcal{V}_1)$ (resp. $\Omega_X^q(\mathcal{V}_2)$) on a

$$\nabla(\alpha_1 \wedge \alpha_2) = \nabla^1(\alpha_1) \wedge \alpha_2 + (-1)^p \alpha_1 \wedge \nabla^2(\alpha_2) \quad .$$

En particulier si on applique cette formule à un fibré vectoriel $\mathcal{V}$ sur X et $\mathcal{O}_X$ on obtient

$$\nabla(\alpha \wedge \beta) = d\alpha \wedge \beta + (-1)^p \alpha \wedge \nabla\beta$$

pour tout

pour tout α,β respectivement section locale de Ω_X^p et $\Omega_X^q(\mathcal{V})$. Il en résulte que

$$\nabla \circ \nabla(\alpha \wedge \beta) = \alpha \wedge \nabla \circ \nabla\beta \quad .$$

Le morphisme

$$R = \nabla^2 = \nabla \circ \nabla : \mathcal{V} \longrightarrow \Omega_X^2(\mathcal{V})$$

est <u>la courbure de la connexion</u> ∇ .

La connexion ∇ sur $\mathcal{V}$ fibré vectoriel sur X est dite <u>intégrable</u> si sa courbure est nulle c'est à dire si $\nabla^2 = 0$.

Il est aisé de vérifier que ∇ est intégrable si et seulement si pour tout couple de champs de vecteurs holomorphes τ_1, τ_2

$$\nabla_{[\tau_1,\tau_2]} = [\nabla_{\tau_1}, \nabla_{\tau_2}] \quad .$$

En particulier s'il existe sur X un système libre de champs de vecteurs holomorphes deux à deux permutables $\tau_1, \tau_2, \ldots, \tau_n$ $(n = \dim_{\mathbb{C}} X)$ alors ∇ est intégrable si et seulement si :

$$[\nabla_{\tau_i}, \nabla_{\tau_j}] = 0 \qquad (i,j) = 1,2,\ldots,n) \; .$$

Si ∇ est une connexion intégrable sur $\mathcal{V}$ on a un complexe de De Rham holomorphe à valeurs dans $\mathcal{V}$

$$^{\nabla}\Omega_X^*(\mathcal{V}) : 0 \longrightarrow \Omega_X^o(\mathcal{V}) \longrightarrow \Omega_X^1(\mathcal{V}) \longrightarrow \ldots$$

$$\ldots \longrightarrow \Omega_X^p(\mathcal{V}) \rightarrow \Omega_X^{p+1}(\mathcal{V}) \longrightarrow \ldots$$

Ce complexe est une résolution du faisceau $\mathcal{V}$ ([1] p 13) . Si ∇ est une connexion holomorphe sur le fibré vectoriel $\mathcal{V}$ sur X, une section locale v de $\mathcal{V}$ est dite <u>horizontale</u> pour ∇ si

$$\nabla v = 0 \quad .$$

Notons $\mathcal{H}_\nabla(\mathcal{V})$ <u>le faisceau des germes de sections horizontales</u> de $\mathcal{V}$, c'est un système local complexe. Inversement si $\mathcal{H}$ est un système local complexe sur X , c'est le système local des sections horizontales d'un fibré muni d'une connexion linéaire, en effet il suffit de considérer

$$\mathcal{V} = \mathcal{O}_X \otimes_{\mathbb{C}} \mathcal{H}$$

avec la connexion linéaire définie par

$$\nabla s = \sum_i \partial f_i \otimes s_i$$

pour tout

$$s = \sum_i f_i \otimes s_i$$

section locale de $\mathcal{V}$. Un morphisme de fibrés à connexion induit un morphisme de faisceau sur les sections horizontales et réciproquement.

On a donc une équivalence de catégories entre la catégorie des systèmes locaux complexes sur X et la catégorie des fibrés holomorphes munis d'une connexion linéaire intégrable ([1] p 12) .

2.2. <u>Expression locale d'une connexion linéaire</u>. Soit $\mathcal{V}$ un fibré vectoriel holomorphe sur X muni d'une connexion ∇ . Si le fibré $\mathcal{V}$ est défini par le $\mathbb{C}$-espace vectoriel V et si on identifie les sections de $\mathcal{V}$ et applications holomorphes de X dans V on a

$$\nabla v = dv + \Omega v$$

où

$$\Omega \in \Omega^1_X(\mathrm{End.}(\mathcal{V})) \ .$$

Si on choisit une base $(e) : \mathbb{C}^m \longrightarrow V$ de V alors Ω se représente comme une matrice ω de formes différentielles holomorphes de degré un .

Soit

$$v = \sum_{i=1}^m v^i e_i$$

$$\nabla v = \sum_{i=1}^m [dv^i e_i + v^i \nabla e_i] \ ,$$

si

$$\nabla e_i = \sum_{i=1}^m \omega_i^j e_j$$

on a

$$\nabla v = \sum_{i=1}^{m} dv^i \, e_i + \sum_{i=1}^{m} v^i \sum_{j=1}^{m} \omega_i^j \, e_j$$

$$= \sum_{i=1}^{m} (dv^i + \sum_{j=1}^{m} v^j \, \omega_j^i) e_i$$

qui donne l'expression locale d'une connexion liénaire sur $\mathcal{V}$.

Déterminons l'expression locale de la condition de complète intégrabilité. En utilisant la convention d'Einstein pour les sommations :

$$\nabla^2 v = d(dv^i + \omega_j^i \, v^j) e_i - (dv^i + \omega_j^i v^j) \wedge \nabla e_i$$

$$= (d\omega_j^k - \omega_j^i \wedge \omega_i^k) v^j \, e_j \; .$$

La condition d'intégrabilité de ∇ est donc :

$$d\omega_j^k = \omega_j^i \wedge \omega_i^k \; ;$$

c'est à dire si

$$\omega = \begin{pmatrix} \omega_1^1 & \omega_1^2 & \cdots\cdots & \omega_1^m \\ \omega_2^1 & \omega_2^2 & \cdots\cdots & \\ \cdot & & & \\ \cdot & & & \\ \cdot & & & \\ \omega_m^1 & \omega_m^2 & \cdots\cdots & \omega_m^m \end{pmatrix}$$

$$d\omega = \omega \wedge \omega$$

En utilisant la convention

$$v.\omega = (v_1, v_2, .., v_m) \begin{pmatrix} \omega_1^1 & \omega_1^2 & \cdots\cdots & \omega_1^m \\ \omega_2^1 & \cdots & \cdots & \cdots \\ \cdots & \cdots & \cdots & \cdots \\ \cdots & \cdots & \cdots & \cdots \\ \cdots & \cdots & \cdots & \cdots \\ \omega_m^1 & \omega_m^2 & \cdots\cdots & \omega_m^m \end{pmatrix}$$

on a donc

$$\nabla v = dv + v.\omega$$

et pour toute section locale π de $\Omega^p_X(\mathcal{V})$

$$\nabla\pi = d\pi + (-1)^p \pi \wedge \omega \quad .$$

Effet de changement de base : Notons $\omega_{(e)}$ la matrice de formes associées à ∇ dans la base (e) . Alors si $(f) = A(e)$ est une autre base locale de $\mathcal{V}$ nous avons

$$\nabla(e) = \omega_{(e)}(e) \quad , \quad \nabla(f) = \omega_{(f)}(f)$$

c'est à dire

$$\nabla(A(e)) = \omega_{(f)}(f)$$

ce qui donne

$$d\,A(e) + A\omega_{(e)}\,(e) = \omega_{(f)}\,A(e)$$

et

$$d\,A = \omega_{(f)}A - A\,\omega_{(e)} \quad .$$

Soit $\{U_j \times V\}$ une trivialisation locale du fibré $\mathcal{V}$, par le choix d'une base (e) : $C^m \longrightarrow V$ de V on peut considérer $\{U_j \times C^m\}$ comme trivialisation locale de $\mathcal{V}$. Si $\{s_i\}$ est une section de $\mathcal{V}$ on a

$$\nabla\, s_i = ds_i + s_i\,\omega_i \quad \text{sur} \quad U_i \quad .$$

Si $\{g_{ij}\}$ est le cocycle de transition d'une trivialisation locale à une autre, on a

$$s_j = s_i\, g_{ij} \quad \text{sur} \quad U_{ij} = U_i \cap U_j \quad .$$

$$\begin{aligned}
\nabla\, s_j &= ds_j + s_j\,\omega_j \\
&= ds_i g_{ij} + s_i dg_{ij} + s_i g_{ij}\,\omega_j \\
&= [ds_i + s_i(dg_{ij}\, g_{ij}^{-1} + g_{ij}\,\omega_j\, g_{ij}^{-1}]\, g_{ij} \\
&= [ds_i + s_i\,\omega_i]g_{ij} \\
&= (\nabla\, s_i)g_{ij}
\end{aligned}$$

car $dg_{ij} = \omega_i\, g_{ij} - g_{ij}\,\omega_j$.

Remarque 2.1 : Inversement la donnée d'un recouvrement $\{U_i\}$ de X, d'un cocycle $\{g_{ij}\}$ et de la collection $\{\omega_i\}$ liés par la relation

$$dg_{ij} = \omega_i \, g_{ij} - g_{ij} \, \omega_j$$

détermine un fibré $\mathcal{V}$ muni d'une connexion ∇.

2.3. Exemples de connexions linéaires intégrables.

- La connexion canonique d sur $\mathbb{C}^n$, la matrice de cette connexion dans la base canonique est nulle.

- Tout système de Pfaff linéaire complètement intégrable sur $\mathbb{C}^n$ définit une connexion linéaire intégrable sur un fibré trivial au-dessus de $\mathbb{C}^n$. Considérons par exemple le système de Pfaff

$$(S) \qquad dz = z\omega \qquad \omega = \sum_{i=1}^{n} A_i(x)\, dx_i$$

où les $A_i(x)$ sont des $m \times m$-matrices holomorphes sur $\mathbb{C}^n$. La condition de complète intégrabilité de (S) est $d\omega = \omega \wedge \omega$, c'est à dire que pour tout couple (i,j)

$$\frac{\partial A_i}{\partial x_j} - \frac{\partial A_j}{\partial x_i} = [A_i \, , A_j]$$

qui se réduit à la permutation des matrices A_i lorsque celles-ci sont constantes. Comme $\mathbb{C}^n$ est simplement connexe, le système (S) supposé complètement intégrable admet une matrice fondamentale de solutions Φ holomorphe et holomorphiquement inversible sur $\mathbb{C}^n$. Par transformation

$$z = u\,\Phi$$

le système (S) se transforme en $du = 0$.

2.4. La remarque que nous venons de faire à la fin de l'exemple ci-dessus conduit à

PROPOSITION 1.1. Si X est une variété de Stein contractile et si $\mathcal{V}$ est un fibré vectoriel holomorphe sur X de rang m muni d'une connexion linéaire holomorphe et intégrable ∇ alors $(\mathcal{V},\nabla)$ est isomorphe à $(\mathcal{O}_X^n \, , d)$.

En effet comme X est contractile, tout fibré sur X est topologiquement trivial et comme X est de Stein un théorème de Grauert entraine que $\mathcal{V}$ est analytiquement trivial. On peut supposer que $\mathcal{V} = \mathcal{O}_X^n$ et ensuite on conclut comme dans l'exemple ci-dessus.

§ 3. Connexions linéaires à singularités régulières.

Soient : X une variété analytique complexe de dimension finie n ;

Y un diviseur de X .

On supposera que $Y = \bigcup_{i=1}^{p} Y_i$ où les Y_i sont irréductibles, sans singularités et à croisement normaux.

Remarque 3.1. : Le cas général peut toujours se ramener au cas indiqué en utilisant une désingularisation d'Hironaka.

Notons $X^* = X - Y$ et j l'inclusion de X^* dans X .

On appelle complexe logarithmique de X le long de Y le plus petit sous complexe $\Omega_X^{\bullet}<Y>$ de $j_*\Omega^{\bullet}_{X^*}$ contenant $\Omega_X^{\bullet}$, stable par produit extérieur et tel que $\frac{df}{f}$ soit une section locale de $\Omega_X^1<Y>$ chaque fois que f est une section locale de $j_*\mathcal{O}_{X^*}$ méromorphe le long de Y .

Une section locale de $j_*\Omega^p_{X^*}$ est dite présenter un pôle logarithmique le long de Y si c'est une section locale de $\Omega_X^p<Y>$.

Rappelons quelques résultats :

1) Si $X = D^n$, $D = \{x \in \mathbb{C} \mid |x| < 1\}$, $D^* = \{x \in \mathbb{C} \mid 0 < |x| < 1\}$ et $X^* = (D^*)^k \times D^{n-k}$, $Y = \bigcup_{i=1}^{k} Y_i$, $Y_i = (pr_i)^{-1}(0)$.

Dans ce cas le faisceau $\Omega_X^1<Y>$ est libre de base les

$$\{\frac{dx_i}{x_i}\} \quad i = 1,2,\ldots,k$$

et

$$\{dx_i\} \quad i = k+1,\ldots,n$$

On en déduit que dans le cas $k = 1$, toute forme α ayant un pôle logarithmique le long de Y s'écrit d'une manière et d'une seule sous la forme

$$\alpha = \frac{dx_1}{x_1} \wedge \alpha_1 + \alpha_2$$

les formes α_1 et α_2 étant telles que dx_1 n'y figurent pas.

2) Le faisceau $\Omega^1_X\langle Y\rangle$ est localement libre et

$$\Omega^p_X\langle Y\rangle = \overset{p}{\wedge}\ \Omega^1_X\langle Y\rangle \quad .$$

3) Pour qu'une section α de $j_*\Omega^p_{X^*}$ présente un pôle logarithmique le long de Y il faut et il suffit que α et $d\alpha$ présente au pis un pôle simple le long de Y.

Pour tout fibré vectoriel $\mathcal{V}$ holomorphe sur X nous noterons :

$$\Omega^\bullet_X(\mathcal{V}) = \Omega^\bullet_X \otimes_{\mathcal{O}_X} \mathcal{V}$$

$$\Omega^\bullet_{X^*}(\mathcal{V}) = \Omega^\bullet_{X^*} \otimes_{\mathcal{O}_X} \mathcal{V}$$

$$\Omega^\bullet_X(^*Y)(\mathcal{V}) = \Omega^\bullet_X(^*Y) \otimes_{\mathcal{O}_X} \mathcal{V}$$

où $\Omega^\bullet_X(^*Y)$ est le d-complexe des formes méromorphes sur X avec au plus des pôles sur Y,

$$\Omega^\bullet_X\langle Y\rangle(\mathcal{V}) = \Omega^\bullet_X\langle Y\rangle \otimes_{\mathcal{O}_X} \mathcal{V} \quad .$$

On a évidemment les injections

$$\Omega^\bullet_X(\mathcal{V}) \hookrightarrow \Omega^\bullet_X\langle Y\rangle(\mathcal{V}) \hookrightarrow \Omega^\bullet_X(^*Y)(\mathcal{V}) \quad .$$

Soit ∇ une connexion intégrable et holomorphe sur $\mathcal{V}^* = \mathcal{V}|_{X^*}$.

DEFINITION 3.2. <u>La connexion ∇ est à singularité régulière le long de Y si pour tout $y \in Y$, il existe un voisinage ouvert U de y et une base (e) $(e) : \mathcal{O}^m \to \mathcal{V}$ de $\mathcal{V}$ sur $U - U\cap Y$ telle que la matrice de la connexion présente au pis un pôle logarithmique le long de Y.</u>

Localement au voisinage de tout point $M \in Y_i$ et $M \notin Y_j$ pour $j \neq i$, on peut écrire la connexion sous la forme

$$\nabla = d + (-1)^\bullet \cdot \wedge \omega_i$$

avec

$$\omega_i = A_i(x,y)\,\frac{dx}{x} + B_i(x,y)$$

où

- $x = 0$ est une équation locale irréductible de Y dans un voisinage U de M
- $A_i(x,y)$ est une $m \times m$ -matrice holomorphe dans U .
- $B_i(x,y) = \sum_{k=1}^{n-1} B_i^k(x,y)\,dy_k$, $y = (y_1, y_2, \ldots, y_{n-1})$, les B_i^k étant des matrices holomorphes d'ordre m .

Localement au voisinage de tout point $M \in Y$ on peut écrire la connexion sous la forme

$$\nabla = d + (-1)^{\bullet} \cdot \wedge\, \omega_i$$

avec

$$\omega_i = \sum_{i=1}^{p} A_i \frac{dx_i}{x_i} + \sum_{i=1}^{n-p} B_i(x,y)\,dy_i$$

les notations ayant une signification évidente.

Donc localement sur X , le choix d'une base (e) de $\mathcal{V}$ permet de définir la "matrice de la connexion" :

$$\omega \in j_* \Omega^1_{X^*}(\mathrm{End}.\ \mathcal{V})$$

ainsi que la partie pôlaire $\hat{\omega}$ de ω qui est élément de

$$\frac{j_* \Omega^1_{X^*}(\mathrm{End}.\ \mathcal{V})}{\Omega^1_X(\mathrm{End}.\ \mathcal{V})}$$

et qui ne dépend que de $\mathcal{V}$ et de ∇ .

Pour tout $i = 1,2,\ldots,p$ on appellera <u>résidu local</u> de ∇ au point $y \in Y - Y_i \cap Y_j$ pour tout j la matrice

$$A_i(x,y)\Big|_{Y_i} = A_i(0,y) \quad .$$

Ces résidus locaxu se recollent pour donner un élément

$$\text{Rés.}_{Y_i}(\nabla) \in \mathrm{End.}\,(\mathcal{V}\big|_{Y_i}) \quad .$$

Remarque 3.3. : La justification de l'appellation résidu se fera clairement dans la suite de cet article. La forme ω_i n'étant pas fermée ce n'est pas un résidu au sens de Leray-Poincaré par contre ω_i est ∇-fermée $(\nabla\omega_i = d\omega_i - \omega_i \wedge \omega_i = 0)$.

PROPOSITION 3.4. On a sur $Y_i \cap Y_j$ et pour tout couple (i,j) :

$$[\text{Rés.}_{Y_i}\nabla \, , \, \text{Rés.}_{Y_j}\nabla] = 0 \; .$$

Cette proposition résulte de l'intégrabilité de ∇ et du fait que Y est à croisements normaux.

Le dual du fibré $\Omega^1_X\langle Y\rangle$ est le fibré $T^1_X\langle Y\rangle$ des champs de vecteurs τ sur X qui vérifient, pour tout $P \subset [1,p]$:

$$\tau/Y_p \text{ est tangent à } Y_p = \bigcap_{i\in P} Y_i \; .$$

Si un champ de vecteurs τ possède la propriété ci-dessus et si g est une section de $\mathcal{V}$ alors $\nabla_\tau(g)$ est encore une section régulière de $\mathcal{V}$, sa restriction à Y_p ne dépend que de $g|U_p$ et de l'image de τ dans $T^1_X\langle Y\rangle \otimes \mathcal{O}_{Y_p}$. Si σ est une section locale de l'épimorphisme envoyant $T^1_X\langle Y\rangle \otimes \mathcal{O}_{Y_p}$ dans le fibré tangent à Y_p , et si v est une section locale de $\mathcal{V}|Y_p$, $v = w|Y_p$ où w est une section locale de $\mathcal{V}$, alors pour tout champ de vecteurs τ tangent à Y_p , $\nabla_{\sigma(\tau)}(w)|Y_p$ ne dépend que de σ et de v . Ceci définit donc une connexion ∇_σ sur $\mathcal{V}|Y'_p$, où $Y'_p = Y_p - \bigcup_{i\notin P} Y_i$.

La connexion ∇_σ est intégrable si σ commute au crochet et elle présente au pis un pôle logarithmique le long de

$$Y_p \cap \bigcup_{i\notin P} Y_i$$

c'est à dire qu'elle est à singularité régulière.

La connexion ∇_σ sera appelée la connexion induite sur Y_p par ∇ associée à σ .

On vérifie aisément que :

$$\text{si } \; i \in P \; , \quad \nabla_\sigma(\text{Rés.}_{Y_i}\nabla) = 0 \quad \text{sur } Y'_p \; .$$

De là on peut déduire que le polynôme caractéristique de Rés. $Y_i(\nabla)$ est constant sur Y_i . On pourra donc parler des valeurs propres de $\text{Rés.}_{Y_i}(\nabla)$.

Exemple 1 :

$$X = \mathbb{C}^n , \; Y = \bigcup_{i=1}^{p} Y_i , \quad Y_i = \{z \in \mathbb{C}^n \mid z_i = 0\}$$

est donnée globalement sur un fibré trivial au dessus de $\mathbb{C}^n$ par

$$\nabla = d + (-1)^{\bullet} \cdot \wedge \omega$$

$$\omega = \sum_{i=1}^{p} \frac{A_i(z)\, dz_i}{z_i} + \sum_{i=p+1}^{n} B_i(z)\, dz_i \; .$$

La complète intégrabilité de ∇ s'exprime par $d\omega = \omega \wedge \omega$, c'est à dire

$$\sum_{j=1}^{p} \sum_{i=1}^{p} \frac{\partial A_i}{\partial z_j} \frac{dz_j \wedge dz_i}{z_i} + \sum_{\substack{i,j \\ p+1}}^{n} \frac{\partial B_i}{\partial z_j} dz_j \wedge dz_i$$

$$= \sum_{i<j}^{p} \frac{[A_i, A_j]}{z_i z_j} dz_i \wedge dz_j +$$

$$+ \sum_{i=1}^{p} \sum_{j=p+1}^{n} A_i B_j \frac{dz_i \wedge dz_j}{z_i}$$

$$+ \sum_{p+1 \le i < j \le n} [B_i, B_j]\, dz_i \wedge dz_j \; .$$

Ce qui donne pour tout couple (i,j) avec $i \le p$ et $j \le p$,

$$z_j \frac{\partial A_i}{\partial z_j} - z_i \frac{\partial A_j}{\partial z_i} = [A_i, A_j]$$

et donc

$$[A_i \mid Y_i \cap Y_j \, , \, A_j \mid Y_i \cap Y_j] = 0$$

c'est à dire

$$[\text{Rés.}_{Y_i} \omega \, , \, \text{Rés.}_{Y_j} \omega] \big|_{Y_i \cap Y_j} = 0 \; .$$

Si on prend $P = \{1\} \subset [1,2,\dots,p]$ et $\sigma : T^1_{Y_1} \longrightarrow T^1_X \langle Y \rangle \otimes \mathcal{O}_{Y_1}$

$$\tau \longrightarrow z_1 \frac{\partial}{\partial z_1} + \tau$$

où $\tau = \sum_{i=2}^{n} \alpha_i \frac{\partial}{\partial z_i}$ commute au crochet. Nous avons

$$\nabla_{\sigma(\tau)}(g) = < dg + g\omega , \sigma(\tau) >$$

$$= z_1 \frac{\partial g}{\partial z_1} + \sum_{i=2}^{n} \alpha_i \frac{\partial g}{\partial z_i} + gA_1 + g \sum_{i=2}^{p} \frac{\alpha_i A_i}{z_i}$$

$$+ g \sum_{i=p+1}^{n} \alpha_i B_i .$$

Prenons $\sigma(\tau) = \tau$, alors

$$\nabla_\tau(g) = \sum_{i=2}^{n} \alpha_i \frac{\partial g}{\partial z_i} + g \sum_{i=2}^{p} \frac{\alpha_i A_i}{z_i} + g \sum\sum_{i=p+1}^{n} \alpha_i B_i$$

$\nabla_\tau(g)|_{Y_1}$ ne dépend que de $g|_{Y_1}$.

La connexion induite est définie par la forme

$$\omega_1 = \sum_{i=2}^{p} \frac{A_i|_{Y_1} \; dz_i}{z_i} + \sum_{i=p+1}^{n} B_i|_{Y_1} \; dz_i .$$

elle est donc a singularité régulière sur $Y_1 \cap \bigcup_{i\neq 1}^{p} Y_i$.

Cette connexion induite sur Y_1 n'est évidemment pas canonique. Rappelons maintenant un résultat important se trouvant dans [1],[2] et de manière très détaillée dans [3] .

Considérons le système de Pfaff complètement intégrable

$$\nabla z = dz + z\omega = 0 \qquad (1)$$

$$\omega = \sum_{i=1}^{n} A_i \frac{dx_i}{x_i} .$$

THEOREME 3.3. Il existe unee matrice holomorphe inversible $U(x)$ et pour tout $i = 1,2,\ldots,n$ une matrice diagonale L_i dont les éléments sont de entiers non négatifs tels que la transformation

$$z = U(x) \prod_{i=1}^{n} x_i^{L_i} y$$

transforme (1) en

$$dy + y\left(\sum_{i=1}^{n} B_i \frac{dx_i}{x_i} \right) = 0$$

où les matrices B_i sont des matrices constantes. De plus les matrices B_i et L_i ainsi que les matrices coéfficients du développement en série de $U(x)$ peuvent être calculées à l'aide d'opérations purement algébriques.

Remarque 3.4. : Pour le calcul explicite des L_i, B_i et de U on pourra consulter [3] .

En résumé si $\mathcal{V}$ est un fibré vectoriel holomorphe sur X et ∇ une connexion sur $\mathcal{V}^*$ à singularité régulière le long de Y on peut considérer les complexes de De Rham

$${}^{\nabla}\Omega_X^{\bullet}(<Y>)(\mathcal{V}) \ : 0 \to \mathcal{V} \to \Omega_X^1 <Y> (\mathcal{V}) \to \ldots \Omega_X^p <Y> (\mathcal{V}) \to \Omega_X^{p+1} <Y> (\mathcal{V}) \to \ldots$$

qu'on appellera le complexe de De Rham logarithmique le long de Y de $(\mathcal{V},\nabla)$.

$${}^{\nabla}\Omega_X^{\bullet}(*Y)(\mathcal{V}) \ :$$

$$0 \to \mathcal{V} \to \Omega_X^1(*Y)(\mathcal{V}) \to \ldots$$

$$\to \Omega_X^p(*Y)(\mathcal{V}) \to \Omega_X^{p+1}(*Y)(\mathcal{V}) \to \ldots$$

qu'on appellera le complexe de De Rham méromorphe le long de Y de $(\mathcal{V},\nabla)$.

De manière évidente on pourra considérer les complexes :

$${}^{\nabla}\Omega_X^{\bullet}<Y>(*Z)(\mathcal{V}) \qquad \text{et} \qquad {}^{\nabla}\Omega_X^{\bullet}(*Y \cup Z)(\mathcal{V})$$

où Z est un autre diviseur de X .

§ 4. Le fibré d'un diviseur et la connexion canonique associée.

Soit S une hypersurface lisse de X . On désigne par $d(S)$ le diviseur diviseur de S et par $[S]$ le fibré sur X dont les sections sont les fonctions holomorphes sur X s'annulant à l'ordre au moins un sur S .

On notera :

- $[-S]$ le fibré dual de $[S]$
- $[kS] = \overset{k}{\otimes} [S]$ si $k \in N^*$
  $ = \overset{-k}{\otimes} [-S]$ si $k \in -N^*$.

Soit $\{U_i\}$ un atlas adapté à S tel qu'on ait des coordonnées locales (x_i, y_i) dans U_i avec

$$S \cap U_i = \{x_i = 0\} .$$

Les fonctions

$$\frac{x_j}{x_i} = g_{ij} \in \Gamma(U_{ij}, \mathcal{O}_X^*)$$

sont des fonctions de transition du fibré $[S]$.

Soit $\{s_i\}$ une section de $[S]$, on a donc

$$s_j = s_i \, g_{ij} \quad \text{sur } U_{ij}$$

c'est à dire

$$\frac{s_j}{x_j} = \frac{s_i}{x_i}$$

ce qui donne

$$\frac{ds_i}{s_i} - \frac{dx_i}{x_i} = \frac{ds_j}{s_j} - \frac{dx_j}{x_j} \quad \text{sur } U_{ij}$$

où encore

$$ds_i - s_i \frac{dx_i}{x_i} = \frac{s_i}{s_j} \left(ds_j - s_j \frac{dx_j}{x_j}\right) \quad \text{sur } U_{ij}$$

donc

$$ds_i - s_i \frac{dx_i}{x_i} = \left(ds_j - s_j \frac{dx_j}{x_j}\right) g_{ij} \quad \text{sur } U_{ij} \quad ;$$

cette formule définit une connexion sur le fibré $[S]$ du diviseur $d(S)$. Cette connexion sera notée Θ_S , pour toute section locale α de Ω_X^p sur un ouvert adapté à S , on a :

$$\Theta_S(\alpha) = d\alpha - (-1)^p \alpha \wedge \frac{dx}{x}$$

où $x = 0$ est une équation locale de S .

En particulier $\Theta_S(x) = 0$, autrement dit, la collection $\{x_i\}$ est une section horizontale de $([S], \Theta_S)$; ce qui précède, entraine immédiatement la

PROPOSITION 4.1. Soit S un diviseur holomorphe sur X . Il existe sur le fibré $[S]$ une connexion linéaire canonique Θ_S à points singuliers réguliers sur S . De plus on a :

$$\Theta_{S_1+S_2} = \Theta_{S_1} \otimes \Theta_{S_2}$$

$$\Theta_{-S} = \check{\Theta}_S \quad .$$

Remarque 4.2. : Il y a un isomorphisme naturel entre le faisceau $\Theta(S)$ des sections holomorphes de $[S]$ et le faisceau des sections méromorphes à pôles d'ordre au plus un le long de S du faisceau structural Θ_X .

Soit $Y = \bigcup_{i=1}^{p} Y_i$ un diviseur de X , les Y_i étant lisse et à croisement normaux. Soit ∇ une connexion linéaire sur $\mathcal{V}^*$, dans un système de coordonnées locales adapté à Y :

$$(x_1,x_2,\ldots,x_p \ ; \ y) \quad \text{avec} \quad Y = V(x_1,x_2,\ldots,x_p)$$

on suppose que la connexion est définie par la forme

$$\omega = \sum_{i=1}^{p} A_i \frac{dx_i}{x_i} + B(x,y) \quad .$$

La connexion naturelle sur $\mathcal{V} \otimes [k_1Y_1 + k_2Y_2 + \ldots + k_pY_p]$ est définie localement par

$$\sum_{i=1}^{p} (A_i - k_iI) \frac{dx_i}{x_i} + B(x,y)$$

elle est encore intégrable si ∇ est intégrable.

§ 5. Cylindres.

5.1. Cylindre d'un morphisme de complexe de $\mathbb{C}$-espaces vectoriels.

Soit $C^\bullet$ un complexe différentiel de $\mathbb{C}$-espaces vectoriels tel que

$$C^q = 0 \quad \text{si} \quad q < 0 \quad \text{et} \quad q > p+1$$

$$C^q = V_q \quad \text{si} \quad 0 \leq q \leq p+1 \quad .$$

Les différentielles non triviales sont notées

$$d_i : V_i \longrightarrow V_{i+1}$$

$$d_{i+1} \circ d_i = 0 \quad .$$

Soit f un morphisme du complexe $C^\bullet$ c'est à dire une suite de morphismes

$$f_i : C^i \longrightarrow C^i$$

telle que le diagramme suivant soit commutatif :

$$\begin{array}{ccccccccccccccc}
\dots 0 & \longrightarrow & V_o & \xrightarrow{d_o} & V_1 & \xrightarrow{d_1} & \dots & \longrightarrow & V_p & \xrightarrow{d_p} & V_{p+1} & \longrightarrow & 0 & \longrightarrow & \dots \\
\uparrow 0 & & \uparrow f_o & & \uparrow f_1 & & & & \uparrow f_p & & \uparrow f_{p+1} & & \uparrow 0 & & \\
\dots 0 & \longrightarrow & V_o & \xrightarrow{d_o} & V_1 & \xrightarrow{d_1} & \dots & \longrightarrow & V_p & \xrightarrow{d_p} & V_{p+1} & \longrightarrow & 0 & \longrightarrow & \dots
\end{array}$$

Le cylindre du morphisme f est le complexe $C^{\bullet}(f)$ construit de la manière suivante :

$$C^q(f) = C^{q-1} \times C^q$$

$$\delta_q : C^q(f) \longrightarrow C^{q+1}(f)$$

définit par

$$\delta_q((u_{q-1},u_q)) = (d_{q-1}(u_{q-1}) + (-1)^{q-1} f_q(u_q) \ , \ d_q(u_q)) \ .$$

On vérifie aisément que $\delta_{q+1} \circ \delta_q = 0$.

En extension $C^{\bullet}(f)$ s'écrit :

$$\dots \to 0 \to V_o \xrightarrow{\delta_o} V_o \times V_1 \xrightarrow{\delta_1} \dots \ V_q \times V_{q+1} \xrightarrow{\delta_q} V_{q+1} \times V_{q+2} \ \dots .$$

$$\dots \to V_p \times V_{p+1} \xrightarrow{\delta_p} V_{p+1} \to 0 \ \dots .$$

5.2. Cylindre d'un l-uple d'endomorphismes deux à deux permutables d'un d'un $\mathbb{C}$-espace vectoriel. Soit V un espace vectoriel complexe de dimension finie. Un l-uple $(f_1,f_2,\dots,f_l)$ d'endomorphismes de V est dit commutatif si pour tout $i \in [1,2,\dots,l]$ et $j \in [1,2,\dots,l]$

$$[f_i,f_j] = f_i \circ f_j - f_j \circ f_i = 0 \ .$$

On va construire par récurrence sur l le cylindre $C^{\bullet}(f_1,f_2,\dots,f_l)$ d'un l-uple commutatif d'endomorphismes de V .

Cas $l = 1$. Par définition $C^{\bullet}(f_1)$ est le complexe

$$\dots . \to 0 \to V \xrightarrow{f_1} V \longrightarrow 0 \longrightarrow \dots .$$

Cas $l = 2$. Le cylindre de (f_1,f_2) est par définition le cylindre du morphisme

$$f_1 : C^{\bullet}(f_2) \longrightarrow C^{\bullet}(f_2)$$

c'est à dire

$$\begin{array}{ccccccc}
\ldots 0 \longrightarrow & V & \xrightarrow{\;f_2\;} & V & \longrightarrow 0 & & \ldots\ldots \\
 & \Big\downarrow{\scriptstyle f_1} & & \Big\downarrow{\scriptstyle f_1} & & & \\
\ldots 0 \longrightarrow & V & \xrightarrow{\;f_2\;} & V & \longrightarrow 0 & & \ldots\ldots\ldots
\end{array}$$

$C^{\bullet}(f_1,f_2)$ s'écrit explicitement

$$\ldots 0 \longrightarrow V \xrightarrow{\;\delta_o\;} V \times V \xrightarrow{\;\delta_1\;} V \longrightarrow 0 \ \ldots\ldots$$

avec

$$\delta_o(u) = (f_1(u), f_2(u))$$

$$\delta_1(u,v) = f_2(u) - f_1(v) \quad .$$

Par récurrence $C^{\bullet}(f_1,f_2,\ldots,f_l)$ est le cylindre du morphisme

$$f_1 : C^{\bullet}(f_2,f_3,\ldots\ldots,f_l) \longrightarrow C^{\bullet}(f_2,f_3,\ldots,f_l) \quad .$$

A un isomorphisme près $C^{\bullet}(f_1,f_2,\ldots,f_l)$ est indépendant de l'ordre $f_1,f_2,\ldots,f_l$ choisi pour le construire.

Si $f_1 = 0$ alors $C^{\bullet}(f_1,f_2,\ldots,f_l)$ est le cylindre du morphisme

$$C^{\bullet}(f_2,f_3,\ldots,f_l) \xrightarrow{\quad 0 \quad} C^{\bullet}(f_2,f_3,\ldots,f_l)$$

qui s'identifie à

$$C^{\bullet}(f_2,f_3,\ldots,f_l) \oplus T^{-1}\, C^{\bullet}(f_2,f_3,\ldots,f_l)$$

où T^{-1} est la translation d'un cran vers la droite.

Identifions V au complexe $V^{\bullet}$:

$$\begin{array}{c}
\ldots 0 \longrightarrow 0 \longrightarrow 0 \longrightarrow \underset{\substack{\shortparallel \\ C^o}}{V} \xrightarrow{\quad d_o \quad} 0 \longrightarrow 0 \ \ldots\ldots
\end{array}$$

alors pour tout $k \in \mathbb{N}^*$, $kV^{\bullet}$ est la somme de k exemplaires de $V^{\bullet}$. On établit alors aisément par récurrence sur l que si

$$f_1 = f_2 = f_3 = \ldots = f_l = 0$$

le complexe $C^{\bullet}(f_1,f_2,\ldots,f_l)$ s'identifie à

$$V^{\bullet} \oplus \binom{l}{1} T^{-1} V^{\bullet} \oplus \ldots \binom{l}{p} T^{-p} V^{\bullet} \oplus \ \ldots \oplus T^{-l} V ,$$

c'est à dire au complexe dont les objets sont :

0 en degré négatif,

V en degré 0 ,

$\binom{l}{1}V$ en degré 1 ;

. .
. .
. .

$\binom{l}{p}V$ en degré p ,

.
.
.

V en degré l

0 en degré supérieur à l .

La différentielle de ce complexe étant nulle.

A tout l-uple commutatif $f = (f_1, f_2, \ldots, f_l)$ d'endomorphismes de V on associe les espaces de cohomologie $H^p(C^{\bullet}(f))$ et pour tout $k = (k_1, k_2, \ldots, k_l) \in \mathbb{Z}^l$, les espaces de cohomologie $H^p(C^{\bullet}(f\text{-}kId.))$ où

$$(f\text{-}kId.) = (f_1 - k_1 Id., \ldots, f_l - k_l Id.) \ .$$

Ces espaces de cohomologie dsont de dimension finie sur $\mathbb{C}$, notons :

$$\alpha^p_{(o)}((f)) = \dim._{\mathbb{C}} H^p(C^{\bullet}(f))$$

$$\alpha^p_{(k)}((f)) = \dim._{\mathbb{C}} H^p(C^{\bullet}(f\text{-}kId.)) \ , \ \text{pour tout} \ k \in Z^l \ .$$

Les entiers $\alpha^p_{(k)}((f))$ sont des invariants du l-uple commutatif (f) . On les notera

$$\alpha^p_{(k)}((f))(V) \quad \text{si nécessaire.}$$

PROPOSITION 5.1. <u>On a</u>

$$\alpha^p_{(k)}((f)) = 0 \ \underline{\text{sauf pour un nombre fini}} \text{ de } (k) \in Z^l \ .$$

En effet si pour tout i , 0 n'est pas valeur propre de f_i alors f_i est inversible et

$$C^{\bullet}(f_i, f_{i+1}, \ldots, f_l) = Cyl.(C^{\bullet}(f_{i+1}, \ldots, f_l) \xrightarrow{f_i} C^{\bullet}(f_{i+1}, \ldots, f_l))$$

est acyclique, il en résulte que le complexe $C^{\bullet}(f_1,f_2,\ldots,f_l)$ est également acyclique donc

$$\alpha^p_{(0)}((f)) = 0 \quad \text{pour tout} \quad p \in Z \ .$$

En appliquant ce résultat au l-uple commutatif (f-kId.) , on voit que si pour tout i, k_i n'est pas valeur propre de f_i alors

$$\alpha^p_{(k)}((f)) = 0 \ .$$

<u>Exemple</u> : Si $f_1 = f_2 = \ldots = f_l = 0$, alors

$$\alpha^p_{(0)}((f)) = \binom{l}{p} \dim_{\mathbb{C}} V$$

et si $(k) = (0)$

$$\alpha^p_{(k)}((f)) = 0 \ .$$

<u>Calcul des invariants</u> $\alpha^p_{(k)}((f))(V)$. Ce calcul est à priori pratiquement faisable car c'est un problème d'algèbre linéaire en dimension finie, mais il est en en général long. On peut le simplifier en remarquant que l'on peut décomposer V en somme directe

$$V = \bigoplus_{j=1}^{q} V_j \ ;$$

cette décomposition ayant les propriétés suivantes :

1) $f_i(V_j) \subset V_j$ pour tout $i = 1,2,\ldots,l$ et $j = 1,2,\ldots,q$;
2) $f_i|_{V_j}$ n'a qu'une valeur seule valeur propre λ_{ij}.

Alors en se restreignant à V_j et quitte à remplacer $f_i|_{V_j}$ notée encore f_i par $f_i - \lambda_{ij}$ Id. on est ramené au cas où tous les f_i sont nilpotents. Si $(k) = (k_1,k_2,\ldots,k_l)$ (resp. $(f) = (f_1,f_2,\ldots,f_l)$) , on notera $(k)'_1 = (k_2,k_3,\ldots,k_l)$ (resp. $(f)'_1$ $(f_2,f_3,\ldots,f_l)$) .

LEMME 5.2. <u>On a</u>

$$\alpha^p_{(k)}((f))(V) \leq \alpha^p_{(k)'_1}((f)'_1(\mathrm{Ker.}\ f_1) + \alpha^{p-1}_{(k)'_1}((f)'_1)(\mathrm{coker.}\ f_1) \ .$$

Preuve : Considérons le double complexe associé à

$$C^{\bullet}((f)_1^{\prime}) \xrightarrow{f_1} C^{\bullet}((f)_1^{\prime}) ,$$

en dérivant par rapport à "d_1" on obtient :

en degré 0 : $C^{\bullet}((f)_1^{\prime})(\ker. f_1)$,

en degré 1 : $C^{\bullet}((f)_1^{\prime}(\text{coker}. f_1)$.

Sachant que $\ker. f_1$ et $\text{coker}. f_1$ sont stables par $f_2, f_3, \ldots, f_1$, (on a encore noté f_i la restriction de f_i à $\ker. f_1$ ainsi que l'application induite par f_i sur $\text{coker}. f_1$.

La suite spectrale du double complexe aboutit à la cohomologie du complexe $C^{\bullet}((f))$:

$$E_2^{p,q} \Longrightarrow H^{p+q}(C^{\bullet}((f)))$$

avec $$E_{22}^{p,q} = 0 \text{ pour } q \neq 0 \text{ et } q \neq 1 ;$$

$$E_2^{p,0} = H^p(C^{\bullet}((f)_1^{\prime})(\ker. f_1)$$

$$E_2^{p,1} = H^p(C^{\bullet}((f)_1^{\prime}) \text{ coker}. f_1) ,$$

ce qui prouve le lemme.

Nous allons voir maintenant que ce lemme permet par récurrence sur 1 d'obtenir des majorations simples pour les entiers $\alpha^p_{(k)}((f))$.

En effet définissons par récurrence sur 1 ,

$$\beta^p_{(k)}((f)(V) = \beta^p_{(k)}((f)_1^{\prime})(\ker. f_1) + \beta^{p-1}_{(k)}((f)_1^{\prime})(\text{coker}. f_1)$$

alors $$\alpha^p_{(k)}((f)(V) \leq \beta^p_{(k)}((f))(V) .$$

Les nombres $\beta^p_{(0)}((f))(V)$ ne dépendent que des dimensions des intersections de famille de sous espaces vectoriels de V prises parmi la famille

$$\{\ker. f_1, \ker. f_2, \ldots, \ker. f_1 ; \text{Im}. f_1, \text{Im}. f_2, \ldots, \text{Im}. f_1\} .$$

Les invariants $\alpha^p_{(0)}$ sont à priori plus fins.

Remarque 5.3. : Il serait intéressant d'avoir un procédé explicite de calcul des invariants $\alpha^p_{(k)}((f))(V)$.

Remarque 5.4. : Les espaces $H^p(C^\bullet(f))$ (resp. $H^p(C^\bullet(f - k\mathrm{Id.})))$ s'identifient naturellement aux espaces de cohomologie de la représentation de l'algèbre de Lie de dimension 1 fournie par le 1-uple commutatif $f = (f_1, f_2, \ldots, f_l)$ (resp. $(f_1 - k_1\mathrm{Id.}, \ldots, f_l - k_l\mathrm{Id.})$). Nous n'utiliserons pas par la suite ce point de vue (cf. Chevalley - Eilenberg [4]) .

5.2. Applications aux connexions linéaires. Soient : X une variété analytique complexe ; $\mathcal{V}$ un fibré vectoriel holomorphe sur X ; ∇ une connexion linéaire holomorphe et intégrable sur $\mathcal{V}$; $\mathcal{H}$ le faisceau des germes de sections horizontales de ∇ .

Le complexe de De Rham ${}^\nabla\Omega_X^\bullet(\mathcal{V})$ est une résolution du faisceau $\mathcal{H}$. En identifiant $\mathcal{H}$ au complexe de faisceaux dont le seul objet non nul est $\mathcal{H}$ en degré 0, on a un quasi-isomorphisme de complexes de faisceaux de $\mathbb{C}$-espaces vectoriels :

$$\mathcal{H} \longrightarrow {}^\nabla\Omega_X^\bullet(\mathcal{V}) \quad .$$

Un l-uple $(f_1, f_2, \ldots, f_l)$ d'endomorphismes du fibré vectoriel $\mathcal{V}$ est dit commutatif et ∇-horizontal si et seulement si

1) $[f_i, f_j] = 0 \quad (i,j = 1,2,\ldots,l)$

2) $\tilde{\nabla}(f_i) = 0 \quad , \; i = 1,2,\ldots,l \quad ;$

où $\tilde{\nabla}$ est la connexion sur $\mathrm{End}.\mathcal{V}$ déduite de ∇ .

On construit alors comme dans 5.1. , les complexes de $\mathbb{C}$-espaces vectoriels sur X :

$$C^\bullet((f))(\mathcal{V}) \quad \text{et} \quad C^\bullet((f))(\mathcal{H}) \quad .$$

Remarque : On note encore f_i le morphisme induit par f_i sur $\mathcal{H}$. On définit par récurrence sur l le complexe de faisceaux de $\mathbb{C}$-espaces vectoriels :

$$C^\bullet((f))({}^\nabla\Omega_X^\bullet(\mathcal{V})) = \mathrm{Cyl.}[C^\bullet(f_2, f_3, \ldots, f_l)({}^\nabla\Omega_X^\bullet(\mathcal{V})) \xrightarrow{f_1} C^\bullet(f_2, \ldots, f_l)({}^\nabla\Omega_X^\bullet(\mathcal{V}))]$$

avec

$$C^\bullet(f_1)({}^\nabla\Omega_X^\bullet(\mathcal{V})) = \mathrm{Cyl.}[{}^\nabla\Omega_X^\bullet(\mathcal{V}) \xrightarrow{f_1} {}^\nabla\Omega_X^\bullet(\mathcal{V})] \quad .$$

Il est facile de voir que

$$C^\bullet((f))({}^\nabla\Omega_X^\bullet(\mathcal{V}))$$

est le complexe simple associé au complexe double dont les colonnes sont formées par les

$$C^{\bullet}((f))({}^{\nabla}\Omega^{p}_{X}(\mathcal{V}))$$

et les lignes par les

$$C^{q}((f))({}^{\nabla}\Omega^{\bullet}_{X}(\mathcal{V})) \quad .$$

En d'autres termes

$$C^{\bullet}((f))({}^{\nabla}\Omega^{\bullet}_{X}(\mathcal{V}))$$

est le complexe de De Rham du complexe de fibrés à connexions $C^{\bullet}((f))(\mathcal{V})$.

PROPOSITION 5.3. <u>On a un quasi-isomorphisme de faisceaux de</u> $\mathbb{C}$-<u>espaces vectoriels</u>

$$C^{\bullet}((f))(\mathcal{H}) \longrightarrow C^{\bullet}((f))({}^{\nabla}\Omega^{\bullet}_{X}(\mathcal{V})) \quad .$$

En utilisant l'équivalence locale entre la catégorie des systèmes locaux sur X et la catégorie des $\mathbb{C}$-espaces vectoriels de dimension finie, on déduit que les faisceaux de cohomologie du complexe $C^{\bullet}((f))({}^{\nabla}\Omega^{\bullet}_{X}(\mathcal{V}))$ sont des systèmes locaux, donc les fibres des faisceaux

$$\underline{H}^{p}(C^{\bullet}((f))({}^{\nabla}\Omega^{\bullet}_{X}(\mathcal{V}))$$

sont de dimension finie.

Notons $\alpha^{p}_{(0)}((f))(\mathcal{V},\nabla)$ la dimension des fibres de $\underline{H}^{p}(C^{\bullet}((f))({}^{\nabla}\Omega^{\bullet}_{X}(\mathcal{V}))$; et plus généralement, pour tout $(k) \in Z^{l}$, $\alpha^{p}_{(k)}((f))(\mathcal{V},\nabla)$ la dimension des fibres de $\underline{H}^{p}(C^{\bullet}((f-(k)Id.))({}^{\nabla}\Omega^{\bullet}_{X}(\mathcal{V}))$.

<u>Les nombres</u> $\alpha^{p}_{(k)}$ <u>sont conservés par les isomorphismes de fibrés à connexions.</u>

On peut donc pour les calculer se ramener localement au cas où $\mathcal{V}$ est le fibré $\mathcal{O}^{m}$ et où $\nabla = d$. Dans la "pratique" pour calculer les invariants $\alpha^{p}_{(k)}(f_1,f_2,\ldots,f_l)(\mathcal{V},\nabla)$, on pourra procéder de la manière suivante : on se place en un point x_o de X que l'on peut supposer être l'origine d'un système de coordonnées locales au dessus duquel tout est trivial ; les f_i sont alors, après le choix d'une base dans la fibre de $\mathcal{V}$ au dessus de 0 , des matrices $A_i(x)$.

On voit alors facilement que :

$$\alpha^{p}_{(k)}((f))(\mathcal{V},\nabla) = \alpha^{p}_{(k)}(A_1(0),\ldots,A_l(0)(\mathbb{C}^{m}) \quad .$$

Donc avec les restrictions déjà faites dans le § 5.1., le calcul de ces invariants est praticable.

Remarque : Si ∇ est à singularité régulière le long d'un diviseur Y, on généralisera la situation précédente en remplaçant ${}^{\nabla}\Omega_X^{\bullet}(\mathcal{V})$ par ${}^{\nabla}\Omega_X^{\bullet}(\mathcal{V})(*Y)$; et on construit ainsi le complexe

$$C^{\bullet}(f_1,f_2,\dots,f_1)(\mathcal{V},\nabla)(*Y)$$

dont l'étude sans doute intéressante est plus délicate.

§ 6. Complexes multifiltrés.

Dans ce paragraphe on considèrera dans une catégorie abélienne $\mathcal{C}$ des complexes $C^{\bullet}$ que l'on supposera bornés inférieurement, les différentielles étant de degré $+1$.

6.1. Objets filtrés. Complexes filtrés. Le but de cette partie est de fixer les notations et la terminologie.

DEFINITION 6.1. Une filtration croissante (resp. décroissante) sur $A \in \mathrm{Obj}.\,\mathcal{C}$ est une famille $\{F_kA\}_{k\in Z}$ (resp. $\{F^kA\}_{k\in Z}$ de sous objets de A vérifiant

$$\forall\ k,k' \in Z \ ;\ k \le k' \quad F_kA \subset F_{k'}A \quad (\text{resp. } F^kA \supset F^{k'}A)\ .$$

Si F est croissante on convient de noter

$$F_{+\infty}A = A \quad \text{et} \quad F_{-\infty}A = 0\ .$$

Si F est décroissante, on convient de noter

$$F^{+\infty}A = 0 \quad \text{et} \quad F^{-\infty}A = A\ .$$

Une filtration croissante (resp. décroissante) est finie s'il existe k^-, $k^+ \in Z$; $k^- \le k^+$ tels que :

$$F_{k^+}A = A \quad \text{et} \quad F_{k^--1}A = 0 \quad (\text{resp. } F^{k^-}A = A \ \text{et}\ F^{k^++1}A = 0)\ .$$

On dira que $[k^-,k^+]$ est l'amplitude de la filtration et que

$$\mu = k^+ - k^- + 1$$

est le nombre de crans de la filtration.

Un morphisme de l'objet filtré (A,F) dans l'objet filtré (B,F) est un morphisme

$f : A \longrightarrow B$ respectant les filtrations c'est à dire si les filtrations sont croissantes

$$f(F_k A) \subset F_k B \quad \forall\, k \in Z \ .$$

Les objets filtrés de C forment une catégorie additive avec noyaux, conoyaux, images et coimages. Cette catégorie n'est pas abélienne. <u>Un morphisme</u>

$$f : (A,F) \longrightarrow (B,F)$$

<u>est dit strict si</u>

$$\mathrm{coim}.f \longrightarrow \mathrm{im}.f$$

est un iomorphisme d'objets filtrés.

Dans la suite de ce paragraphe pour ne pas alourdir ces rappels on supposera que toutes les filtrations considérées sont croissantes.

Le gradué associé à l'objet filtré (A,F) est la famille

$$\{\mathrm{Gr}.{}^F_k A\}_{k\in Z}$$

avec

$$\mathrm{Gr}.{}^F_k A = F_k A / F_{k-1} A \ .$$

Si F est finie on pourra considérer

$$\mathrm{Gr}.{}^F A = \bigoplus_{k\in[k^-,k^+]} \mathrm{Gr}.{}^F_k A$$

comme étant un objet de la catégorie C . Si C admet des sommes dénombrables, on pourra pour F quelconque considérer

$$\mathrm{Gr}.{}^F A = \bigoplus_{k \in Z} \mathrm{Gr}.{}^F_k A \ .$$

Soient (A,F) un objet filtré de C et

$$i : B \hookrightarrow A$$

un sous objet de A . <u>La filtration induite par</u> F <u>sur</u> B <u>est l'unique filtration de</u> B <u>telle que</u>

$$i : (B,F) \longrightarrow (A,F)$$

<u>soit un morphisme strict.</u>

C'est à dire que pour tout $k \in Z$

$$F_kB = i^{-1}(F_kA) = B \cap F_kA \quad .$$

La filtration quotient sur A/B est l'unique filtration (toujours notée F) telle que

$$p : (A,F) \longrightarrow (A/B\ , F)$$

soit un morphisme strict, c'est à dire que pour tout $k \in Z$

$$F_k\, A/B = \frac{F_kA}{F_kB} = \frac{F_kA}{B\cap F_kA} \quad .$$

Soient $A \supset B \supset C$ et F une filtration sur A, on munit B et C des filtrations induites alors la filtration de (B,F) sur B/C coincide avec la filtration induite par $(A/C, F)$ sur B/C.

Par définition la filtration triviale sur l'objet A est la filtration définie par

$$F_kA = A \text{ si } k \geq 0 \quad \text{et} \quad F_kA = 0 \text{ si } k < 0 \quad .$$

DEFINITION 6.2. Un complexe $C^\bullet$ de la catégorie C est dit filtré si

1) les objets C^p de $C^\bullet$ sont munis de filtrations F,

2) la différentielle $d^\bullet$ de $C^\bullet$ est compatible aux filtrations, c'est c'est à dire que pour tout $p \in Z$,

$$d^p : (C^p,F) \longrightarrow (C^{p+1},F)$$

est un morphisme d'objets filtrés.

Une filtration F sur le complexe $C^\bullet$ est dite birégulière si

1) $\forall\ p \in Z$, (C^p,F) est finie d'amplitude $[k_p^-,k_p^+]$,

2) il existe $k^- \in Z$ et $k^+ \in Z$ tels que pour tout $p \in Z$

$[k_p^-,k_p^+] \subset [k^-,k^+]$.

Une filtration F sur le complexe $C^\bullet$ est dit cohomologique birégulière si

1) $\forall\ p \in Z$, la filtration F induite sur les objets de cohomologie $H^p(C^\bullet)$ est finie d'amplitude $[k_p^-,k_p^+]$;

2) il existe $k^- \in Z$ et $k^+ \in Z$ tels que pour tout $p \in Z$,

$[k_p^-,k_p^+] \subset [k^-,k^+]$.

Soit

1) si $k \leq k^- -1$ $F_k(C^\cdot)$ est acyclique ;

2) si $k \geq k^+$ l'application naturelle $F_k(C^\cdot) \longrightarrow C^\cdot$ est un quasi-isomorphisme.

On a donc un diagramme de quasi-isomorphismes

$$\begin{array}{ccc} F_{k^+}(C^\cdot) & \longrightarrow & C^\cdot \\ \downarrow & & \\ F_{k^+}(C^\cdot)/F_{k^- -1}(C^\cdot) & & \end{array}$$

ce qui montre que $C^\cdot$ et $F_{k^+}(C^\cdot)/F_{k^- -1}(C^\cdot)$ sont égaux dans la catégorie dérivée de $\mathcal{C}$; la filtration F sur $F_{k^+}(C^\cdot)/F_{k^- -1}(C^\cdot)$ est birégulière. Si F est birégulière (ou plus généralement si $\mathcal{C}$ admet des sommes dénombrables) on a un complexe gradué

$$Gr._{\bullet}^{F}(C^\cdot) \quad .$$

THEOREME. (Godement [10], Bredon [9], Deligne [5]) . <u>Soient</u> $C^\cdot$ <u>un complexe de</u> $\mathcal{C}$ <u>et</u> F <u>une filtration birégulière (ou plus généralement cohomologiquement birégulière) sur</u> $C^\cdot$. <u>On aura une suite spectrale</u>

$$E_r^{p,q} \Longrightarrow H^{p+q}\, C^\cdot$$

<u>avec</u>

$$E_o^{\cdot,\cdot} = Gr._{\bullet}^{F} C^\cdot \quad \text{et} \quad E_1^{\cdot,\cdot} = H^\cdot(Gr._{\bullet}^{F}\, C^\cdot) \ .$$

<u>De plus,</u>

$$E_r^{p,q} \simeq E_\infty^{p,q} \quad \underline{\text{pour}}\ r\ \underline{\text{assez grand}}$$

<u>et</u>

$$E_\infty^{p,q} = H^{p+q}(Gr._{\bullet}^{F}(C^\cdot)) \ .$$

6.2. <u>Complexes bifiltrés</u>. <u>Complexes multifiltrés</u>. Soit $C^\cdot$ un complexe borné à gauche de la catégorie $\mathcal{C}$. Soient F_1 et F_2 deux filtrations de $C^\cdot$, cohomologiquement régulières. On a un isomorphisme naturel (cf. Deligne [1]) :

$$Gr^{F_1}_{p_1}\, Gr^{F_2}_{p_2}\, C^{\bullet} \longrightarrow Gr^{F_2}_{p_2}\, Gr^{F_1}_{p_1}\, C^{\bullet}$$

en effet

$$Gr^{F_1}_{p_1}\, Gr^{F_2}_{p_2}\, C^q = \frac{F_{1,p_1}C^q \cap F_{2;p_2}C^q}{F_{1,p_1+1}C^q + F_{2,p_2+1}C^q} .$$

Considérons le complexe $Gr^{F_1}_{p_1} C^{\bullet}$; la filtration F_2 induit une filtration cohomologiquement birégulière sur ce complexe. On a donc une suite spectrale

$$\begin{array}{ccc} E_1^{p_1,p_2,n-p_1-p_2} & \overset{F_2}{\Longrightarrow} & H^{p_1+p_2}\, Gr^{F_1}_{p_1} C^{\bullet} \\ \parallel & & \\ H^{p_1+p_2} Gr^{F_2}_{p_2} Gr^{F_1}_{p_1} C^{\bullet} & & . \end{array}$$

On considère de manière analogue la filtration F_1 sur le complexe $Gr^{F_2}_{p_2} C^{\bullet}$ pour obtenir la suite spectrale

$$\begin{array}{ccc} E_1^{p_1,p_2,n-p_1-p_2} & \overset{F_1}{\Longrightarrow} & H^{p_1+p_2}\, Gr^{F_2}_{p_2} C^{\bullet} \\ \parallel & & \\ H^{p_1+p_2} Gr^{F_1}_{p_1} Gr^{F_2}_{p_2} C^{\bullet} & . & \end{array}$$

On en déduit le diagramme bispectral

$$\begin{array}{ccccc} & & {}_{p_1}E_1^{p_2,n-p_2} & & \\ & \overset{F_1}{\nearrow\!\!\!\nearrow} & & \overset{F_2}{\searrow\!\!\!\searrow} & \\ E_1^{p_1,p_2,n-p_1-p_2} & & & & H^n\, C^{\bullet} \\ & \underset{F_2}{\searrow\!\!\!\searrow} & & \underset{F_1}{\nearrow\!\!\!\nearrow} & \\ & & {}_{p_2}E_1^{p_1,n-p_1} & & \end{array}$$

Un morphisme de complexes bifiltrés

$$(C^{\bullet},F_1,F_2) \longrightarrow (C'^{\bullet},F'_1,F'_2)$$

induit un morphisme de diagrammes bispectraux.

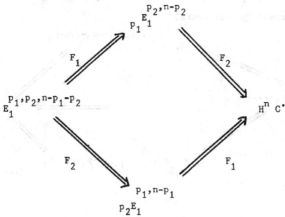

PROPOSITION 6.3. *Soit*

$$f : (C^\bullet, F_1, F_2) \longrightarrow (C'^\bullet, F'_1, F'_2)$$

un morphisme de complexes bifiltrés à filtrations cohomologiquement birégulières. Les conditions suivantes sont équivalentes

1) f *est un quasi-morphisme,*

2) f *induit un quasi-siomorphisme*

$$Gr^{F_1}_{p_1} C^\bullet \longrightarrow Gr^{F_1}_{p_1} C'^\bullet \qquad (p_1 \in \mathbb{Z}) \; ,$$

3) f *induit un quasi-isomorphisme*

$$Gr^{F_2}_{p_2} C^\bullet \longrightarrow Gr^{F_2}_{p_2} C'^\bullet \qquad (p_2 \in \mathbb{Z}) \; ,$$

4) f *induit un quasi-isomorphisme*

$$Gr^{F_1}_{p_1} Gr^{F_2}_{p_2} C^\bullet \longrightarrow Gr^{F_1}_{p_1} Gr^{F_2}_{p_2} C'^\bullet \qquad (p_1, p_2 \in \mathbb{Z})$$

5) f *induit un isomorphisme de diagrammes bispectraux.*

Ce qui précède se généralise aux complexes multifiltrés. Soit $C^\bullet$ un complexe muni de l filtrations $F_1, F_2, \dots, F_l$ cohomologiquement birégulières. On lui associe alors un diagramme "multispectral"

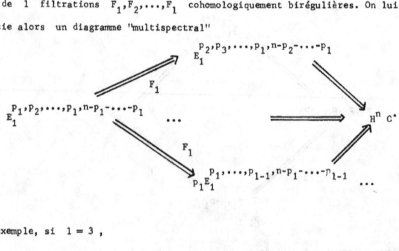

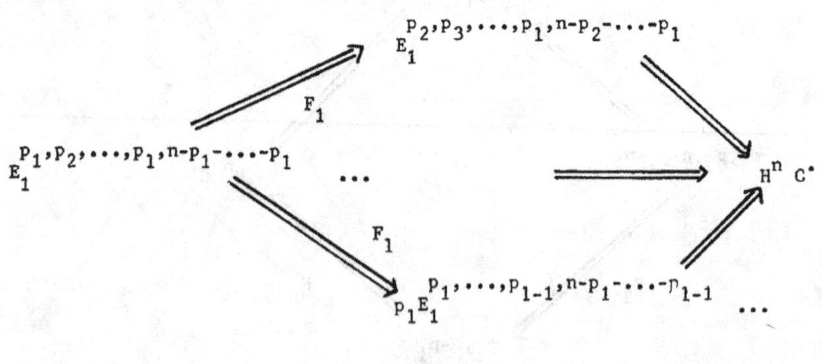

Par exemple, si $l = 3$,

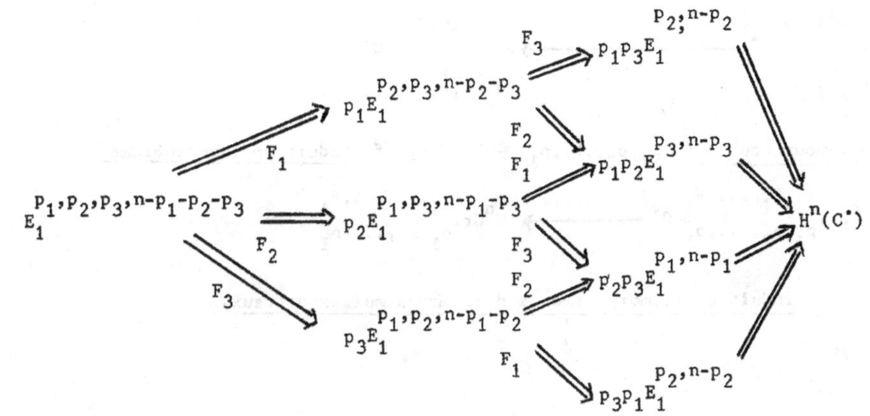

c'est à dire aussi

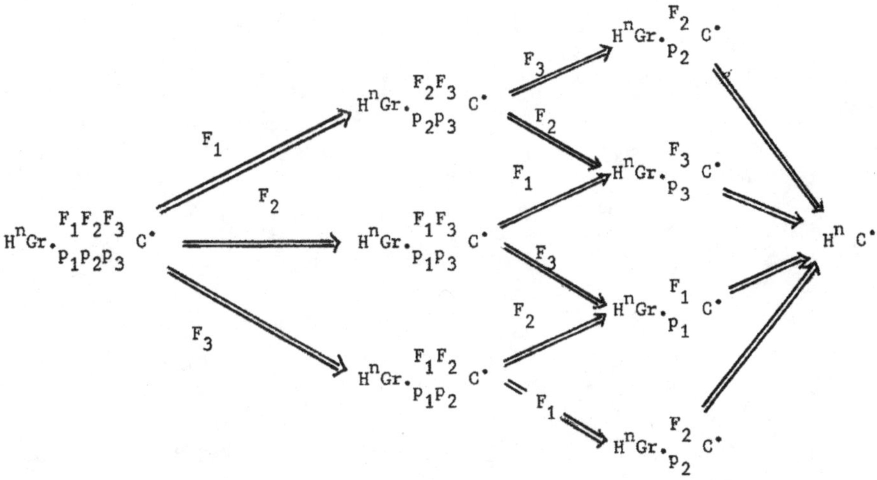

PROPOSITION 6.4. Soit

$$f : (C^\bullet, F_1, F_2, \dots, F_l) \longrightarrow (C'^\bullet, F_1, F_2, \dots, F_l)$$

un morphisme de complexes l-filtrés à filtration cohomologiquement birégulières. Les conditions suivantes sont équivalentes

1) f est un quasi-isomorphisme,

2) pour tout $I \subset \{1,2,\dots,l\}$ et toute suite d'entiers relatifs $\{p_i\}_{i\in I}$ le morphisme f induit un quasi-isomorphisme

$$\mathrm{Gr.}_{\{p_i\}_{i\in I}}^{\{F_i\}_{i\in I}} C^{\bullet} \longrightarrow \mathrm{Gr.}_{\{p_i\}_{i\in I}}^{\{F_i\}_{i\in I}} C'^{\bullet}$$

3) pour tout $(n,p_1,p_2,\dots,p_l) \in Z^{l+1}$, f induit un isomorphisme

$$H^n\mathrm{Gr.}_{p_1,p_2,\dots,p_l}^{F_1,F_2,\dots,F_l} C^{\bullet} \longrightarrow H^n\mathrm{Gr.}_{p_1,p_2,\dots,p_l}^{F_1,F_2,\dots,F_l} C'^{\bullet}$$

4) f induit un isomorphisme de diagrammes multispectraux.

CHAPITRE I.

ETUDE DU COMPLEXE DE DE RHAM MEROMORPHE D'UNE CONNEXION LINEAIRE A SINGULARITES REGULIERES.

§ 1. Notations et données.

Soient :

X une variété analytique complexe de dimension n ;

$\mathcal{V}$ un fibré vectoriel holomorphe sur X ;

$Y = \bigcup_{i=1}^{l} Y_i$ une hypersurface de X à croisements normaux ;

∇ une connexion linéaire à pôle logarithmique le long des Y_i .

On notera :

$\mathcal{V}_{Y_i}$ la restriction de $\mathcal{V}$ à Y_i

Rés. $_{Y_i}(\nabla) \in \text{End.}(\mathcal{V}_{Y_i})$ le résidu de la connexion ∇ sur Y_i . Soit Z une autre hypersurface de X à croisements normaux, sans branche commune avec Y et telle que $Y \cup Z$ soit à croisements normaux. La connexion ∇ est également à pôle logarithmique le long de $Y \cup Z$.

Notons :

$(k) = (k_1, k_2, \ldots, k_l) \in Z^l$

$(1) = (1,1,\ldots,1)$

$(1_i) = (0,0,\ldots,0,1,0,\ldots,0)$ le 1 étant situé à la ième place ;

$\mathcal{O}_X(^*T)$ le faisceau des germes de fonctions méromorphes ayant au plus un pôle sur l'hypersurface T ;

$\mathcal{O}_X((k)Y)$ le faisceau des germes de fonctions méromorphes ayant au plus un pôle d'ordre k_i sur la branche irréductible Y_i de Y ;

$\Omega_X^p\langle Y\rangle(\mathcal{V})$ le fibré des p-formes différentielles avec pôle logarithmique sur Y ;

$$\Omega_X^p\langle (k)Y\rangle(\mathcal{V}) = \Omega_X^p\langle Y\rangle(\mathcal{V}) \otimes_{\mathcal{O}_X} \mathcal{O}_X((k)-(1))Y)$$

$$\Omega_X^p\langle (k)Y\rangle(^*Z)(\mathcal{V}) = \Omega_X^p\langle (k)Y\rangle(\mathcal{V}) \otimes_{\mathcal{O}_X} \mathcal{O}_X(^*Z) \quad .$$

Si $Y'_i = \bigcup_{\substack{j=1 \\ j\neq i}}^{l} Y_i$, on pose

$$F_{Y_i}^{k_i}(\Omega_X^p(*Y \cup Z)(\mathcal{V})) = \Omega_X^p\langle k_i Y_i\rangle(*Y'_i \cup Z)(\mathcal{V})$$

on obtient ainsi l filtrations F_{Y_i} $(i = 1,2,\dots,l)$ sur $\Omega_X^p(*Y \cup Z)(\mathcal{V})$.

Le complété de $\Omega_X^p(*Y \cup Z)(\mathcal{V})$ pour la filtration F_{Y_i} sera noté

$$\hat{\Omega}_X^p(*Y_i)(*Y_i' \cup Z)(\mathcal{V})$$

et on pose

$$\hat{\Omega}_X^p(*Y)(*Z)(\mathcal{V}) = \bigcap_{i=1,2,\dots,l} (\hat{\Omega}_X^p(*Y_i)(*Y_i' \cup Z)(\mathcal{V})) .$$

On dira que c'est <u>le complété de</u> $\Omega_X^p(*Y \cup Z)$ le long de Y . Enfin 1de la même manière on construit

$\hat{\Omega}_X^p<(k)Y>(*Z)(\mathcal{V})$ qui sera le complété de $\Omega_X^p<(k)Y>(*Z)(\mathcal{V})$

le long de Y .

§ 2. <u>Les propositions fondamentales.</u>

PROPOSITION 2.1. <u>Supposons remplies une des deux conditions suivantes :</u>

1) ∇ <u>a des pôles au plus sur</u> Z ,

2) <u>pour tout</u> $i = 1,2,\dots,l$; Rés. $_{Y_i}\nabla$ <u>n'admet pas la valeur propre</u> $k_i \in Z$.

<u>Si</u> $\varphi \in \Omega_X^p(*Y \cup Z)$ <u>a pour tout</u> i <u>un pôle d'ordre au plus</u> k_i <u>sur</u> Y_i <u>et si</u> $\nabla\varphi$ <u>a pour tout</u> i <u>un pôle d'ordre au plus</u> k_i-1 <u>sur</u> Y_i ; <u>alors</u>

$$\varphi \in \Omega_X^p<(k)Y>(*Z)(\mathcal{V}) .$$

<u>Remarque 2.3.</u> Le lecteur comprendra facilement ce que signifie la condition 1) bien que cela n'ait pas été défini précédemment.

<u>Remarque 2.4.</u> La condition 1) implique la condition 2) .

<u>Remarque 2.5.</u> La proposition 2.1., s'applique en particulier aux formes φ , ∇-fermées.

<u>Remarque 2.6.</u> Dans l'énoncé ci-dessus il faut comprendre le mot pôle au sens large (c'est un vrai pôle si $k_i > 0$) .

<u>Preuve de la proposition 2.1.</u> Il suffit d'établir la proposition lorsque $k_i = 1$, car on peut toujours se ramener à ce cas en remplaçant le fibré $\mathcal{V}$ par le fibré $\mathcal{V}_{[((k)-(1))Y]}$ et la connexion ∇ par la connexion $\nabla_{[((k)-(1))Y]}$.

LEMME 2.7. On a

$$\bigcap_{i=1,2,\dots,l} \Omega_X^p\langle Y_i\rangle(*Y_i' \cup Z)(\mathcal{V}) = \Omega_X^p\langle Y\rangle(*Z)(\mathcal{V}^{\bullet}) .$$

La vérification de ce lemme est immédiate. Ce lemme permet de supposer dans la démonstration de la proposition que $l = 1$.

La connexion ∇ s'écrit dans un système de coordonnées convenable

$$\nabla = \partial + (-1)^{\bullet} . \wedge (A \frac{dx}{x} + B)$$

où :

A est une $m \times m$ matrice holomorphe,

B est une $m \times m$ matrice de formes différentielles de degré un, holomorphes et ne contenant pas dx.

Enfin $x = 0$ définit localement l'hypersurface Y. Ecrivons

$$A = A_o(y) + xA_1(x,y)$$

$$B = B_o(y) + xB_1(x,y) .$$

Si $(0,0)$ est le centre de notre système de coordonnées locales, on peut supposer que $A_o(0)$ n'a pas la valeur propre un. Vu nos hypothèses, la forme φ s'écrit :

$$\varphi = \frac{dx}{x} \wedge \varphi_1 + \frac{\varphi_2}{x}$$

où φ_1 et φ_2 sont des formes vectorielles méromorphes ayant des pôles au plus sur Z. Calculons :

$$\nabla\varphi = \frac{dx}{x^2} \wedge [\varphi_2(A_o - I) + x(-d_y \varphi_1 + \frac{d_x \varphi_2}{dx} + \varphi_2 A_1 + (-1)^q \varphi_1 \wedge B]$$

$$+ \frac{1}{x}(d_y \varphi_2 + (-1)^q \varphi_2 \wedge B) .$$

Posons,

$$\alpha = \varphi_2(A_o - I) + x\eta$$

avec

$$\eta = (-d_y \varphi_1 + \frac{d_x \varphi_2}{dx} + \varphi_2 A_1 + (-1)^q \varphi_1 \wedge B) .$$

Par hypothèse,

$$\nabla\varphi \in \Omega_X^{q+1}(*Z)(\mathcal{V})$$

c'est à dire que

$$\gamma = \frac{\alpha}{x^2} \in \Omega_X^q(*Z)(\mathcal{V}) .$$

Donc comme $A_o(y) - I$ est inversible

$$\varphi_2 = \alpha(A_o - I)^{-1} - x\eta(A_o - I)^{-1}$$
$$= x^2 \gamma(A_o - I)^{-1} - x\eta(A_o - I)^{-1}$$
$$= x\,\phi_2$$

et donc

$$\varphi = \frac{dx}{x} \wedge \varphi_1 + \hat{\varphi}_2 ,$$

ce qui prouve la proposition.

PROPOSITION 2.8. Soit $k \in Z^1$; supposons que pour tout $i = 1,2,\ldots,1$, Rés. $_{Y_i}\nabla$ n'admet pas la valeur propre k_i-1 . Alors pour tout

$$\varphi \in \Omega_X^p<(k)Y>(*Z)(\mathcal{V}) ,$$

il existe

$$\Psi \in \Omega_X^p(((k)-(1))Y)(*Z)(\mathcal{V})$$

et

$$u \in \Omega_X^{p-1}(((k)-(1))Y)(*Z)(\mathcal{V})$$

tels que

$$\varphi = \Psi + \nabla u .$$

Si de plus

$$\nabla\varphi \in \Omega_X^{p+1}(((k)-(1))Y)(*Z)(\mathcal{V})$$

alors

$$\Psi \in \Omega_X^p<((k))-(1))Y>(*Z)(\mathcal{V}) .$$

Preuve : En utilisant la remarque qui a été faite au début de la preuve de la proposition 2.1., il suffit de prouver l'énoncé suivant : supposons que pour tout i , Rés. $_{Y_i}\nabla$ n'a pas de valeur propre 0 alors pour tout $\varphi \in \Omega_X^p<Y>(*Z)(\mathcal{V})$, il existe

$$\Psi \in \Omega_X^p(*Z)(\mathcal{V}) \quad \text{et} \quad u \in \Omega_X^{p-1}(*Z)(\mathcal{V}) , \quad \text{tels que}$$

$$\varphi = \Psi + \nabla u .$$

De plus si $\nabla\varphi \in \Omega_X^{p+1}(*Z)(\mathcal{V})$, on a $\Psi \in \Omega_X^p<(0)Y>(*Z)(\mathcal{V}) = \Omega_X^p(*Z)(\mathcal{V})$.

La démonstration se fait par récurrence sur 1 . Le résultat est trivial en tout degré lorsque $1 = 0$. Supposons donc le résultat vrai en tout degré lorsque Y a $1-1$ composantes irréductibles . Par un choix convenable de coordonnées locales :

$$\nabla = d + (-1)^{\bullet} \cdot \wedge \omega$$

avec

$$\omega = \sum_{i=1}^{1} A_i \frac{dx_i}{x_i} + B = A_1 \frac{dx_1}{x_1} + B_1 \quad .$$

On écrira :

$$A_1 = A_{1o} + x_1 A_{11} \quad ,$$

où A_{1o} né dépend plus de x_1, de plus comme $\text{Rés.}_{Y_1} \nabla$ n'admet pas la valeur propre $0, A_{1,o}$ est inversible. Tout $\varphi \in \Omega_X^p < Y > (*Z)(\mathcal{V})$ s'écrit localement de manière unique sous la forme

$$\varphi = \frac{dx_1}{x_1} \wedge \varphi_{1,1} + \varphi_{1,2}$$

où $x_1 = 0$ définit localement Y_1,

$$\varphi_{1,1} \in \Omega_X^{p-1} < Y_1' > (*Z)(\mathcal{V}) \quad \text{ne contient plus } dx_1 \quad ;$$

$$\varphi_{1,2} \in \Omega_X^{p} < Y_1' > (*Z)(\mathcal{V}) \quad \text{ne contient plus } dx_1 \quad .$$

Ecrivons

$$\varphi_{1,1} = \varphi_{1,1,0} + x_1 \varphi_{1,1,1}$$

$\varphi_{1,1,0}$ ne dépendant plus de x_1.

Posons

$$u = \varphi_{1,1,0} A_{1,0}^{-1}$$

alors

$$\begin{aligned} \nabla u &= \nabla(\varphi_{1,1,0} A_{1,0}^{-1}) \\ &= d_y(\varphi_{1,1,0} A_{1,0}^{-1}) + (-1)^p \varphi_{1,1,0} A_{1,0}^{-1} \wedge (A_1 \frac{dx_1}{x_1} + B_1) \\ &= \frac{dx_1}{x_1} \wedge \varphi_{1,1,0} + [\, d_y(\varphi_{1,1,0} A_{1,0}^{-1}) + (-1)^p \varphi_{1,1,0} A_{1,0}^{-1} \\ &\qquad \wedge (A_{1,1}\, dx_1 + B_1)] \quad . \end{aligned}$$

Or,

$$\frac{dx_1}{x_1} \wedge \varphi_{1,1,0} + dx_1 \wedge \varphi_{1,1,1} + \varphi_{1,2} \quad ;$$

donc

$$\varphi - \nabla u = \Psi \in \Omega_X^p < Y_1' > (*Z)(\mathcal{V})$$

$$u \in \Omega_X^{p-1} < Y_1' > (*Z)(\mathcal{V}) \quad .$$

L'hypothèse de récurrence permet alors d'écrire :

$$u = v + \nabla w$$

où,
$$v \in \Omega_X^{p-1}(*Z)(\mathcal{V}) \quad , \quad w \in \Omega_X^{p-2}(*Z)(\mathcal{V})$$
et
$$\Psi = \zeta + \nabla(\xi)$$
où,
$$\zeta \in \Omega_X^p(*Z)(\mathcal{V}) \quad \text{et} \quad \xi \in \Omega_X^{p-1}(*Z)(\mathcal{V})$$
et en définitive
$$\varphi = \zeta + \nabla(v + \xi)$$
ce qui prouve le résultat.

COROLLAIRE 2.9. Soient $(k) \in \mathbb{Z}^l$ et I une partie de $\{1,2,\ldots,l\}$. Si ∇ n'a pas de pôle sur Y ou plus généralement si k_i n'est pas valeur propre de Rés. $_{Y_i}\nabla$ $(i \in I)$ alors l'application naturelle
$$\Omega_X^\bullet<(k)Y>(*Z)(\mathcal{V}) \longrightarrow \Omega_X^\bullet<((k) + \sum_{i\in I}(1_i))Y>(*Z)(\mathcal{V})$$
est un quasi-isomorphisme.

Preuve : La surjectivité de l'application résulte de la proposition 2.8., toute $\varphi \in \Omega_X^p<((k) + \sum_{i\in I}(1_i))Y>(*Z)(\mathcal{V})$ qui est ∇ -fermée est ∇-cohomologue à une forme $\Psi \in \Omega_X^p<(k)Y>(*Z)(\mathcal{V})$.

L'injectivité de l'application naturelle résulte de la proposition 2.1., si $\varphi = \nabla v$ avec
$$\varphi \in \Omega_X^{p+1}<(k)Y>(*Z)(\mathcal{V}) \quad \text{et} \quad v \in \Omega_X^p<((k) + \sum_{i\in I}(1_i))Y>(*Z)(\mathcal{V})$$
alors
$$v \in \Omega_X^p<(k)Y>(*Z)(\mathcal{V}) \quad ;$$
ce qui termine la démonstration.

PROPOSITION 2.10.(locale). Soient $(k^+) = (k_1^+,k_2^+,\ldots,k_l^+) \in \mathbb{Z}^l$ et $(k^-) = (k_1^-,k_2^-,\ldots,k_l^-) \in \mathbb{Z}^l$ possèdant la propriété suivante : pour tout i , Rés. $_{Y_i}\nabla$ n'a pas de valeur propre entière strictement supérieure à k_i^+ et n'a pas de valeur propre entière strictement inférieure à k_i^- . Alors,

1) pour tout $(k) \in Z^l$ avec $(k) \geq (k^+)$, l'application naturelle
$$\Omega_X^\bullet<(k^+)Y>(*Z)(\mathcal{V}) \longrightarrow \Omega_X^\bullet<(k)Y>(*Z)(\mathcal{V})$$
est un quasi-isomorphisme ;

2) <u>l'application naturelle</u>

$$\Omega_X^\bullet<(k^+)Y>(*Z)(\mathcal{V}) \longrightarrow \Omega_X^\bullet(*Y\cup Z)(\mathcal{V})$$

<u>est un quasi-isomorphisme</u> ;

3) <u>pour tout</u> $(k)\in Z^1$, $(k)\le(k^-)$, <u>l'application naturelle</u>

$$\Omega_X^\bullet<(k)Y>(*Z)(\mathcal{V}) \longrightarrow \Omega_X^\bullet<(k^-)Y>(*Z)(\mathcal{V})$$

<u>est un quasi-isomorphisme</u> ;

4) <u>pour tout</u> $(k)\le(k^-)$, <u>le complexe</u>

$$\hat{\Omega}_X^\bullet<(k)Y>(*Z)(\mathcal{V})$$

<u>est acyclique</u> ;

5) <u>pour tout</u> $(k)\le(k^-)$, <u>le complexe</u>

$$\Omega_X^\bullet<(k)Y>(*Z)(\mathcal{V})$$

<u>est acyclique</u>.

<u>Remarque 2.11.</u> Pour $Z=\emptyset$, l'assertion 2) est équivalente à un résultat de P. Deligne ([1] p. 80) . Pour le voir, il suffit de remplacer le fibré $\mathcal{V}$ par le fibré $\mathcal{V}_{[(k)Y]}$ et la connexion ∇ par la connexion $\nabla_{[(k)Y]}$.

COROLLAIRE 2.12. <u>Pour tout</u> $(k)\in Z^1$, <u>les applications naturelles</u>

$$\Omega_X^\bullet<(k)Y>(*Z)(\mathcal{V}) \longrightarrow (\hat{\Omega}_X^\bullet<(k)Y>(*Z)(\mathcal{V})$$

<u>et</u>

$$\Omega_X^\bullet(*Y\cup Z)(\mathcal{V}) \longrightarrow (\hat{\Omega}_X^\bullet(*Y)(\mathcal{V}))(*Z)$$

<u>sont des quasi-isomorphismes.</u>

<u>Preuve des assertions 1),2),3) et 4) de la proposition 2.10.</u> : le corollaire 2.9. donne immédiatement par récurrence les assertions 1) et 3) . L'assertion 2) se déduit de 1) en passant à la limite inductive. L'assertionn 4) résulte de 3) et du fait que si

$$\varphi\in\Omega_X^p<(k)Y> \quad \text{pour tout} \quad (k)\in Z^1 \quad \text{alors } \varphi=0 .$$

L'assertion 5) est la plus délicate à démontrer et nécessite quelques résultats préliminaires.

LEMME 3.13. *Soient* $(k) \le (k^-) - (1)$ *et* $\varphi \in \Omega_X^p(*Y \cup Z)$ *avec pôles d'ordre au plus* k_i *le long de* Y_i $(i = 1,2,\ldots,l)$. *On suppose que dans un système de coordonnées locales adapté à* $Y \cup Z$ *(tel que* $x_i = 0$ $(i = 1,2,\ldots,l)$ *définisse* Y_i*) la forme* φ *ne contient pas* $dx_1, dx_2, \ldots, dx_l$ *alors* $\nabla\varphi = 0$ *entraine* $\varphi = 0$.

Preuve : Dans le système de coordonnées locales considéré, on peut écrire

$$\varphi = \frac{\varphi_1}{x_i^{k_i}}$$

où φ_1 ne contient pas $dx_1, dx_2, \ldots, dx_l$ et n'a plus de pôles sur Y_i par contre peut encore en avoir sur $Y_i' \cup Z$. Alors

$$\nabla\varphi = -\frac{k_i dx_i}{x_i^{k_i+1}} \wedge \varphi_1 + \frac{d\varphi_1}{x_i^{k_i}} + (-1)^p \frac{\varphi_1}{x_i^{k_i}} \wedge \left(A_i \frac{dx_i}{x_i^{k_i}} + B_i\right) ,$$

on déduit de $\nabla\varphi = 0$ que

$$(A_i - k_i I)\, \varphi_1 \,|_{x_i=0} = 0 .$$

Comme $k_i \le k_i^- - 1$, $A_i|_{x_i} = 0$ n'a pas de valeur propre k_i et $A_i - k_i I|_{x_i} = 0$ est inversible donc $\varphi_1|_{x_i} = 0$, c'est à dire que

$$\varphi = \frac{\tilde{\varphi}_1}{x_i^{k_i-1}} .$$

Par récurrence φ_1 est divisible par $x_i, x_i^2, \ldots$; donc $\varphi_1 = 0$ ce qui prouve le lemme.

LEMME 2.14. *Soit* $(k) \le (k^-)$. *Toute forme* $\varphi \in \Omega_X^p<(k)Y>(*Z)(\mathcal{V})$ *est* ∇*-cohomologue à une forme* $\Psi \in \Omega_X^p<(k)Y>(*Z)(\mathcal{V})$ *qui dans un système de coordonnées locales adapté à* $Y \cup Z$ *(tel que* $x_1 = 0, \ldots, x_l = 0$ *définissent* $Y = Y_1 \cup Y_2 \cup \ldots$ $\ldots \cup Y_l$*) ne contient pas* $dx_1, dx_2, \ldots, dx_l$.

Supposons d'abord que $l = 1$ et notons x_1 simplement x .

Localement :

$$\varphi = \left(\frac{dx}{x} \wedge \varphi_1 + \varphi_2\right) \frac{1}{x^{k-1}} \qquad (k_1 = k)$$

où

$$\varphi_2 \in \Omega_X^p(*Z) \quad , \quad \varphi_1 \in \Omega_X^{p-1}(*Z) \quad .$$

Cherchons une forme

$$u = \frac{v}{x^{k-1}}$$

telle que

1) $v \in \Omega_X^{p-1}(*Z)$ ne contient pas dx ,

2) $\varphi - \nabla u$ ne contient pas dx ;

$$\varphi - \nabla u = (\frac{dx}{x} \wedge \varphi_1 + \varphi_2)\frac{1}{x^{k-1}} + du + (-1)^{p-1}u \wedge (A\frac{dx}{x} + B)$$

$$= dx \wedge [\frac{\varphi_1}{x^k} + \frac{d_x u}{dx} + \frac{uA}{x}] + \frac{\varphi_2}{x^{k-1}} + (-1)^{p-1}u \wedge B \quad .$$

Il suffit donc de trouver u tel que

$$\frac{d_x u}{dx} + \frac{uA}{x} + \frac{\varphi_1}{x^k} = 0$$

c'est à dire v tel que

$$x\,\frac{d_x v}{dx} + v(A - (k-1)I) = \varphi_1 \qquad (*) \quad .$$

Ecrivons

$$\varphi_1 = \sum_{q=0}^{+\infty} \varphi_{1,q}\, x^q \quad , \quad A = \sum_{q=0}^{+\infty} A_q x^q$$

et cherchons

$$v = \sum_{q=0}^{+\infty} v_q\, x^q \quad .$$

Remarquons que les $\varphi_{1,q}$ et v_q sont des formes différentielles vectorielles en les coordonnées autres que x c'est à dire $y_1, y_2, \ldots, y_{n-1}$ avec pôles sur Z . Par identification nous obtenons :

$$\varphi_{1,0} = v_0(A_0 - (k-1)I)$$

$$\varphi_{1,1} = v_1(A_0 - (k-2)I) + v_0\, A_1$$

. . . .

$$\varphi_{1,q} = v_q(A_0 - (k-q)I) + v_0\, A_q + \ldots + v_{q-1}\, A_1$$

. . . .

Comme $k \leq k^-$, les matrices $A_0 - (k-q)I$ sont toutes inversibles, ce qui nous donne formellement la solution cherchée.

En d'autres termes en utilisant le lemme 2.13. on a démontré l'assertion 4) de la proposition 2.10. lorsque $l = 1$. Il est d'ailleurs clair que par induction sur l on obtiendrait facilement l'assertion 4) pour l quelconque.

Pour avoir la preuve complète de l'assertion 5) il faut montrer que le résultat reste vrai de manière holomorphe.

Pour cela, si φ_1 a des pôles d'un certain ordre sur les composantes de Z , on cherchera pour v une forme différentielle ayant des pôles sur Z avec le même ordre sur les diverses composantes. Ce qui revient à supposer que dans l'équation (*) φ_1 est sans pôles sur Z et à chercher v sans pôle sur Z . Si

$$v = \sum_{i_1 < i_2 < \dots < i_p} v_{i_1 \dots i_{p-1}} \, dy_{i_1} \wedge dy_{i_2} \wedge \dots \wedge dy_{i_p}$$

alors pour tout $i_1, i_2, \dots, i_{p-1}$ on a :

$$x \frac{d_x v_{i_1,\dots,i_{p-1}}}{dx} + v_{i_1,\dots,i_p} (A - (k-1)I) = \varphi_{1,i_1,\dots,i_p} \quad .$$

D'après ce que nous avons vu ce système admet une solution formelle $v_{i_1,i_2,\dots,i_{p-1}}$ comme il est à points singuliers réguliers, cette solution est convergente. Ce qui prouve le lemme 2.14. dans le cas $l = 1$. Le cas général s'obtient par récurrence sur l de la manière suivante. Dans le raisonnement ci-dessus, on considère x_1 à la place de x et les pôles sur $Y_1' \cup Z$ seront mis dans les coefficients des formes, le raisonnement ci-dessus s'applique alors sans grand changement en remplaçant Z par $Y_1' \cup Z$.

<u>Preuve de l'assertion 5) de la proposition 2.10.</u> : Soient $(k) \leq (k^-)$ et $\varphi \in \Omega_X^p<(k)Y>(*Z)(\mathcal{V})$ telle que $\nabla\varphi = 0$, d'après le lemme 2.14., il existe Ψ ne contenant pas $dx_1, dx_2, \dots, dx_l$ telle que

$$\varphi - \Psi = \nabla u \quad .$$

Comme $\nabla\varphi = \nabla\Psi = 0$, d'après le lemme 2.13. $\Psi = 0$, ce qui prouve entièrement la proposition 2.10.

§ 3. Un theorème de finitude.

De la proposition 2.10., on déduit le théorème de finitude :

THEOREME 3.1. Soit X une variété analytique complexe compacte, $\mathcal{V}$ un fibré vectoriel holomorphe sur X, ∇ une connexion linéaire méromorphe sur $\mathcal{V}$ à pôles logarithmiques sur une hypersurface à croisements normaux Y. Alors les faisceaux

$$\mathbb{H}^p(X;\Omega_X^{\bullet}(*Y)(\mathcal{V}))$$

sont de dimension finie sur $\mathbb{C}$.

Preuve : Soient $Y = \bigcup_{i=1}^{l} Y_i$ à croisements normaux, $(k^+) = (k_1^+,\ldots,k_l^+)$ tel que $\text{Rés}_{Y_i}\nabla$ n'ait pas de valeur propre entière supérieure à k_i^+. On a un quasi-isomorphisme naturel

$$\Omega_{X*}^{\bullet}<(k^+)Y>(\mathcal{V}) \longrightarrow \Omega_X^{\bullet}(*Y)(\mathcal{V})$$

en effet X étant compacte, il suffit d'avoir ce résultat localement ce qui est l'assertion 2) de la proposition 2.10. On en déduit des isomorphismes naturels

$$\mathbb{H}^p(X;\Omega_X^{\bullet}<(k^+)Y>(\mathcal{V})) \longrightarrow \mathbb{H}^p(X;\Omega_X^{\bullet}(*Y)(\mathcal{V})) \quad .$$

On a une suite spectrale $H^p(X;\Omega_X^q<(k^+)Y>(\mathcal{V})$ d'aboutissement $\mathbb{H}^p(X;\Omega_X^{\bullet}<(k^+)Y>(\mathcal{V}))$. Or le faisceau $\Omega_X^q<(k^+)Y>(\mathcal{V})$ sont des fibrés holomorphes sur X et $H^p(X;\Omega_X^q<(k^+)Y>(\mathcal{V}))$ est de dimension finie sur $\mathbb{C}$, nul pour $p<0$, $q<0$ et pour p ou q assez grand ; l'aboutissement est donc également de dimension finie.

CHAPITRE II

RESIDUS DU COMPLEXE
DE
DE RHAM MEROMORPHE

§ 1. Notations et données.

Soient :

X une variété analytique complexe,

un fibré vectoriel holomorphe sur X ,

$Y = \bigcup_{i=1}^{\ell} Y_i$ une hypersurface à croisements normaux dans X ,

∇ une connexion linéaire intégrable sur $\mathcal{V}$ à pôle logarithmique le long de Y .

Pour tout ℓ' , $0 \leq \ell' \leq \ell$, on considère

$$\Sigma_{\ell'} = \{x \in X \mid \text{ il passe par } x \text{ exactement } \ell' \text{ branches } Y_i \text{ de } Y\} .$$

Les diverses composantes connexes de $\Sigma_{\ell'}$ sont des sous variétés analytiques complexes non singulières de X , elles sont localement fermées dans X et de codimension ℓ' .

$\bigcup_{\ell'=0}^{\ell} \Sigma_{\ell'}$ donne une stratification de X que l'on appellera la stratification naturelle de X associée à l'hypersurface Y .

Soit $\mathcal{F}$ un faisceau sur X , de fibre $\mathcal{F}_x$ en $x \in X$; on notera $\mathcal{F}_{X|Y}$ le faisceau sur X tel que

$(\mathcal{F}_{X|Y})_x = 0$ si $x \notin Y$,

$(\mathcal{F}_{X|Y})_x = \mathcal{F}_x$ si $x \in Y$.

Si $(x_1, x_2, \ldots, x_\ell, (y))$ est un système de coordonnées locales adapté à Y , la connexion ∇ s'écrit :

$$\nabla = \partial + (-1)^{\bullet} \wedge \omega$$

avec

$$\omega = \sum_{i=1}^{\ell} A_i(x,y) \frac{dx_i}{x_i} + B(x,y) .$$

On notera pour toute partie $I \subset \{1, 2, \ldots, \ell\}$;

$$\omega_I = \sum_{i\in I} A_i(x,y)\,\frac{dx_i}{x_i} + B(x,y)$$

$$\omega'_I = \sum_{\substack{i=1\\ i\notin I}}^{\ell} A_i(x,y)\,\frac{dx_i}{x_i} + B(x,y)$$

$$\omega'_I = \omega'_{I,0} + \sum_{i\in I} x_i\,\omega'_{I,i}$$

où $\omega'_{I,0}$ ne dépend pas de $(x)_I = (x_i)_{i\in I}$.

Par exemple si $I = \{1,2\}$;

$$\omega'_{I,0} = \sum_{i=3}^{\ell} A_i(0,0,x_3,\dots,x_\ell,(y))\,\frac{dx_i}{x_i} + B(0,0,x_3,\dots,x_\ell,(y))$$

De même,

$$A_i = A_{i,o} + x_i\,A_{i,1}$$

$$B = B_{i,o} + x_i\,B_{i,1}$$

$A_{i,o}$ et $B_{i,o}$ ne dépendant plus de x_i .

De manière analogue on définit

$$Y_I = \bigcap_{i\in I} Y_i \quad , \quad Y'_I = \bigcup_{\substack{i=1\\ i\notin I}}^{\ell} Y_i$$

Notons ∂_{Y_I} l'opérateur induit par ∂ sur Y_I . On vérifie alors facilement que pour tout $i \in \{1,2,\dots,\ell\}$,

$$\partial_{Y_i} + (-1)^{\bullet}.\wedge\omega'_{i,o}$$

définit une connexion ∇_i sur $\mathcal{V}_i = \mathcal{V}|_{Y_i}$ à pôles logarithmiques sur $Y_i \cap Y'_i$, qui est également intégrable.

Plus généralement on définit une connexion linéaire intégrable ∇_I sur $\mathcal{V}_I = \mathcal{V}|_{Y_I}$ qui est encore à pôles logarithmiques sur $Y_I \cap Y'_I$.

En utilisant la connexion canonique associée à un diviseur sur son fibré canonique, on définit de la même manière les connexions

$$\nabla_{(k)I} \text{ sur } \mathcal{V}|_{Y_I} \otimes \mathcal{O}\Big(\sum_{i\in I} k_i\,Y_i\Big) .$$

<u>Remarque</u> : Les connexions construites ci-dessus dépendent du choix des coordonnées locales on ne pourra donc les utiliser que localement.

<u>Résidu d'un complexe multifilté</u>.

Soit $C^\bullet$ un complexe de faisceau de $\mathbb{C}$-espaces vectoriels sur X .

Une <u>filtration croissante</u> de $C^\bullet$ est la donnée de filtrations croissantes $F^k(C^p)$ de chaque objet C^p , c'est-à-dire la donnée de faisceaux de $\mathbb{C}$-espaces vectoriels $F^k(C^p)$ ayant les propriétés :

1) $F^{k+1}(C^p) \supset F^k(C^p)$

2) $d(F^k(C^p)) \subset F^k(C^{p+1})$

Un complexe $C^\bullet$ de faisceaux de $\mathbb{C}$-espaces vectoriels muni d'une filtration sera dit <u>filtré</u> ; s'il est muni de ℓ-filtrations, on dira qu'il est <u>ℓ-filtré</u> ou <u>multifiltré</u>. Le gradué associé au complexe filtré $C^\bullet$ est le complexe $Gr.^F C^\bullet$ dont les objets sont

$$\frac{F^k(C^\bullet)}{F^{k-1}(C^\bullet)} .$$

Si le complexe $C^\bullet$ est multifiltré par $F_1 , F_2 , \ldots , F_\ell$ alors $Gr.^{F_1} C^\bullet$ est $(\ell-1)$-filtré par les filtrations induites par $F_2 , F_3 , \ldots , F_1$ sur $Gr.^{F_1} C^\bullet$.

On peut alors définir $Gr.^{F_2}(Gr.^{F_1} C^\bullet)$ qui est isomorphe à $Gr.^{F_1}(Gr.^{F_2} C^\bullet)$ qu'on notera donc $Gr.^{F_1 F_2}(C^\bullet)$;

$$Gr.^{F_1F_2}(C^\bullet) = \bigoplus_{k_1,k_2\in \mathbb{Z}} \left[\frac{F_1^{k_1}(C^\bullet) \quad F_2^{k_2}(C^\bullet)}{(F_1^{k_1-1}(C^\bullet) + F_2^{k_2-1}(C^\bullet)) \cap (F_1^{k_1}(C^\bullet) \cap F_2^{k_2}(C^\bullet))} \right]$$

Plus généralement on sait définir

$$Gr_\bullet^{F_1,\dots,F_s}(C^\bullet) = \bigoplus_{k_1,\dots,k_s \in \mathbb{Z}} \left[\frac{\bigcap_{i=1}^{s} F_i^{k_i}(C^\bullet)}{\sum_{i=1}^{s} F_i^{k_i-1}(C^\bullet) \cap (\bigcap_{i=1}^{s} F_i^{k_i}(C^\bullet))} \right]$$

Considérons maintenant l'hypersurface $Y = \bigcup_{i=1}^{\ell} Y_i$ et munissons X de la stratification naturelle associée à Y. Supposons la filtration F_i sur $C^\bullet$ stationnaire $C^\bullet|_{X-Y_i}$.

On a alors :

$$Gr_\bullet^{F_i}(C^\bullet|_{X-Y_i}) = 0$$

$$Gr_\bullet^{F_iF_j}(C^\bullet|_{X-Y_{i,j}}) = 0 \quad \text{etc...}$$

En d'autres termes le support de $Gr_\bullet^{F_i}(C^\bullet)$ est contenu dans Y_i et celui de $Gr_\bullet^{F_iF_j}(C^\bullet)$ dans $Y_{i,j} = Y_i \cap Y_j$, etc...

Dans la situation que nous venons de décrire, on note :

$$\text{rés}_{\bullet Y_i}^{k_i}(C^\bullet) = (Gr_{\bullet k_i}^{F_i}(C^\bullet))_{X|Y_i}$$

$$\text{rés}_{\bullet Y_{i,j}}^{k_i,k_j}(C^\bullet) = (Gr_{\bullet k_i,k_j}^{F_i,F_j}(C^\bullet))_{X|Y_{i,j}} \quad .$$

Plus généralement ; pour tout $I \subset \{1,2,\dots,\ell\}$ et $k_i \in \mathbb{Z}$, $k_i' \in \mathbb{Z}$ avec $k_i' < k_i$, $i \in I$; on posera :

$$Gr_{\bullet (k)_I,(k')_I}(C^\bullet) = \frac{\bigcap_{i\in I} F_i^{k_i}(C^\bullet)}{\sum_{i\in I} F_i^{k_i'}(C^\bullet) \cap (\bigcap_{i\in I} F_i^{k_i}(C^\bullet))}$$

où $(k)_I = (k_i)_{i\in I}$, $(k')_I = (k_i')_{i\in I}$;

et

$$\text{rés}_{\bullet Y_I}^{(k)_I,(k')_I} = (\text{Gr}_{\bullet (k)_I,(k')_I}(C^\bullet))_{X|Y_I} \quad .$$

On peut maintenant établir un certain nombre de formules sur la composition des résidus. Remarquons que,

$$\text{rés}_{\bullet Y_I}^{(k)_I,(k)_I-(1)_I} = \text{rés}_{\bullet Y_I}^{(k)_I}$$

§ 2. Les complexes résidus.

2.1. DEFINITIONS. Nous allons maintenant appliquer ce qui précède au ∇-complexe $\Omega_X^\bullet(*Y)(\mathcal{V})$.

Dans le chapitre I, nous avons défini sur ce complexe les filtrations F_i $(i=1,2,\dots,\ell)$ par

$$F_i^{k_i}(\Omega_X^\bullet(*Y)(\mathcal{V})) = \Omega_X^\bullet\langle k_iY_i\rangle(*Y_i')(\mathcal{V}) \quad .$$

On a donc les complexes résidus

$$\text{rés}_{\bullet Y_i}^{k_i}(\Omega_X^\bullet(*Y)(\mathcal{V})) = \frac{\Omega_X^\bullet\langle k_iY_i\rangle(*Y_i')(\mathcal{V})}{\Omega_X^\bullet\langle (k_i-1)Y_i\rangle(*Y_i')(\mathcal{V})}$$

et plus généralement pour $I \subset \{1,2,\dots,\ell\}$,

$$\text{rés}_{\bullet Y_i}^{(k)_I}(\Omega_X^\bullet(*Y)(\mathcal{V})) = \frac{\Omega_X^\bullet\langle \sum_{i\in I} k_iY_i\rangle(*Y_I')(\mathcal{V})}{\sum_{i\in I} \Omega_X^\bullet\langle (k_i-1)Y_i + \sum_{\substack{j\in I\\ j\neq i}} k_jY_j\rangle(*Y_I')(\mathcal{V})}$$

$$\text{rés}_{\bullet Y_I}^{(k)_I,(k')_I}(\Omega_X^\bullet(*Y)(\mathcal{V})) = \frac{\Omega_X^\bullet\langle \sum_{i\in I} k_iY_i\rangle(*Y_I')(\mathcal{V})}{\sum_{i\in I} \Omega_X^\bullet\langle k_i'Y_i + \sum_{\substack{i\in I\\ j\neq i}} k_jY_j\rangle(*Y_I')(\mathcal{V})}$$

Remarque : A isomorphisme près les complexes résidus sont indépendants de l'ordre sur I .

On définit de la même manière les complexes $\text{rés.}_{Y_I}^{(k)_I}(\Omega_X^\bullet(*Y\cup Z))(\mathcal{V})$ où Z est une autre hypersurface à croisements normaux telle que $Y\cup Z$ soit également à croisements normaux.

Dans la suite on supposera $Z = \emptyset$, ce qui n'enlève rien à la généralité car sur certaines composantes de Y , la connexion pourrait ne pas avoir de singularité. Le cas d'une connexion linéaire holomorphe entre en fait comme cas particulier dans la théorie que nous développons ici.

Notons $\mu_i = k_i - k_i'$; $\mu_i \geq 1$ pour tout $i \in I$; $(\mu)_I = (\mu_i)_{i\in I}$.

La donnée de $(\mu)_I$ permet de construire le faisceau d'idéaux

$$\mathcal{I}_{Y_I}((\mu)_I) = \sum_{i\in I} x_i^{\mu_i}\,\mathcal{O}_X \ .$$

ce faisceau est égal à $\mathcal{O}_X$ sur $X - S_I$ et le faisceau d'anneaux

$$\mathcal{O}_{Y_I}((\mu)_I) = \mathcal{O}_X \big/ \mathcal{I}_{Y_I}((\mu)_I)$$

est à support dans Y_I .

Le faisceau $(\mathcal{O}_{Y_I}((\mu)_I))_{X|Y_I}$ définit un espace annelé sur Y_I que nous noterons

$$(Y_I , \mathcal{O}_{Y_I}((\mu)_I))$$

dont l'espace réduit est $(Y_I ; \mathcal{O}_{Y_I})$. On a :

LEMME 2.1. : <u>Le complexe résidu</u> $\text{rés.}_{Y_I}^{(k)_I,(k')_I}(\Omega_X^\bullet(*Y)(\mathcal{V}))$ <u>est muni naturellement d'une structure de complexe de fibrés et d'opérateurs différentiels d'ordre inférieur ou égal à un sur</u> $\mathcal{O}_{Y_I((\mu)_I)}(*Y_I')$.

En particulier le complexe $\text{rés}_{\cdot Y_I}^{(k)_I}$ est naturellement muni d'une structure de complexe de fibré et d'opérateurs différentiels d'ordre inférieur ou égal à un sur $\mathcal{O}_{Y_I}(*Y'_I)$.

Remarque : Le résidu $\text{rés}_{\cdot Y_I}^{(k)_I,(k')_I}(\Omega_X^\bullet(*Y)(\mathcal{V}))$ est muni naturellement des filtrations induites par $(F_i)_{i\in I}$ et $(F_j)_{j\in I'}$ les premières sont des filtrations finies à μ_i crans, les secondes des filtrations dénombrables.

Le complexe $\text{rés}_{\cdot Y_I}^{(k)_I}(\Omega_X^\bullet(*Y))(\mathcal{V})$ est muni d'une filtration dénombrable.

Le multigradué associé à $\text{rés}_{\cdot Y_I}^{(k)_I,(k')_I}(\Omega_X^\bullet(*Y)(\mathcal{V}))$ et aux filtrations induites par $(F_i)_{i\in I}$ est le complexe

$$\bigoplus_{(k')_I\leq(k'')_I\leq(k)_I} \text{rés}_{\cdot Y_I}^{(k'')_I}(\Omega_X^\bullet(*Y)(\mathcal{V})) .$$

Comme reformulation de la proposition 2.10. du chapitre I nous obtenons.

THEOREME 2.2. : <u>Soit</u> $I\subset\{1,2,\dots,\ell\}$.

1) <u>S'il existe</u> $i_o\in I$ <u>tel que</u> $\text{Rés}_{\cdot Y_{i_o}}\nabla$ <u>n'ait pas de valeur propre entière, le complexe</u> $\Omega_X^\bullet(*Y)(\mathcal{V})$ <u>est acyclique le long de</u> Y_I <u>c'est-à-dire que</u> $\Omega_X^\bullet(*Y)(\mathcal{V})_{X|Y_I}$ <u>est acyclique</u>.

2) <u>Si on n'est pas dans le cas 1) , désignons respectivement par</u> $k_i^+\in\mathbb{Z}$ <u>et</u> $k_i^-\in\mathbb{Z}$, <u>la plus grande et la plus petite des valeurs propres entières de</u> $\text{Rés}_{\cdot Y_I}\nabla(i\in I)$. <u>Alors les applications naturelles de complexes de faisceaux sur</u> S_I ,

$$\begin{array}{c}(\Omega_X^\bullet<\sum_{i\in I}k_i^+\,Y_i>(*Y'_I)(\mathcal{V}))_{X|S_I}\longrightarrow(\Omega_X^\bullet(*Y)(\mathcal{V}))_{X|S_I}\\ \big\downarrow\\ \text{rés}_{\cdot Y_I}^{(k^+)_I,(k^-)_I-(1)_I}(\Omega_X^\bullet(*Y)(\mathcal{V}))\end{array}$$

<u>sont des quasi-isomorphisme de complexes ℓ-filtrés</u>.

COROLLAIRE 2.3. : Dans les conditions du théorème 2.2., il existe un isomorphisme naturel de faisceaux ℓ-filtrés sur Y :

$$(\underline{H}^p(\Omega_X^\bullet(*Y)(\mathcal{V}))_{X|Y_I} \xrightarrow{\text{rés.}_{Y_I}} \underline{H}^p(\text{rés.}_{Y_I}^{(k^+)_I,(k^-)_I-(1)_I}(\Omega_X^\bullet(*Y)(\mathcal{V}))$$

et un isomorphisme naturel de $\mathbb{C}$-espaces vectoriels :

$$H^p(X,(\Omega_X^\bullet(*Y)(\mathcal{V}))_{X|Y_I}) \xrightarrow{\text{rés.}_{Y_I}} H^p(Y_I,\text{rés.}_{Y_I}^{(k^+)_I,(k^-)_I-(1)_I}(\Omega_X^\bullet(*Y)(\mathcal{V})))$$

Dans les conditions du théorème 2.2., supposons que pour tout $i \in I$, $\text{Rés.}_{Y_i}\nabla$ possède une seule valeur propre entière k_i^+ (i.e. $k_i^+ = k_i^-$) ; on a alors le diagramme de quasi-isomorphisme de complexes ℓ-filtrés :

$$\begin{array}{ccc}(\Omega_X^\bullet < \Sigma\, k_i^+ Y_i > (*Y_i')(\mathcal{V}))_{X|Y_I} & \longrightarrow & (\Omega_X^\bullet(*Y)(\mathcal{V}))_{X|Y_I} \\ \downarrow & & \\ \text{rés.}_{Y_I}^{(k^+)}(\Omega_X^\bullet(*Y)(\mathcal{V})) \ ; & & \end{array}$$

un isomorphisme de faisceaux ℓ-filtrés,

$$(\underline{H}^p(\Omega_X^\bullet(*Y)(\mathcal{V}))_{X|Y_I} \xrightarrow{\text{rés.}_{Y_I}} \underline{H}^p(\text{rés.}_{Y_I}^{(k^+)}(\Omega_X^\bullet(*Y))(\mathcal{V}))$$

et un isomorphisme de $\mathbb{C}$-espaces vectoriels,

$$H^p(X,(\Omega_X^\bullet(*Y)(\mathcal{V}))_{X|Y_I}) \xrightarrow{\text{rés.}_{Y_I}} H^p(Y_I\ ;\text{rés.}_{Y_I}^{(k^+)_I}(\Omega_X^\bullet(*Y)(\mathcal{V})) \ .$$

Remarque : Ce résultat s'applique en particulier au cas où ∇ est sans singularité ou plus généralement sans pôle sur $(Y_i)_{i\in I}$.

§ 2.2. Etude locale des complexes résidus.

Il est naturel de faire une étude locale sur Y_I des complexes résidus. On va voir que ces complexes résidus sont localement mais de manière non canonique isomorphes au complexe de De Rham d'un complexe de connexions à pôles logarithmiques sur Y_I .

Ce complexe total est en fait associé à un multicomplexe construit à partir d'une connexion et de morphismes de connexions permutant entre eux ; il peut également être interprété comme obtenu par cylindres successifs pour des connexions convenables ce qui permettra pour les calculs de faire des récurrences sur la codimension 1 des strates de la stratification naturelle de X associée à Y.

Etude locale dans le cas où $\mathrm{card}.I = 1$ (par exemple $I = \{1\}$).

On choisit un système de coordonnées locales adaptées à Y :

$$(x_1, x_2, \dots, x_\ell ; (y)) .$$

Une section locale φ de $\Omega_X^p<k_1Y_1>(*Y_1')(\mathcal{V})$ s'écrit alors de manière unique

$$\varphi = \left(\frac{dx_1}{x_1} \wedge\varphi_1 + \varphi_2\right) \frac{1}{x_1^{k_1-1}}$$

où φ_1 et φ_2 ne contiennent plus dx_1. La connexion ∇_1 sur $\mathcal{V}_1$ est définie localement par

$$\partial + (-1)^{\bullet} \cdot\wedge\, \omega_1$$

$$\omega_1 = A_1(x,y) \frac{dx_1}{x_1} + B_1(x,y)$$

LEMME 2.4. Il existe un isomorphisme non naturel de $\mathcal{O}_{Y_1}(*Y_1')$-modules

$$\text{rés}._{Y_1}^{k_1}(\Omega_X^p(*Y)(\mathcal{V})) \longrightarrow \Omega_{Y_1}^{p-1}(*Y_1')(\mathcal{V}_1) \oplus \Omega_{Y_1}^p(*Y_1')(\mathcal{V}_1)$$

cet isomorphisme est défini par

$$\text{classe}\left(\left(\frac{dx_1}{x_1}\, r\, \varphi_1 + \varphi_2\right) \frac{1}{x_1^{k_{1-1}}}\right) \longrightarrow (\varphi_{1,0}, \varphi_{2,0}) .$$

Par cet isomorphisme la différentielle du complexe $\text{rés}._{Y_1}^{k_1}(\Omega_X^p(*Y)(\mathcal{V}))$ devient

$$(\varphi_{1,0},\varphi_{2,0}) \xrightarrow{\nabla_1} (-\nabla_1 \wedge \varphi_{1,0} + \varphi_{2,0}(A_{1,0} - (k_1-1)I),\ \nabla_1\, \varphi_{2,0})$$

Preuve :

Soit $\hat{\varphi} \in \text{rés.}_{Y_1}^{k_1}(\Omega_X^p(*Y)(\mathcal{V}))$

$$\hat{\varphi} = \text{classe}\ (\ \varphi = (\frac{dx_1}{x_1} \wedge \varphi_1 + \varphi_2)\ \frac{1}{x_1^{k_1-1}}\ )$$

$$= \text{classe}\ (\ \varphi_o = (\frac{dx_1}{x_1} \wedge \varphi_{1,0} + \varphi_{2,0})\ \frac{1}{x_1^{k_1-1}}\ )$$

et $\hat{\nabla}\,\hat{\varphi} = \text{classe}(\nabla\varphi_o)$.

Un calcul simple nous donne :

$$\nabla\varphi_o = \frac{dx_1}{x_1^{k_1}} \wedge [-d_y\varphi_{1,0} + (-1)^p\ \varphi_{1,0}\wedge B_{1,0} + \varphi_{2,0}(A_{1,0} - (k_1-1)I) +$$

$$+ x_1((-1)^p\ \varphi_{1,0}\wedge B_{1,1} + \varphi_{2,0}A_{1,1})] + \frac{1}{x_1^{k_1-1}}[d_y\ \varphi_{2,0} + (-1)^p\ \varphi_{2,0}\wedge B]$$

où

$$A_1 = A_{1,0} + x_1A_{1,1} \quad \text{et} \quad B_1 = B_{1,0} + B_{1,1}\ .$$

Alors,

$$\text{classe}(\nabla\varphi_0) = (-\nabla_1\,\varphi_{1,0} + \varphi_{2,0}(A_{1,0}-(k_1-1)I)\ ,\ \nabla_1\,\varphi_{2,0})\ .$$

La condition d'intégrabilité de ∇ entraine l'intégrabilité de ∇_1 (i.e. $\nabla_1^2 = 0$). D'autre part comme

$$\nabla_1(\text{Rés.}_{Y_1}\nabla) = 0$$

on a $\nabla_1 \circ A_{1,0} = 0$ et l'opérateur définit par

$$(u,v) \overset{\tilde{\nabla}_1}{\longrightarrow} (-\nabla_1 u + v(A_{1,0}-(k_1-1)I)\ ,\ \nabla_1 v)$$

sur le complexe

$$\Omega_{Y_1}^{\bullet-1}(*Y_1')(\mathcal{V}_1) \oplus \Omega_{Y_1}^{\bullet}(*Y_1')(\mathcal{V}_1)$$

vérifie $\nabla_1^2 = 0$ et le lemme ci-dessus est démontré.

On en déduit immédiatement,

LEMME 2.5. <u>Le complexe</u>

$$\Omega_{Y_1}^{\bullet-1}(*Y_1')(\mathcal{V}_1) \oplus \Omega_{Y_1}^{\bullet}(*Y_1')(\mathcal{V}_1)$$

muni de la différentielle $\tilde{\nabla}_1$ est le complexe simple associé au complexe double

$$\begin{array}{ccccccccc}
 & & 0 & & 0 & & & & 0 \\
 & & \uparrow & & \uparrow & & & & \uparrow \\
0 & \to & \theta_{Y_1} & \to & \Omega^1_{Y_1}(*Y'_1)(\mathcal{V})_1 & \to & \dots & \to & \Omega^p_{Y_1}(*Y'_1)(\mathcal{V}_1) \to \dots \\
 & & \uparrow & & \uparrow (A_{1,0}-(k_1-1)I) & & & & \uparrow (A_{1,0}-(k_1-1)I) \\
0 & \to & \theta_{Y_1} & \to & \Omega^1_{Y_1}(*Y'_1)(\mathcal{V}_1) & \to & \dots & \to & \Omega^p_{Y_1}(*Y'_1)(\mathcal{V}_1) \to \dots \\
 & & \uparrow & & \uparrow & & & & \uparrow \\
 & & 0 & & 0 & & & & 0
\end{array}$$

On a le même résultat pour le complexe

$$\Omega^{\bullet-1}_{Y_1}((\mathcal{V}\otimes\mathcal{O}((k_1-1)Y_1))|_{Y_1} \oplus \Omega^{\bullet}_{Y_1}((\mathcal{V}\otimes\mathcal{O}((k_1-1)Y_1))|_{Y_1}$$

muni de la différentielle $\tilde{\nabla}_1$. On peut également dire que ce complexe est le cylindre du morphisme de connexion

$$\Omega^p_{Y_1}(\mathcal{V}_{[(k_1-1)Y_1]}|Y_1) \longrightarrow \Omega^p_{Y_1}(\mathcal{V}_{[(k_1-1)Y_1]}|Y_1)$$

$$u \longrightarrow (A_{1,o} - (k_1-1)I)u$$

qui est d'ailleurs $\text{Rés.}_{Y_1}[\nabla\otimes\Theta_{(k_1-1)Y_1}]$.

LEMME 2.6. Si le complexe $\Omega^{\bullet}_{Y_1}((\mathcal{V}\otimes\mathcal{O}(k_1-1)Y_1)_{Y_1})(*Y'_1)$ muni de la connexion ∇_1 est acyclique en degré supérieur ou égal à λ alors le complexe $\text{Rés.}^{k_1}_{Y_1}\,\Omega^{\bullet}_X(*Y)(\mathcal{V})$ est acyclique en degré supérieur ou égal à $\lambda+1$. En particulier si $Y'_i = \emptyset$ alors $\text{Rés.}^{k_1}_{Y_1}\,\Omega^{\bullet}_X(*Y)(\mathcal{V})$ est acyclique en degré supérieur ou égal à 2.

Remarque : Dans cet énoncé on peut remplacer le complexe

$$(\Omega^{\bullet}_{Y_1}((\mathcal{V}\otimes\mathcal{O}(k_1-1)Y_1)_{Y_1})(*Y'_1)\ ,\ \nabla_1)$$

par le complexe de De Rham de ∇_1 sur $\mathcal{V}_1$ qui lui est localement isomorphe.

Preuve du lemme. Soit $p \geq \lambda+1$ et (u_1,u_2) une section locale du faisceau

$\text{rés.}^{k_1}_{Y_1}\,\Omega^p_X(*Y)(\mathcal{V})$ vérifiant :

$$-\nabla_1 u_1 + u_2(A_{1,0} - (k_1-1)I = 0$$
$$\nabla_1 u_2 = 0$$

donc

u_1 est une section locale de $\Omega^{p-1}_{Y_1}(*Y'_1)(\mathcal{V}_1)$

u_2 est une section locale de $\Omega^{p}_{Y_1}(*Y'_1)(\mathcal{V}_1)$.

Montrons qu'il existe ,

v_1 section locale de $\Omega^{p-2}_{Y_1}(*Y'_1)(\mathcal{V}_1)$

v_2 section locale de $\Omega^{p-1}_{Y_1}(*Y'_1)(\mathcal{V}_1)$

tels que

$$-\nabla_1 v_1 + v_2(A_{1,0} - (k_1-1)I) = u_1$$
$$\nabla_1 v_2 = u_2 \ .$$

Comme le complexe $\Omega^{\bullet}_{Y_1}((\mathcal{V} \otimes \mathcal{O}(k_1-1)Y_1)_{Y_1})(*Y'_1)$ est acyclique en degré $\geq \lambda$.
Il existe v_2 section locale de degré p-1 de ce complexe telle que

$$\nabla_1 v_2 = u_2 \ .$$

Vu les remarques faites ci-dessus, on a :

$$\nabla_1(v_2(A_{1,0} - (k_1-1)I) - u_1) = 0$$

donc il existe v_1 tel que

$$\nabla_1 v_1 = v_2(A_{1,0} - (k_1-1)I) - u_1 \quad ;$$

ce qui prouve le première partie du lemme.

Regardons maintenant le cas $Y'_1 = \emptyset$, dans ce cas la connexion ∇_1 sur $\mathcal{V}_1$ est sans singularité et le complexe de De Rham qui lui est associé est acyclique en degré supérieur ou égal à 1 . Nous avons vu que le complexe

$$\Omega^{\bullet-1}_{Y_1}(*Y'_1)(\mathcal{V}) \oplus \Omega^{\bullet}_{Y_1}(*Y'_1)(\mathcal{V})$$

muni de l'opérateur $\tilde{\nabla}_1$ est le cyclique du morphisme de complexes de De Rham

$$\Omega^{\bullet}_{Y_1}(*Y'_1)(\mathcal{V}) \xrightarrow{\text{Rés.}_{Y_1}(\nabla)-(k_1-1)I} \Omega^{\bullet}_{Y_1}(*Y'_1)(\mathcal{V}_1)$$

provenant du morphisme de connexions

$$(\mathcal{V}_1,\nabla_1) \xrightarrow{\text{Rés.}_{Y_1}\nabla - (k_1-1)I} (\mathcal{V}_1,\nabla_1) \quad .$$

Le complexe ci-dessus est également le complexe simple associé a un complexe double qu'il est immédiat d'expliciter.

On en déduit :

PTOPOSITION 2.7. 1) Nous avons une suite spectrale

$$E_2^{p,q} \qquad \underline{H}^{p+q}(\text{rés.}\ {}^{k_1}_{Y_I}(\Omega_X^{\bullet}(*Y)(\mathcal{V}))$$

avec

$$E_2^{p,q} = 0 \quad \text{pour} \quad q < 0 \quad \text{et} \quad q > 1 \quad ;$$

$$E_2^{p,0} = \text{Ker}[\underline{H}^p(\Omega_{Y_1}^{\bullet}(*Y_1')(\mathcal{V}_1)) \xrightarrow{\text{Rés.}_{Y_1}\nabla - (k_1-1)I} H^p(\Omega_{Y_1}^{\bullet}(*Y_1')(\mathcal{V}_1))]$$

$$E_2^{p,1} = \text{coker}[H^p(\Omega_{Y_1}^{\bullet}(*Y_1')(\mathcal{V})) \xrightarrow{\text{Rés.}_{Y_1}\nabla - (k_1-1)I} \underline{H}^p(\Omega_{Y_1}^{\bullet}(*Y_1')(\mathcal{V})$$

2) si k_1-1 n'est pas valeur propre de $\text{Rés.}_{Y_1}\nabla$, le complexe $\text{rés.}\ {}^{k_1}_{Y_1}(\Omega_X^{\bullet}(*Y)(\mathcal{V}))$ est acyclique.

3) Si $\Omega_{Y_1}^{\bullet}(*Y_1')(\mathcal{V}_1)$ est acyclique en degré supérieur ou égal à λ alors le complexe $\text{rés.}\ {}^{k_1}_{Y_1}(\Omega_X^{\bullet}(*Y)(\mathcal{V})$ est acyclique en degré supérieur ou égal à $\lambda + 1$. En particulier si $Y_1' = \emptyset$, le complexe $\text{rés.}\ {}^{k_1}_{Y_1}(\Omega_X^{\bullet}(*Y)(\mathcal{V})$ est acyclique en degré supérieur ou égal à 2 .

La preuve de cette proposition est immédiate. La suite spectrale considérée est la première suite spectrale du complexe double :

$$\begin{array}{ccccccccc}
 & & 0 & & & 0 & & & 0 \\
 & & \uparrow & & & \uparrow & & & \uparrow \\
0 & \longrightarrow & \mathcal{V}_1 & \to \cdots \to & & \Omega^p_{Y_1}(*Y'_1)(\mathcal{V}_1) & \longrightarrow & & \Omega^{p+1}_{Y_1}(*Y'_1)(\mathcal{V}_1) \to \cdots \\
 & & \uparrow & & & \uparrow{\scriptstyle \text{Rés.}_{Y_1}\nabla-(k_1-1)I} & & & \uparrow{\scriptstyle \text{Rés.}_{Y_1}\nabla-(k_1-1)I} \\
0 & \longrightarrow & \mathcal{V}_1 & \to \cdots \to & & \Omega^p_{Y_1}(*Y'_1)(\mathcal{V}_1) & \longrightarrow & & \Omega^{p+1}_{Y_1}(*Y'_1)(\mathcal{V}_1) \to \cdots \\
 & & \uparrow & & & \uparrow & & & \uparrow \\
 & & 0 & & & 0 & & & 0
\end{array}$$

La suite spectrale a pour aboutissement la cohomologie du complexe simple associé à ce complexe double or ce complexe double est isomorphe de manière non canonique au complexe résidu $\text{rés.}^{k_1}_{Y_1}(\Omega^{\bullet}_X(*Y)(\mathcal{V})$.

Alors 2) est une conséquence de 1) et du fait que dans ce cas $\text{Rés.}_{Y_1}\nabla-(k_1-1)I$ est un isomorphisme ce qui entraine que $E_2^{p,0}$ et $E_2^{p,1}$ donc $E_2^{p,q}$ sont nuls. Les autres assertions de la proposition sont des reformulations de lemmes énoncés précédemment.

PROPOSITION 2.8. 1) <u>Nous avons une suite spectrale</u>

1) <u>Nous avons une suite spectrale</u>

$$E_1^{p,q} \Longrightarrow \underline{H}^{p+q}((\Omega^{\bullet}_X(*Y)(\mathcal{V}))_{X|Y_1})$$

<u>avec</u>

$$E_1^{p,q} = H^p(\text{rés.}^{\,q}_{Y_1}(\Omega^{\bullet}_X(*Y)(\mathcal{V}))) \quad ;$$

2) <u>Si</u> Z <u>est une strate de codimension 1 de la stratification naturelle de</u> X <u>associée à</u> Y ; <u>le complexe</u> $\Omega^{\bullet}_X(*Y)(\mathcal{V})$ <u>est acyclique en degré supérieur ou égal à</u> l+1 <u>le long de</u> Y .

La suite spectrale de 1) est la suite spectrale du complexe $(\Omega^{\bullet}_X(*Y)(\mathcal{V}))_{X|Y_1}$ filtré par F_1 ou encore la suite spectrale du complexe filtré

$$\text{rés.}^{k_1^+,k_1^--1}_{Y_1}(\Omega^{\bullet}_X(*Y)(\mathcal{V}))$$

ce qui donne une filtration finie et règle les problèmes de convergence.

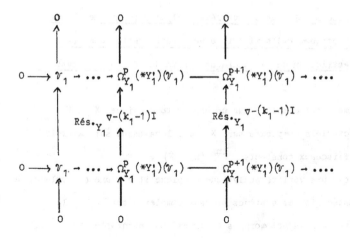

DEFINITION 2.9. Un faisceau $\mathcal{F}$ sur une variété analytique complexe X est dit constructible (analytiquement) s'il existe une statification analytique Σ de X telle que la restriction de $\mathcal{F}$ à chaque strate de Σ soit un système local complexe.

Rappelons qu'un système local complexe sur un espace topologique X est un faisceau d'espaces vectoriels complexes sur X qui, localement sur X soit isomorphe à l'un des faisceaux constants $\mathbb{C}^n$ $(n \in \mathbb{N})$.

D'autre part, si X est une variété analytique complexe il y a une équivalence de catégories entre la catégorie des systèmes slocaux complexes sur X et la catégorie des fibrés vectoriels holomorphes à connexions intégrables sur X, (les morphismes étant les morphismes horizontaux de fibrés vectoriels).

LEMME 2.10. Si le complexe $\Omega^{\bullet}_{Y_1}(*Y_1')(\mathcal{V})$ est à cohomologie analytiquement constructible sur Y_1, localement constantes sur les strates de la stratification naturelle de X associées à Y_1 alors le complexe

$$\text{rés.}^{k_1}_{Y_1}\ \Omega^{\bullet}_X(*Y)(\mathcal{V})$$

a, pour tout $k \in \mathbb{Z}$, les mêmes propriétés.

C'est une conséquence immédiate de la proposition 2.7.

LEMME 2.11. Soit $E_r^{p,q}$ une suite spectrale de faisceaux de $\mathbb{C}$-espaces vectoriels sur une variété topologique X. S'il existe r_o tel que $E_{r_o}^{p,q}$ soit formé de systèmes locaux complexes alors l'aboutissement de la suite spectrale est formé de systèmes locaux complexes.

C'est une conséquence immédiate de l'équivalence locale sur X entre la catégorie des systèmes locauax complexes sur X et la catégorie des $\mathbb{C}$-espaces vectoriels. L'équivalence est donnée par le morphisme qui a un système local $\mathcal{H}$ associe le $\mathbb{C}$-espace vectoriel $\Gamma(X;\mathcal{H})$ de ses sections sur X.

Etude local dans le cas général. La méthode est la même utilisée dans la cas où Card. I = 1, avec quelques complications techniques dues au fait que l'on remplace la filtration par une multifiltration. Nous nous contenterons donc de donner les grandes lignes de cette étude dont le détail est élémentaire mais fastidieux.

Le multigradué du complexe multifiltré pour la filtration F_I ,

$$\text{rés.}\ {}_{Y_I}^{(k^+)_I,(k^-)_I-(1)}(\Omega_X^\bullet(*Y)(\mathcal{V})$$

est le complexe multigradué :

$$\bigoplus_{(k^-)_I<(k)_I\leq(k^+)_I} \text{rés.}\ {}_{Y_I}^{(k)_I}(\Omega_X^\bullet(*Y)(\mathcal{V})) \quad .$$

Ainsi le complexe

$$\text{rés.}\ {}_{Y_I}^{(k^+)_I,(k^-)_I-(1)}(\Omega_X^\bullet(*Y)(\mathcal{V}))$$

est l'aboutissement d'une suite multispectrale dont le premier étage est formé de la cohomologie de

$$\bigoplus_{(k^-)_I<(k)_I\leq(k^+)_I} \text{rés.}\ {}_{Y_I}^{(k)_I}(\Omega_X^\bullet(*Y)(\mathcal{V})) \quad .$$

Remarque : L'assertion 2) a été démontrée par Kashiwara [7] en utilisant des résultats profonds sur les systè mes holonôles. Ici nous en donnons pour les connexions une démonstration simple.

L'assertion 1) se démontre par récurrence sur la codimension des strates de la stratification naturelle de X associée à Y ; en utilisant le lemme 2.10, la suite spectrale de la proposition 2.8. et le lemme 2.11. Le résultat de 1) s'étend au cas où ∇ est à points singuliers réguliers sur Y à croisements normaux. En effet l'assertion est locale, et nous savons [1] que localement on peut remplacer $\mathcal{V}$ par un fibré $\mathcal{V}'$ qui lui est méromorphiquement équivalent, tel que dans ce nouveau fibré la connexion ∇' déduite de ∇ soit à pôles logarithmiques. Une telle transformation ne change pas le complexe de De Rham méromorphe (à isomorphisme près) ce qui prouve ce nouveau résultat.

Pour passer au cas où Y n'est plus à croisements normaux, on utilise une désingularisation de Y (Hironaka [8]) :

$$\tilde{X} \xrightarrow{\ f\ } X \quad , \quad f^{-1}(Y) = \tilde{Y} \quad \text{à croisements normaux.}$$

On a

$$f^*\Omega_{\tilde{X}}^\bullet(*\tilde{Y})(\mathcal{V}) = \underline{R}\ f^*\Omega_{\tilde{X}}^\bullet(*\tilde{Y})(\mathcal{V}) = \Omega_X^\bullet(*Y)(\mathcal{V}) \quad .$$

(En effet $R^i f_* \mathcal{F}$, pour $\mathcal{F}$ cohérent dans $\tilde{X}$, si $i \geq 1$, est à support dans Y , ce qui implique la nullité des $(R^i f_* \mathcal{F})(*Y))$.

On en déduit une suite spetrale

$$R^p f^* \underline{H}^q(\Omega^{\bullet}_{\tilde{X}}(*Y)(\tilde{\mathcal{V}})) \longrightarrow H^{p+q}(\Omega^{\bullet}_X(*Y)(\mathcal{V})) \quad ,$$

d'où le résultat, (les $R^p f^* \mathcal{F}$ sont analytiquement constructible quand $\mathcal{F}$ l'est).

BIBLIOGRAPHIE

[1] DELIGNE P. : Equations différentielles à points singuliers réguliers. Lecture Notes in Mathematics N° 163. Springer Verlag. Berlin, Heidelberg, New-York.

[2] GERARD R. et LEVELT A.H.M. : Sur les connexions à singularités régulières dans le cas de plusieurs variables. Funkcialaj Ekvajioj. Vol. 19, N°2, 1976.

[3] TAKANO and YOSHIDA M. : On a linear system of Pfaffian equations with regular singular points. Funkcialaj Ekvacioj. Vol. 19, N°2,1976.

[4] CHEVALLEY C. and EILENBERG S. : Cohomology Theory of Lie Groups and Lie algebras. Trans. Am. Math. Soc. 63, 1948, 85-124.

[5] DELIGNE P. : Theorie de Hodge II. Publ. Math. I.H.E.S. 40, 1971,5-57.

[6] LERAY J. : Le calcul différentiel et intégral sur une variété analytique. Bull. Soc. Math. France 87, 1959, 81-180.

[7] KASHIWARA M. : On the holonomic systems of linear differential equations II, Inventionnes Mathematicae, 49, 1978, 121-136.

[8] HIRONAKA H. : Resolution of singularities of an algebraic variety over a field of characteristic zero. I,II, Ann. of Math. 79, 1964, N°1 and N° 2.

[9] BREDON G.E. : Sheaf theory Mc. Graw-Hill. Series in higher Math.

[10] GODEMENT R. : Topologie algébrique et théorie des faisceaux. Herman Paris 1958.

CLASSIFICATION TOPOLOGIQUE DES n-UPLES DE CHAMPS DE VECTEURS HOLOMORPHES COMMUTATIFS SUR $P_{n+1}(\mathbb{C})$.

Par Bernard KLARES .(✱)

I. INTRODUCTION

La classification topologique des champs de vecteurs holomorphes sur $P_n(\mathbb{C})$ a été faite par MM. C. Camacho, N.H. Kuiper et J. Palis (cf [1]). Nous nous proposons, dans cet article, de mener une étude analogue pour les n-uples de champ champs de vecteurs linéaires commutatifs dans C^{n+1} et d'appliquer les résultats obtenus pour avoir une classification topologique des n-uples de champs de vecteurs holomorphes, commutatifs de $P_{n+1}(\mathbb{C})$.

La présentation des invariants obtenus a été améliorée grâce à quelques remarques de M. N.H. Kuiper et je l'en remercie.

Précisons le problème : Soit $X = (A_1,\dots,A_n)$ un n-uple de champs de vecteurs holomorphes d'une variété analytique complexe M , avec $n \geq 2$. On dit que X est commutatif si les A_i commutent deux à deux $i = 1,2,\dots,n$.

On dit que deux tels n-uples X et X' sont <u>topologiquement équivalents</u> s'il existe un homéomorphisme de M sur elle-même qui envoie les trajectoires de X sur celles de X' . Remarquons que ces trajectoires sont de dimension complexe $n \geq 2$.

Le premier résultat obtenu, concerne les n-uples de champs de vecteurs linéaires commutatifs, génériques de $\mathbb{C}^{n+1}$.

Soient $X = (A_1,\dots,A_n)$ et $X'(A'_1,\dots,A'_n)$ deux tels n-uples, $\lambda^i_1,\dots,\lambda^i_{n+1}$ les valeurs propres de $A_i (i = 1,2,\dots,n)$ et $(\lambda')^i_1,\dots,(\lambda')^i_{n+1}$ les valeurs propres de A'_i $(i = 1,2,\dots,n)$.

Posons :

$$\alpha_j = \begin{vmatrix} \lambda^1_1 & \dots & \hat{\lambda}^1_j & \dots & \lambda^1_{n+1} \\ \vdots & & \vdots & & \vdots \\ \lambda^n_1 & \dots & \hat{\lambda}^n_j & \dots & \lambda^n_{n+1} \end{vmatrix}$$

Le chapeau indique qu'il manque la j^e colonne $j = 1,2,\dots,n+1$. De même α'_j , pour $j = 1,2,\dots,n+1$.

<u>THEOREME 1.</u> <u>Une condition nécessaire et suffisante pour que X et X' soient topologiquement équivalents est qu'il existe, après permutation</u>

(✱) $2^{è}$ partie d'une thèse de Doctorat soutenue à Strasbourg en Mars 1980 .

éventuelle des indices, $g \in G\ell(2,\mathbb{R})$ tel que :

$$\alpha'_i = g\alpha_i \quad i = 1,2,\dots,n+1 .$$

L'invariant associé à un n-uple $X = (A_1,\dots,A_n)$ est alors l'ensemble :

$$\Delta = \{(c_1,\dots,c_{n+1}) \in \mathbb{R}^{n+1} - \{0\} \mid \sum_{i=1}^{n+1} c_i\alpha_i = 0\}$$

hyperplan de codimension deux, privé de l'origine, dans $\mathbb{R}^{n+1}$, ou encore l'ensemble : $\tilde{\Delta}$ image de Δ dans $P_n(\mathbb{R})$.

Pour <u>n = 2</u>, ce résultat a aussi été obtenu par MM.C. Camacho et A. Lins, d'une façon différente et indépendante de celle présentée ici.(cf[2]).

Le second résultat concerne les n-uples de champ de vecteurs holomorphes commutatifs (c'est à dire qui commutent deux à deux), génériques de $P_{n+1}(\mathbb{C})$. On sait que tout champ de vecteurs holomorphes A de $P_{n+1}(\mathbb{C})$ provient naturellement d'un champ de vecteurs linéaires $\tilde{A}$ de $\mathbb{C}^{n+2}$.

Soient $X = (A_1,\dots,A_n)$ et $X' = (A'_1,\dots,A'_n)$ deux tels n-uples, λ^i_j $j = 1,2,\dots n+2$ les valeurs propres de $\tilde{A}^!_i$ associé à $A^!_i$, $i = 1,2,\dots,n$. Posons :

$$(\beta_j) = \begin{vmatrix} \lambda^1_1 & \dots & \hat{\lambda}^1_j & \dots & \lambda^1_{n+2} \\ \vdots & & \vdots & & \vdots \\ \lambda^n_1 & \dots & \hat{\lambda}^n_j & \dots & \lambda^n_{n+2} \\ 1 & \dots & \hat{1} & \dots & 1 \end{vmatrix}$$

Le chapeau signifie qu'il manque la j^e colonne, $j = 1,2,\dots,n+2$; de même pour les β'_j. On a :

<u>THEOREME 2.</u> <u>Une condition nécessaire et suffisante pour que X et X' soient topologiquement équivalents est qu'il existe, après une permutation éventuelle des indices,</u> $g \in G\ell(2,\mathbb{R})$ <u>tel que :</u>

$$\beta'_j = g\beta_j \quad j = 1,\dots,n+2 .$$

Remarquons que : $\sum_{j=1}^{n+2} (-1)^j \beta_j = 0$ et qu'il suffit donc de ne considérer que $n+1$ des β_j.

Comme précédemment l'invariant topologique associé à X est l'hyperplan

$$\Delta = \{(c_1,\dots,c_{n+2}) \in \mathbb{R}^{n+2} - \{0\} \mid \sum_{j=1}^{n+2} c_j\beta_j = 0\}$$ ou son image

$\tilde{\Delta}$ dans $P_n(\mathbb{R})$.

La classification topologique des n-uples de champs de vecteurs holomorphes commutatifs génériques de $P_{n+1}(\mathbb{C})$ est ainsi résolue.

II. n-uples de champs de vecteurs linéaires commutatifs de $\mathbb{C}^{n+1}$.

1. Notations. Hypothèses.

Soient $A_1, \dots, A_n$, n champs de vecteurs linéaires de $\mathbb{C}^{n+1}$ et H le sous-espace de $\mathcal{L}(\mathbb{C}^{n+1})$ constitué par les n-uples $X = (A_1, \dots, A_n)$ commutatifs, c'est-à-dire : $A_i.A_j = A_j.A_i$, $i \neq j$, $i, j = 1, 2, \dots, n$.

Nous allons définir un ouvert O de H, partout dense dans H de la façon suivante :

$X = (A_1, \dots, A_n) \in O$ si

1) $X \in H$,

2) A_i a ses valeurs propres deux à deux distinctes : λ_j^i, $j = 1, 2, \dots, n+1$; $i = 1, 2, \dots, n$.

3) Les α_j,

$$\alpha_j = \begin{vmatrix} \lambda_1^1 & \dots & \hat{\lambda}_j^1 & \dots & \lambda_{n+1}^1 \\ \vdots & & & & \vdots \\ \lambda_1^n & \dots & \hat{\lambda}_j^n & \dots & \lambda_{n+1}^n \end{vmatrix}, \quad j = 1, 2, \dots, n+1$$

(le chapeau signifie qu'il manque la j-ième colonne)

vérifient :

$$\alpha_j \neq 0 \quad \text{et} \quad \mathbb{R}\,\alpha_j \neq \mathbb{R}\,\alpha_k, \quad j \neq k.$$

Les n-uples X de O sont génériques.

<u>Remarque</u>. $A_1, \dots, A_n$ sont simultanément diagonalisables puisqu'elles commutent deux à deux et ont des valeurs propres deux à deux distinctes.

On note dans la suite $(z_1, z_2, z_3, \dots, z_{n+1})$ les composantes de $z \in \mathbb{C}^{n+1}$ dans une base qui diagonalise les A_i.

2. Géométrie des trajectoires (ou feuilles) de X .

Ces trajectoires sont définies par les équations différentielles :

$$dz_j = \left(\sum_{i=1}^{n} \lambda_j^i . ds_i \right) z_j \ , \quad (s_1, \ldots, s_n) \in \mathbb{C}^n \ , \quad j = 1, 2, \ldots, n+1 \quad i = 1, 2, \ldots, n$$

c'est-à-dire :

$$z_j = k_j . \exp\left(\sum_{i=1}^{n} \lambda_j^i . s_i \right) \ , \quad k_j = \text{constante}, \quad j = 1, 2, \ldots, n+1 \quad i = 1, 2, \ldots, n$$

X a comme singularité les hyper-plans : $\{z_i = z_j = 0 \ , \ i \neq j\}$

X a $n+1$ trajectoires "particulières" : $T_j = \{z_j = 0 \ , \ z_k \neq 0, \ k \neq j\}$, $j = 1, 2, \ldots, n+1$.

PROPOSITION 1. Les trajectoires particulières T_j , $j = 1, \ldots, n+1$ ont pour bout les n hyperplans $z_j = z_k = 0$, $j \neq k$, $k = 1, 2, \ldots, n+1$.
Les trajectoires non particulières ont dans leur bout une trajectoire particulière.

Démonstration. Après un changement de base dans $(s_1, \ldots, s_n)$, on peut supposer que l'on a :

$$z_1 = z_1^0 . \exp(s_1) \ , \quad z_2 = z_2^0 . \exp(s_2) \ , \ \ldots \ , \ z_n = z_n^0 . \exp(s_n) \ ,$$

$$z_{n+1} = z_{n+1}^0 . \exp\left(\sum_{i=1}^{n} \lambda_i . s_i \right) .$$

Soit : $\varepsilon_{\lambda_1} = \text{signe } (\text{Im } \lambda_1).1$.
Considérons les points $M(m)$ de T (trajectoire non particulière) correspondant à $s_1 = \varepsilon_{\lambda_1} . 2\pi i . m$ $(m \in \mathbb{N})$ et $s_j = 0$, $j \geq 2$.
On a : $\lim_{m \to +\infty} M(m) = (z_1^0, \ldots, z_n^0, 0)$, c'est-à-dire un point de T_{n+1} .
Comme le bout est un invariant, T_{n+1} est dans le bout de T .
L'autre partie de la proposition est triviale.

3. Définition. Problème.

On dit que X et X' sont topologiquement équivalents s'il existe un homéomorphisme de $\mathbb{C}^{n+1}$ sur lui-même qui envoie les trajectoires de X sur celles de X' .

Le problème est de classifier les n-uples X de $\mathcal{O}$ modulo cette relation d'équivalence.

Soient : $X = (A_1, \dots, A_n)$ et $X' = (A'_1, \dots, A'_n)$ deux n-uples de $\mathcal{O}$, α_j, $j = 1, \dots, n+1$ associé à X et α'_j, $j = 1, \dots, n+1$ associé à à X'. On a :

4. THEOREME 1. Une condition nécessaire et suffisante pour que X et X' de $\mathcal{O}$ soient topologiquement équivalents est qu'il existe, après une permutation éventuelle des indices, $g \in G\ell(2, \mathbb{R})$ (opérant dans $\mathbb{R}^2 = \mathbb{C}$) tel que :

$$\alpha'_j = g(\alpha_j), \quad j = 1, 2, \dots, n+1 .$$

Remarque. Il est facile de voir que l'existence de g équivaut à écrire que :

$$\Delta = \left\{(c_1, \dots, c_{n+1}) \in \mathbb{R}^{n+1} - \{0\} \mid \sum_{j=1}^{n+1} c_j . \alpha_j = 0\right\}$$

est le même pour les α_j et les α'_j.

Démonstration du théorème.

a) Condition nécessaire. On suppose qu'il existe un homéomorphisme h de $\mathbb{C}^{n+1}$ sur lui-même qui envoie les trajectoires de X sur celles de X'. Les feuilles non particulières ont dans leur bout une feuille particulière, les feuilles particulières n'ont dans leur bout que des hyperplans de codimension deux ; h conserve les bouts, donc il transforme trajectoire particulière en trajectoire particulière. Quitte à permuter les indices, on peut supposer que :

$$h(T_i) = T'_i, \quad i = 1, 2, \dots, n+1 ,$$

h transforme les plans de coordonnées $\overline{T}_i$ en plan de coordonnées $\overline{T}'_i$, l'origine en l'origine. h conserve donc, au signe près, la classe d'homotopie de tout lacet de

$$E = \mathbb{C}^{n+1} - \bigcup_{i=1}^{n+1} \overline{T}_i .$$

On a bien sûr identifié $\pi_1(E)$ ainsi que $\pi_1(\mathbb{C}^{n+1} - \bigcup_{i=1}^{n+1} \overline{T}'_i)$ à $\mathbb{Z}^{n+1}$.

Comme précédemment, quitte à changer de base dans $(s_1, \dots, s_n) \in \mathbb{C}^n$, on peut supposer que les trajectoires de X sont données par :

$$z_1 = z_1^0 \exp(s_1)\ ,\quad z_2 = z_2^0 \exp(s_2)\ ,\ \dots\ ,\ z_n = z_n^0 \exp(s_n)\ ,$$

$$z_{n+1} = z_{n+1}^0 \cdot \exp\Big(\sum_{j=1}^{n} \lambda_j \cdot s_j\Big) \quad \text{avec} \quad s_j = x_j + 2\pi i \cdot y_j\ ,\quad j = 1, \dots, n$$

$$(x_j\,, y_j) \in R^2.$$

On a la même chose pour X'.

Soit A un point de C^{n+1} et U une boule ouverte de centre A. On appelle courbe <u>presque fermée</u> par rapport à U, une courbe de E qui a son origine et son extrémité dans U.

Si $A \notin \bigcup_{j=1}^{n} \overline{T}_j$, alors $A' = h(A) \notin \bigcup_{j=1}^{n} \overline{T}'_j$ (propriété de h),

on peut alors choisir une boule U de centre A et une boule U' de centre A', assez petites pour que :

$$\overline{U} \cap \Big(\bigcup_{j=1}^{n} \overline{T}_j\Big) = \emptyset\ ,\quad \overline{U}' \cap \Big(\bigcup_{j=1}^{n} \overline{T}'_j\Big) = \emptyset\ ,\quad h(U) \subset U'\ .$$

Soit γ la courbe presque fermée par rapport à U, contenue dans une trajectoire non particulière T et définie par :

$$[a\,, b] \longrightarrow C^n$$

$$t \longrightarrow (s_1(t)\,, \dots, s_n(t))$$

avec

$$M_a(z_1(a)\,, \dots, z_{n+1}(a)) \quad \text{et} \quad M_b(z_1(b)\,, \dots, z_{n+1}(b)) \quad \text{dans } U\ .$$

Joignons M_a à M_b par une courbe $\tilde{\gamma}$ située dans U et appelons $(m_1\,, \dots, m_{n+1})$ la classe d'homotopie de $\gamma \cup \tilde{\gamma}$ dans $\mathbb{Z}^{n+1}$.

LEMME. <u>Il existe</u> α <u>et</u> β <u>deux réels</u> (<u>ne dépendant que de</u> U), <u>tels que</u>

$$-\infty < \alpha < x_j(a) < \beta < +\infty\ ,\quad j = 1, 2, \dots, n\ ,$$

$$-\infty < \alpha < x_j(b) < \beta < +\infty\ ,\quad j = 1, 2, \dots, n\ ,$$

$$y_j(a) + m_j - 1 \le y_j(b) \le y_j(a) + m_j + 1\ ,\quad j = 1, 2, \dots, n\ .$$

<u>Démonstration</u>. Les deux premières inégalités expriment simplement que :

$$U \cap \Big(\bigcup_{j=1}^{n} \overline{T}_j\Big) = \emptyset\ .$$

Pour la troisième on remarque que $\tilde{\gamma}$ ne peut pas tourner autour de $z_j = 0$ $(j = 1, \ldots, n)$ et faire augmenter de 2π l'argument de z_j $(j = 1, \ldots, n)$.

Nous allons maintenant tracer sur T (non particulière) une courbe presque fermée. Plus précisément :

Il existe une suite d'entiers relatifs $(k_1(m), k_2(m)) \in \mathbb{Z}^2$, $m \in \mathbb{N}$, tel que les $k_i(m)$ tendent vers l'infini (en module) et vérifient :

$$\lim_{m \to +\infty} (k_1(m) \cdot \lambda_1 + k_2(m) \cdot \lambda_2) = \sigma \pmod{\mathbb{Z}}, \quad \sigma \in R :$$

Pour cela, on remarque que la condition 3 implique : $\operatorname{Im} \lambda_j \neq 0$, $j = 1, 2, \ldots, n$ et on applique le théorème de Dirichlet pour la partie imaginaire et le fait que l'on a une suite dans un compact pour la partie réelle.

Considérons la courbe Γ de T définie par :

$$\Gamma : [0, +\infty[\longrightarrow C^n$$

$$t \longrightarrow (s_1 = 2\pi i y_1(t), \; s_2 = 2\pi i y_2(t), \; s_3 = 0, \ldots, s_n = 0),$$

où $y_i(t)$ est linéaire par morceaux et vérifie $y_i(m) = k_i(m)$, $i = 1, 2$.

Soit $M(m)$ le point de Γ correspondant à $t = m$ et A le point :

$(z_1^0, z_2^0, \ldots, z_n^0, z_{n+1}^0 \exp(2\pi i \sigma))$. D'après la construction même de $(k_1(m), k_2(m))$, on a :

$$\lim_{m \to +\infty} M(m) = A, \text{ avec } A \notin \bigcup_{j=1}^{n} \overline{T}_j$$

car

$$z_j^0 \neq 0, \quad j = 1, \ldots, n+1 \quad (T \text{ n'étant pas particulière}).$$

Soient U et U' comme précédemment.

Il existe $m_0 \in N$ tel que : $m \geq m_0 \Rightarrow M(m) \in U$.

La courbe γ d'origine $M(m_0)$ et d'extrémité $M(m)$, partie de Γ correspondant à $m_0 \leq t \leq m$, est presque fermée par rapport à U et son image $\gamma' = h(\gamma)$ est presque fermée par rapport à U'.

On a d'après le lemme précédent et avec des notations évidentes :

$$y_j(m_o) + m_j - 1 \leq y_j(m) \leq y_j(m_o) + m_j(m) + 1 \ , \quad j = 1,2,\ldots,n$$

$$y'_j(m_o) + m'_j - 1 \leq y'_j(m) \leq y'_j(m_o) + m'_j(m) + 1 \ , \quad j = 1,\ldots,n$$

$$-\infty < \alpha' \alpha\, x'_j(m) < \beta' < +\infty \ , \ j = 1,\ldots,n \ , \ m \in N \ , \ m_o \leq m \ .$$

Comme h conserve la classe d'homotopie de tout lacet (au signe près) on a :

$$m'_j(m) = \varepsilon_j m_j(m) \ , \ \varepsilon_j = +1 \text{ ou } -1 \ , \ j = 1,2,\ldots,n$$

d'où

$$y'_j(m) = \varepsilon_j . y_j(m) + K_j(m) \quad \text{avec } |K_j(m)| \leq |y'_j(m_o)| + |y_j(m_o)| + 2$$

$j = 1,2,\ldots,n$.

Si l'on écrit que $M'(m) \in T'$ il vient :

$$z'_{n+1}(m) = z'^{o}_{n+1} \ . \ \exp[\sum_{j=1}^{n} \lambda'_j . x'_j(m)] . \exp 2\pi i [\sum_{j=1}^{n} \lambda'_j . y'_j(m)] \ .$$

Soit en remplaçant :

$$z'_{n+1}(m) = z'^{o}_{n+1} \ . \ \exp[\sum_{j=1}^{n} \lambda'_j . x'_j(m)] . \exp 2\pi i [\sum_{j=1}^{n} \lambda'_j . K_j(m)] . \exp$$

$$[2\pi i\, \lambda'_1 . \varepsilon_1 . k_1(m) + 2\pi i\, \lambda'_2 . \varepsilon_2 . k_2(m)] \ .$$

On a utilisé le fait que :

$$s_1(m) = 2\pi i k_1(m) \quad , \quad s_2(m) = 2\pi i . k_2(m) \quad \text{et} \quad s_j(m) = 0 \ , \ j \geq 3 \ .$$

D'après ce que l'on vient de voir :

$$\sum_{j=1}^{n} \lambda'_j . x'_j(m) + 2\pi i . \sum_{j=1}^{n} \lambda'_j . K_j(m) \quad \text{est une quantité bornée} \quad \forall\, m \in N \ .$$

Comme $\lim\limits_{m \to +\infty} z'_{n+1}(m) \neq 0$ (puisque $A' \notin T'_{n+1}$), il est nécessaire que :

$$\operatorname{Im} \lambda'_1 . \varepsilon_1 . k_1(m) + \operatorname{Im} \lambda'_2 . \varepsilon_2 . k_2(m) \quad \text{soit bornée lorsque} \quad m \to +\infty \ .$$

Mais :

$$\lim_{m \to +\infty} \frac{k_2(m)}{k_1(m)} = - \frac{\operatorname{Im} \lambda_1}{\operatorname{Im} \lambda_2}$$

et

$$\operatorname{Im} \lambda'_1 . \varepsilon_1 . k_1(m) + \operatorname{Im} \lambda'_2 . \varepsilon_2 . k_2(m) = k_1(m) [\varepsilon_1 \operatorname{Im} \lambda'_1 + \varepsilon_2 . \operatorname{Im} \lambda'_2 . \frac{k_2(m)}{k_1(m)}]$$

avec $|k_1(m)|$ qui tend vers $+\infty$. On a donc nécessairement :

$$\varepsilon_1 . \operatorname{Im} \lambda'_1 - \varepsilon_2 . \operatorname{Im} \lambda'_2 . \frac{\operatorname{Im} \lambda_1}{\operatorname{Im} \lambda_2} = 0 \quad \text{c'est à dire :} \quad \varepsilon_1 . \frac{\operatorname{Im} \lambda'_1}{\operatorname{Im} \lambda_1} = \varepsilon_2 . \frac{\operatorname{Im} \lambda'_2}{\operatorname{Im} \lambda_2} \ .$$

Echangeons les rôles de z_1 et z_{n+1}, il vient :

$$\epsilon_{n+1} \cdot \frac{\operatorname{Im} \frac{1}{\lambda'_1}}{\operatorname{Im} \frac{1}{\lambda_1}} = \epsilon_2 \cdot \frac{\operatorname{Im} \frac{\lambda'_2}{\lambda'_1}}{\operatorname{Im} \frac{\lambda_2}{\lambda_1}}$$

Il reste à montrer que $\epsilon_1 = \epsilon_2 = \epsilon_{n+1}$. On utilise la même idée que précédemment mais avec comme courbe sur T :

$$\begin{array}{ccc} [0,+\infty[& \longrightarrow & \mathbb{C}^n \\ t & \longmapsto & (2\pi i . t . \epsilon_{\lambda_1}, 0, \ldots, 0) \end{array} \quad \text{où } \epsilon_{\lambda_1} = \text{signe } (\operatorname{Im}\lambda_1).1$$

Avec les même notations que précédemment on a :

$$\lim_{m\to+\infty} M(m) = A \quad \text{où} \quad A = (z_1^o, z_2^o, \ldots, z_n^o, 0) \in T_{n+1} .$$

On écrit que $\lim\limits_{m\to+\infty} M'(m) = A' \in T'_{n+1}$ et on utilise de nouveau le lemme :

$$z'_{n+1}(m) = z'^{o}_{n+1} . \exp[\sum_{j=1}^{n} \lambda'_j . x'_j(m)] . \exp 2\pi i [\sum_{j=1}^{n} \lambda'_j . K_j(m)] . \exp 2\pi i . \epsilon_1 \lambda'_1 \epsilon_{\lambda_1} . m .$$

Puisque $\lim\limits_{m\to+\infty} z'_{n+1}(m) = 0$, en raisonnant comme précédemment, on a nécessairement :

$$\operatorname{Im} \lambda'_1 . \epsilon_1 . \epsilon_{\lambda_1} > 0 \qquad \text{c'est à dire :} \quad \epsilon_{\lambda'_1} = \epsilon_1 . \epsilon_{\lambda_1} .$$

En échangeant les rôles de 1 et $n+1$ on a aussi : $\epsilon_{\frac{1}{\lambda'_1}} = \epsilon_{n+1} . \epsilon_{\frac{1}{\lambda_1}}$.

Comme $\epsilon_{\frac{1}{\lambda_1}} = - \epsilon_{\lambda_1}$ on a immédiatement : $\epsilon_1 = \epsilon_{n+1}$ et par quite : $\epsilon_1 = \epsilon_2 = \epsilon_{n+1}$.

On a donc démontré que :

$$\frac{\operatorname{Im} \lambda'_1}{\operatorname{Im} \lambda_1} = \frac{\operatorname{Im} \lambda'_2}{\operatorname{Im} \lambda_2} = \frac{\operatorname{Im} \lambda'_j}{\operatorname{Im} \lambda_j} \quad ; \quad \frac{\operatorname{Im} \frac{1}{\lambda'_1}}{\operatorname{Im} \frac{\lambda_2}{\lambda_1}} \quad \frac{\operatorname{Im} \frac{\lambda'_2}{\lambda'_1}}{\operatorname{Im} \frac{\lambda_2}{\lambda_1}} \quad \frac{\operatorname{Im} \frac{\lambda'_j}{\lambda'_1}}{\operatorname{Im} \frac{\lambda_j}{\lambda_1}} , \ j = 3, \ldots, n \ (e)$$

Avec le paramètrage choisi on a :

$$\alpha_1 = (-1)^{n-1}.\lambda_1 \ , \ \alpha_2 = (-1)^{n-2}.\lambda_2 \ , \ \ldots\ldots, \ \alpha_n = \lambda_n \ , \ \alpha_{n+1} = 1 \ .$$

Si l'on pose :

$$c_1 = \operatorname{Im}\lambda_2 \ , \ c_2 = \operatorname{Im}\lambda_1 \ , \ c_{n+1} = (-1)^{n-1}[\operatorname{Im}\lambda_1 \operatorname{Re}\lambda_2 - \operatorname{Im}\lambda_2 \operatorname{Re}\lambda_1] \ .$$

On a :

$$c_1\alpha_1 + c_2\alpha_2 + c_{n+1}\alpha_{n+1} = 0 \quad \text{et} \quad c_1\alpha'_1 + c_2\alpha'_2 + c_{n+1}\alpha'_{n+1} = 0 \ .$$

Si g est l'élément de $G\ell(2,\mathbb{R})$ qui transforme (α_1,α_2) en (α'_1,α'_2) g vérifie aussi : $g(\alpha_{n+1}) = \alpha'_{n+1}$. En échangeant les rôles de $(1,2,n+1)$ avec les autres coordonnées on a :

$$g(\alpha_j) = \alpha'_j \quad , \quad j = 1,\ldots\ldots,n+1 \ .$$

D'où les conditions nécessaires.

b) <u>Conditions suffisantes</u> :

On suppose qu'il existe $g \in G\ell(2,\mathbb{R})$ tel que $g(\alpha_j) = \alpha'_j$, $j = 1,\ldots\ldots,n+1$.

Quitte à faire un changement de base dans $(s_1,\ldots\ldots,s_n)$ on peut supposer comme précédemment que :

$$z_1 = \overset{\circ}{z}_1.\exp s_1 \ , \ z_2 = \overset{\circ}{z}_2.\exp s_2,\ldots\ldots,z_n = \overset{\circ}{z}_n.\exp s_n \quad \text{et}$$

$$z_{n+1} = \overset{\circ}{z}_{n+1}.\exp[\sum_{j=1}^{n} \lambda_j s_j]$$ de même pour X' . On a alors les conditions (e) de la page 10, satisfaites.

Soit $\varepsilon = \text{signe} \dfrac{\operatorname{Im}\lambda'_1}{\operatorname{Im}\lambda_1} \cdot 1$ et $z_j = \exp(w_j)$ $j = 1,2,\ldots\ldots,n+1$.

Définissons l'homéomorphisme h cherché par : $h(z_j) = z'_j$ où

$$w'_j = g_j(w_j) \quad j = 1,2,\ldots\ldots,n+1 \quad \text{avec les } g_j \in G\ell(2,\mathbb{R})$$

définis comme suit :

$$g_j = -\varepsilon.i.(\lambda'_j)^{-1}.g.\lambda_j.i, \quad j = 1,2,\ldots\ldots,n \ , \ g_{n+1} = -\varepsilon.i.g.i$$

(tout nombre complexe est considéré comme opérant dans $\mathbb{C} = \mathbb{R}^2$) .

Remarquons que puisque $\alpha_j = (-1)^{n-j}\lambda_j$, $j = 1,\ldots\ldots,n$, $\alpha_{n+1} = 1$

on a : $$g(\lambda_j) = \lambda'_j \ , \ j = 1,2,\dots,n \ , \ g(1) = 1 \ .$$

Pour que h ait un sens il est nécessaire que :

$$g_j(2\pi i) = 0 \quad (\text{mod } 2\pi i) \ , \ j = 1,2,\dots,n+1$$

or

$$g_j(2\pi i) = -\,\epsilon.i(\lambda'_j)^{-1}.g.-2\pi\lambda_j = \epsilon.2\pi.i.(\lambda'_j)^{-1}.g\lambda_j$$

$$= \epsilon.2\pi i \ , \ j = 1,2,\dots,n$$

$$g_{n+1}(2\pi i) = \epsilon.i\ g(2\pi) = \epsilon.2\pi i\ g(1) = \epsilon.2\pi i$$

ce qui est bien vérifié.

h est inversible pour tout z_j non nul, $j = 1,\dots,n+1$, h est donc un homéomorphisme de C^{n+1} , si $z_j = 0 \Rightarrow z'_j = 0$.

Pour avoir cela, il suffit de montrer que : $\mathrm{Re}(g_j(1)) > 0$, $j = 1,2,\dots,n+1$

ona a :

$$g = \begin{pmatrix} 1 & \dfrac{\mathrm{Re}\,\lambda'_j - \mathrm{Re}\,\lambda_j}{\mathrm{Im}\,\lambda_j} \\ & \\ 0 & \dfrac{\mathrm{Im}\,\lambda'_j}{\mathrm{Im}\,\lambda_j} \end{pmatrix} \qquad j = 1,\dots,n$$

(on a égalité pour tout $j = 1,2,\dots,n$ vu les conditions (e)) .

D'où :

$$\mathrm{Re}\ g_j(1) = \epsilon.\ \frac{\mathrm{Im}\frac{1}{\lambda'_j}}{\mathrm{Im}\frac{1}{\lambda_j}} \qquad j = 1,2,\dots,n \ \text{ et}$$

$$\mathrm{Re}\ g_{n+1}(1) = \epsilon.\ \frac{\mathrm{Im}\,\lambda'_j}{\mathrm{Im}\,\lambda_j} \qquad j = 1,2,\dots,n \ .$$

Ces quantités sont positives vu le choix de ϵ et le fait que

$$\frac{\mathrm{Im}\,\lambda'_j}{\mathrm{Im}\,\lambda_j} = \frac{\mathrm{Im}\,\lambda'_1}{\mathrm{Im}\,\lambda_1} \qquad j = 1,2,\dots,n \quad (e) \ .$$

Il reste pour déterminer à montrer que h transforme les trajectoires de X en celles de X' . C'est à dire que si :

$s'_j = g_j(s_j)$, $j = 1,2,\dots,n$ alors $s'_{n+1} = \sum_{j=1}^{n} \lambda'_j . s'_j = g_{n+1}\left(\sum_{j=1}^{n} \lambda_j s_j\right)$

or :

$$g_{n+1}(\lambda_j . s_j) = -\varepsilon . i\ g\ (i\lambda_j s_j) = \lambda'_j \ .\ g_j(s_j) = \lambda'_j s'_j \qquad j = 1,2,\dots,n$$

ce qu'il fallait démontrer.

III. Classification topologique des n-uples de champs de vecteurs holomorphes commutatifs de $P_{n+1}(\mathbb{C})$.

1) n-uples de champs de vecteurs holomorphes sur $P_{n+1}(\mathbb{C})$

On sait que tout champ de vecteurs holomorphes de $P_{n+1}(\mathbb{C})$ provient naturellement d'un champ de vecteurs linéaires de $\mathbb{C}^{n+2}$. Le champ de vecteurs nul de $P_{n+1}(\mathbb{C})$ provient de champ de vecteurs linéaires : $\lambda . I_{n+2}$ (I_{n+2} = matrice identité d'ordre $n+2$) .

Soit donc $X = (A_1,\dots,A_n)$ un n-uple de champs de vecterus holomorphes commutatifs de $P_{n+1}(\mathbb{C})$. Les A_j proviennent des champs linéaires $\widetilde{A}_j$ de C^{n+2} .

Comme $[A_j,A_k] = 0, j \neq k$, $[\widetilde{A}_j,\widetilde{A}_k] = \lambda . I_{n+2}$. Or :

trace $[\widetilde{A}_j,\widetilde{A}_k] = 0$, donc $\lambda = 0$ et $[\widetilde{A}_j,\widetilde{A}_k] = 0$.

Les champs correspondant de C^{n+2} sont aussi commutatifs. Soit H l'espace des n-uples de champs de vecteurs commutatifs de $P_{n+1}(\mathbb{C})$. Nous allons restreindre l'étude à un ouvert $\mathcal{O}$ partout dense dans H , défini comme suit :

$$X = (A_1,\dots,A_n) \in \mathcal{O} \text{ si :}$$

1) $X \in H$

2) $\widetilde{A}_i$ a des valeurs propres deux à deux distinctes : λ_j^i , $\quad j = 1,2,\dots,n+2$, $i = 1,2,\dots,n$

3) les

$$\beta_j = \begin{vmatrix} \lambda_1^1 & \dots & \widehat{\lambda_j^1} & \dots & \lambda_{n+2}^1 \\ \vdots & & \vdots & & \vdots \\ \lambda_1^n & \dots & \widehat{\lambda_j^n} & \dots & \lambda_{n+2}^n \\ 1 & \dots & \widehat{1} & \dots & 1 \end{vmatrix}$$

où le chapeau signifie qu'il manque la j^e colonne, $j = 1,2,\dots,n+2$ vérifient :

$$\beta_j \neq 0 \text{ et } \mathbb{R}\beta_j \neq \mathbb{R}\beta_k, \ j \neq k .$$

Les n-uples de $\mathcal{O}$ sont génériques.

Soient $(Z_1,Z_2,\dots,Z_{n+2}) \in \mathbb{C}^{n+2} - \{0\}$ les coordonnées homogènes d'un point de $P_{n+1}(\mathbb{C})$ dans un repère donné. On désignera par carte k la carte : $Z_K \neq 0$

et : $z_j^k = \dfrac{Z_j}{Z_k}$ $j \neq k$, $j = 1,\dots,n+2$, les coordonnées associées.

Pour plus de simplicité, on distinguera deux cartes particulières, la carte $n+2$, où l'on notera : $z_j = z_j^{n+2}$, $j = 1,\dots,n+1$ et la carte 1 où l'on notera $t_1 = z_{n+2}^1$, $t_j = z_j^1$, $j = 2,\dots,n+1$.

Comme les $\widetilde{A}_i$ commutent deux à deux et ont leurs valeurs propres deux à deux distinctent, elles sont simultanément diagonisables et dans la carte $n+2$ associée à un repère où les $\widetilde{A}_i$ sont diagonales, A_i a pour composantes :

$$((\lambda_1^i - \lambda_{n+2}^i)z_1 , (\lambda_2^i - \lambda_{n+2}^i)z_2,\dots,(\lambda_{n+1}^i - \lambda_{n+2}^i)z_{n+1}) .$$

Il apparaît dans cette carte comme un champ linéaire de C^{n+1} , de même dans la carte 1 où A_i a pour composantes :

$$((\lambda_{n+2}^i - \lambda_1^i)t_1,(\lambda_2^i - \lambda_1^i)t_2,\dots,(\lambda_{n+1}^i - \lambda_1^i)t_{n+1} .$$

On a :

<u>2 THEOREME 2.</u> <u>Une condition nécessaire et suffisante pour que X et X' de 0 soient topologiquement équivalents est qu'il existe après une permutation éventuelle des indices,</u> $g \in G\ell(2,\mathbb{R})$, <u>tel que</u> :

$$\beta'_j = g(\beta_j) \quad j = 1,2,\dots,n+2 .$$

Si l'on développe :

$$\begin{vmatrix} \lambda_1^1 & \dots & \hat{\lambda}_j^1 & \dots & \lambda_{n+2}^1 \\ \vdots & & \vdots & & \vdots \\ \lambda_1^n & \dots & \hat{\lambda}_j^n & \dots & \lambda_{n+2}^n \\ 1 & \dots & \hat{1} & \dots & 1 \\ 1 & \dots & \hat{1} & \dots & 1 \end{vmatrix} = 0$$

on trouve que : $\sum_{j=1}^{n+2} (-1)^j \beta_j = 0$.

Il suffit donc de ne considérer que $n+1$ des β_j .

Comme précédemment l'invariant topologique associé à X est l'hyperplan Δ de codimension deux dans R^{n+1} , privé de l'origine défini par :

$$\Delta = \{(c_1,\dots,c_{n+1}) \in R^{n+1} - \{0\} \mid \sum_{j=1}^{n+1} c_j\beta_j = 0\}$$ ou son image $\tilde{\Delta}$

dans $P_n(\mathbb{R})$.

<u>Démonstration du théorème :</u>

Pour les conditions nécéssaires, il suffit d'appliquer le théorème 1 dans chaque carte, où les A_i apparaissent comme des champs linéaires, en remarquant en outre que les α_j^k associés à la carte k sont donnés par :

$$\alpha_j^k = (-1)^{n-k}\beta_j \quad \text{si} \quad j<k, \alpha_j^k = (-1)^{n-k+1}\beta_j \quad \text{si} \quad k<j .$$

Pour la condition suffisante, on construit de nouveau h explicitement. Dans la carte $n+2$ on définit h sur le polydisque ;

$$D_{n+2} = \{|z_j| \leq 1 \ , \ j = 1,2,\dots,n+1\}$$

de la même façon que dans le théorème 1) on a ainsi des $\lambda_j(n+2)$, $j = 1,\dots,n$ associés et les g_j^{n+2} , $\mathcal{E}^{n+2}$ correspondants.

Remarquons que g est commun à toutes les cartes. Il faut d'abord vérifier que h envoie le polydisque D_{n+2} sur le polydisque D'_{n+2} de la carte $n+2$ associée à X'. Cela est immédiat en remarquant que :

$$\text{Re } g_j^{n+2}(1) > 0 \ , \ j = 1,2,\dots,n+1$$

(ceci à déjà été démontré dans le théorème 1).

Il faut ensuite montrer que les définitions de h, "se recollent" sur les parties communes. Traitons par exemple le cas de la carte $n+2$ et de la carte 1 et de la partie commune est constitué par :

$$\{|z_1| = |t_1| = 1\} .$$

Les formules de changement de cartes impliquent :

$$\lambda_j(1) = \lambda_j(n+2), \ 2\leq j\leq n \ , \ \lambda_1(1) = -\Big(\sum_{j=1}^{n} \lambda_j(n+2)\Big)-1 .$$

On en déduit immédiatement que $\mathcal{E}^{n+2} = \mathcal{E}^1$ puisque les hypothèses impliquent :

$$\frac{\text{Im } \lambda'_j(n+2)}{\text{Im } \lambda_j(n+2)} = \frac{\text{Im } \lambda'_k(n+2)}{\text{Im } \lambda_k(n+2)} \ , \ j \neq k$$

et d'après ce qui précède :

$$\frac{\operatorname{Im} \lambda_j'(n+2)}{\operatorname{Im} \lambda_j(n+2)} = \frac{\operatorname{Im} \lambda_j'(1)}{\operatorname{Im} \lambda_j(1)} .$$

D'où l'égalité des signes : $\varepsilon^{n+2} = \varepsilon^1 = \varepsilon$.

On a ensuite :

$$g_j^{n+2} = g_j^1 \qquad 2 \le j \le n+1$$

puisque g est commun et $\lambda_j(1) = \lambda_j(n+2)$, $\lambda_j'(1) = \lambda_j'(n+2)$ pour $2 \le j \le n+1$.

Il reste à montrer que g_1^{n+2} et g_1^1 coïncident.

Or si $z_1 = \exp w_1$ et $t_1 = \exp u_1$, $|z_1| = |t_1| = 1$ entraine $\operatorname{Re} u_1 = \operatorname{Re} w_1 = 0$.

Comme $g_1^{n+2}(I) = \varepsilon i$ et $g_1^1(i) = \varepsilon i$ on a :

$g_1^{n+2}(w_1) = \varepsilon . w_1$ et $g_1^1(u_1) = \varepsilon . u_1$; g_1^{n+2} et g_1^1 coïncident lorsque $|z_1| = |t_1| = 1$.

On procède de même pour les autres cartes, h est bien un homéomorphisme de $P_{n+1}(C)$ dans lui-même. Il est immédiat de voir que h envoie trajectoire sur trajectoire.

Le théorème est démontré.

IV CONCLUSION. Pour le cas de la codimension quelconque, l'étude (plus difficile) est est en cours.

V REFERENCES.

[1] C.CAMACHO, N.H.KUIPER, J.PALIS : The topology of holomorphic flows with singularity. Pub. Math. I.H.E.S 48 (1978)p. 5-38.

[2] C.CAMACHO et A.LINS : The topology of integrable differential forms near a singality.(à paraitre).

L'annonce de cet article à été faite dans : Atas do Decimo Primeiro Coloquio Brasileiro de Matematica (1977) IMPA Rio de Janeiro (1978).

-:-:-

Département de Mathématiques
Faculté des Sciences
Ile de Saulcy - 57000 METZ

I.R.M.A.
7 rue René Descartes
67084 STRASBOURG CEDEX

DEFORMATIONS LOCALEMENT ISO-IRREGULIERES DE CONNEXIONS LINEAIRES COMPLETEMENT INTEGRABLES SUR P_m (ℂ) . (*)

par Bernard KLARES

TABLE DE MATIERES

(*) 1ère partie d'une thèse de Doctorat soutenue à Strasbourg en Mars 1980

INTRODUCTION

Dans [3] , L. Schlesinger a résolu le problème suivant, (énoncé par R. Fuchs) : Soit Φ une matrice fondamentale d'un système de Fuchs d'ordre n sur $P_1(\mathbb{C})$ ayant pour singularités les points $a_1,\ldots,a_s$ et pour matrices-résidus correspondantes : $A_1,\ldots,A_s$. De quelle façon Φ et $A_1,\ldots,A_s$ dépendent-elles des singularités $a_1,\ldots,a_s$ si l'on suppose que les matrices de monodromie associées à Φ autour des singularités $a_1,\ldots,a_s$ sont indépendantes de ces singularités ? L. Schlesinger a obtenu une caractérisation des systèmes de Fuchs possédant une telle propriété, à l'aide d'un système d'équations différentielles matricielles vérifié par les A_i . Ce système possède des propriétés remarquables, notamment d'être à points critiques fixes, et il permet de retrouver l'équation VI de Painlevé (cf [14]). Ce problème est, de plus, étroitement lié au problème de Riemann-Hilbert sur $P_1(\mathbb{C})$ (cf [12]). Il connait, actuellement, un regain d'intérêt après les tout récents travaux de M.M. M. Sato, T. Miwa et M. Jimbo sur les "Holonomic Quantum Fields" (cf [17]) , et les études qui se développent sur les déformations iso-monodromiques, et qui intéressent beaucoup les physiciens.

Il est donc interessant de l'aborder dans les situations plus compliquées, par exemple pour les systèmes de Fuchs sur $P_m(\mathbb{C})$, ce qui a été fait dans [18] , ou avec des singularités irrégulières au lieu de régulières dans $P_1(\mathbb{C})$ (cf [19]).

Le but du présent travail est d'énoncer et résoudre un problème analogue dans le cas plus général (et qui contient les deux cas cités ci-dessus) d'une connexion linéaire , relative sur $P_m(\mathbb{C})$, à pôles semi-logarithmiques sur un sous-ensemble singulier S et complètement intégrable. Plus précisément soient : $D = \{x \in \mathbb{C}^m \mid 0 \leq |x_j| < R_j \quad j = 1,2,\ldots,m\}$ $(R_j > 0)$, $\Sigma_i = \{x \in D \mid x_i = 0\}$ i fixé dans $1,2,\ldots,m$, V un fibré holomorphe trivial de rang n sur D , (v) une base de V fixée, ∇ une connexion sur V telle que la matrice Γ_j de ∇_{τ_j} (dérivée co variante de ∇ associée à $\tau_j = \frac{\partial}{\partial x_j}$) dans la base (v), vérifie :

Γ_j holomorphe par rapport à $(x_1,\dots,x_m)$ $\forall\, j\neq i$, $j = 1,2,\dots,m$

Γ_i holomorphe par rapport à x_j $\forall\, j\neq i$, $j = 1,2,\dots,m$, et ayant un pôle d'ordre p par rapport à x_i en $x_i = 0$.

On dit alors que Σ_i est une singularité semi-logarithmique pour ∇ .

On montre :

THEOREME

Il existe $D' = \{x \in D \mid 0 \leq |x_j| < R'_j \leq R_j\}$, $p + q$ matrices constantes $M_1,\dots,M_{p+q}$ et une base holomorphe (w) de $V|D'$ dans laquelle

$$\nabla_{\tau_i} \text{ a pour matrice } -x_i^p\Big(\sum_{k=1}^{p+q} M_k\, x_i^{k-1}\Big)$$

$$\nabla_{\tau_j} \text{ a pour matrice } 0 \quad \forall\, j\neq i \quad j = 1,2,\dots,m .$$

Ce théorème montre que la nature de la singularité semi- logarithmique Σ_i est caractérisée par les $p+q$ matrices constantes M^i_k $k = 1,2,\dots,p+q$. Il se généralise facilement au cas des connexions relatives (i.e. avec un paramètre $u \in \mathcal{U}$, ouvert simplement connexe de $\mathbb{C}^r$), les M^i_k dépendant alors du paramètre u .

On applique ensuite ces résultats locaux, à la situation globale suivante :

Soient $\mathcal{U}$ un domaine ouvert de $\mathbb{C}^r$, $X = P_m(\mathbb{C}) \times \mathcal{U}$, S un sous ensemble analytique de X , réunion de s composantes irréductibles sans singularité : $S_1,\dots,S_s$ et d'équation homogène $F_i(X,u) = 0$ $i = 1,2,\dots,s$, $X \in \mathbb{C}^{m+1}-\{0\}$ ($F_i(X,u)$ polynôme homogène de degré k_i en X , irréductibles et à coefficients holomorphes par rapport à $u \in \mathcal{U}$). On suppose que la configuration : $S \cap (P_m(\mathbb{C}) \times \{u\})$ ne change pas pour $u \in \mathcal{U}$.

Soient, V un fibré holomorphe trivial de rang u sur X , ∇ une connexion sur V , relative à la projection $\pi : X \longrightarrow u$, complètement intégrable et qui dans une base fixée de V , (v) , et dans une carte α_0 fixée a pour matrice :

$$- {}^t\left(\sum_{i=1}^{s}\sum_{k=1}^{p_i} \frac{A_k^i(u)\, df_i(x,u)}{f_i^k(x,u)}\right)$$

où $x = (x_1,\ldots,x_m)$ sont les coordonnées dans la carte α_o,

$$f_i(x,u) = F_i(x_1,\ldots,\underset{\underset{\alpha_o^e \text{ place}}{\uparrow}}{1},\ldots,x_m,u)$$

$A_k^i(u)$ matrices $n \times n$ holomorphes sur $\mathcal{U}$;

d differentiation par rapport à x seulement. On constate dans ce cas que les points m_i de $S_i - \bigcup_{\substack{j=1 \\ j\neq i}}^{s} S_j$ sont des singularités de type semi-logarithmique pour ∇.

Soit Φ_n la matrice normalisée de ∇ dans (v) et dans α_o (cf chapitre II, 1 - 10), elle s'écrit au voisinage de m_i (conséquence du Théorème cité ci-dessus) (cf. chapitre II, 1 - 8) :

$\Phi_n = H_i . G_i$ avec H_i holomorphe inversible au voisinage de m_i et G_i vérifiant :

$$\frac{\partial G_i}{\partial x_j} \cdot G_i^{-1} = \sum_{k=1}^{p_i q_i} \frac{M_k^i(u)}{f_i^{p_i-k+1}} \cdot \frac{\partial f_i}{\partial x_j} \qquad j = 1,2,\ldots,m .$$

On dit que ∇ <u>est à déformation localement iso-irrégulière sur S</u> si les matrices $M_k^i(u)$ sont indépendantes de u.

Il est facile de voir que de telles connexions sont aussi à déformation localement isodromique.

On caractérise ensuite de telles connexions : Soit $\tilde{\nabla}$ la connexion qui a pour matrice dans (v) et dans la carte α_o,

$$- {}^t\left(\sum_{i=1}^{s}\sum_{k=1}^{p_i} \frac{A_k^i(u)\, \tilde{d}f_i(x,u)}{f_i^k(x,u)}\right)$$

où $\tilde{d}$ est la différentiation par rapport à x et u. On a :

THEOREME :

Une condition nécessaire et suffisante pour que ∇ soit une connexion à déformation localement iso-irrégulière sur S est que $\tilde{\nabla}$ soit complètement intégrable.

On en déduit qu'une connexion à déformation localement iso-irrégulière, est aussi à déformation globalement isomonodromique. Lorsque l'on explicite les conditions de complète intégralité de $\tilde{\nabla}$, on obtient des systèmes differentiels matriciels en les matrices $A_k^i(u)$, qui possédent des propriétés remarquables. Si $p_i = 1 \ \forall\ i = 1,2,\ldots,s$ (cas d'une connexion à singularité régulière) et si

$$\tilde{\varepsilon}_i(u) = \sum_{j\neq i} [A_1^j , A_1^i] \frac{df_j(x(u),u)}{f_j(x(u),u)} \qquad \text{où } f_i(x(u),u) = 0 \quad u \in \mathcal{U} \text{ et}$$

$f_j(x(u),u) \neq 0$ si $j \neq i$ le système obtenu est le suivant :

$$(\mathcal{S}_m^r) \ \{dA_1^i = \tilde{\varepsilon}_i \quad i = 1,2,\ldots,s\} .$$

Dans ce cas, on montre que si (∇) est une droite projective de $P_m(C)$ on a :

Proposition

∇ est à déformation localement iso-irrégulière sur S , si et seulement si la connexion à une variable : $\nabla|_{\Delta \times u}$ est à déformation iso-irrégulière sur $S \cap (\nabla \times \mathcal{U})$.

Lorsque $m = 1$ et $f_i(x,u) = x - a_i(u)$ on obtient le système :

$$(\mathcal{S}_1) \left\{ \begin{array}{l} dA_k^i(u) = \displaystyle\sum_{\substack{j\neq i \\ j=1,\ldots,s}} \ \sum_{m=0}^{P_i-k} \ \sum_{l=1}^{P_j} (-1)^m \frac{C_{l+m-1}^m [A_l^j , A_{m+k}^i] \, d(a_i-a_j)}{(a_i-a_j)^{l+m}} \\ k = 1,2,\ldots,P_i \ ; \ i = 1,2,\ldots,s . \end{array} \right.$$

où si $m = 2$ et $f_i(x_1,x_2,u) = x_1 + b_i(u)x_2 + c_i(u)$ on a :

$$\left\{\begin{array}{l} dA_k^i(u) = \sum\limits_{\substack{j\neq i\\ j\neq j_1,\dots,j_w\\ j=1,2,\dots,s}} [A_1^j , A_1^i] \dfrac{d'b_j-b_i)}{b_j-b_i} + \\ \sum\limits_{\epsilon=1}^{w} \sum\limits_{m=0}^{P_i-k} \sum\limits_{l=1}^{P_{j_\epsilon}} (-1)^m C^m_{l+m-1} [A_l^{j_\epsilon} , A^i_{m+k}] \dfrac{d(c_{j_\epsilon}-c_i)}{(c_{j_\epsilon}-c_i)^{l+m}} \\ i= 1,2,\dots,s \quad k = 1,2,\dots,P_i \text{ et } j_\epsilon \text{ est tel que } b_{j_\epsilon}(u) = b_i(u) \\ \epsilon = 1,2,\dots,w \qquad \forall u \in \mathcal{U} , \end{array}\right.$$

avec de plus les relations :

$$\left\{\begin{array}{l} \sum\limits_{\delta=1}^{t} \sum\limits_{\substack{m+l=\alpha\\ m=0,\dots,P_i-k\\ l=0,\dots,P_{j_\delta}}} (-1)^m C^m_{l+m-1} [A_l^{j_\delta} , A^i_{m+k}] \dfrac{d(b_{j_\delta}-b_i)}{(b_{j_\delta}-b_i)^\alpha} = 0 \\ \alpha \text{ variant de } 2 \text{ à } P_i-k + \sup_{\delta\in\{1,\dots,t\}}(P_{j_\delta})) \text{ et } S_i \cap S_{j_1} \cap \dots \cap S_{j_t} \neq \emptyset \end{array}\right.$$

Tous ces systèmes (8) sont complètement intégrables. Ils sont en outre à points critiques fixes, propriété très intéressante quand on connait les difficultés à résoudre, pour décider si un système est à points critiques fixes ou non !
On donne enfin, trois applications. Dans la première, on détermine les fonctions hypergéométriques du type F_1 sur $P_2(\mathbb{C})$, à déformation localement iso-irrégulière (et donc isomonodromique). Dans la seconde on trouve les connexions à déformation iso-irrégulière dans $P_1(\mathbb{C})$, qui ont des singularités de même nature que la connexion associée aux fonctions de Bessel. Et dans la troisième on forme une équation du troisième ordre à points critiques fixes, qui n'a pas été étudiée par ceux qui ont entrepris la (longue) tâche de trouver toutes les équations à points critiques fixes du troisième ordre (Chazy, Bureau,...). Voici cette équation :

$$y''' = \left[\frac{-3y^2 + 3yt - t^2}{y^2(y-t)^2}\right] y'^3 + \left[\frac{2(t-2y)}{y(t-y)}\right] y'y'' + \left[\frac{13y^2 - 11yt + 4t^2}{2y(t-y)}\right] y'^2$$

$$+ y''\left[\frac{5y-3t}{t(t-y)}\right] + y'\left[\frac{-4y^2 + 3yt - t^2}{t^2(t-y)^2}\right] + \frac{2k_6 y^2(y+t)}{t^3(t-y)^2} + \frac{2k_5(t-y)}{t^5}$$

CHAPITRE I

1- Connexions irrégulières et singularité de type semi-logarithmique

1-1. Connexions irrégulières :

Soient : $x = (x_1,\dots,x_m) \in \mathbb{C}^m$, $D_{R_j} = \{x_j \in \mathbb{C} \ |0 \leq |x_j| < R_j\}$ $(R_j > 0)$, $j = 1,2,\dots,m$, $\dot{D}_{R_j} = D_{R_j} - \{0\}$, $D = \prod_{j=1}^{m} D_{R_j}$, $\Sigma_i = \{x \in D | x_i = 0\}$ i fixé dans $\{1,2,\dots,m\}$, $D^* = D - \Sigma_i$, V fibré holomorphe de rang n sur D (quitte à resteindre D on peut toujours le supposer trivial), ∇ une connexion sur V , holomorphe dans $V|_{D^*}$, méromorphe sur Σ_i et complètement intégrable. On désigne par $\tau_j = \frac{\partial}{\partial x_j}$ $j = 1,2,\dots,m$ et par ∇_{τ_j} la dérivée covariante de ∇ associée à τ_j et définie par :

$\nabla_{\tau_j}(v) = < \nabla v , \tau_j>$ où $v \in \Gamma(D,V)$ et

$<\omega w , \tau_j> = \tau_j(\omega).w$, pour ω et w sections locales de Ω^1_D

(faisceau des germes de formes differentielles holomorphes de degré 1 sur D) et V , respectivement.

Soit (v) une base de V . On note Γ_j la matrice de ∇_{τ_j} dans la base (v) et on pose : $\omega = -\sum_{j=1}^{m} \Gamma_j dx_j$. $-{}^t\omega$ est la matrice de ∇ dans (v).

La complète intégrabilité de ∇ s'écrit : $d\omega = \omega \wedge \omega$.

1-2. Rappels concernant les systèmes differentiels linéaires associés aux connexions :

Soit $R(D^*)$ le revêtement universel de D^* . V se prolonge canoniquement en un fibré $\hat{V}$ sur $R(D^*)$, de même la base (v) en une base de $\hat{V}$, ∇ en une connexion sur $\hat{V}$, et τ_j en une section de $\Omega^{V_1}_{R(D^*)}$. Nous noterons de la même façon la situation sur D et sur $R(D^*)$ et si $f \in \Gamma(R(D^*),\hat{V})$ est une section holomorphe, nous ferons l'abus de langage "classique" qui consiste à considérer f comme une section <u>multiforme</u> de D^* dans V.

L'exposé en est alors facilité sans que cela soit une source d'erreurs, moyennant quelques précautions élémentaires bien connues sur l'emploi de la terminologie multiforme.

Les théorèmes classiques sur les systèmes differentiels linéaires s'énoncent alors simplement :

- l'ensemble des sections multiformes f telles que $\nabla_{\tau_j} f = 0$ $\forall j = 1,2,\ldots,m$, forme un sous-espace vectoriel de dimension n sur $\mathbb{C}$.

Remarquons que si l'on écrit $\overset{\nabla}{\tau_j} f = 0$ dans la base (v) il vient : $\frac{\partial f}{\partial x_j} + \Gamma_j f = 0$, $j = 1,2,\ldots,m$ ou $df = \omega f$ (ce qui donne le lien avec les systèmes différentiels linéaires).

- Si $(f_1,\ldots,f_n)$ est une base de cet espace, la matrice Φ de ce système dans la base (v) est appelée matrice fondamentale de ∇ dans (v). Φ est holomorphe sur $R(D^*)$.

- Si Ψ est une autre matrice fondamentale de ∇ dans la base (v), il existe $P \in G\ell(n,\mathbb{C})$ telle que $\Psi = \Phi.P$.

- On a : $\omega = d\Phi.\Phi^{-1}$ et $\Gamma_j = -(\tau_j\Phi)\Phi^{-1}$ $j = 1,2,\ldots,m$.

- Soit Φ une matrice fondamentale de ∇ dans la base (v) et g un générateur du $\pi_1(D^*)$ $(\simeq \mathbb{Z})$. On sait que $g^*\Phi$ (valeur de Φ obtenue en suivant un lacet représentant de g) est une nouvelle matrice fondamentale de ∇ dans (v) et par conséquent :

$$g^*\Phi = \Phi.P_g \qquad P_g \in G\ell(n,\mathbb{C})$$

On dit que P_g est la matrice de monodromie de Φ associée à g. On définit ainsi une représentation :

$$\chi_\Phi : \pi_1(D^*) \longrightarrow G\ell(n,\mathbb{C})$$

appelée monodromie de Φ autour de Σ_i.

A deux matrices fondamentales différentes sont associées des représentations semblables.

1-3. Définition:

On dit que Σ_i est une singularité semi-logarithmique pour ∇ si :

i) Γ_i a un pôle d'ordre p par rapport à x_i en $x_i = 0$ et est holomorphe par rapport aux autres variables.

ii) Γ_j est holomorphe sur D $\forall j \in \{1,2,\ldots,m\}$, $j \neq i$.

Nous allons montrer que l'on peut déterminer la nature d'une singularité semi-logarithmique, par la donnée de $p+q$ matrices constantes. Pour cela, il faut d'abord généraliser un théorème de Birkhoff [2], au cas avec paramètre.

1-4. Une généralisation d'un théorème de Birkhoff :

Rappelons tout d'abord le résultat démontré par Birkhoff : toute matrice $L(x)$ holomorphe inversible dans un disque pointé de centre 0, se décompose en un produit de la forme :

$$L(x) = H(x).N(x).x^d$$

où $H(x)$ est holomorphe inversible dans tout le disque (y compris l'origine), $N(x)$ se développe en série de Laurent dans le disque pointé avec uniquement des puissances négatives ou nulles, le terme constant étant la matrice identité : I, et d est une matrice diagonale avec sur la diagonale des entiers négatifs. Nous allons essayer d'obtenir un résultat semblable pour les matrices $L(x,u)$ dépendant analytiquement d'un paramètre u.

Notons : $D_R = \{x \in \mathbb{C} \mid 0 \leq |x| < R\}$ $(R>0)$ et $\dot{D}_R = D_R - \{0\}$, $x \in \mathbb{C}$ est une des cartes canoniques de $P_1(\mathbb{C})$, l'autre étant $t = \frac{1}{x} \in \mathbb{C}$. L'élément $t = 0$ de $P_1(\mathbb{C})$ sera aussi désigné par $x = \infty$.

Soient : $\mathcal{U}$ un ouvert simplement connexe de $\mathbb{C}^r$, $u = (u_1,\ldots,u_r) \in \mathcal{U}$, $(\mathcal{O})$ la famille des ouverts O de $\mathbb{C}^r$ tels que : $O \subset \mathcal{U}$ et $\Sigma = \mathcal{U} - O$ est un sous-ensemble analytique de $\mathcal{U}$ de codimension supérieure ou égale à 1.

$R(O)$ le revêtement universel de O. Si $O \in (\mathfrak{G})$ et $O' \in (\mathfrak{G})$ sont tels que $O' \subset O$, toute fonction holomorphe sur $R(O)$ se prolonge canoniquement en une fonction holomorphe sur $R(O')$. Nous noterons de la même façon la fonction et son prolongement.

1-4-1. Théorème

Soient $O_1 \in (\mathfrak{G})$ et $L(x,u)$ une matrice $n \times n$ holomorphe inversible sur $\dot{D}_{R_0} \times R(O_1)$. Alors il existe : $O \in (\mathfrak{G})$, $H(x,u)$ une matrice holomorphe inversible sur $D_R \times R(O)$ $(R < R_0)$, $N(x,u)$ une matrice telle que $N(\frac{1}{t},u)$ soit holomorphe inversible pour $(t,u) \in \mathbb{C} \times R(O)$ et d_o une matrice diagonale avec sur la diagonale des entiers négatifs ou nuls tels que :

$$L(x,u) = H(x,u).N(x,u).x^{d_o} \quad (x,u) \in \dot{D}_R \times R(O)$$

Démonstration :

a) 1ère étape :

Soit $K(x,y,u) = L^{-1}(x,u).L(y,u) - I$, $(x,y,u) \in \dot{D}_R \times \dot{D}_R \times R(O_1)$ et où $R < R_o$. Etudions l'équation intégrale :

$$(1) \quad \frac{1}{2\pi i} \int_{(c)} \frac{K(x,y,u)f(y,u)}{x-y}\, dy = f(x,u) - L^{-1}(x,u).P(x,u)$$

où (c) est le cercle de centre 0 et de rayon R, $P(x,u)$ une matrice $n \times 1$ dont les éléments sont des polynômes en $\frac{1}{x}$ à coefficients holomorphes par rapport à $u \in R(O_1)$, qui seront précisés dans la suite, et $f(x,u)$ une matrice $n \times 1$.

Posons $x = Re^{i\gamma}$ $y = Re^{i\delta}$, $\theta = 2(j-1)\pi + \gamma$ $\varphi = 2(k-1)\pi + \delta$ avec $0 \le \theta,\varphi \le 2\pi$ $1 \le j,k \le n$

$$\tilde{K}(\theta,\varphi,u) = \frac{1}{2\pi} \frac{K_{jk}(Re^{i\gamma},Re^{i\delta},u)}{e^{i(\gamma-\delta)}-1} \quad \text{où } K(x,y,u) = (Kij(x,y,u)) \quad 1 \le i \le n$$

$F(\theta,u) = f_j(Re^{i\gamma})$ (j^e composante de $f(x,u)$

$\tilde{P}(\theta,u) = (L^{-1}(Re^{i\gamma},u) - P(Re^{i\gamma},u))_j$ (j^e composante de $L^{-1}(x,u).p(x,u)$

$K(x,x,u) \equiv 0$, donc $\tilde{K}$ se prolonge par continuité en $\gamma = \delta$. $\tilde{K}$ est donc continue par rapport à θ et φ sauf aux points $\theta = 2k\pi$ $k = 1,2,\dots,n-1$, où elle fait un saut de hauteurs finies. Il en est de même pour $\tilde{P}$. De plus ces deux quantités dépendent analytiquement de $u \in R(O_1)$ comme K et P .

Avec ces notations (1) s'écrit :

$$(2) \quad F(\theta,u) = \tilde{P}(\theta,u) + \int_0^{2\pi n} \tilde{K}(\theta,\varphi,u)\, F(\varphi,u)d\varphi .$$

On reconnait un cas particulier de l'équation intégrale de Fredholm :

$$F(\theta,u) = \tilde{P}(\theta,u) + \lambda \int_0^{2\pi n} \tilde{K}(\theta,\varphi,u)\, F(\varphi,u)d\varphi$$

où $\lambda = 1$.

Soit $D(\lambda,u)$ le déterminant de Fredholm associé :

$$D(\lambda,u) = 1 + \sum_{k=1}^{\infty} \frac{(-\lambda)^k}{k!} \int_0^{2\pi n}\cdots\int_0^{2\pi n} \tilde{K}\begin{pmatrix} s_1 s_2 \dots s_k \\ & ,u \\ s_1 s_2 \dots s_k \end{pmatrix} ds_1 ds_2 \dots ds_k$$

où

$$\tilde{K}\begin{pmatrix} s_1 s_2 \dots s_k \\ & ,u \\ t_1 t_2 \dots t_k \end{pmatrix} = \begin{vmatrix} \tilde{K}(s_1,t_1,u) & \tilde{K}(s_1,t_2,u) & \dots & \tilde{K}(s_1,t_k,u) \\ \vdots & \vdots & & \vdots \\ \tilde{K}(s_k,t_1,u) & \tilde{K}(s_k,t_2,u) & \dots & \tilde{K}(s_k,t_k,u) \end{vmatrix}$$

(pour ces résultats voir [1]) .

$D(\lambda,u)$ est analytique par rapport à u puisque le déterminant et les intégrales successives conservent l'analycité par rapport à u et que la série considérée est entière par rapport à λ .

Le rang de la valeur $\lambda = 1$ (ordre du zéro éventuel de $D(\lambda,u)$) dépend analytiquement de $u \in R(O_1)$. Il est constant sauf éventuellement sur un sous-ensemble analytique de O_1 de codimension supérieure ou égale à 1 .

Quitte à réduire O_1 en O tout en restant dans (⊛) on peut supposer ce rang constant lorsque $u \in R(O)$.

Si $D(1,u) \neq 0$ $u \in R(O)$ il existe une solution et une seule $F(\theta,u)$ donnée par :

$$F(\theta,u) = \tilde{F}(\theta,u) + \int_0^{2\pi m} R(\theta,y,u)\,\tilde{F}(y,u)dy \quad \text{où}$$

$$R(\theta,y,u) = \frac{D(\theta,y,u)}{D(1,u)} \quad \text{avec :}$$

$$D(\theta,y,u) = \tilde{K}(\theta,y,u) + \sum_{k=1}^{\infty} \frac{(-1)^k}{k!} \int_0^{2\pi m} \cdots \int_0^{2\pi m} K\begin{pmatrix} \theta & s_1 s_2 .. s_k \\ g & s_1 s_2 .. s_k \end{pmatrix}, u\Big) ds_1 .. ds_k$$

$F(\theta,u)$ est alors holomorphe par rapport à u.

Si $\lambda = 1$ a pour rang p, on forme les p fonctions caractéristiques associées :

$$\Psi_i(\theta,u) = \frac{D_p\begin{pmatrix} x_1 \ldots\ldots x_k \ldots\ldots x_p \\ y_1 \ldots y_{k-1}, \theta, y_{k+1}, \ldots, y_p \end{pmatrix}, u\Big)}{D_p\begin{pmatrix} x_1 \ldots\ldots\ldots x_p \\ y_1 \ldots\ldots\ldots y_p \end{pmatrix}, u\Big)} \qquad i = 1,2,\ldots,p \quad \text{où}$$

$$D_p\begin{pmatrix} x_1 x_2 \ldots x_p \\ y_1 y_2 \ldots y_p \end{pmatrix}, u\Big) = \tilde{K}\begin{pmatrix} x_1 \ldots x_p \\ y_1 \ldots y_p \end{pmatrix}, u\Big) + \sum_{k=1}^{\infty} \frac{(-1)^k}{k!} \int_0^{2\pi m} \cdots \int_0^{2\pi m} \tilde{K}\begin{pmatrix} x_1 .. x_p & s_1 .. s_k \\ y_1 .. y_p & s_1 .. s_k \end{pmatrix}, u\Big) ds_1 .. ds_k$$

Ces fonctions dépendent elles aussi, analytiquement de $u \in R(O)$. Il existe alors, une solution $F(\theta,u)$ donnée par :

$$F(\theta,u) = \tilde{F}(\theta,u) + \int_0^{2\pi m} \frac{D_{p+1}\begin{pmatrix} \theta & x_1 \ldots x_p \\ y & y_1 \ldots y_p \end{pmatrix}, u\Big)}{D_p\begin{pmatrix} x_1 \ldots x_p \\ y_1 \ldots y_p \end{pmatrix}, u\Big)} \tilde{F}(y,u)dy + \sum_{h=1}^{p} C_h \Phi_n(\theta,u)$$

où C_n sont des constantes et $\Phi_h(\theta,u) = \dfrac{D_p\begin{pmatrix} x_1 \ldots x_{h-1} \; \theta \; x_{h+1} \ldots x_p \\ y_1 \ldots\ldots\ldots\ldots\ldots y_p \end{pmatrix}, u\Big)}{D_p\begin{pmatrix} x_1 \ldots\ldots x_p \\ y_1 \ldots\ldots y_p \end{pmatrix}, u\Big)}$

si $\tilde{F}(\theta,u)$ vérifie : (3) $\int_0^{2\pi m} \tilde{F}(\theta,u)\Psi_1(\theta,u)\, d\theta = 0 \quad i = 1,2,\dots,P$

On peut donc trouver n fonctions $f_1(x,u),\dots,f_n(x,u)$ intégrables pour $x \in (C)$, holomorphes par rapport à $u \in R(O)$ et solutions de (1) lorsque les nm coefficients $a_\ell^i(u)$ des polynômes $P_j(t,u)$ (supposé de degré m) vérifient p équations homogènes :

$$\sum_{j=1}^{n} \sum_{\ell=1}^{m} a_\ell^j(u)\, \alpha_\ell^i(u) = 0 \qquad i = 1,2,\dots,P$$

avec $\alpha_\ell^i(u)$ holomorphe dans $R(O)$ pour $i = 1,2,\dots,P$, $\ell = 1,2,\dots,m$

Quitte à diminuer O dans (6) , on peut supposer le rang de ce système constant pour $u \in R(O)$, c'est-à-dire que les solutions $a_m(u)$ peuvent être choisies analytiques par rapport à $u \in R(O)$. Pour l'instant les $f_j(x,u)$ $j = 1,2,\dots,n$ ne sont définies que pour $x \in (C)$. Pour $x \in \bar{D}_R - \{0\}$ posons :

$$f(x,u) = L^{-1}(x,u) + \frac{1}{2\pi i} \int_{(C)} \frac{K(x,y,u)f(y,u)}{y - x}\, dy$$

où $f(y,u)$ a pour j^e composante : $f_j(y,u)$. Le second membre est holomorphe par rapport à x dans $\bar{D}_R - \{0\}$ et dépend analytiquement de $u \in R(O)$. Il en est de même pour $f(x,u)$.

Développons $f(x,u)$ en série de Laurent par rapport à x dans $\dot{D}_R$. On a :

$f(x,u) = \alpha(x,u) + \varepsilon(x,u)$

où : $\alpha(x,u)$ est holomorphe dans $D_R \times R(O)$, $\alpha(0,u) = 0$

$\varepsilon(x,u)$ est une série entière en $t = \frac{1}{x}$ holomorphe par rapport à $u \in R(O)$.

On en déduit pour $x \in \dot{D}_R$:

$$\frac{1}{2\pi i} \int_{(C)} \frac{f(y,u)}{y-x}\, dy = \frac{1}{2\pi i} \int_{(C)} \frac{\alpha(y,u)}{y-x}\, dy + \frac{1}{2\pi i} \int_{(C)} \frac{\varepsilon(y,u)}{y-x}\, dy \, .$$

Mais $\varepsilon(y,u)$ est holomorphe pour $|y| \geq R$ (y compris pour $y = \infty$) donc :

$$\frac{1}{2\pi i}\int_{(C)} \frac{\varepsilon(y,u)}{y-x}\,dy = 0$$

et la formule de Cauchy appliquée à α donne :

$$\frac{1}{2\pi i}\int_{(C)} \frac{f(y,u)}{y-x}\,dy = \alpha(x,u)\ .$$

Remplaçons $K(x,y,u)$ par $L^{-1}(x,u).L(y,u) - I$ dans (1) .

Il vient :

$$-\frac{1}{2\pi i}\int_{(C)} \frac{L^{-1}(x,u)L(y,u)f(y,u)}{y-x}\,dy + \frac{1}{2\pi i}\int_{(C)} \frac{f(y,u)dy}{y-x}\,dy =$$

$$= f(x,u) - L^{-1}(x,u)P(x,u)$$

Soit :

$$-\frac{L^{-1}(x,u)}{2\pi i}\int_{(C)} \frac{L(y,u)f(y,u)}{y-x}\,dy = \varepsilon(x,y) - L^{-1}(x,u)P(x,u)$$

$$L(x,u).\varepsilon(x,u) = \frac{1}{2\pi i}\int_{(C)} \frac{L(y,u).f(y,u)}{y-x}dy + P(x,u) = \beta(x,u)$$

avec $\beta(x,u)$ holomorphe dans $D_R \times R(0)$ et ayant au plus un pôle par rapport à x , en $x = 0$.

Montrons maintenant que l'on peut choisir n matrices colonnes $n\times 1$: $P^1(x,u),\dots,P^n(x,u)$ satisfaisant aux conditions imposées à $P(x,u)$ et telles que les $f^1(x,u),\dots,f^n(x,u)$, $\varepsilon^1(x,u),\dots,\varepsilon^n(x,u)$ correspondantes vérifient :

$$\det E(x,u) = \det\,(\varepsilon^1(x,u),\dots,\varepsilon^n(x,u)) \neq 0\ .$$

Notons $B(x,u) = (\beta^1(x,u),\dots,\beta^n(x,u))$ la matrice ayant pour colonne

$$\beta^i(x,u) = \frac{1}{2\pi i}\int_{(C)} \frac{L(y,u)f^i(x,u)}{y-x}\,dy + P^i(x,u)\ .$$

On a :

$$L(x,u).E(x,u) = B(x,u)$$

$\det L(x,u) \neq 0$ on a :

$\det E(x,u) \equiv 0 \Leftrightarrow \det B(x,u) \equiv 0$.

De plus :

$$\beta^i(x,u) = \frac{1}{2\pi i} \int_{(C)} \frac{L(y,u)f^i(x,u)}{y-x} + P^i(x,u)$$

la première partie étant holomorphe en $x = 0$, la seconde étant un polynôme en $\frac{1}{x}$ de degré m .

Le développement de Laurent par rapport à x en $x = 0$ de $\det B(x,u)$ commencera par des termes en $\frac{1}{x^{mn}}$ c'est-à-dire ceux correspondant à $\frac{1}{x^{mn}}$ dans le développement de Laurent de $\det P(x,u)$. Il suffit donc de montrer que l'on peut choisir les polynômes $P^i(x,u)$ de façon que le déterminant correspondant aux termes de plus haut degré (en $\frac{1}{x}$) soit non nul. Or les coefficients des $P^i(x,u)$ ne sont assujettis qu'à vérifier p équations homogènes à m inconnues dont le rang ne change pas quand $u \in R(0)$ (remarque précédente). Pour m pas assez grand on pourra choisir pour les termes de plus haut degré n vecteurs linéairement indépendants et ceci analytiquement par rapport à $u \in R(0)$.

On peut donc supposer $\det E(x,u) \not\equiv 0$ puisque $E(x,u)$ est une fonction entière en $\frac{1}{x}$ et que son déterminant n'est pas identiquement nul au voisinage de $x = 0$.

Résumons la première étape. Nous avons montré qu'il existe $0 \in (\mathcal{O}), E(x,u)$ telle que $E(\frac{1}{t},u)$ soit holomorphe dans $\mathbb{C} \times R(0)$ et de déterminant non identiquement nul, $B(x,u)$ analytique dans $D_R \times R(0)$ avec au plus un pôle par rapport à x en $x = 0$, telles que :

$$L(x,u).E(x,u) = B(x,u) \quad (x,u) \in \dot{D}_R \times R(0) .$$

b) <u>2ème étape</u> :

La deuxième étape comporte une série de trois modifications :

(i) montrer que l'on peut avoir $\Delta(x,u) = \det E(x,u)$ non nul quelque soit $t = \frac{1}{x} \in \mathbb{C}$,

(ii) écrire $B(x,u) = (a_{ij}(x,u).x^{\chi_j})$ où $\chi_1,\ldots,\chi_n$ sont des entiers négatifs vérifiant $\chi_n \leq \chi_{n-1} \leq\ldots\leq \chi_1 \leq 0$ et $a_{ij}(x,u)$ est analytique au voisinage de $x = 0$ avec de plus $\det(a_{ij}(0,u)) \neq 0$,

(iii) sous réserve d'un réarrangement $k_1,\ldots,k_n$ des $\chi_1,\ldots,\chi_n$ faire que tout coefficient $e_{ij}(x,u)$ de $E(x,u)$ s'annule en $x = \infty$ au moins suivant l'ordre $\chi_j - k_i$ si $k_i < \chi_j$.

Montrons d'abord (i). Soit u_o fixé, $\Delta(x,u_o)$ est une fonction analytique pour $|x| \geq R$ (y compris $x = \infty$). Elle ne s'annule qu'un nombre fini de fois pour $|x| \geq R$. De plus :

$$\Delta(x,u_o) = \frac{1}{\det L(x,u_o)} \det B(x,u_o) \qquad x \in D_R .$$

Comme $B(x,u_o)$ est analytique dans D_R avec au plus un pôle en $x = 0$, $\det B(x,u_o)$ ne s'annule qu'un nombre fini de fois dans D_R et par suite $\Delta(\frac{1}{t},u_o)$ ne s'annule qu'un nombre fini de fois dans $\mathbb{C}$.

Quitte à réduire O tout en restant dans (⊛) de façon à enlever les points à tangentes verticales, ou les points de ramification de $\Delta(\frac{1}{t},u) = 0$ on peut supposer que

$$\Delta(\tfrac{1}{t},u) = 0 \Leftrightarrow \begin{cases} t = \alpha_1(u) \\ \vdots \\ t = \alpha_k(u) \end{cases} \qquad \alpha_i(u) \text{ holomorphe sur } R(0) \quad i = 1,2,\ldots,k .$$

Considérons le système :

$$\varepsilon_{i1}(\alpha_k(u),u).C_1(u) + \qquad + \varepsilon_{in}(\alpha_k(u),u)C_{n1}(u) = 0 \quad i = 1,2,\ldots,n$$

Ce système n'est pas de Cramer vu la définition des $\alpha_k(u)$. Quitte à diminuer O tout en restant dans (⊛) (on ôte les points où le rang du système change) on peut choisir n fonctions holomorphes dans R(o), non nulles $C_{j1}(u)$ $j = 1,2,\ldots,n$ vérifiant le système considéré.

Choisissons $C_{12}(u),\dots,C_{n2}(u),\dots,C_{nn}(u)$ de façon que les $C_{ij}(u)$ soient holomorphes sur $R(o)$ et $\det C_{ij}(u) \neq 0$. Soit $C(u) = (C_{ij}(u))$. On a :

$L(\frac{1}{t},u).E(\frac{1}{t},u)C(u) = B(\frac{1}{t},u)C(u)$. Vu le choix des $C_{j1}(u)$ on peut mettre $(t - \alpha_k(u))$ en facteur dans la première colonne de $L(\frac{1}{t},u)E(\frac{1}{t},u).C(u)$. En divisant cette première colonne par $t - \alpha_k(u)$ on a :

$$L(\frac{1}{t},u)\ E'(\frac{1}{t},u) = B'(\frac{1}{t},u)$$

où $E'(\frac{1}{t},u)$ est encore entière par rapport à $t \in \mathbb{C}$ et holomorphe dans $\mathbb{C} \times R(o)$.

$B'(\frac{1}{t},u)$ possède au plus un pôle en $t = \infty$ (ie. $x = o$) .

mais dans $\Delta'(\frac{1}{t},u) = \dfrac{\Delta(\frac{1}{t},u)}{t-\alpha_n(u)}$ l'ordre du zéro $t = \alpha_k(u)$ est diminué d'une unité.

On recommence le processus un nombre fini de fois et on peut alors éliminer $\alpha_k(u)$ comme zéro de $\Delta(\frac{1}{t},u)$. On procède de même pour $\alpha_1(u)..,\alpha_{k-1}(u)$. On peut donc s'arranger pour que $\Delta(\frac{1}{t},u)$ soit non nul quel que soit $(t,u) \in \mathbb{C} \times R(o)$, avec un nombre fini de modifications. O reste bien dans (©) .

Pour les modifications (ii) et (iii) qui sont des modifications algébriques en nombre fini aux points (∞,u) on procède comme Birkhoff en remarquant qu'à chaque fois on diminue l'ouvert O , tout en restant dans (©) .

Le théorème est alors démontré.

1-4-2. <u>Remarque</u>

$$L(x,u) = H(x,u)N(x,u)x^{d_o} = [H(x,u)N(\infty,u)][N(\infty,u)^{-1}N(x,u)].x^{d_o}$$
$$= \tilde{H}(x,u).\tilde{N}(x,u)x^{d_o}$$

$\tilde{H}$ et $\tilde{N}$ vérifient les mêmes hypothèses que H et N avec en plus $\tilde{N}(\infty,u) = Id$.

Nous supposerons cette propriété réalisée dans la suite.

1-4-3. <u>Remarque</u>

Les matrices H,N,d_o mises en évidence ici, ne sont en général pas uniques.

1-5. Etude de la singularité semi-logarithmique Σ_i de Δ.

Soit donc, ∇ une connexion comme dans 1-1 et Σ_i une singularité semi-logarithmique de ∇ (définie dans 1-3). On a :

1-5-1. Théorème

Il existe $D' = \{0 \le |x_j| \le R'_j \le R_j \quad j = 1,2,\dots,m\}$, $p+q$ matrices constantes $M_1,\dots,M_{p+q}$ et une base holomorphe (w) de $V|_{D'}$ dans laquelle :

$$\nabla_{\tau_i} \text{ a pour matrice } -x_i^{-p}\Big[\sum_{k=1}^{p+q} M_k x_i^{k-1}\Big]$$

$$\nabla_{\tau_j} \text{ a pour matrice } 0 \quad j \neq i \quad j = 1,2,\dots,m$$

Démonstration :

Soient Φ une matrice fondamentale de ∇ dans la base (v) considérée dans 1-1, et g un générateur du $\pi_1(D^*)$ $(\approx \mathbb{Z})$.

Comme nous l'avons remarqué dans 1-2 :

$$g^*\Phi = \Phi.P_g, \; P_g \in G\ell(n,\mathbb{C}).$$

Il existe alors $C \in G\ell(n,\mathbb{C})$ telle que $D = C^{-1}P_g C$ soit sous forme de Jordan.

Posons $\Psi = \Phi.C$ et $d = \frac{1}{2\pi i}\log D$; d est une matrice triangulaire.

De plus :

$L(x) = \Psi(x).x_i^{-d}$ est holomorphe dans D^*. $L(x)$ peut-être considérée comme une fonction holomorphe de $\alpha = x_i$ dans $\dot{D}_{R_i} = \{x_i \in \mathbb{C} \,|\, 0<|x_i|<R_i\}$ dépendant analytiquement de $x = (x_1,\dots,\hat{x}_i,\dots,x_m)$ (où le chapeau signifie qu'il manque la i^e composante) dans $\mathcal{U} = \prod_{\substack{j=1\\ i\neq j}}^{m} \dot{D}_{R_j}$. Les conditions d'application du théorème 1-4-1 sont vérifiées et l'on a :

$$L(x) = L(\alpha,\bar{x}) = H(\alpha,\bar{x}).N(\alpha,\bar{x})\alpha^{d_o} \quad \text{dans } D_{R_i} \times R(o), 0 \in (\Theta) \text{ avec}$$

$H(\alpha,\bar{x})$ holomorphe inversible dans $D_{R'_i} \times R(o)$

$N(\alpha,\bar{x})$ holomorphe inversible pour $(\frac{1}{\alpha},\bar{x}) \in C \times R(O)$

$N(\infty,\bar{x}) = \text{Id}.$

d_o matrice diagonale avec sur la diagonale des entiers négatifs ou nuls.

Soit $G(\alpha,\bar{x}) = H^{-1}(\alpha,\bar{x})\Psi(\alpha,\bar{x}) = N(\alpha,\bar{x})\alpha^{d_o}.\alpha^{d}$

cherchons $\frac{\partial G}{\partial \alpha}.\bar{G}^{1}$. Il vient : $\frac{\partial G}{\partial \alpha}.\bar{G}^{1} = -\bar{H}^{1}.\frac{\partial H}{\partial \alpha} + H^{-1}(\frac{\partial \Psi}{\partial \alpha}.\Psi^{-1}).H$.

Comme Ψ est une matrice fondamentale de ∇ on a :

$$\frac{\partial \Psi}{\partial \alpha}.\Psi^{-1} = \frac{\partial \Psi}{\partial x_i}\Psi^{-1} = -\Gamma_i .$$

D'où :
$$\frac{\partial G}{\partial \alpha}.G^{-1} = -H^{-1}.\frac{\partial H}{\partial \alpha} - H^{-1}.\Gamma_i H .$$

Comme H est holomorphe inversible au voisinage de $\alpha = x_i = 0$ et que Γ_i a un pôle d'ordre p en $x_i = 0$ (et est holomorphe par rapport aux autres variables par définition), $\frac{\partial G}{\partial \alpha}.G^{-1}$ a au plus un pôle d'ordre p par rapport à x_i en $x_i = 0$. Son développement de Laurent au voisinage de $x_i = 0$, en x_i ne comporte que des termes de degré supérieur ou égaux à $-p$.

D'autre part :

$$\frac{\partial G}{\partial \alpha}.G^{-1} = \frac{\partial N}{\partial \alpha}.N^{-1} + N\frac{d_o}{\alpha}.N^{-1} + N\alpha^{d_o}\frac{d}{\alpha}.\alpha^{-d_o}N^{-1}$$ où N et N^{-1}

se développent en série de Laurent par rapport à x_i en $x_i = 0$, avec uniquement des puissances négatives ou nulles. Il en est de même pour $\frac{\partial N}{\partial \alpha}.N^{-1}$ et $N\frac{d_o}{\alpha}N^{-1}$.

Dans $\alpha^{d_o}\frac{d}{\alpha}\alpha^{-d_o}$, il y a des termes de degré $\leq q-1$ $(q\geq 0)$ qui apparaissent lorsque d n'est pas diagonale, et donc dans $N\alpha^{d_o}\frac{d}{\alpha}\alpha^{-d_o}N^{-1}$ il n'y a que des puissances de α de degré $\leq q-1$. On en déduit que : $\frac{\partial G}{\partial \alpha}.G^{-1}$ se développe en série de Laurent en α, avec des puissances inférieures ou égales à $q-1$.

En comparant les deux résultats obtenus on a immédiatement :

$$\frac{\partial G}{\partial \alpha}.G^{-1} = x_i^{-p}\sum_{k=1}^{p+q} M_k(\bar{x})x_i^{k-1}$$ où les $M_k(\bar{x})$ sont holomorphes sur $R(0)$.

Procédons de même pour $j \neq i$. Il vient :

$$\frac{\partial G}{\partial x_j} G^{-1} = -H^{-1}.\frac{\partial G}{\partial x_j} - H^{-1}\Gamma_j H = \frac{\partial N}{\partial x_j}.N^{-1} \qquad j \neq i$$

$$-H^{-1}\frac{\partial H}{\partial x_j} - H^{-1}\Gamma_j H \text{ est holomorphe sur } D_{R_i'} \times R(0) .$$

N se développe en série de Laurent de α avec uniquement des puissances négatives ou nulles, le premier terme étant Id , $\frac{\partial N}{\partial x_j}$ se développe donc en série de Laurent avec uniquement des puissances strictement négatives. Il en est de même pour $\frac{\partial N}{\partial x_j}.N^{-1}$, qui ne contient que des puissances strictement négatives. En comparant ces deux résultats on a :

$$\frac{\partial G}{\partial x_j}.G^{-1}=0 \qquad j=1,2,\ldots,m \quad j\neq i$$

En écrivant que :

$$\frac{\partial^2 G}{\partial x_j \partial x_i} = 0 \text{ il vient, } \frac{\partial M_t(\bar{x})}{\partial x_j} = 0 \quad j=1,2,\ldots,m \quad j\neq i .$$

Les M_k sont constantes sur $R(0)$ donc sur $\prod_{\substack{j=1 \\ j\neq i}}^{m} D_{R_j}$.

De plus $G(\alpha,\bar{x})$ ne dépend que de α et est holomorphe dans $\alpha \in \dot{D}_{R_i}$.
On a : $H(\alpha,\bar{x}) = \Psi(\alpha,\bar{x})G^{-1}(\alpha)$. Comme $\Psi(\alpha,\bar{x})$ et $G^{-1}(\alpha)$ sont holomorphes en tout point $(\alpha,\bar{x}) \in D_{R_i} \times \mathcal{U}$, $H(\alpha,\bar{x})$ est holomorphe sur $D_{R_i} \times \mathcal{U}$. Or par construction $H(\alpha,\bar{x})$ est holomorphe inversible sur $\dot{D}_{R_i'} \times R(0)$. Les seuls points où $H(\alpha,\bar{x})$ possède éventuellement des singularités sont donc : $\{0\} \times (\mathcal{U}-0)$ qui est un sous-ensemble analytique de codimension ≥ 2 de $\mathbb{C}^m$. Par conséquent $H(\alpha,\bar{x})$ se prolonge holomorphiquement en ces points et est inversible.
$H(x) = H(\alpha,\bar{x})$ est holomorphe dans D' $(R_i' < R_i \;\; R_j' = R_j \;\; j\neq i)$. Si l'on pose $(w) = H(x)(v)$, on constate facilement que (w) est la base donnée dans le théorème.
Choisissons a_i fixé dans $\dot{D}_{R_i'}$. On a :

1-5-2. Corollaire

Si Φ est une matrice fondamentale de ∇ dans la base (v), on peut choisir $(w) = H(x)(v)$ du théorème 1-5-1, de façon que ∇ possède une matrice fondamentale $G(x_i)$ dans (w) qui vérifie :

$$\Phi(x) = H(x).G(x_i)$$
$$G(a_i) = Id .$$

Démonstration :

Si Φ est une matrice fondamentale de ∇, on a d'après ce qui précède :

$$\Phi = \Psi.C = H(x).G(x_i).C \quad C \in G\ell(n,\mathbb{C}) \quad \text{(constante)}$$

c'est à dire :

$$\Phi(x) = H(x).\tilde{G}(x_i) \quad \text{avec} \quad \tilde{G}(x_i) = G(x_i).C \quad \text{qui vérifie :}$$

$$\frac{d\tilde{G}}{dx_i}.\tilde{G}(x_i)^{-1} = x_i^{-p} \Big(\sum_{k=1}^{p+q} M_k x_i^{k-1} \Big) .$$

Ecrivons : $\Phi(x) = H(x)\tilde{G}(a_i).\tilde{G}(a_i)^{-1}.\tilde{G}(x_i) = \hat{H}(x).\hat{G}(x_i)$ où

$\hat{H}(x) = H(x).\tilde{G}(a_i)$ est holomorphe inversible et

$\hat{G}(x) = \tilde{G}(a_i)^{-1}\tilde{G}(x_i)$ vérifie :

$$\frac{d\hat{G}}{dx_i}.\hat{G}^{-1} = x_i^{-p} \Big(\sum_{k=1}^{p+q} [\tilde{G}(a_i)^{-1} M_k \tilde{G}(a_i)] \, x_i^{k-1}$$

$$= x_i^{-p} \Big(\sum_{k=1}^{p+q} \hat{M}_k x_i^{k-1} \Big) , \quad \hat{M}_k = \tilde{G}(a_i)^{-1} M_k \tilde{G}(a_i)$$

$(w) = \hat{H}(x)(v)$ est la base cherchée, $\hat{G}(x_i)$ la matrice fondamentale associée.

1-5-3. Remarques

Les puissances positives de x_i n'apparaîssent pas si la monodromie de ∇ est diagonisable.

Les $p + q$ matrices M_k ne sont en général pas uniques. La valeur de q est très difficile à déterminer à priori. Comme $H(x)$ est holomorphe inversible, $G(x_i)$ ainsi que les matrices M_k $k = 1,2,\dots,p+q$ déterminent la nature de la singularité Σ_i de Δ.

1-5-4. Cas d'une singularité logarithmique (ou régulière)

Lorsque $p = 1$ on dit que Σ_i est une singularité logarithmique (ou régulière) de ∇.

On peut encore appliquer le résultat précédent, mais dans ce cas on a des résultats plus précis (cf [5]) ; par exemple si $\Gamma_i^\circ = (x_i \Gamma_i)_{x_i=0}$ a ses valeurs propres qui ne diffèrent pas deux à deux d'un entier, on a :

si Φ est une matrice fondamentale de ∇ dans (v) il existe D', une matrice constante R et une matrice holomorphe inversible $H(x)$ dans D', tel telles que :

$$\Phi = H(x).x_i^R \quad .$$

Dans ce cas la monodromie de Φ associée au générateur g de $\pi_1(D)$ est : $e^{2\pi i R}$.

2- Connexions irrégulières relatives et singularité de type semi-logarithmique

2-1. Connexions irrégulières relatives :

Soient $x \in C^m$, D, Σ_i (i fixé dans $\{1,2,\ldots,m\}$), D^* comme précédemment, $u \in \mathcal{U}$ un ouvert simplement connexe de $\mathbb{C}^r$. Posons : $X = D \times \mathcal{U}$, $X^* = D^* \times \mathcal{U}$.

Soient : V un fibré holomorphe trivial de rang n sur X, (v) une base fixée dans toute la suite, ∇ une connexion dans V, holomorphe dans $V|_{X^*}$ méromorphe sur $\Sigma_i \times \mathcal{U}$, complètement intégrable et relative à la projection : $p : X \longrightarrow \mathcal{U}$ (c'est à dire que u est considéré comme un paramètre pour la connexion)..

2-2. Singularité de type semi-logarithmique :

Nous supposerons dans toute cette partie, que $\Sigma_i \times \mathcal{U}$ est une singularité semi logarithmique pour ∇ c'est à dire que

(i) Γ_i la matrice de ∇_{τ_i} dans la base (v) possède un pôle d'ordre

p par rapport à x_i en $x_i = 0$, et est holomorphe par rapport aux autres variables y compris le paramètre u ,

(ii) Γ_j la matrice de ∇_{τ_j} dans la base (v) est holomorphe sur X , pour tout $j \neq i$ $j = 1,2,\dots,m$.

2-2-1. Remarque

Dans ces conditions, la connexion ∇ dépend holomorphiquement de $u \in \mathcal{U}$. Pour avoir une matrice fondamentale dépendant elle aussi holomorphiquement de $u \in \mathcal{U}$, il suffit de choisir des conditions initiales qui dépendent holomorphiquement de $u \in \mathcal{U}$.(théorème sur les systèmes différentiels linéaires avec paramètre). On a :

2-2-2 Théorème

Il existe $O \in (\mathcal{O})$, $X' = \{x \in D \mid 0 \leq |x_j| < R'_j \quad j = 1,2,\dots,m\} \times R(O)$, $p+q$ matrices $M_k(u)$, $k = 1,2,\dots,p+q$, holomorphes sur $R(O)$ et une base holomorphe (w) de $V|_{X'}$ dans laquelle :

∇_{τ_i} a pour matrice : $-x_i^{-p}\left(\sum_{k=1}^{p+q} M_k(u)x_i^{k-1}\right)$,

∇_{τ_j} a pour matrice : $0 \quad \forall j \neq i \quad j = 1,2,\dots,m$

Démonstration :

Soit $\Phi(x,u)$ une matrice fondamentale de ∇ dans la base (v) qui dépend analytiquement de $u \in \mathcal{U}$ (cf. remarque précédente).

Soit g un générateur de $\pi_1(X^*)$ $(\simeq \mathbb{Z})$ et $P_g(u)$ la monodromie de Φ associée à g . $P_g(u)$ dépend analytiquement de $u \in \mathcal{U}$ comme $\Phi(x,u)$. Il existe $O_1 \in (\mathcal{O})$ et $C(u) \in G\ell(n,\mathbb{C})$ holomorphe sur $R(O)$ telle que : $D(u) = C^{-1}(u)P_g(u)C(u)$ soit sous forme de Jordan et que $d(u) = \frac{1}{2\pi i}\log D(u)$ soit triangulaire et holomorphe sur $R(O_1)$. Posons comme précédemment : $\Psi = \Phi.C$ et $x = (\alpha,\bar{x})$. On a :

$L(\alpha,\bar{x},u) = \Psi(\alpha,\bar{x},u).\alpha^{-\alpha(u)}$ qui est holomorphe dans $D_{R_i} \times \prod_{\substack{j=1 \\ j\neq i}}^{m} D_{R_j} \times R(O_1)$.

On peut de nouveau appliquer le théorème 1-4-1 : il existe un ouvert $W \subset \prod_{\substack{j=1 \\ j\neq i}}^{m} D_{R_j}$

tel que $\prod_{\substack{j=1 \\ j\neq i}}^{m} D_{R_j} - W$ soit un sous ensemble analytique de codimension ≥ 1

dans $\mathbb{C}^{m-1}$, $0 \in (\mathbb{0})$ et $R_i' < R_i$ tels que :

$$L(\alpha,\bar{x},u) = H(\alpha,\bar{x},u).N(\alpha,\bar{x},u).\alpha^{d_o} \quad \text{où}$$

$H(\alpha,\bar{x},u)$ est holomorphe inversible dans $D_{R_i'} \times R(W) \times R(0)$

$N(\alpha,\bar{x},u)$ est holomorphe inversible pour $(\frac{1}{\alpha},\bar{x},u) \in \mathbb{C} \times R(W) \times R(0)$.

d_o est une matrice diagonale avec sur la diagonale des entiers négatifs. De plus $N(\infty,\bar{x},u) = Id, (\bar{x},u) \in R(W) \times R(0)$.

On pose comme précédemment : $G(\alpha,\bar{x},u) = H^{-1}(\alpha,\bar{x},u)\Psi(\alpha,\bar{x},u) = N(\alpha,\bar{x},u)\alpha^{d_o}.\alpha^{d(u)}$.

Le même raisonnementmmontre que $G(\alpha,\bar{x},u)$ ne dépend que de (α,u) et qu'il existe $p+q$ matrices $M_k(u)$ holomorphes dans $R(0)$ telles que :

$$\frac{dG}{dx_i} G^{-1} = x_i^{-p} \left(\sum_{k=1}^{p+q} M_k(u) x_i^{k-1} \right)$$

et que $H(\alpha,\bar{x},u)$ est holomorphe inversible dans $X' = \left(\prod_{j=1}^{m} D_{R_j'} \right) \times R(0)$ où $R_i' < R_i$ et $R_j' = R_j \quad \forall j \neq i \quad j = 1,2,\ldots,m$.

Le théorème est démontré en posant : $(w) = H(x,u)(v), (x,u) \in X'$. Si l'on fixe a_i dans $D_{R_i'}$ on a aussi :

3-3-3 <u>Corollaire</u>

<u>Si</u> Φ <u>est une matrice fondamentale de</u> ∇ <u>dans</u> (v) <u>qui dépend holomorphiquement de</u> $u \in \mathcal{U}$, <u>on peut choisir la base</u> $(w) = H(x,u)(v)$ <u>du théorème précédent de façon que</u> ∇ <u>possède une matrice fondamentale</u> $G(x_i,u)$ <u>dans</u> (w) <u>qui vérifie</u> :

$$\Phi(x,u) = H(x,u).G(x_i,u)$$

$$G(a_i,u) = Id \quad u \in R(0).$$

La démonstration se déduit immédiatement de la démonstration du corollaire 1-5-2.

Les remarques 1-5-3 s'appliquent aussi à la situation relative étudiée ici :

2-2-4. Cas d'une singularité logarithmique

Comme pour le cas d'une connexion non relative, lorsque $p = 1$ on a des résultats plus précis. Par exemple si $\Gamma_i^o(u) = (x_i\Gamma_i)_{x_i=0}$ a ses valeurs propres qui ne diffèrent pas deux à deux d'un entier pour $u \in \mathcal{U}$ on a :

si $\Phi(x,u)$ est une matrice fondamentale de ∇ dans (v) dépendant holomorphiquement de $u \in \mathcal{U}$, il existe $D' \subset D$, une matrice $R(u)$ holomorphe sur $\mathcal{U}$ et une matrice holomorphe inversible $H(x,u)$ dans $D' \times \mathcal{U}$

$$\Phi(x,u) = H(x,u)x_i^{R(u)} \qquad (x,u) \in D'\times\mathcal{U} - (\Sigma_i \times \mathcal{U}) .$$

CHAPITRE II

1- Connexions à déformation localement iso-irrégulière

Nous allons maintenant considérer une situation globale : celle des connexions à pôles semi-logarithmiques sur $P_m(\mathbb{C})$, dépendant d'un paramètre $u \in \mathcal{U} \subset \mathbb{C}^r$ et dont "la nature des singularités" est indépendante de u.

1-1 . Notations-hypothèses : Soient :

- $\mathcal{U}$ un ouvert simplement connexe de $\mathbb{C}^r$, $u = (u_1,\ldots,u_r)$ $-X = P_m(\mathbb{C}) \times \mathcal{U}$. Les coordonnées homogènes d'un point $P_m(\mathbb{C})$ seront notées $X = (X_1,\ldots,X_{m+1})$ et les coordonnées dans la carte canonique associée à $X_\alpha \neq 0$ $\alpha \in \{1,\ldots,m+1\}$: ${}^\alpha x = ({}^\alpha x_1, {}^\alpha x_2,\ldots,{}^\alpha x_m)$ ou plus simplement $x = (x_1,\ldots,x_m)$ lorsqu'il n'y a pas d'ambiguïté dans le choix de la carte.

- θ la surjection canonique de $\mathbb{C}^{m+1}-\{0\} \times \mathcal{U}$ sur X.

- S une hypersurface analytique : réunion de s composantes irréductibles sans singularité : $S_1,\ldots,S_s$ d'équations homogènes $F_i(X,u) = 0$ $i=1,2,\ldots,s$ où les $F_i(X,u)$ sont des polynômes homogènes irréductibles de degré k_i, à coefficients holomorphes en $u \in \mathcal{U}$.

Nous supposerons dans toute la suite que la configuration formée par les S_i est indépendante de $u \in \mathcal{U}$, c'est à dire qu'il existe un isomorphisme φ du fibré $(P_m(\mathbb{C}) \times \mathcal{U}, \pi, \mathcal{U})$ (π projection) sur lui-même tel que $(\varphi(S), \pi\circ\varphi|_S, \mathcal{U})$ soit triviale.

Nous noterons : $P_m(u) = X \cap \pi^{-1}(u)$, $S(u) = S \cap \pi^{-1}(u)$ $S_i(u) = S_i \cap \pi^{-1}(u)$ $P^*_m(u) = P_m(u) - S(u)$, $\pi_1(X-S)$, $\pi_1(P^*_m(u))$ les groupes fondamentaux de $X-S$ et $P^*_m(u)$; $R(X-S)$, $R(P^*_m(u))$ les revêtements universels associés.

D'après les hypothèses précédentes et puisque $\mathcal{U}$ est simplement connexe,

$$\pi_1(P^*_m(u)) \simeq \pi_1(P^*_m(u_o)) \simeq \pi_1(X - S),\ u_o \text{ fixé },\ u \in \mathcal{U}$$

$$R(P^*_m(u)) \simeq R(P^*_m(u_o)) \text{ et } R(X - S) \simeq R(P^*_m(u_o)) \times \mathcal{U}.$$

Nous supposerons dans toute la suite, qu'aucun des $S_i(u)$ n'est contenu dans un hyperplan ${}^{\alpha}x_j = 0$ $j = 1,2,\dots,m$; $\alpha = 1,\dots,m+1$; $i = 1,2,\dots,s$, $u \in \mathcal{U}$.

1-2. <u>Connexions relatives à pôles semi-logarithmiques sur S</u>

Soient, V un fibré holomorphe trivial de rang u sur X et ∇ une connexion holomorphe sur $V|_{X-S}$, à pôles sur S , complètement intégrable et relative à la projection $\pi : X \to \mathcal{U}$.

Pour ${}^{\alpha}x = ({}^{\alpha}x_1, {}^{\alpha}x_2, \dots, {}^{\alpha}x_m) \in P_m(\mathbb{C})$, on note ${}^{\alpha}\tau_i = \dfrac{\partial}{\partial({}^{\alpha}x_i)}$ $i = 1,2,\dots,m$ (${}^{\alpha}\tau_i$ considérée comme section globale de $\overset{V_1}{\Omega}_{X|U}$) et $\nabla_{{}^{\alpha}\tau_i}$ la dérivée convariante de ∇ associée à ${}^{\alpha}\tau_i$. Dans toute la suite, (v) sera une base globale fixée. On note ${}^{\alpha}\Gamma_i$ la matrice de $\nabla_{{}^{\alpha}\tau_i}$ dans la base (v) et la carte α . Comme précédemment on pose :

$$^{\alpha}\omega = - \sum_{i=1}^{m} {}^{\alpha}\Gamma_i \, d({}^{\alpha}x_i)$$

$-{}^{t}({}^{\alpha}\omega)$ est alors la matrice de ∇ dans la base (v) et la carte α . On omettra l'indice α lorsque l'on travaillera dans une carte bien précise de $P_m(\mathbb{C})$.

1-3. <u>Définition</u>

On dit que ∇ est à <u>pôle semi-logarithmique</u> sur S s'il existe une une carte α_o de $P_m(\mathbb{C})$ dans laquelle ω s'écrit :

$$\omega = \sum_{i=1}^{1} \sum_{k=1}^{P_i} A_k^i(u) \frac{df_i(x,u)}{f_i^k(x,u)}$$

où $A_k^i(u)$ est une matrice $n \times u$, holomorphe sur $\mathcal{U}$

$$f_i(x,u) = F_i(x_1,\dots,1,\dots x_m,u)$$
$$\uparrow$$
$$\alpha_o^{\text{è}} \text{ place}$$

$$df_i(x,u) = \sum_{j=1}^{m} \frac{\partial f_i}{\partial x_j} dx_j$$ (d differentiation par rapport à x seulement) .

En écrivant que le résidu de ω est nul sur les hyperplans à l'infini (relativement à la carte α_o) on a :

$$\sum_{i=1}^{s} k_i A_1^i(u) = 0 \quad \forall\, u \in \mathcal{U}\,.$$

Quitte à modifier $A_k^i(u)$ et à réduire éventuellement $\mathcal{U}$, nous supposerons que le terme de degré k_i en x_1 dans $f_i(x,u)$ est égal à 1 $i = 1,2,\dots,s$ ceci dans toute la suite de ce travail.

Remarquons que ∇ est à pôles semi-logarithmiques, au sens défini dans le chapitre I, au voisinage de tout point de $S_i - \bigcup_{\substack{j=1\\ j\neq i}}^{m} S_j$. S'il existe i tel que $p_i \geq 2$, la forme de ω donnée dans la carte α_o, n'est pas intrinsèque. Il n'en est pas de même si $p_i = 1$ $\forall\, i = 1,2,\dots,s$ et l'on a :

1-4. Cas des connexions à pôles logarithmiques sur S

On dit que la connexion ∇ est à **pôle logarithmique** sur S si $p_i = 1$ $\forall\, i = 1,2,\dots,s$. Dans ce cas on peut définir ω à partir des coordonnées homogènes :

$$\theta^*(\omega) = \sum_{i=1}^{s} A_1^i(u)\ \frac{dF_i(X,u)}{F_i(X,u)}$$

et dans une carte α quelconque on a :

$${}^{\alpha}\omega({}^{\alpha}x,u) = \sum_{i=1}^{s} A_1^i(u)\ \frac{d^{\alpha}f_i({}^{\alpha}x,u)}{{}^{\alpha}f_i({}^{\alpha}x,u)}$$

où

$${}^{\alpha}f_i({}^{\alpha}x,u) = F_i({}^{\alpha}x_1,\dots,\underset{\alpha^{e}\ \text{place}}{\underset{\uparrow}{1}},\dots,{}^{\alpha}x_m,u)$$

1-5. Hypothèses

Nous supposerons dans toute la suite que ∇ est à pôle semi-logarithmique ou logarithmique sur S. Cette hypothèse ne sera plus rappelée dans les résultats qui vont suivre.

1-6. Voisinage bien adapté d'un point S

Soit $m_i \in S_i - \bigcup_{\substack{j=1 \\ j\neq i}}^{s} S_j$, m_i dans la carte α_o. Il existe un voisinage $V(m_i)$ de m_i, dit bien adapté, tel que :

1) $V(m_i) \cap S_j = \emptyset \quad j=1,2,\dots,s \quad j\neq i$

2) $V(m_i)$ est un voisinage de coordonnées locales (z_i,t_i,u) tel que $z_i = f_i|V(m_i)$ et m_i correspond à $z_i = t_i = 0$, $u = u_o$.

3) $V(m_i) = D_{R_i} \times D \times V(u_o)$ où $D_{R_i} = \{z_i \in \mathbb{C} \mid 0 \leq |z_i| < R_i\}$, D est un polydisque ouvert, en $t_i \in \mathbb{C}^{m-1}$, centré en $t_i = 0$, et $V(u_o)$ un voisinage simplement connexe de $\mathcal{U}_o$.

Il est facile de voir que si l'on se restreint à $V(m_i)$, ∇ possède toutes les propriétés requises pour appliquer les résultats du chapitre I et l'on a :

1-7. Proposition

Il existe $R_i' \leq R_i$, $D' \subset D$, $O(u_o) \subset V(u_o)$, $p_i + q_i$ matrices $M_k^i(u)$ holomorphes sur $R(O(u_o))$ et une base holomorphe $(w)_i$ de $V|_{D_{R_i'}} \times D' \times R(O(u_o))$ dans laquelle ∇ a pour matrice :

$$-t(\omega_i) \quad \text{avec} \quad \omega_i = \sum_{k=1}^{p_i+q_i} \frac{M_k^i(u)}{z_i^{p_i-k+1}}\, dz_i$$

On a bien sûr $V(U_o) - O(u_o)$ qui est un sous ensemble analytique de codimension ≥ 1 dans $V(u_o)$.

Fixons $a_i \in D_{R_i'}$. On a :

1-8. Corollaire

Si Φ est une matrice fondamentale holomorphe par rapport à u $u \in \mathcal{U}$, on peut choisir $(w_i) = H_i(x,u)(v)$ de la proposition précédente, de façon que ∇ possède dans $(w)_i$ une matrice fondamentale $G(z_i,u)$ qui vérifie :

$$\Phi = H_i \cdot G_i \qquad G_i(a_i,u) = \text{Id} \quad u \in R(O(u_o)).$$

1-9. Remarques

Dans le corollaire ci-dessus, H_i est holomorphe inversible, G_i détermine donc "la nature" de la singularité S_i, au voisinage de m_i. Il en est de même pour les matrices $M_k^i(u)$. Ces quantités dépendent bien sûr de $u \in \mathcal{U}$. Comme nous l'avons signalé dans l'introduction, il est très intéressant de déterminer les connexions auxquelles on peut associer des M_k^i indépendantes de u, puisque, pour ces connexions la nature de la singularité $S_i(u)$ sera indépendante de $u \in \mathcal{U}$. C'est ce problème que nous allons aborder maintenant. Faisons une remarque préliminaire : la base $(w)_i$, ainsi que G_i et H_i sont construites à partir d'une matrice fondamentale Φ dépendant holomorphiquement de $u \in \mathcal{U}$.

Supposons que l'on puisse lui associer des M_k^i indépendants de $u \in \mathcal{U}$. Si $\tilde{\Phi}$ est une autre matrice fondamentale dépendant holomorphiquement de $u \in \mathcal{U}$, il existe $P(u)$ holomorphe universible telle que $\tilde{\Phi} = \Phi . P(u)$. On sait alors associer à $\tilde{\Phi}$ des $\tilde{M}_k^i$ donnés par : $\tilde{M}_k^i = P^{-1}(u).M_k^i.P(u)$qui a priori vont dépendre de $u \in \mathcal{U}$. Pour que le problème posé ait un sens, il est donc nécessaire de bien préciser la matrice fondamentale choisie.

1-10. Définition

On appelle matrice fondamentale normalisée de ∇ dans (v) et on note Φ_n, la matrice fondamentale qui vérifie :

$$\Phi_n(\infty,0,\dots,0,u) = \mathrm{Id} \qquad \forall\, u \in \mathcal{U}$$

où $(\infty,0,\dots,0)$ représente le point $^{\alpha}x_1 = 0$, $^{\alpha}x_2 = 0$, ..., $^{\alpha}x_m = 0$ avec

$$^{\alpha}x_1 = \frac{1}{^{\alpha}o_{x_1}}\ , \quad ^{\alpha}x_2 = \frac{^{\alpha}o_{x_2}}{^{\alpha}o_{x_1}}\ , \dots , \ ^{\alpha}x_m = \frac{^{\alpha}o_{x_m}}{^{\alpha}o_{x_1}}\ .$$

Cette définition a un sens puisque l'on a supposé que $(\infty,0,0,\dots,0) \notin S$. De plus on peut toujours former la matrice normalisée d'une connexion : il suffit de prendre une matrice fondamentale quelconque $\Phi(x,u)$ qui dépend holomorphiquement de $u \in \mathcal{U}$ et de poser :

$\Phi_n(x,u) = \Phi(x,u).\Phi(\infty,0,0,u)^{-1}$.

1-11. Définition

On dit que ∇ est une connexion à déformation localement iso-irrégulière sur S (et dans (v)) , si au voisinage de tout point m_i de $S_i - \bigcup_{j\neq i} S_j$ on peut associer à la matrice normalisée Φ_n , des M_k^i indépendants de u , ceci pour $i = 1,2,\ldots,s$.

1-12. Remarques

- Cette définition est indépendante de la base (v) fixée au départ, modulo des changements de base indépendants de $u \in \mathcal{U}$.

- Lorsque $m = 1$ et $f_i = x-a_i(u)$ $i = 1,2,\ldots,s$ (avec des notations évidentes) il n'est plus nécessaire de "localiser" le problème. On peut alors parler de connexions à déformation iso-irrégulière sur S . Pour retrouver les les résultats présentés dans [19] ,il suffit de reprendre ce qui va suivre, dans ce contexte global.

1-13. Proposition

Si ∇ est une connexion à déformation localement iso-irrégulière sur S , alors pour tout $m_i \in S_i - \bigcup_{\substack{j=1 \\ j\neq i}} S_j$, il existe un voisinage bien adapté $V(m_i)$ et une base holomorphe $(w)_i = H_i(x,u)(v)$ de $V|_{V(m_i)}$ dans laquelle ∇ possède une matrice fondamentale $G_i(z_i)$ vérifiant :

$$\begin{cases} \Phi_n = H_i.G_i \\ G_i(\mathcal{G}i) = Id \quad (\mathcal{G}i \text{ fixé dans } \dot{D}_{R'_i}) \\ G'_i(z_i) = \left(\sum_{k=1}^{p_i+q_i} \dfrac{M_k^i}{z_i^{p_i-k+1}} \right) G_i(z_i) \end{cases}$$

Ceci pour $i = 1,2,\ldots,s$.

Démonstration :

Par hypothèse il existe $R'_i \leq R_i$, $D' \subset D$, $O(u_o) \subset V(u_o)$ et $p_i + q_i$

matrices constantes M_k^i , une base $(w)_i = H_i(x,u)(v)$ et une matrice fondamentale $G_i(z_i,u)$ de ∇ dans $(w)_i$ telle que :

$$\Phi_n = H_i(z_i,t_i,u)G_i(z_i,u)$$

$$dG_i.G_i^{-1} = \left(\sum_{i=1}^{p_i+q_i} \frac{M_k^i}{z_i^{p_i-k+1}}\right) dz_i$$

$$G_i(Gi,u) = Id \qquad Gi \text{ fixé dans } \dot{D}_{R'_i} \quad u \in R(O(u_o)).$$

Comme M_k^i est indépendante de u et que $G_i(Gi,u) = Id$, $\forall\, u \in R(O(u_o))$, G_i est est indépendante de u .

On a : $\Phi_n = H_i(z_i,t_i,u)G_i(z_i)$ d'où $H_i(z_i,t_i,u) = \Phi_n.G_i(z_i)^{-1}$. Par hypothèse $H(z_i,t_i,u)$ est holomorphe universible sur $D_{R'_i} \times D' \times R(O(u_o))$. Mais Φ_n et G_i sont holomorphes universibles sur $\dot{D}''_{R'_i} \times D' \times \mathcal{U}$. Les seuls points où H_i possède éventuellement un singularité sont : $\{0\} \times D' \times (V(u_o) - O(u_o))$, c'est à dire un sous-ensemble analytique de codimension ≥ 2 de $D_{R_i} \times D' \times V(u_o)$. H_i se prolonge en ces points et y est holomorphe inversible. La proposition est démontrée en prenant $V(m_i) = D_{R'_i} \times D' \times V(u_o)$.

1-14. Conséquences

- Cette proposition montre que dans le cas d'une connexion à déformation localement iso-irrégulière, il n'est plus besoin de réduire $V(u_o)$ en $O(u_o)$ et se placer sur $R(O(u_o))$. De plus comme G_i ne dépend que de z_i , la définition ne dépend ni de Gi fixé dans $\dot{D}_{R'_i}$, ni des coordonnées locales t_i choisies, puisque, pour z_i on prend toujours $f_i|_{V(m_i)}$; elle est donc indépendante du choix de $V(m_i)$.

- Si g_i est un générateur de $\pi_1(\dot{D}_{R_i})$, $g_i \times \{u_o\}$ est un générateur de de $\pi_1(V/m_i)-S_i)$ $(\simeq \mathbb{Z})$ et la matrice de monodromie de Φ_n associée à $g_i \times \{u_o\}$ est indépendante de $u \in \mathcal{U}$, puisqu'identique à la matrice de monodromie de $G_i(z_i)$ associée à g_i . On dit dans ce cas que ∇ est à déformation localement isomonodromique sur S . On a donc :

1-14-1. Proposition

Une connexion à déformation localement iso-irrégulière sur S est aussi à déformation localement iso-monodromique. Puisque l'on a ramené l'étude de la singularité en $m_i \in S_i - \bigcup_{\substack{j=1 \\ j\neq i}}^{s} S_j$, à un problème, à une variable z_i , on peut définir les invariants de Birkhoff (cf [9]) ou les invariants de Gérard-Levelt (cf [8]) en m_i , et ces invariants sont indépendants de $u \in V(u_o)$ dans le cas d'une connexion à déformation localement iso-irrégulière sur S .

1-15. Connexion globale associée

Appelons $\theta_j = \frac{\partial}{\partial u_j}$ $j = 1,2,\ldots,r$ et , pour $f \in \Gamma(X,V)$

$d_r f = \sum_{j=1}^{r} \theta_j f.du_j$ et $\tilde{d}f = df + d_r f$ $\tilde{d}$ est alors la différentiation globale sur X . Soit $\tilde{\nabla}$ la connexion qui dans la base (v) et la carte (α_o) a pour matrice : $-{}^t(\tilde{\omega})$ où $\tilde{\omega} = \sum_{i=1}^{s} \sum_{k=1}^{p_i} A_k^i(u) \frac{\tilde{d}f_i}{f_i^k}$. On prolonge $\tilde{\nabla}$ (ou $\tilde{\omega}$) sut tout X grâce aux changements de carte.

1-15-1. Définition

$\tilde{\nabla}$ est appelée connexion globale associée à ∇ dans (v).

Nous allons pouvoir caractériser les connexions à déformation localement iso-irrégulière sur S , à l'aide de leur connexion globale associée. En effet on a :

1-16. Théorème

Une condition nécessaire et suffisante pour que ∇ soit une connexion à déformation localement iso-irrégulière est que la connexion globale associée $\tilde{\nabla}$ soit complètement intégrable.

Démonstration :

a) Conditions nécessaires :

Nous allons montrer que Φ_n est une matrice fondamentale de $\tilde{\nabla}$ dans la base (v), ce qui prouvera la complète intégrabilité de $\tilde{\nabla}$. ∇ est à déformation localement iso-irrégulière par hypothèse. D'après la proposition 1-11, on peut trouver un voisinage bien adapté $V(m_i)$ de $m_i \in S_i - \bigcup_{\substack{j=1 \\ j\neq i}}^{s} S_j$, une base holomorphe $(w)_i = H_i(v)$ de $V|_{V(m_i)}$ et $p_i + q_i$ matrices constantes M_k^i tels que :

$$\Phi_n = H_i(z_i,t_i,u)\, G_i(z_i)$$

$$G_i(a_i) = \mathrm{Id}.$$

$$\frac{dG_i}{dz_i}.G_i^{-1}(z_i) = \sum_{k=1}^{p_i+q_i} \frac{M_k^i}{z_i^{p_i-k+1}}$$

On a alors :

$$\theta_j(G_i).G_i^{-1} = \sum_{k=1}^{p_i+q_i} \frac{M_k^i}{z_i^{p_i-k+1}}\ \theta_j(z_i) \qquad j=1,2,\dots,r$$

1-16-1. Lemme

$$(\theta_j\Phi_n)\,\Phi_n^{-1} = \sum_{i=1}^{s}\sum_{k=1}^{p_i} \frac{A_k^i(u)}{f_i^k}\ \theta_j(f_i) \qquad j=1,2,\dots,r$$

Démonstration

Soit $\Psi_j(x,u) = (\theta_j\Phi_n)\Phi_n^{-1} - \sum_{i=1}^{s}\sum_{k=1}^{p_i} \frac{A_k^i(u)}{f_i^k}\ \theta_j(f_i)$.

Montrons d'abord que $\Psi_j(x,u)$ (prolongé dans les autres cartes grace aux formules de changement de cartes) est une fonction holomorphe sur $X = P_m(\mathbb{C}) \times \mathcal{U}$.

Soit $m_i \in S_i - \bigcup_{\substack{j=1 \\ j\neq i}}^{s} S_j$ et $V(m_i)$ le voisinage bien adapté de m_i, comme ci dessus, on a :

$$\Psi_j|_{V(m_i)} = (\theta_j H_i).H_i^{-1} + H_i.(\theta_j G_i.G_i^{-1})H_i^{-1} - \sum_{k=1}^{p_i} \frac{A_k^i(u)\theta_j z_i}{z_i^k} - \sum_{\ell\neq i}\sum_{k=1}^{p_i} A_k^{\ell}(u)\ \frac{\widehat{\theta_j(f_\ell)}}{\hat{f}_\ell^k}$$

où $\hat{f}_\ell = f_\ell(z_i,t_i,u)$ $\widehat{\theta_j(f_\ell)} = (\theta_j f_\ell)(z_i,t_i,u)$.

Soit encore :

$$\Psi_j|V(m_i) = (\theta_j H_i).H_i^{-1} + H_i \left(\sum_{k=1}^{p_i+q_i} \frac{M_k^i\, \theta_j(z_i)}{z_i^{p_i-k+1}}\right).H_i^{-1} - \sum_{k=1}^{p_i} A_k^i(u) \frac{\theta_j(z_i)}{z_i^k} - \sum_{\substack{\ell=1\\ \ell\neq i}}^{s} \sum_{k=1}^{p_\ell} A_k^\ell(u) \widehat{\frac{\theta_j(f_\ell)}{\hat{f}_\ell^k}} .$$

$\Psi_j|V(m_i)$ est donc uniforme dans $V(m_i)$ avec des pôles d'ordre p_i au plus sur $S_i \cap V(m_i)$. Montrons que la partie polaire relative à z_i est nulle. Φ_n est une matrice fondamentale de ∇ donc :

$$d\Phi_n.\Phi_n^{-1} = \sum_{i=1}^{s} \sum_{k=1}^{p_i} \frac{A_k^i(u)df_i}{f_i^k} .$$

C'est à dire dans $V(m_i)$:

$$\text{(a)} \quad d\Phi_n.\Phi_n^{-1}|V(m_i) = \sum_{k=1}^{p_i} \frac{A_k^i(u)dz_i}{z_i^k} + \sum_{\substack{\ell=1\\ \ell\neq i}}^{s} \sum_{k=1}^{p_\ell} \frac{A_k^\ell(u)d\hat{f}_\ell}{\hat{f}_\ell^k}$$

comme $\Phi_n|V(m_i) = H_i(z_i,t_i,u)G_i(z_i)$ il vient :

$$d\Phi_n.\Phi_n^{-1}|V(m_i) = dH_i.H_i^{-1} + H_i(dG_i.G_i^{-1}).H_i^{-1}$$

$$\text{(b)} \quad d\Phi_n.\Phi_n^{-1}|V(m_i) = dH_i.H_i^{-1} + H_i\left(\sum_{k=1}^{p_i+q_i} \frac{M_k^i\, dz_i}{z_i^{p_i-k+1}}\right) H_i^{-1} .$$

Soit en identifiant dans (a) et (b) le coefficient de dz_i :

$$\frac{\partial H_i}{\partial z_i}.H_i^{-1} + \sum_{k=1}^{p_i+q_i} \frac{H_i M_k^i H_i^{-1}}{z_i^{p_i-k+1}} = \sum_{k=1}^{p_i} \frac{A_k^i(u)}{z_i^k} + \sum_{\ell\neq i} \sum_{k=1}^{p_\ell} \frac{A_k^\ell(u)}{f_\ell^k} \left(\frac{\partial \hat{f}_\ell}{\partial z_i}\right)$$

ce qui donne en remplaçant dans $\Psi_j|V(m_i)$ $\sum_{k=1}^{p_i} \frac{H_i M_k^i H_i^{-1}}{z_i^{p_i-k+1}}$ à l'aide de l'expression ci-dessus :

$$\Psi_j\Big|_{V(m_i)} = (\theta_j H_i)H_i^{-1} - \frac{\partial H_i}{\partial z_i}.H_i^{-1}.\theta_j(z_i) + \sum_{k=1}^{p_i} \frac{A_k^i(u)}{z_i^k}\,\theta_j(z_i) + \sum_{\ell\neq i}\sum_{k=1}^{p_\ell} \frac{A_k^\ell(u)}{\hat f_\ell^k}.\Big(\frac{\partial \hat f_\ell}{\partial z_i}\Big).\theta_j(f_i)$$

$$- \sum_{k=1}^{p_i} \frac{A_k^i(u)}{z_i^k}\,\theta_j(z_i) - \sum_{\ell\neq i}\sum_{k=1}^{p_\ell} \frac{A_k^\ell(u)}{\hat f_\ell^k}\,(\theta_j \hat f_\ell)\ .$$

$$\Psi_j\Big|_{V(m_i)} = (\theta_j H_i)H_i^{-1} - \frac{\partial H_i}{\partial z_i}.H_i^{-1}\,\theta_j(z_i) + \sum_{\ell\neq i}\sum_{k=1}^{p_\ell} \frac{A_k^\ell(u)}{\hat f_\ell^k}\Big(\frac{\partial \hat f_\ell}{\partial z_i}\Big)\,\theta_j(z_i)$$

$$- \sum_{\ell\neq i}\sum_{k=1}^{p_\ell} \frac{A_k^\ell(u)}{\hat f_\ell^k}.\widehat{(\theta_j f_\ell)}\ .$$

$\Psi_j\Big|_{V(m_i)}$ est holomorphe par rapport à z_i en $z_i = 0$.

On procède de même pour tous les points m_i de $S_i - \bigcap_{j\neq i} S_j$ $i=1,2,..s$. Par conséquent Ψ_j est holomorphe en tous les points de $\mathbb{C}^m$ (carte α_o) sauf aux points appartenant à $S_i \cap S_j$ $i \neq j$, points qui forment un sous-ensemble analytique de codimension supérieure ou égale à deux. Ψ_j est donc holomorphe sur tout $\mathbb{C}^m$. Il reste à étudier Ψ_j sur les hyperplans "à l'infini" . Par hypothèse, les seuls points singuliers de ∇ "à l'infini" sont les intersections de S avec ces hyperplans (qui ne sont jamais contenus dans S). En dehors de ces points ∇ est holomorphe donc Φ_n aussi. Il suffit alors de vérifier que

$$\sum_{i=1}^{s}\sum_{k=1}^{p_i} A_k^i(u)\,\frac{\theta_j(f_i)}{f_i^k}$$ est holomorphe en dehors de ces points, ce qui est très

facile. Les seules singularités de Ψ_j dans $\mathbb{P}_m(\mathbb{C}) \times \mathcal{U}$, sont de codimension supérieure ou égale à deux. Ψ_j est holomorphe sur $X = \mathbb{P}_m(\mathbb{C}) \times \mathcal{U}$, c'est à dire Ψ_j ne dépend que de u, puisqu'il n'y a pas d'autre fonctions fonctions holomorphes sur $\mathbb{P}_m(\mathbb{C})$ que les constantes.

Ecrivons Ψ_j au point $(\infty,0,\dots,0,u)$. Φ_n est holomorphe au voisinage de ce point et $\Phi_n(\infty,0,\dots,0,u) = \mathrm{Id}$ $\forall\, u \in \mathcal{U}$. On a :

$$(\theta_j\Phi_n)(\infty,0,\dots 0,u) = \theta_j(\Phi_n(\infty,0,\dots,0,u)) = \theta_j(\mathrm{Id}) = 0$$

et $$(\theta_j\Phi_n)(\Phi_n)^{-1}(\infty,0,\dots,0,u) = 0\ .$$

Cherchons de même $\sum_{i=1}^{s}\sum_{k=1}^{p_i} A_k^i(u)\,\frac{\theta_j(f_i)}{f_i^k}$ en ce point.

Soit ${}^\alpha x_1 = \frac{1}{x_1}$, ${}^\alpha x_2 = \frac{x_1}{x_1}, \dots, {}^\alpha x_m = \frac{x_m}{x_1}$ la carte contenant $(\infty, 0, \dots, 0, u)$

$$\sum_{i=1}^{s}\sum_{k=1}^{p_i} A_k^i(u)\,\frac{\theta_j(f_i)}{f_i^k} = \sum_{i=1}^{s}\sum_{k=1}^{p_i} \frac{A_k^i(u)\theta_j[f_i(\frac{1}{{}^\alpha x_1}, \frac{{}^\alpha x_2}{{}^\alpha x_1}, \dots, \frac{{}^\alpha x_m}{{}^\alpha x_1}, u)]}{f_i^k(\frac{1}{{}^\alpha x_1} \frac{{}^\alpha x_2}{{}^\alpha x_1}, \dots, \frac{{}^\alpha x_m}{{}^\alpha x_1}, u)}$$

f_i^k est un polynôme de degré k_i en les x_i, dont le coefficient de $x_1^{k_i}$ est 1.

On a alors :

$$f_i(\frac{1}{{}^\alpha x_1}, \frac{{}^\alpha x_2}{{}^\alpha x_1}, \dots, \frac{{}^\alpha x_m}{{}^\alpha x_1}, u) = \frac{1}{({}^\alpha x_1)^{k_i}}\,\bar{f}_i({}^\alpha x_1, {}^\alpha x_2, \dots, {}^\alpha x_m, u) \qquad \text{avec}$$

$$\bar{f}_i(0,0,\dots,0,u) = 1 \quad \forall\, u \in \mathcal{U}$$

$$\theta_j f_i = \frac{1}{({}^\alpha x_1)^{k_i}} \cdot \theta_j \bar{f}_i({}^\alpha x_1, {}^\alpha x_2, \dots, {}^\alpha x_m, u) .$$

Comme $\bar{f}_i(0,\dots,0,u) = 1$ $\quad \theta_j\bar{f}_i(0,\dots,0,u) = 0$ $\qquad$ et

$$\Psi_j(\infty, 0, \dots, 0, u) = \sum_{k=1}^{s}\sum_{k=1}^{p_i} \frac{\theta_j \bar{f}_i(0,\dots,0,u)}{\bar{f}_i(0,\dots,0,u)} \cdot 0^{(k-1)} = 0 .$$

Le lemme est démontré.

Les conditions nécessaires en sont alors une conséquence immédiate :

$$(d_r)\Phi_n = \sum_{j=1}^{r} (\theta_j \Phi_n) du_j$$

$$= \sum_{j=1}^{r} \Big(\sum_{i=1}^{s}\sum_{k=1}^{p_i} \frac{A_k^i(u)}{f_i^k}\,\theta_j(f_i) du_j \Big)\Phi_n$$

$$= [\sum_{i=1}^{s} \sum_{k=1}^{p_i} \frac{A_k^i(u)}{f_i^k} d_r(f_i)]\Phi_n \ .$$

Soit finalement :

$$\tilde{d}\Phi_n = d\Phi_n + d_r\Phi_n = [\sum_{i=1}^{s} \sum_{k=1}^{p_i} \frac{A_k^i(u)}{f_i^k} (df_i + d_r f_i)]\Phi_n$$

$$= [\sum_{i=1}^{s} \sum_{k=1}^{p_i} \frac{A_k^i(u)}{f_i^k} \tilde{d}f_i]\Phi_n \ .$$

Φ_n est une matrice fondamentale de $\tilde{\nabla}$, qui est par conséquent complêtement intégrable.

b) Conditions suffisantes

$\tilde{\nabla}$ est complètement intégrable. On peut donc lui associer une matrice fondamentale Φ dans la base (v) qui vérifie :

$$\Phi(\infty,0,\dots,0,u_o) = \mathrm{Id} \quad u_o \in \mathcal{U} \text{ fixé.}$$

Montrons que cette matrice Φ est la matrice normalisée de ∇ , dans la base (v) .

Comme Φ est la matrice fondamentale de $\tilde{\nabla}$, elle vérifie :

$$\tilde{d}\ \Phi = \tilde{\omega}.\Phi$$

c'est à dire dans la carte (α_o) :

$$\theta j\,\Phi[\sum_{i=1}^{s} \sum_{k=1}^{p_i} \frac{A_k^i(u)}{f_i^k} \theta_j(f_i)]\Phi \ .$$

On a vu précédemment que :

$$(\sum_{i=1}^{s} \sum_{k=1}^{p_i} \frac{A_k^i(u)\theta_j(f_i)}{f_i^k})(\infty,0,\dots,0,u) = 0 \quad \forall\, u \in \mathcal{U} \ .$$

D'où :

$(\theta_j\ \Phi)(\infty,0,\dots,0,u) = 0 \quad \forall\, u \in \mathcal{U})$. Comme Φ est holomorphe au voisinage de $(\infty,0,\dots,0,u)$ $u \in \mathcal{U}$ on a :

$(\theta_j\ \Phi)(\infty,0,\ldots,0,u) = \theta_j[\Phi(\infty,0,\ldots,0,u)] = 0$ et $\Phi(\infty,0,\ldots,0,u)$ est constante pour $u \in \mathcal{U}$ (connexe). On en déduit immédiatement que :

$$\Phi(\infty,0,\ldots,0,u) = \Phi(\infty,0,\ldots,0,u_o) = \text{Id} \quad \forall\, u \in \mathcal{U}\ .\ \text{Comme}$$

$d\Phi = \omega.\Phi$ on a $\Phi = \Phi_n$. Pour terminer la démonstration, il faut encore trouver un voisinage bien adapté de $m_i \in S_i - \bigcup_{j\neq i} S_j$ dans lequel on peut associer à Φ_n des $M_k^i(u)$ constantes.

Il existe un voisinage bien adapté $V(m_i)$ de m_i dans lequel on a :

$$\tilde{\omega}\Big|_{V(m_i)} = \sum_{k=1}^{p_i} \frac{A_k^i(u)dz_i}{z_i^k} + \sum_{\ell\neq i} \sum_{k=1}^{p_\ell} A_k^\ell(u) \frac{\widehat{df}_\ell}{\hat{f}_\ell^k}$$

$\tilde{\omega}\big|_{V(m_i)}$ a un pôle d'ordre p_i en $z_i = 0$ et les hypothèses du théorème 1-5-1 et du corollaire 1-5-2 de la première partie, sont satisfaites : quitte à réduire $V(m_i)$, il existe une base holomorphe $(w)_i = H_i.(v)$ de $X\big|_{V(m_i)}$, $p_i + q_i$ matrices constantes M_k^i telles que

$$\Phi_n = H_i(z_i,t_i,u)G_i(z_i)$$

$$G'_i(z_i) = \left(\sum_{k=1}^{p_i+q_i} \frac{M_k^i}{z_i^{p_i-k+1}}\right) G_i(z_i)$$

$$G_i(a_i) = \dot{I}d \quad a_i \text{ fixé dans } \dot{D}_{R'_i}\ .$$

On reconnait la condition exprimant que ∇ est une connexion à déformation localement iso-irrégulière sur S .

Le théorème est démontré :

1-16-2. Remarque

Si ∇ est à déformation localement irrégulière sur S , ∇ est à déformation localement isomonodromique (cf. proposition 1-14-1).

Mais puisque Φ_n est aussi une matrice fondamentale de $\tilde{\nabla}$, on en déduit que la monodromie globale de Φ_n (i.e. associée au $\pi_1(X-S)$) est elle aussi indépendante de $u \in \mathcal{U}$ et on a :

1-16-3. Proposition

Si ∇ est à déformation localement iso-irrégulière sur S , ∇ est à déformation globalement iso-monodromique sur S .

1-17. Cas où ∇ est à pôles logarithmiques sur S .

Si $p_i = 1 \quad \forall\, i = 1,2,\dots,s$ et si les matrices $A_1^i(u)$ ont des valeurs propres qui ne diffèrent pas deux à deux d'un entier, $\forall\, u \in \mathcal{U}$, $i=1,2,\dots,s$ on peut appliquer les résultats donnés dans la partie 1-5-4 du chapitre I. Il n'y a alors qu'une matrice $R_i = M_1^i$. La monodromie de Φ_n associée au générateur g_i de $\pi_1(V(m_i)-S_i)$ est $e^{2\pi_i R_i}$ et l'on a immédiatement, dans ce cas :

1-17-1. Proposition

∇ est à déformation localement iso-irrégulière, si et seulement si ∇ est à déformation localement iso-monodromique.

En utilisant la proposition 1-16-2 on a :

1-17-2. Proposition

Si ∇ est à déformation localement iso-monodromique, ∇ est à déformation globalement iso-monodromique.

2- Caractérisation de la complète intégrabilité de $\tilde{\nabla}$

2-1. Cas où $m = 1$

Posons $f_i(x,u) = x-a_i(u)$. On a :

2-1-1. Théorème

Une condition nécessaire et suffisante pour que $\tilde{\nabla}$ soit complètement intégrable est que les $A_k^i(u)$ vérifient le système $(\mathcal{S}_1)$ suivant :

$$(S_1)\quad \begin{cases} dA_k^i(u) = \sum\limits_{j\neq i} \sum\limits_{m=0}^{p_i-k} \sum\limits_{\ell=1}^{p_j} \dfrac{(-1)^m C^m_{\ell+m-1}}{(a_i-a_j)^{\ell+m}} [A^j_\ell, A^i_{m+k}] d(a_i-a_j) \\ \\ k = 1,2,\ldots,p_i \ ; \ i = 1,2,\ldots,s \ ; \ j = 1,2,\ldots,s \end{cases}$$

$$\text{avec } C^m_{\ell+m-1} = \binom{\ell+m-1}{m} \quad \text{et } [A^j_\ell, A^i_{m+k}] = A^j_\ell . A^i_{m+k} - A^i_{m+k} A^j_\ell$$

2-1-2. Remarque

On note comme précédemment $\tilde{d} = d + d_r$ mais lorsque la fonction ne dépend que de $u \in \mathcal{U}$, on note indifféremment d_r ou d puisqu'il n'y a alors plus d'ambiguïté .

2-1-3. Démonstration du théorème

La complète intégrabilité de $\tilde{\nabla}$ s'écrit : $\tilde{d}\tilde{\omega} = \tilde{\omega} \wedge \tilde{\omega}$ avec $\tilde{\omega}$ qui s'écrit, dans la carte α_o :

$$\tilde{\omega} = \sum_{i=1}^{s} \sum_{k=1}^{p_i} \frac{A^i_k(u)\tilde{d}(x-a_i(u))}{(x-a_i(u))^k}$$

a) Conditions nécessaires

$\tilde{d}\tilde{\omega} = \tilde{\omega} \wedge \tilde{\omega}$ s'écrit dans la carte α_o :

$$\sum_{i=1}^{s} \sum_{k=1}^{p_i} \frac{dA^i_k \wedge \tilde{d}(x-a_i)}{(x-a_i)^k} = \sum_{\substack{i<j \\ i,j=1,\ldots,s}} \sum_{k=1}^{p_i} \sum_{\ell=1}^{p_j} [A^i_k, A^j_\ell] \frac{\tilde{d}(x-a_i) \wedge \tilde{d}(x-a_j)}{(x-a_i)^k (x-a_j)}$$

En remarquant que :

$$d(a_i-a_j) \wedge \tilde{d}(x-a_i) = -\tilde{d}(x-a_i) \wedge \tilde{d}(x-a_j) \quad \text{il vient :}$$

$$\sum_{i=1}^{s} \sum_{k=1}^{p_i} \frac{dA^i_k \wedge \tilde{d}(x-a_i)}{(x-a_i)^k} = -\sum_{\substack{i<j \\ i,j=1,2,\ldots,s}} \sum_{k=1}^{p_i} \sum_{\ell=1}^{p_j} [A^i_{k}, A^j_\ell] \frac{d(a_i-a_j) \wedge \tilde{d}(x-a_i)}{(x-a_i)^k (x-a_j)^\ell}$$

Au voisinage de $x=a_i(u)$ on a :

$$\frac{1}{(x-a_j)^{\ell}} = \sum_{m=0}^{\infty} (-1)^m \frac{C^m_{\ell+m-1}}{(a_i-a_j)^{\ell+m}} (x-a_i)^m .$$

En identifiant les parties polaires d'ordre k relatives au pôle $x=a_i$ on a :

$$dA^i_k(u) \wedge \tilde{d}(x-a_i) = \sum_{\substack{j\neq i\\ j=1,\dots,s}} \sum_{m=0}^{p_i-k} \sum_{\ell=1}^{p_j} \frac{(-1)^m C^m_{\ell+m-1}}{(a_i-a_j)^{\ell+m}} [A^j_\ell, A^i_{m+k}] d(a_i-a_j) \wedge \tilde{d}(x-a_j) .$$

Comme $dA^i_k(u)$ et $d(a_i-a_j)$ sont des formes sur u (indépendantes de x) ona :

$$dA^i_k(u) = \sum_{\substack{j\neq i\\ j=1,\dots,s}} \sum_{m=0}^{p_i-k} \sum_{\ell=1}^{p_j} \frac{(-1)^m C^m_{\ell+m-1}}{(a_i-a_j)^{\ell+m}} [A^j_\ell, A^i_{m+k}] d(a_i-a_j)$$

$k=1,2,\dots,p_i$ $i=1,2,\dots,s$ d'où $(\mathcal{S}_1)$.

b) Conditions suffisantes

Soit $\Omega = \tilde{d}\tilde{\omega} - \tilde{\omega} \wedge \tilde{\omega}$. On a dans la carte (x,u) :

$$\Omega = \sum_{i=1}^{s} \sum_{k=1}^{p_i} \frac{dA^i_k(u) \wedge \tilde{d}(x-a_i)}{(x-a_i)^k} - \sum_{\substack{i<j\\ i,j=1,2,\dots,s}} \sum_{k=1}^{p_i} \sum_{\ell=1}^{p_j} [A^i_k, A^j_\ell] \frac{\tilde{d}(x-a_i) \wedge \tilde{d}(x-a_j)}{(x-a_i)^k (x-a_j)^\ell} .$$

Comme $d(a_i-a_j) \wedge \tilde{d}(x-a_i) = -d(a_i-a_j) \wedge \tilde{d}(x-a_j)$, la partie polaire d'ordre k, relative au pôle $x = a_i(u)$ de Ω est nulle, compte tenu de $(\mathcal{S}_1)$ et de la façon dont on a formé $(\mathcal{S}_1)$. Ω est à coefficients holomorphes en $x = a_i(u)$. Ω est aussi holomorphe en dehors des points $a_i(u)$. Il reste à étudier Ω aux points (∞,u). Mais en ces points $\tilde{\omega}$ est holomorphe par hypothèse $((\infty,u) \notin S \quad u \in \mathcal{U})$. Donc Ω est une 2e forme holomorphe sur $X = P_1(\mathbb{C}) \times \mathcal{U}$. Comme il n'y a pas de formes holomorphes non nulles sur $P_1(\mathbb{C})$, Ω est une 2-forme sur $\mathcal{U}$ uniquement. Ecrivons donc Ω en le point particulier (∞,u) en ne conservant bien sur que les différentiations par rapport à u :

$$\Omega(\infty,u) = \left(\sum_{i=1}^{s} \sum_{k=1}^{p_i} \frac{dA_k^i \wedge d(-a_i)}{(x-a_i)^k} \right)_{x=\infty} - \left(\sum_{\substack{i<j \\ i,j..,s}} \sum_{k=1}^{p_i} \sum_{\ell=1}^{p_j} [A_k^i, A_\ell^j] . \frac{da_i \wedge da_j}{(x-a_i)^k (x-a_j)^\ell} \right)_{x=\infty}$$

Ces quantités sont nulles et l'on a :

$\Omega = \Omega(\infty,u) = 0 \quad \forall\, u \in \mathcal{U}$ c'est à dire $\widetilde{d\omega} = \widetilde{\omega} \wedge \widetilde{\omega}$ et le théorème est démontré.

L'étude du cas $m \geq 2$ étant très complexe, nous allons nous restreindre à quelques cas particuliers importants.

2-2. Cas du pôle logarithmique (m quelconque)

C'est à dire $p_i = 1 \;\; \forall\, i = 1,2,\ldots,s$. Nous avons vu que dans toute carte α, ${}^{\alpha}\omega$ avait pour expression :

$${}^{\alpha}\omega = \sum_{i=1}^{s} A_1^i(u) \frac{d({}^{\alpha}f_i({}^{\alpha}x,u))}{{}^{\alpha}f_i({}^{\alpha}x,u)} \; .$$

De même $\widetilde{\omega}$ va s'écrire dans toute carte α :

$${}^{\alpha}\widetilde{\omega} = \sum_{i=1}^{s} A_1^i(u) \frac{\widetilde{d}({}^{\alpha}f_i({}^{\alpha}x,u))}{{}^{\alpha}f_i({}^{\alpha}x,u)} \; .$$

Posons $R_j^i(X,u) = F_j(X,u)|_{\theta^{-1}(S_i)}$ $j \neq i$ $j = 1,2,\ldots,s$ $i=1,2,\ldots,s$ et supposons que $R_j^i(X,u)$ soit holomorphe par rapport à $u \in \mathcal{U}$ (ce qui est toujours possible quitte à restreindre $\mathcal{U}$).

Soit $\widetilde{\varepsilon}_i(X,u) = \sum_{\substack{j=1 \\ j\neq i}}^{s} [A_1^j, A_1^i] \dfrac{d_r R_j^i(X,u)}{R_j^i(X,u)}$. Comme $\widetilde{\varepsilon}_i(\lambda X,u) = \widetilde{\varepsilon}_i(X,u)$

$\forall\, \lambda \in \mathbb{C} - \{0\}$, $\widetilde{\varepsilon}_i$ induit une forme sur S_i (X étant cette fois le paramètre) et l'on a :

2-2-1. Proposition

$\widetilde{\varepsilon}_i$ est une forme de $\mathcal{U}$ (c'est à dire que ses coefficients ne dépendent que de $u \in \mathcal{U}$).

<u>Démonstration</u> :

Montrons que pour tout u_o fixé dans $\mathcal{U}$, les coefficients de $\tilde{\varepsilon}_i$ sont des fonctions holomorphes sur $S_i(u_o)$ et par conséquent sont constantes sur $S_i(u_o)$.

En tout point $m_i \in S_i - \bigcup_{\substack{j=1 \\ j\neq i}}^{s} S_j$ contenu dans un voisinage bien adapté $V(m_i)$ de coordonnées locales (z_i, t_i, u) on a :

$$z_i = F_i(x_1,\dots,\underset{\substack{\uparrow \\ \alpha^e \text{ place}}}{1},\dots,x_m,u)\big|_{V(m_i)}$$

et

$$F_i(x_1,\dots,1,\dots,x_m,u)\big|_{V(m_i)} = r_j^i(t_i,u) + s_j^i(t_i,u)z_i + \dots \qquad j\neq i$$

où $$R_j^i(x_1,\dots,1,\dots,x_m,u)\big|_{S_i\cap V(m_i)} = r_j^i(t_i,u) .$$

$\tilde{\varepsilon}_i$ s'écrit donc dans $V(m_i)$:

$$\tilde{\varepsilon}_i\big|_{V(m_i)} = \sum_{\substack{j=1 \\ j\neq i}}^{s} [A_1^j, A_1^i] \; \frac{d_r\, r_j^i(t_i,u)}{r_j^i(t_i,u)} .$$

$\tilde{\varepsilon}_i\big|_{V(m_i)}$ a ses coefficients holomorphes par rapport à t_i pour tout u_o fixé, puisque $r_j^i(t_i,u) \neq 0$ au voisinage de m_i. Il reste à étudier ce qui se passe au voisinage d'un point $m_i^o \in S_i \cap (\bigcap_{k=1}^{h} S_{j_k})$. Choisissons comme précédemment un voisinage bien adapté de m_i^o avec comme coordonnées locales (z_i, t_i, u). On a bien sûr, pris $V(m_i)$ tel que $V(m_i) \cap \bigcap_{\substack{j\neq i \\ j\neq j_k \\ k=1,\dots,h}} S_j = \emptyset$

contrairement à ce qui précède :

$$r_{j_k}^i(0,u) = 0 \quad \text{pour } k=1,\dots,h \quad j_k \neq i$$

et $\quad r_j^i(0,u) \neq 0 \quad j \neq i \quad j \neq j_k \quad k = 1,2,\dots,h$

et $\tilde{\epsilon}_i|_{V(m_i)}$ possède éventuellement des pôles en $t = 0$. Etudions la partie irrégulière de $\tilde{\epsilon}_i|_{V(m_i)}, \alpha_i$ avec :

$$\alpha_i = \sum_{k=1}^{h} [A_1^{j_k}, A_1^i] \frac{d_r\, r_{j_k}^i}{r_{j_k}^i} .$$

Posons : $\quad r_{j_k}^i(t_i,u) = b_k^1(u) t_i^{s_k} + b_k^2(u) t_i^{s_{k+1}} + \dots \qquad b_k^1(u) \neq 0 \quad u \in \mathcal{U}$

on a :

$$dr\, r_{j_k}^i(t_i,u) = t_i^{s_k} . db_k^1(u) + s_k b_k^1 t_i^{s_{k-1}} drt_i + \dots$$

D'où :

$$\alpha_i = \sum_{k=1}^{h} [A_1^{j_k}, A_1^i] \frac{db_k^1 + \dots}{b_k^1 + \dots} + \sum_{k=1}^{h} [A_1^{j_k}, A_1^i] \frac{s_k b_k^1 + \dots}{b_k^1 + \dots} . \frac{d_r t_i}{t_i}$$

$\sum_{k=1}^{h} [A_1^{j_k}, A_1^i] \frac{db_k^1 + \dots}{b_k^1 + \dots}$ est holomorphe en $t_i = 0$ puisque $b_k^1 \neq 0$.

Pour $\sum_{k=1}^{h} [A_1^{j_k}, A_1^i] \frac{s_k b_k^1 + \dots}{b_k^1 + \dots} . \frac{d_r t_i}{t_i}$ on va utiliser la complète intégrabilité de ω qui s'écrit $\omega \wedge \omega = 0$ c''est à dire

$$\sum_{i<j} [A_1^i, A_1^j] \frac{dF_i \wedge dF_j}{F_i F_j} = 0 .$$

Si l'on écrit que la partie polaire relative à z_i de cette expression est nulle, on a :

$$\sum_{\substack{j=1 \\ j \neq i}}^{s} [A_1^j, A_1^i] \frac{dr_j^i(t_i,u)}{r_j^i} = 0 .$$

Ecrivons ensuite que la partie polaire relative au pôle $t_i=0$ de cette expression est nulle. Il vient en utilisant que

$$dr^i_{j_k} = (s_k b^1_k t_i^{s_k - 1} + \dots) dt_i$$

$$\sum_{k=1}^{h} ([A_1^{j_k}, A_1^i] s_k) dt_i = 0 \quad \text{soit} \quad \sum_{k=1}^{h} s_k [A_1^{j_k}, A_1^i] = 0 .$$

Par conséquent :

$$\sum_{k=1}^{h} [A_1^{j_k}, A_1^i] \frac{s_k b^1_k + (s_k+1) b^2_k t_i + \dots}{b^1_k + \dots} \cdot \frac{d_r t_i}{t_i} =$$

$$\sum_{k=1}^{h} \left([A_1^{j_k}, A_1^i] \frac{s_k b^1_k + (s_k+1) b^2_k t_i + \dots}{b^1_k + \dots} - [A_1^{j_k}, A_1^i] s_k \cdot \frac{d_r t_i}{t_i} \right) =$$

$$\sum_{k=1}^{h} [A_1^{j_k}, A_1^i] \frac{b^2_k + \dots}{b^1_k + \dots} \cdot d_r t_i \quad .$$

Les coefficients de cette forme sont holomorphes en m_i et la proposition est démontrée.

2-2-2. Remarque

Pour avoir $\tilde{\varepsilon}_i$ il suffit de l'écrire en un point m_i de $S_i(u)$ par exemple si $m_i \in S_i - \bigcup_{\substack{j \neq i \\ j=1,2,\dots,s}} S_j$ on a :

$$\tilde{\varepsilon}_i = \sum_{\substack{j=1 \\ j \neq i}}^{s} [A_1^j, A_1^i] \frac{d_r r^i_j(0,u)}{r^i_j(0,u)} \quad .$$

2-2-3. Théorème

$\tilde{\nabla}$ est complètement intégrable si et seulement si :

$$(\mathcal{S}^r_m)\ \{dA^i_1(u) = \widetilde{\epsilon}_i(u) \quad i=1,2,\dots,s$$

Démonstration :

Supposons $\widetilde{\nabla}$ complètement intégrable et montrons que les $A^i_1(u)$ vérifient $(\mathcal{S}^r_m)$.

On a : $\widetilde{d}\widetilde{\omega} = \widetilde{\omega} \wedge \widetilde{\omega}$ c'est à dire :

$$\sum_{i=1}^{s} dA^i_1 \wedge \frac{\widetilde{d}F_i}{F_i} - \sum_{i<j} [A^i_1, A^j_1] \frac{\widetilde{d}F_i \wedge \widetilde{d}F_j}{F_i . F_j} = 0 .$$

Soit $m_i \in S_i - \bigcup_{j=1}^{s} S_j$ et $V(m_i)$ un voisinage bien adapté avec pour coordonnées locales (z_i, t_i, u). Ecrivons que la partie polaire relative au pôle d'ordre 1 en $z_i = 0$, est nulle. En remarquant que :

$$\widetilde{d}F_i\big|_{V(m_i)} = \widetilde{d}z_i \quad \text{et que} \quad \widetilde{d}F_j\big|_{V(m_i)} = \widetilde{d}r^i_j + z_i(\widetilde{d}s^i_j) + s^i_j\widetilde{d}z_i + \dots$$

il vient :

$$dA^i_1 \wedge \widetilde{d}z_i - \sum_{\substack{j=1\\ j\neq i}}^{s} [A^i_1, A^j_1] \frac{\widetilde{d}z_i \wedge \widetilde{d}r^i_j}{r^i_j} = 0 .$$

Comme z_i, t_i, u sont indépendantes, on a :

$$dA^i_1 - \sum_{\substack{j=1\\ j\neq i}}^{s} [A^j_1, A^i_1] \frac{\widetilde{d}r^i_j}{r^i_j} = 0$$

On a : $\widetilde{d}r^i_j = dr^i_j + d_r r^i_j$: et

$$\sum_{\substack{j=1\\ j\neq i}}^{s} [A^j_1, A^i_1] \frac{dr^i_j}{r^i_j} = 0$$ (cette condition est une conséquence de la complète intégrabilité de ∇ et à déjà été démontrée dans la proposition précédente).

On obtient donc :

$$dA_1^i = \sum_{\substack{j=1\\ j\neq i}}^{s} [A_1^i, A_1^j] \frac{dr\, r_j^i}{r_j^i} = \tilde{\varepsilon}_i(u)$$

par définition de $\tilde{\varepsilon}_i(u)$. cqfd.

Réciproquement supposons que $dA_1^i = \tilde{\varepsilon}_i$ $i=1,2,\dots,s$ et montrons que $\tilde{\omega}$ est complètement intégrable. Soit $\Omega = \tilde{d}\tilde{\omega} - \tilde{\omega}\wedge\tilde{\omega}$.

Il faut montrer que $\Omega = 0$. Pour cela procédons comme dans 2-1 et montrons d'abord que Ω est une 2-forme à coefficients holomorphes sur X.

$$\Omega = \sum_{i=1}^{s} \frac{dA_1^i \wedge \tilde{d}F_i}{F_i} - \sum_{i<j} [A_1^i, A_1^j] \frac{\tilde{d}F_i \wedge \tilde{d}F_j}{F_i \cdot F_j} \quad .$$

Ω possède a priori un pôle d'ordre 1 sur $S_i - \bigcup_{\substack{j=1\\ j\neq i}}^{s} S_j$. Cherchons la partie polaire β_i au voisinage d'un point m_i de coordonnées locales (z_i, t_i, u). Avec les mêmes notations que précédemment on a :

$$\beta_i = dA_1^i \wedge \tilde{d}z_i - \sum_{\substack{j=1\\ j\neq i}}^{s} [A_1^i, A_1^j] \frac{\tilde{d}z_i \wedge \tilde{d}r_j^i}{r_j^i}$$

$$\beta_i = \left(dA_1^i - \sum_{\substack{j=1\\ j\neq i}}^{s} [A_1^j, A_1^i] \frac{d_r r_j^i}{r_j^i} \right) \wedge \tilde{d}z_i - \left(\sum_{\substack{j=1\\ j\neq i}}^{s} [A_1^j, A_1^i] \frac{dr_j^i}{r_j^i} \right) \wedge \tilde{d}z_i$$

La première partie de cette expression est nulle compte tenu de (S_m^r) et la seconde compte tenu de la complète intégrabililité de ∇.

Ω est donc holomorphe sauf aux points $S_i \cap S_j \neq \emptyset$ $i \neq j$. Ces points forment un sous-ensemble analytique de codimension ≥ 2 et par conséquent Ω se prolonge holomorphiquement en ces points.

Ω est une 2-forme holomorphe sur $P_m(\mathbb{C}) \times \mathcal{U}$. Comme il n'y a pas de formes holomorphes non nulles sur $P_m(\mathbb{C})$, Ω est une 2-forme sur $\mathcal{U}$ uniquement.

Pour montrer que $\Omega = 0$ il suffit de l'écrire au point $(\infty, 0, \dots, 0, u)$ en ne gardant que les différentiations par rapport à u. Vu les hypothèses prises : $f_i(\infty,0,.,0,u) = 1$ et on a im médiatement le résultat.

Le théorème est démontré.

2-2-4. Etude du problème en restriction à une droite projective

Supposons dans cette partie, qu'il existe une droite projective (Δ) de $P_m(\mathbb{C})$ telle que $\Delta \times \mathcal{U}$ soit en position générale par rapport à S et que (Δ) passe par $(\infty,0,\dots,0)$. Soit $\nabla|_{\Delta\times\mathcal{U}} = \nabla_\Delta$ la connexion à une variable induite sur $\Delta \times \mathcal{U}$.

Proposition

Une condition nécessaire et suffisante pour que $\tilde{\nabla}$ soit complètement intégrable est que $(\tilde{\nabla}\Delta)$ soit complètement intégrable.

Démonstration :

Pour plus de simplicité nous supposerons que (Δ) est la droite $x_2 = 0,\dots,x_m = 0$. Elle passe bien par $(\infty,0,\dots,0)$. Posons alors

$$F_i(x_1,\dots,\underset{\alpha^{e}\uparrow\text{place}}{1},\dots,x_m,u) = \prod_{\ell=1}^{k_i} (x_i - \alpha^i_\ell(u)) + G_i(x_1,x_2,\dots,x_m,u)$$

avec $G_i(x_1,0,\dots,0,u) = 0 \quad i=1,2,\dots s$.

Pour démontrer la proposition il suffit de montrer que les systèmes (S^r_m) et $(S^r_1)_\Delta$ associés à $\tilde{\nabla}$ et $\tilde{\nabla}\Delta$ sont identiques.

On a :

$$(S^r_m) \quad dA^i_1 = \tilde{\varepsilon}_i$$

où $\tilde{\varepsilon}_i$ est une forme sur $\mathcal{U}$, qu'il suffisait d'écrire en un point quelconque de S_i. Choisissons le point de $S_i \cap (\Delta)$: $x = \alpha^i_1$, $x_2 = 0,\dots,x_m = 0$.

Il vient :

$$\tilde{\varepsilon}_i = \sum_{\substack{j=1 \\ j\neq i}}^{s} [A_1^j, A_1^i] \left(\sum_{\ell=1}^{k_j} \frac{d\alpha_1^i - d\alpha_\ell^j}{\alpha_1^i - \alpha_\ell^j} \right)$$

et

$$(S_m^r) \qquad dA_1^i = \sum_{\substack{j=1 \\ j\neq i}}^{s} [A_1^j, A_1^i] \left(\sum_{\ell=1}^{k_j} \frac{d\alpha_1^i - d\alpha_\ell^j}{\alpha_1^i - \alpha_\ell^j} \right)$$

$i=1,2,\ldots,s$.

Procedons de même pour $(\tilde{\nabla}\Delta)$. La matrice de $(\tilde{\nabla}\Delta)$ dans la base (v) est :

$-{}^t(\tilde{\omega})_\Delta$ où

$$\tilde{\omega}_\Delta = \sum_{i=1}^{s} A_1^i \left(\sum_{\ell=1}^{h_i} \frac{\tilde{d}(x-\alpha_\ell^i)}{x-\alpha_\ell^i} \right.\quad .$$

On obtient pour $(S_1^r)_\Delta$ associé :

$$(S_1^r)_\Delta . \quad \left\{ \begin{aligned} dA_1^i &= \sum_{\substack{j=1 \\ j\neq i}}^{s} [A_1^j, A_1^i] \sum_{\ell=1}^{k_j} \frac{d\alpha_1^i - d\alpha_\ell^j}{\alpha_1^i - \alpha_\ell^j} \\ dA_1^i &= \sum_{\substack{j=1 \\ j\neq i}}^{s} [A_1^j, A_1^i] \sum_{\ell=1}^{k_j} \frac{d\alpha_2^i - d\alpha_\ell^j}{\alpha_2^i - \alpha_\ell^j} \\ dA_1^i &= \sum_{\substack{j=1 \\ j\neq i}}^{s} [A_1^j, A_1^i] \sum_{\ell=1}^{k_j} \frac{d\alpha_{k_i}^i - d\alpha_\ell^j}{\alpha_{k_i}^i - \alpha_\ell^i} \quad . \end{aligned} \right.$$

Toutes ces équations sont identiques, puisque si l'on écrit $\tilde{\varepsilon}_i$ (qui ne dépend que de u) en $x_1 = \alpha_1^i, x_2 = 0,\ldots,x_m = 0$, on a la première expression, puis en $x_1 = \alpha_2^i, x_2 = 0,\ldots,x_m = 0$ on a la seconde etc...

D'où l'équivalence des deux systèmes.

Conséquences

La proposition peut aussi s'exprimer ainsi : pour que ∇ soit à déformation localement iso-irrégulière sur S , il faut et il suffit que $\nabla|_{(\Delta)}$ soit à déformation localement iso-irrégulière sur $S \cap (\Delta)$.

2-3. Etude du cas où $m = 2$ et où les $S_i(u)$ sont des droites projectives.

Dans la carte (α_o) posons :

$x_1 = x$, $x_2 = y$, $f_i(x_1,x_2,u) = x + b_i(u)y + c_i(u)$ $\quad i = 1,2,\dots,s$

$\bar{x} = \frac{1}{x}$, $\bar{y} = \frac{y}{x}$ et $\hat{x} = \frac{x}{y}$, $\hat{y} = \frac{1}{y}$ pour les changements de cartes.

Quitte à restreindre $\mathcal{U}$ nous supposerons que :

soit $b_i(u) = b_j(u) \quad \forall\, u \in \mathcal{U} \quad (i \neq j)$

soit $b_i(u) \neq b_j(u) \quad \forall\, u \in \mathcal{U} \quad (i \neq j)$

de même pour les $c_i(u)$. On a :

2-3-1. Théorème.

Une condition nécessaire et suffisante pour que $\tilde{\nabla}$ soit complètement intégrable est que les $A_k^i(u)$ vérifient le système $(\mathcal{S}_2)$ suivant :

$$(\mathcal{S}_2) \quad dA_k^i(u) = \sum_{\substack{j \neq i \\ j \neq j_1,\dots,j_w \\ j=1,2,\dots,s}} [A_1^j, A_1^i] \frac{d(b_j - b_i)}{b_j - b_i} + \sum_{\epsilon=1}^{w} \sum_{m=0}^{p_i - k} \sum_{\ell=1}^{p_{j_\epsilon}} (-1)^m C_{\ell+m-1}^m [A_\ell^{j_\epsilon}, A_{m+k}^i] \frac{d(c_{j_\epsilon} - c_i)}{(c_{j_\epsilon} - c_i)^{\ell+m}}$$

et les conditions $(\mathcal{C}_2)$:

$$\sum_{\delta=1}^{t} \sum_{\substack{m+\ell=\alpha \\ m=0,\dots,p_i-k \\ \ell=0,\dots,p_{j_\delta}}} (-1)^m C_{\ell+m-1}^m [A_\ell^{j_\delta}, A_{m+k}^i] \frac{d(b_{j_\delta} - b_i)}{(b_{j_\delta} - b_i)^\alpha} = 0$$

où

$i = 1,2,\dots,s \quad k = 1,2,\dots,p_i$

j_ε est tel que $b_{j_\varepsilon}(u) = b_i(u) \quad \forall\, u \in \mathcal{U}$, $\varepsilon=1,2,\dots,w$ (s'il n'y a pas de tels indices, la somme correspondante n'éxiste bien sûr pas).

α varie de 2 à $p_i - k + \sup\limits_{\delta\in\{1,\dots,t\}} (p_{j_\delta})$ avec $S_i \cap S_{j_1} \cap S_{j_2} \cap\dots\cap S_{j_\delta} \cap\dots\cap S_{j_t} \neq \emptyset$ et $j_\delta \neq i$.

Les conditions (C_2) sont à écrire en tous les points où passent plusieurs singularités.

Démonstration du théorème.

a) Conditions nécessaires.

Posons comme précédemment $\Omega = \widetilde{d\omega}\, \widetilde{\omega} \wedge \widetilde{\omega}$. On a $\Omega = 0$ c'est à dire dans la carte α_o et la base (v) :

$$(1) \quad \sum_{i=1}^{s} \sum_{k=1}^{p_i} \frac{dA_k^i \wedge \widetilde{d}f_i}{f_i^k} - \sum_{i<j} \sum_{k=1}^{p_i} \sum_{\ell=1}^{p_j} [A_k^i, A_\ell^j] \frac{\widetilde{d}f_i \wedge \widetilde{d}f_j}{f_i^k . f_j^\ell} = 0 .$$

Posons $f_j - f_i = r_j^i(y,u) = (b_j(u)) - b_i(u)y + c_j(u) - c_i(u) \quad i \neq j$

$$\widetilde{d}f_j = \widetilde{d}f_i + \widetilde{d}r_j^i \quad \text{et} \quad \widetilde{d}f_i \wedge \widetilde{d}f_j = \widetilde{d}f_i \wedge \widetilde{d}r_j^i .$$

En un point m_i de S_i nous pouvons prendre comme coordonnées locales adaptées : $z_i = f_i \quad t_i = y - y_o \quad u = u$, le point m_i correspondant à $z_i = 0 \quad y = y_o \quad u = u_o$. Au voisinage de $f_i = 0 = z_i$ on a :

$$\frac{1}{(f_j)^\ell} = \sum_{m=0}^{\infty} \frac{(-1)^m C_{\ell+m-1}^m}{(r_j^i)^{\ell+m}} z_i^m .$$

Si nous identifions dans (1) les coefficients de la partie polaire d'ordre k relative à $z_i = 0$ on a :

$$dA_k^i \wedge \widetilde{d}f_i = \sum_{j\neq i} \sum_{m=0}^{p_i-k} \sum_{\ell=1}^{p_j} (-1)^m C_{\ell+m-1}^m [A_\ell^j, A_{m+k}^i] \frac{\widetilde{d}r_j^i \wedge \widetilde{d}f_i}{(r_j^i)^{\ell+m}} .$$

Comme $dA_k^i(u)$ et $\tilde{d}r_j^i(y,u)$ ne contiennent pas x , ils sont indépendants de $\tilde{d}f_i(x,y,u)$ et l'on a :

$$(2)\quad dA_k^i(u) = \sum_{j\neq i}\ \sum_{m=0}^{p_i-k}\ \sum_{\ell=1}^{p_j} (-1)^m C^m_{\ell+m-1}\,[A^j_\ell, A^i_{m+k}]\ \frac{\tilde{d}r_j^i}{(r_j^i)^{\ell+m}}$$

mais

$$\tilde{d}r_j^i = d_r\, r_j^i + dr_j^i \quad \text{d'où}\quad (2) \Longleftrightarrow (3) \quad \text{et } (4) \quad \text{avec :}$$

$$(3)\quad d_rA_k^i(u) = \sum_{j\neq i}\ \sum_{m=0}^{p_i-k}\ \sum_{\ell=1}^{p_j} (-1)^m C^m_{\ell+m-1}\,[A^j_\ell, A^i_{m+k}]\ \frac{d_r r_j^i}{(r_j^i)^{\ell+m}}$$

$$(4)\quad 0 = \sum_{j\neq i}\ \sum_{m=0}^{p_i-k}\ \sum_{\ell=1}^{p_j} (-1)^m C^m_{\ell+m-1}\,[A^j_\ell, A^i_{m+k}]\ \frac{dr_j^i}{(r_j^i)^{\ell+m}}$$

Soit $\epsilon_k^i(u) = \sum_{j\neq i}\ \sum_{m=0}^{p_i-k}\ \sum_{\ell=1}^{p_j} (-1)^m C^m_{\ell+m-1}\,[A^j_\ell, A^i_{m+k}]\ \dfrac{d_r r_j^i}{(r_j^i)^{\ell+m}}$.

$\epsilon_k^i(u)$ est une forme sur $\mathcal{U}$ à coefficients sur S_i , coefficients qui possèdent éventuellement des pôles : là où r_j^i s'annule. Mais d'autre part, $\epsilon_k^i(u) = dA_k^i(u)$ est indépendant de S_i. Par conséquent les coefficients des pôles qui apparaissent là où s'annule r_j^i , sont nuls, ce qui va nous donner des conditions appelées (G_2) dans la suite. Explicitons ces conditions (G_2) :

Soit $y_o(u)$ un pôle correspondant par exemple à $S_i \cap S_{j_1} \cap \ldots \cap S_{j_t} \neq \emptyset$. On a :

$r^i_{j_\delta}(y,u) = (b_{j_\delta} - b_i)y(u)$ avec $y(u) = y - y_o(u)$ $\quad \delta = 1,2,\ldots,t$

et avec $b_{j_\delta}(u) - b_i(u) \neq 0$ $u \in \mathcal{U}$ (hypothèse) .

D'où en tenant compte de :

$d_r r_j^i = d(b_{j_\delta} - b_i)y(u) + (b_{j_\delta} - b_i)d_r y(u)$,

la partie polaire relative au pôle $y(u)$ dans ϵ_k^i est :

$$(5)\quad \sum_{\delta=1}^{t}\ \sum_{m=0}^{p_i-k}\ \sum_{\ell=1}^{p_{j_\delta}} (-1)^m C^m_{\ell+m-1}[A^{j_\delta}_\ell, A^i_{m+k}]\ \frac{d(b_{j_\delta} - b_i)y(u) + (b_{j_\delta} - b_i)d_r y(u)}{(b_{j_\delta} - b_i)^{\ell+m} y(u)^{\ell+m}}$$

Mais si l'on écrit que la partie polaire, du membre de droite de (4) , relative au pôle $y(u) = 0$, est nulle on a :

$$\sum_{\delta=1}^{t} \sum_{m=0}^{p_i-k} \sum_{\ell=1}^{p_{j_\delta}} \frac{(-1)^m C^m_{\ell+m-1}[A^{j_\delta}_\ell, A^i_{m+k}]}{(b_{j_\delta}-b_i)^{\ell+m-1} y(u)^{\ell+m}} = 0 .$$

Ce qui donne pour (5) :

$$\sum_{\delta\delta=1}^{t} \sum_{m=0}^{p_i-k} \sum_{\ell=1}^{p_{j_\delta}} (-1)^m C^m_{\ell+m-1}[A^{j_\delta}_\ell, A^i_{m+k}] \frac{d_r(b_{j_\delta}-b_i)}{(b_{j_\delta}-b_i)^{\ell+m} y(u)^{\ell+m-1}}$$

c'est à dire, en écrivant que les coefficients du pôle $y(u)$ sont nuls à tous les ordres :

$$\sum_{\delta=1}^{t} \sum_{\substack{m+\ell=\alpha \\ m\in\{0,\ldots,p_i-k\} \\ \ell\in\{1,\ldots,p_{j_\delta}\}}} (-1)^m C^m_{\ell+m-1}[A^{j_\delta}_\ell, A^i_{m+k}] \frac{d_r(b_{j_\delta}-b_i)}{(b_{j_\delta}-b_i)^\alpha} = 0 \qquad \text{pour}$$

$$2 \leq \alpha \leq p_i-k + \sup_{1\leq\delta\leq t} (p_{j_\delta}) .$$

On doit bien sûr écrire ces conditions $(\mathcal{C}_2)$ en tous les points de la carte α_0 où passent plusieurs droites projectives.

Pour avoir les équations de $(\mathcal{S}_2)$ on écrit la relation :

$$dA^i_k = \sum_{j\neq i} \sum_{m=0}^{p_i-k} \sum_{\ell=1}^{p_j} (-1)^m C^m_{\ell+m-1}[A^j_\ell, A^i_{m+k}] \frac{d_r r^i_j}{(r^i_j)^{\ell+m}}$$

au point $\hat{y} = 0$ de S_i . Pour cela posons :

$$f_i = \frac{\hat{x} + b_i + c_i\hat{y}}{\hat{y}} = \frac{\hat{f}_i(\hat{x},\hat{y},u)}{\hat{y}} \qquad \hat{r}^i_j = f_j - \hat{f}_i = r^i_j.\hat{y}$$

On a :

$$dA_k^i = \sum_{j\neq i} \sum_{m=0}^{p_i-k} \sum_{\ell=1}^{p_j} \frac{(-1)^m C^m_{\ell+m-1}}{(\hat{f}_j^i)^{\ell+m}} [A_\ell^j, A^i_{m+k}]\, d_r(\hat{f}_j^i)\hat{y}^{\ell+m-1} .$$

Si $b_j - b_i \neq 0$ seuls les termes $\ell = 1$ $m = 0$ sont non nuls en $\hat{y} = 0$

Si $b_{j_\varepsilon} - b_i = 0$ $\varepsilon = 1,2,\dots,w$ on a des termes de la forme :

$$\sum_{\ell=1}^{w} \sum_{m=0}^{p_i-k} \sum_{\ell=1}^{p_{j_\varepsilon}} \frac{(-1)^m C^m_{\ell+m-1}}{(c_{j_\varepsilon} - c_j)^{\ell+m}} d_r(c_{j_\varepsilon} - c_i)[A_\ell^{j_\varepsilon}, A^i_{m+k}] .$$

(Ces termes n'apparaissent , pas, bien sûr si $b_j - b_i \neq 0$ $\forall j \neq i$) .

Soit finalement en $\hat{y} = 0$:

$$dA_k^i(u) = \sum_{\substack{j\neq i\\ j\neq j_1,\dots,j_w}} [A_1^j, A_1^i] \frac{d_r(b_j - b_i)}{b_j - b_i} + \sum_{\varepsilon=1}^{w} \sum_{m=0}^{p_i-k} \sum_{\ell=1}^{p_{j_\varepsilon}} (-1)^m C^m_{\ell+m-1} \quad \times$$

$$\frac{[A_\ell^{j_\varepsilon}, A^i_{m+k}] d_r(c_{j_\varepsilon} - c_i)}{(c_{j_\varepsilon} - c_i)^{\ell+m}} .$$ D'où $(\mathcal{S}_2)$.

b) Conditions suffisantes :

On a le système $(\mathcal{S}_2)$ et les conditions $(\mathcal{C}_2)$ et on va montrer que $\Omega = \tilde{d}\tilde{\omega} - \tilde{\omega} \wedge \tilde{\omega}$ est nulle. Ω est une 2-forme sur X . Montrons d'abord que ses coefficients sont holomorphes sur X .

On a :

$$\Omega = \sum_{i=1}^{s} \sum_{k=1}^{p_i} \frac{d_r A_k^i(u) \wedge \tilde{d}f_i}{f_i^k} - \sum_{i<j} \sum_{k=1}^{p_i} \sum_{\ell=1}^{p_j} [A_k^i, A_\ell^j] \frac{\tilde{d}f_i \wedge \tilde{d}f_j}{f_i^k f_j^\ell} .$$

Les coefficients de Ω possèdent a priori un pôle sur S_i . Ecrivons la partie polaire polaire d'ordre k , elle vaut :

$$(6)\quad d\,A^i_k \wedge \tilde{\partial} f_i - \sum_{j\neq i}\sum_{m=0}^{p_i-k}\sum_{\ell=1}^{p_j} \frac{(-1)^m C^m_{\ell+m-1}[A^j_\ell, A^i_{m+k}]\,\tilde{d}^{\,i}_{rj} \wedge \tilde{\partial} f_i}{(r^i_j)^{\ell+m}}$$

(avec les mêmes notations que précédemment).

Considérons : $\epsilon^i_k = dA^i_k - \sum\limits_{j\neq i}\sum\limits_{m=0}^{p_i-k}\sum\limits_{\ell=1}^{p_j} \dfrac{(-1)^m C^m_{\ell+m-1}[A^j_\ell, A^i_{m+k}]d_r(r^i_j)}{(r^i_j)^{\ell+m}}$.

Les conditions $(\mathcal{C}_2)$ expriment que ϵ^i_k a ses coefficients holomorphes dans tout (α_o) . Comme $\tilde{\nabla}$ ne possède pas les droites à l'infini comme singularités (hypothèse) et que $S_i \cap \{\bar{x} = 0\}$ $((\bar{x},\bar{y})$ correspondant à la deuxième carte) ; ϵ^i_k possède seulement des singularités en $S_i \cap \{\hat{y} = 0\}$. Mais avec les mêmes notations que précédemment on a :

$$\epsilon^i_k = dA^i_k - \sum_{j\neq i}\sum_{m=0}^{p_i-k}\sum_{\ell=1}^{p_j} \frac{(-1)^m C^m_{\ell+m-1}}{(\hat{r}^i_j)^{\ell+m}}[A^j_\ell, A^i_{m+\ell}]d_r(\hat{r}^i_j)\hat{y}^{\ell+m-1}$$

expression holomorphe en $\hat{y} = 0$.

ϵ^i_k est une forme à coefficients holomorphes sur S_i . Comme $S_i(u)$ est une droite projective, ϵ^i_k est une forme sur $\mathcal{U}$ à coefficients dans $\mathcal{U}$. Si on écrit ϵ^i_k au point de S_i correspondant à $\hat{y} = 0$, on a :

$$\epsilon^i_k = dA^i_k - \sum_{\substack{j\neq i\\ j\neq j_1,\dots,j_w}} [A^j_1, A^i_1]\frac{d(b_j-b_i)}{b_j-b_i} + \sum_{\epsilon=1}^{w}\sum_{m=0}^{p_i-k}\sum_{\ell=1}^{p_{j_\epsilon}} (-1)^m C^m_{\ell+m-1} \times \frac{[A^{j_\epsilon}_\ell, A^i_{m+k}]d(c_{j_\epsilon}-c_i)}{(c_{j_\epsilon}-c_i)^{\ell+m}}$$

$\epsilon^i_k = 0$ compte tenu de $(\mathcal{S}_2)$.

Par conséquent il ne reste que

$$-\sum_{j\neq i}\sum_{m=0}^{p_i-k}\sum_{\ell=1}^{p_j} \frac{(-1)^m C^m_{\ell+m-1}[A^j_\ell, A^i_{m+k}]}{(r^i_j)^{\ell+m}}dr^i_j \quad \wedge \tilde{\partial} f_i \quad \text{dans } (6) .$$

La nullité de ce terme provient immédiatement de la complète intégrabilité de ∇ , lorsque l'on écrit dans cette condition que la partie polaire relative au pôle S_i est nulle. Ω est une forme holomorphe sur S_i (y compris à l'infini) $i=1,2,\dots,s$. Ω est bien sûr holomorphe en dehors des S_i , elle est donc holomorphe sur $X = \mathbb{P}_2(\mathbb{C}) \times \mathcal{U}$. Il n'y a pas de formes holomorphes non nulles sur $\mathbb{P}_2(\mathbb{C})$, Ω est une 2-forme sur $\mathcal{U}$.

Pour montrer que $\Omega = 0$ il suffit de l'écrire au point $\bar{x} = \bar{y} = 0$, $u = u \in \mathcal{U}$ en ne gardant dans Ω que les dérivations par rapport à u , i.e. :

$$\Omega = \sum_{i=1}^{s} \sum_{k=1}^{p_i} \frac{d_r A_k^i \wedge d_r f_i}{f_i^k} - \sum_{i<j} \sum_{k=1}^{p_i} \sum_{\ell=1}^{p_j} [A_k^i, A_\ell^j] \frac{d_r f_i \wedge d_r f_j}{f_i^k \wedge f_j^\ell}$$

mais dans la carte $\bar{x}$, $\bar{y}$, on a : $f_i = \dfrac{1 + b_i\bar{y} + c_i\bar{x}}{\bar{x}} = \dfrac{\bar{F}_i(\bar{x},\bar{y},u)}{\bar{x}}$

et $(d_r\bar{F}_i)(0,0,u) = 0 \quad \forall u \in \mathcal{U}$. En remplaçant dans Ω et en faisant $\bar{x} = \bar{y} = 0$ on a : $\Omega = 0 \quad \forall u \in \mathcal{U}$ le théorème est démontré .

2-4. <u>Cas de la dimension</u> m $(m \geq 3)$ <u>et où les</u> $S_i(u)$ <u>sont des hyperplans de codimension</u> 1.

On procède comme précédemment : on écrit que les parties polaires d'ordre k du pôle S_i de $\Omega = \widetilde{d\omega} - \tilde{\omega} \wedge \tilde{\omega}$ sont nulles, c'est à dire que l'on obtient des relations de la forme :

$$(G_1) \quad dA_k^i = \sum_{j \neq i} \sum_{m=0}^{p_i-k} \sum_{\ell=1}^{p_j} (-1)^m C_{\ell+m-1}^m [A_\ell^j, A_{m+k}^i] \frac{d_r r_j^i}{(r_j^i)^{\ell+m}} .$$

On écrit ensuite que les parties polaires relatives aux singularités de la forme $S_{i_j} = S_i \cap S_{j_1} = S_i \cap S_{j_2} = \dots = S_i \cap S_{j_t}$ sont nulles et on obtient des relations (G_2) . Remarquons que les conditions (G_2) font intervenir des coefficients définis sur les S_{i_j} (et contrairement au cas précédent il y aura des conditions (G_2) dans les hyperplans à l'infini). Ces coefficients ont des pôles sur les

$S_{i_{j_k}} = S_{i_j} \cap S_{i_k} = S_{i_j} \cap S_{i_{k_1}} = \dots = S_{i_j} \cap S_{i_{k_v}}$. En écrivant que les parties polaires sont nulles on obtient des conditions $(\mathcal{C}_3)$.

On continue ainsi sur les strates de plus en plus petites. La dernière condition $(\mathcal{C}_m)$ s'écrit uniquement à l'aide de fonctions définies sur $\mathcal{U}$. Comme $(\mathcal{C}_m)$ exprime que les coefficients apparus dans $(\mathcal{C}_{m-1})$ sont holomorphes sur une droite project ive de $P_m(\mathbb{C})$ (dépendant de $u \in \mathcal{U}$), $(\mathcal{C}_{m-1})$ est indépendant de $x \in P_m(\mathbb{C})$, et les conditions $(\mathcal{C}_{m-1})$ ne portent que sur des fonctions sur $\mathcal{U}$. On remonte ainsi jusqu'à $(\mathcal{C}_1)$, qui donne un système $(\mathcal{S}_m)$ sur $\mathcal{U}$. (Pour avoir $(\mathcal{S}_m)$ il suffit d'écrire $(\mathcal{C}_1)$ en un point quelconque de $S_i(u) - \bigcup_{\substack{j=1 \\ j\neq i}}^{s} S_j(u))$. On a finalement :

2-4-1. <u>Théorème</u>

<u>Une condition nécessaire et suffisante pour que</u> $\tilde{\nabla}$ <u>soit complètement intégrable est que les</u> $A_k^i(u)$ <u>vérifient les conditions</u> $(\mathcal{C}_i)$ i=1,2, i = 1,2,...,m , <u>la condition</u> $(\mathcal{C}_1)$ <u>donnant un système différentiel</u> $(\mathcal{S}_m)$ <u>vérifié par les</u> A_k^i.

2-4-2. <u>Remarque</u>

Lorsque les $S_i(u)$ sont quelconques, il semble que la condition de complète intégrabilité de $\tilde{\nabla}$ soit beaucoup plus compliqué à exprimer !

CHAPITRE III

1- Etude des systèmes $(\mathcal{S})$

Rappelons d'abord $(\mathcal{S}_1)$:

$$(\mathcal{S}_1)\left\{ dA_k^i(u) = \sum_{j\neq i}\ \sum_{m=0}^{p_i-k}\ \sum_{\ell=1}^{p_j} \frac{(-1)^m C_{\ell+m-1}^m}{(a_i-a_j)^{\ell+m}} [A_\ell^j, A_{m+k}^i]\, d(a_i-a_j)\ .\right.$$

$k = 1,2,\ldots,p_i \quad i = 1,2,\ldots,s \quad j = 1,2,\ldots,s$ et $(\mathcal{S}_2)$:

$$(\mathcal{S}_2)\left\{\begin{array}{l} dA_k^i(u) = \displaystyle\sum_{\substack{j\neq i\\ j\neq j_1,\ldots,j_w\\ j=1,2,\ldots,s}} [A_1^j, A_1^i]\,\frac{d(b_j-b_i)}{b_j-b_i} + \\ \displaystyle\sum_{\varepsilon=1}^{w}\ \sum_{m=0}^{p_i-k}\ \sum_{\ell=1}^{p_{j_\varepsilon}} (-1)^m C_{\ell+m-1}^m [A_\ell^{j_\varepsilon}, A_{m+k}^i]\,\frac{d(c_{j_\varepsilon}-c_i)}{(c_{j_\varepsilon}-c_i)^{\ell+m}}\ . \end{array}\right.$$

Le système $(\mathcal{S}_2)$ apparait donc, comme un cas particulier de $(\mathcal{S}_1)$. On vérifie assez facilement qu'il en est de même pour $(\mathcal{S}_m^r)$ et $(\mathcal{S}_m)$ $m\geq 2$.
Nous allons donc étudier $(\mathcal{S}_1)$, les propriétés mises en évidence étant aussi vraies pour les autres systèmes $(\mathcal{S})$.

1-1. Proposition

$(\mathcal{S}_1)$ est complètement intégrable

Démonstration :

Nous avons vu que $\Omega = \widetilde{d\omega} - \widetilde{\omega}\wedge\widetilde{\omega} = 0$ $(\mathcal{S}_1)$ (cf théorème 2-1-1)

et que :

$$[dA_k^i - \sum_{\substack{j\neq i\\ j=1}}^{s}\ \sum_{m=0}^{p_i-k}\ \sum_{\ell=1}^{p_j} \frac{(-1)^m C_{\ell+m-1}^m [A_\ell^j, A_{m+k}^i]\, d(a_i-a_j)}{(a_i-a_j)^{\ell+m}}] \wedge d(x-a_i)$$

représentait les coefficients de la partie polaire relative à $\frac{1}{(x-a_i)}$ dans Ω.

Ecrire que $(\mathcal{S}_1)$ est complètement intégrable, revient à écrire que la partie polaire relative à $\frac{1}{(x-a_i)^k}$ de $d\Omega$ est nulle. Or ceci est immédiat puisque $\Omega = 0$. C Q F D.

1-2. Proposition

$$\sum_{i=1}^{s} A_1^i = \text{constante} .$$

Démonstration :

On a d'après $(\mathcal{S}_1)$:

$$dA_1^i = \sum_{j\neq i} \sum_{m=0}^{p_i-k} \sum_{\ell=1}^{p_j} \frac{(-1)^m C^m_{\ell+m-1}}{(a_i-a_j)^{\ell+m}} [A_\ell^j, A_{m+1}^i] d(a_i-a_j)$$

changeons $m+1$ en m. Il vient :

$$dA_1^i = \sum_{j\neq i} \sum_{m=1}^{p_i} \sum_{\ell=1}^{p_j} \frac{(-1)^{m+1} C^{m-1}_{\ell+m-2}}{(a_i-a_j)^{\ell+m-1}} [A_\ell^j, A_m^i] d(a_i-a_j) .$$

Ce qui donne :

$$\sum_{i=1}^{s} dA_1^i = \sum_{i=1}^{s} \sum_{j\neq i} \sum_{m=1}^{p_i} \sum_{\ell=1}^{p_j} \frac{(-1)^{m+1} C^{m-1}_{\ell+m-2} [A_\ell^j, A_m^i] d(a_i-a_j)}{(a_i-a_j)^{\ell+m-1}} .$$

Le coefficient de $[A_\ell^j, A_m^i]$ dans cette somme est :

$$\frac{(-1)^{m-1} C^{m-1}_{\ell+m-2} d(a_i-a_j)}{(a_i-a_j)^{\ell+m-1}}$$

celui de $[A_m^i, A_\ell^j]$ est :

$$(-1)^{\ell-1} C^{\ell-1}_{m+\ell-2} \frac{d(a_j-a_i)}{(a_j-a_i)^{\ell+m-1}} = \frac{(-1)^{\ell-1}}{(-1)^{\ell+m-1}} \frac{C^{m-1}_{m+\ell-2}}{(a_i-a_j)^{\ell+m-1}} \left[- d(a_i-a_j)\right]$$

$$= \frac{(-1)^{m-1} C^{m-1}_{m+\ell-2} d(a_i - a_j)}{(a_i - a_j)^{\ell+m-1}} .$$

Ces deux coefficients sont égaux. En regroupant les termes deux à deux on a :

$$\sum_{i=1}^{s} dA^i_1 = 0 .$$

D'où la proposition.

1-3. Remarque

Nous avons supposé dans le chapitre II, 1-3, que $\sum_{i=1}^{s} A^i_1 = 0$ (ici $k_i = 1$ $\forall_i i \in \{1,\dots,s\}$) .
La proposition 1-2 montre que cette hypersurface est invariante pour $(\mathcal{S}_1)$.

La condition $\sum_{i=1}^{s} A^i_1 = 0$ est donc "compatible" avec $(\mathcal{S}_1)$.

1-4. Proposition

$A^i_{p_i}(u)$ a ses valeurs propres constantes le long d'une solution de $(\mathcal{S}_1)$ $i = 1,2,\dots,s$.

Démonstration :

Les matrices $A^i_{p_i}(u)$ vérifient dans $(\mathcal{S}_1)$:

$$dA^i_{p_i}(u) = \sum_{\substack{j=1 \\ j\neq i}}^{s} \sum_{\ell=1}^{p_j} \frac{[A^j_\ell, A^i_{p_i}] d(a_i - a_j)}{(a_i - a_j)^\ell} = [\omega_i(u), A^i_p(u)]$$

avec $$\omega_i(u) = \sum_{\substack{j=1 \\ j\neq i}}^{s} \sum_{\ell=1}^{p_j} \frac{A^j_\ell\, d(a_i - a_j)}{(a_i - a_j)^\ell} .$$

$(\mathcal{S}_1)$ est complètement intégrable, donc ce système extrait aussi, et l'on a :
$[d\omega_i - \omega_i \wedge \omega_i, A^i_{p_i}] = 0$ c'est à dire $d\omega_i = \omega_i \wedge \omega_i$. $\omega_i(u)$ est donc une forme de Pfaff sur $\mathcal{U}$ complètement intégrable. Considérons le système différentiel sur $\mathcal{U}$: $dg(u) = \omega_i(u) g(u)$.

Soit $P_i(u)$ la matrice fondamentale de ce système telle que $P_i(u_o) = Id$ pour u_o fixé dans $\mathcal{U}$.

Posons $B^i_{p_i}(u) = P_i(u).A^i_{p_i}(u_o).P_i(u)^{-1}$ on a :

$$dB^i_{p_i}(u) = (dP_i(u).P_i^{-1}(u))\,P_i(u)A^i_{p_i}(u_o)\,P_i^{-1}(u) - P_i(u)A^i_{p_i}(u_o)\,P_i^{-1}(u).(dP_i.P_i^{-1})$$

$$= [dP_i.P_i^{-1},B^i_{p_i}(u)] = [\omega_i,B^i_{p_i}(u)] .$$

$B^i_{p_i}(u)$ est une solution de $dX = [\omega_i,X]$ comme $A^i_{p_i}(u)$ et de plus

$B^i_{p_i}(u_o) = A^i_{p_i}(u_o)$. D'après le théorème d'unicité des solutions on a :

$$A^i_{p_i}(u) = B^i_{p_i}(u) \quad \text{c'est à dire} \quad A^i_{p_i}(u) = P_i(u)A^i_{p_i}(u_o)\,P_i(u)^{-1}$$

$A^i_{p_i}(u)$ reste semblable à $A^i_{p_i}(u_o)$ lorsque $A^i_{p_i}(u)$ est solution de

(S_1). La proposition est démontrée.

1-5. Remarque

On peut retrouver ce résultat en revenant au chapitre II. En effet effet si l'on a (S_1), ∇ est à déformation iso-irrégulière sur S et l'on a au voisinage de $x = a_i$: $\Phi_n = H_i.G_i$.

H_i et G_i comme dans la proposition 1-11.

Posons $H_i(x,u) = B_i^o(u) + (x-a_i)B_i^1 + \ldots$

Φ_n est une matrice fondamentale de ∇ dans la base (v) c'est à dire :

$$\frac{d\Phi_n}{dx}.\Phi_n^{-1} = \sum_{i=1}^{s}\sum_{k=1}^{p_i} \frac{A^i_k(u)}{(x-a_i(u))^k}$$

D'autre part :

$$\frac{d\Phi_n}{dx}.\Phi_n^{-1} = \frac{dH_i}{dx}.H_i^{-1} + H_i\left(\frac{dG_i}{dx}.G_i^{-1}\right)H_i^{-1}$$

avec, d'après la proposition 1-11 : $\frac{dG_i}{dx} . G_i^{-1} = \sum_{k=1}^{p_i+q_i} \frac{M_k^i}{(x-a_i)^{p_i-k+1}}$ M_k^i constante

D'où :

$$\frac{d\Phi_n}{dx} . \Phi_n^{-1} = \frac{dH_i}{dx} . H_i^{-1} + H_i \left(\sum_{k=1}^{p_i+q_i} \frac{M_k^i}{(x-a_i)^{p_i-k+1}} \right) H_i^{-1} .$$

En identifiant les coefficients de $\frac{1}{(x-a_i)^{p_i}}$ dans les deux expressions on a :

$$A_{p_i}^i(u) = B_i^o(u) M_{p_i}^i B_i^o(u)^{-1} .$$

$A_{p_i}^i(u)$ est semblable à une matrice constante. Le résultat précédent est retrouvé, d'une autre manière.

1-6. Théorème

Le système $(\mathcal{S}_1)$ est à singularités critiques fixes, c'est à dire uniquement situées sur les sous espaces de $\mathcal{U}$ définis par

$$a_i(u) = a_j(u) \quad i \neq j .$$

Remarque :

Ici on ne fait, plus l'hypothèse, comme au chapitre II que : $a_i(u) \neq a_j(u)$ $u \in \mathcal{U}$ $i \neq j$, hypothèse sans laquelle, l'étude des connexions à déformation iso-irrégulière n'a plus de sens.)

Démonstration :

Rappelons deux résultats importants :

a) L'un de Schlesinger qui a montré dans [3] qu'un système $(\mathcal{S}_1)$ dans lequel $p_i = 1$ quel que soit $i = 1,2,\ldots,s$ (s quelconque) est à singularités critiques fixes. (Ce résultat a été repris par Aomoto dans [4]).

b) L'autre de Painlevé qui a montré dans [14] que si un système d'équations différentielles de la forme

$$y' = f(x,y,\epsilon) \qquad y \in \mathbb{C}^n$$

dépend analytiquement du paramètre ϵ au voisinage de $\epsilon = 0$ et est à singularités critiques fixes pour $\epsilon \neq 0$, il l'est encore pour $\epsilon = 0$.

Nous allons démontrer le théorème 1 par recurrence sur les p_i intervenant dans $(\mathcal{S}_1)$:

Supposons que pour tout $s' \in \mathbb{N}$ les systèmes $(\mathcal{S}_1)$ correspondants à $(p_1,\dots,p_{s'})$ avec $p_i \leq N$ $i = 1,2,\dots,s'$, soient à points critiques fixes et montrons qu'il en est de même pour les systèmes $(\mathcal{S}_1)$ associés à $(p_1,\dots,p_s)$ $s \in \mathbb{N}$ où $p_i \leq N+1$ $i = 1,2,\dots,s$.

Remarquons que pour $N = 1$, l'hypothèse de récurrence est vraie puisqu'il s'agit de la propriété a) reppelée ci-dessus. Commençons d'abord par un système $(\mathcal{S}_1)$ où seulement l'un des p_j est égal à $N+1$: p_i (i fixé).

Montrons qu'il s'obtient, à partir d'un système (Σ_ϵ) à points critiques fixes, dépendant analytiquement de ϵ, en faisant $\epsilon = 0$.

Le système $(\mathcal{S}_1)$ est la condition de complète intégrabilité de la forme $\widetilde{\omega}$, qui dans la carte (x,u) s'écrit :

$$\widetilde{\omega} = \sum_{i=1}^{s} \sum_{k=1}^{p_i} \frac{A_k^i(u)\widetilde{d}(x-a_i)}{(x-a_i)^k} \quad .$$

Définissons une forme $\widetilde{\omega}_\epsilon$ (ϵ appartenant à un voisinage de 0 dans $\mathbb{C}$) de la façon suivante : dans la carte (x,u), $\widetilde{\omega}_\epsilon$ s'écrit :

$$\widetilde{\omega}_\epsilon(x,u) = \sum_{\substack{j=1\\ j\neq i}}^{s} \sum_{k=1}^{p_j} \frac{A_k^j(u)\widetilde{d}(x-a_j)}{(x-a_j)^k} + \sum_{k=1}^{p_i-1} \frac{\widetilde{A}_k^i(\epsilon,u)\widetilde{d}(x-a_i)}{(x-a_i)^k} + \frac{B(\epsilon,u)\widetilde{d}(x-a_i)}{x-a_i+\epsilon}$$

où les $\widetilde{A}^i_k(\epsilon,u)$ et $B(\epsilon,u)$ sont définis par :

$$(\alpha)\quad \begin{cases} \epsilon\widetilde{A}^i_{p_i-1}(\epsilon,u) = A^i_{p_i} \qquad \epsilon\widetilde{A}^i_{k-1}(\epsilon,u) + \widetilde{A}^i_k(\epsilon,u) = A^i_k \qquad k = 2,\dots,p_i-1 \\ \widetilde{A}^i_1(\epsilon,u) + B(\epsilon,u) = A^i_1 \ . \end{cases}$$

Les $\widetilde{A}^i_k(\epsilon,u)$ dépendent linéairement des $A^i_k(u)$ et sont méromorphes par rapport à ϵ en $\epsilon = 0$.

On prolonge $\widetilde{\omega}_\epsilon(x,u)$ dans l'autre carte, grâce au changement de carte : $t = \frac{1}{x}$.

$\widetilde{\omega}_\epsilon(x,u)$ est une forme du même type que $\widetilde{\omega}$, on peut donc lui associer un système $\mathcal{S}_1(\epsilon)$ qui correspond à $(p_1,\dots,p_{i-1},p_i-1,p_{i+1},\dots,p_s,1)$ avec $p_j \leq N$ $j \neq i$ $p_i-1 \leq N$, $1 \leq N$. L'hypothèse de récurrence s'applique à $\mathcal{S}_1(\epsilon)$:

$\mathcal{S}_1(\epsilon)$ est à points critiques fixes. Il s'écrit :

$$d\widetilde{A}^i_k(\epsilon,u) = \sum_{j\neq i}\ \sum_{m=0}^{p_i-k-1}\ \sum_{\ell=1}^{p_j} \frac{(-1)^m C^m_{\ell+m-1} d(a_i-a_j)}{(a_i-a_j)^{\ell+m}} [A^j_\ell, \widetilde{A}^i_{m+k}(\epsilon,u)]$$

$k = 1,\dots,p_i-1$

$$dA^j_k = \sum_{\substack{j'\neq j\\ j'\neq i}}\ \sum_{m=0}^{p_j-k}\ \sum_{\ell=1}^{p_{j'}} \frac{(-1)^m C^m_{m+\ell-1}}{(a_j-a_{j'})^{m+\ell}} [A^{j'}_\ell, A^j_{m+k}] d(a_j-a_{j'})$$
$$+ \sum_{m=0}^{p_j-k}\ \sum_{\ell=1}^{p_i-k} (-1)^m C^m_{m+\ell-1} d(a_j-a_i)[\widetilde{A}^j_\ell, A^j_{m+k}]$$
$$+ \sum_{m=0}^{p_j-k} \frac{(-1)^m [B, A^j_{m+k}]}{(a_j-a_i+\epsilon)^{m+1}} d(a_j-a_i)$$

$$dB = \sum_{j\neq i} \sum_{\ell=1}^{p_j} \frac{d(a_i-a_j)}{(a_i-a_j-\varepsilon)} [A_\ell^j, B] .$$

On a utilisé le fait que $d(a_i-(a_i-\varepsilon)) = d(\varepsilon) = 0$ (ε indépendant de u et fixé). Remplaçons dans le système $\mathcal{S}_1(\varepsilon)$ les $\widetilde{A}_k^i(\varepsilon,u)$ en fonction des $A_k^i(u)$ et de ε. Le système (Σ_ε) ainsi obtenu sera encore à points critiques fixes, puisque les A_k^i dépendent linéairement des $\widetilde{A}_k^i(\varepsilon,u)$ $(\varepsilon\neq 0)$. Il vient pour (Σ_ε) :

$$d\,A_{p_i}^i = \varepsilon . d\widetilde{A}_{p_i-i}^i = \varepsilon \sum_{j\neq i} \sum_{\ell=1}^{p_j} \frac{d(a_i-a_j)}{(a_i-a_j)^\ell} [A_\ell^j, \widetilde{A}_{p_i-i}^i]$$

$$= \sum_{j\neq i} \sum_{\ell=1}^{p_j} \frac{d(a_i-a_j)}{(a_i-a_j)^\ell} [A_\ell^j, A_{p_i}^i] .$$

Pour $2 \leq k \leq p_i$ on a :

$$d\,A_k^i = d\widetilde{A}_k^i + \varepsilon\, d\widetilde{A}_{k-1}^i = \sum_{j\neq i} \sum_{\ell=1}^{p_j} \sum_{m=0}^{p_i-k-1} \frac{(-1)^m C_{m+\ell-1}^m}{(a_i-a_j)^{\ell+m}} [A_\ell^j, \widetilde{A}_{m+k}^i] d(a_i-a_j)$$

$$+ \varepsilon \sum_{\ell=1} \sum_{m=0}^{p_i-k} \frac{(-1)^m C_{m+\ell-1}^m}{(a_i-a_j)^{\ell+m}} .[A_\ell^j, \widetilde{A}_{m+k-1}^i] d(a_i-a_i)$$

D'où :

$$dA_k^i = \sum_{j\neq i} \sum_{\ell=1}^{p_j} \sum_{m=0}^{p_i-k-1} \frac{(-1)^m C_{m+\ell-1}^m d(a_i-a_j)}{(a_i-a_j)^{\ell+m}} . [A_\ell^j, \widetilde{A}_{m+k}^i + \varepsilon\, \widetilde{A}_{m+k-1}^i]$$

$$+ \sum_{j\neq i} \sum_{\ell=1}^{p_j} \frac{(-1)^{p_i-k} C_{p_i-k+\ell}^{p_i-k}}{(a_i-a_j)^{\ell+p_i-k}} .[A_\ell^j, \varepsilon \widetilde{A}_{p_i-1}^i] d(a_i-a_j)$$

$$= \sum_{j\neq i} \sum_{m=0}^{p_i-k} \sum_{\ell=1}^{p_j} \frac{(-1)^m C_{m+\ell-1}^m}{(a_i-a_j)^{\ell+m}} [A_\ell^j, A_{m+k}^i] d(a_i-a_j) .$$

Et :

$$d\,A^i_1 = d\tilde{A}^i_1 + dB = \sum_{j\neq i}\sum_{\ell=1}^{p_j}\sum_{m=0}^{p_i-2} \frac{(-1)^m C^m_{m+\ell-1}\, d(a_i-a_j)}{(a_i-a_j)^{\ell+m}} [A^j_\ell, \tilde{A}^i_{m+1}]$$

$$+ \sum_{j\neq i}\sum_{\ell=1}^{p_j} \frac{d(a_i-a_j)}{(a_i-a_j-\varepsilon)^\ell} [A^j_\ell, B] .$$

Au voisinage de $\varepsilon = 0$ on a :

$$\frac{1}{(a_i-a_j-\varepsilon)^\ell} = \sum_{m=0}^{\infty} \frac{C^m_{m+\ell-1}}{(a_i-a_j)^{\ell+m}} . \varepsilon^m .$$

Soit en remplaçant dans dA^i_1 :

$$d\,A^i_1 = \sum_{j\neq i}\sum_{\ell=1}^{p_j}\sum_{m=0}^{p_i-2} \frac{(-1)^m C^m_{m+\ell-1}\, d(a_i-a_j)}{(a_i-a_j)^{\ell+m}} [A^j_\ell, \tilde{A}^i_{m+1} + (-1)^m \varepsilon^m B]$$

$$+ \sum_{j\neq i}\sum_{\ell=1}^{p_j} \frac{(-1)^{p_i-1} C^{p_i-1}_{p_i+\ell-1}\, d(a_i-a_j)}{(a_i-a_j)^{\ell+p_i-1}} [A^j_\ell, (-1)^{p_i-1} \varepsilon^{p_i-1} . B]$$

$$+ \sum_{j\neq i}\sum_{\ell=1}^{p_j}\sum_{m\geq p_i} \frac{C^m_{m+\ell-1}\, d(a_i-a_j)}{(a_i-a_j)^{\ell+m}} [A^j_\ell, \varepsilon^m B] .$$

Les relations (α) entrainent :

$$(\beta)\quad \begin{cases} \tilde{A}^i_{m+1} + (-1)^m \varepsilon^m B = \displaystyle\sum_{r=0}^{m} (-1)^r \varepsilon^r A^i_{m+1-r} & m \leq p_i-2 \\ (-1)^{p_i-1} . \varepsilon^{p_i-1} . B = \displaystyle\sum_{r=0}^{p_i-1} (-1)^r \varepsilon^r A^i_{p_i-r} & \\ \varepsilon^m . B = \varepsilon^{m-p_i+1} . \displaystyle\sum_{r=0}^{p_i-1} (-1)^{r+p_i-1} \varepsilon^r A^i_{p_i-r} & m \geq p_i . \end{cases}$$

Soit en remplaçant dans $d\,A_1^i$ et en regroupant :

$$d\,A_1^i = \sum_{j\neq i} \sum_{\ell=1}^{P_j} \sum_{m=0}^{P_i-1} \frac{(-1)^m C_{m+\ell-1}^m d(a_i-a_j)}{(a_i-a_j)^{\ell+m}} \left[A_\ell^j,\; \sum_{r=0}^{m} (-1)^r A_{m+1-r}^i \varepsilon^r \right]$$

$$+ \sum_{j\neq i} \sum_{\ell=1}^{P_j} \sum_{m\geq p_i} \frac{C_{m+k-1}^m d(a_i-a_j)}{(a_i-a_j)^{\ell+m}} \left[A_\ell^j, \varepsilon^{m-p_i+1} \sum_{r=0}^{P_i-1} (-1)^{P_i+k} A_{P_i-r}^i \varepsilon^r \right] \, .$$

On procède de même pour $d\,A_k^j$ $\quad j\neq i \quad$ en utilisant (β). On a :

$$d\,A_k^j = \sum_{\substack{j'\neq j \\ j'\neq i}} \sum_{m=0}^{P_j-k} \sum_{\ell=1}^{P_j'} \frac{(-1)^m C_{m+\ell-1}^m d(a_j-a_{j'})}{(a_j-a_{j'})^{\ell+m}} \left[A_\ell^{j'}, A_{m+k}^j \right]$$

$$+ \sum_{m=0}^{P_j-k} \sum_{\ell=1}^{P_i} \frac{(-1)^m C_{m+\ell-1}^m d(a_j-a_i)}{(a_j-a_i)^{\ell+m}} \left[\sum_{r=0}^{\ell-1} (-1)^r A_{\ell-r}^i \varepsilon^r, A_{m+k}^j \right]$$

$$+ \sum_{m=0}^{P_j-k} \sum_{\ell\geq p_i+1} \frac{(-1)^m C_{m+\ell-1}^m d(a_j-a_i)}{(a_j-a_i)^{\ell+m}} \left[(-1)^\ell \varepsilon^{\ell-p_i} \sum_{r=0}^{P_i-1} (-1)^{r+p_i-1} A_{P_i-1}^i \varepsilon^r, A_{m+k}^j \right] \, .$$

Le second membre des équations de (Σ_ε) dépend holomorphiquement des A_k^i et de ε au voisinage de $\varepsilon=0$. On peut lui appliquer le résultat rappelé en b), Σ_0 est à points critiques fixes . En remarquant que :

$$\left(\sum_{r=0}^{m} (-1)^r A_{m+1-r}^i \varepsilon^r \right)_{\varepsilon=0} = A_{m+1}^i \qquad m\leq p_i-1$$

$$\left(\sum_{r=0}^{P_i-1} (-1)^{P_i+r} A_{P_i-r}^i \varepsilon^{m+1+r-p_i} \right)_{\varepsilon=0} = 0 \qquad m\geq p_i$$

(Σ_0) s'écrit :

$$d\,A_k^i = \sum_{j\neq i}^{p_j} \sum_{\ell=1}^{p_i-k} \sum_{m=0} \frac{(-1)^m C_{m+\ell-1}^m}{(a_i-a_j)^{\ell+m}} [A_\ell^j, A_{m+k}^i] d(a_i-a_j)$$

$k=1,2,\ldots,p_i \quad i=1,2,\ldots,s$

$(\Sigma_o) = (\mathcal{S}_1)$ $(\mathcal{S}_1)$ est à points critiques fixes. Dans cette démonstration, le fait que $p_j \leq N$ n'intervient que pour dire que $\mathcal{S}_1(\epsilon)$ est à points critiques fixes. On peut réitérer le procédé pour avoir un deuxième indice p_j égal à $N+1$, puis tous les indices p_j égaux à $N+1$.

La récurrence est ainsi démontrée, donc le théorème.

1-7. Remarque

On aurait pu procéder différemment pour démontrer ce théorème : soit $\tilde{\omega}_\epsilon(x,u)$ comme précédemment et $\hat{\omega}_\epsilon(x,u)$ la forme obtenue en remplaçant les $\tilde{A}_k^i(x,u)$ en fonction des A_k^i et de ϵ dans $\tilde{\omega}_\epsilon(x,u)$. Il est facile de voir que Σ_ϵ est la condition de complète intégrabilité de $\hat{\omega}_\epsilon(x,u)$ et que $\hat{\omega}_o(x,u) = \tilde{\omega}(x,u)$. Par conséquent $\Sigma_o = (\mathcal{S}_1)$. On peut alors appliquer le résultat b) si le second membre de Σ_ϵ dépend holomorphiquement de ϵ, ce que l'on peut aussi démontrer. Les détails des calculs, par cette méthode, sont a peu près aussi longs, que ceux de l'étude présentée avant.

1-8. Remarque

Les systèmes $(\mathcal{S}_1)$ donnent une nouvelle classe de systèmes différentiels à singularités critiques fixes, résultat intéressant compte tenu des difficultés présentées pour montrer qu'un système d'équations différentielles est bien à singularités critiques fixes.

Nous donnerons, un exemple d'application aux équations différentielles du troisième ordre à points critiques fixes, dans la suite.

Les systèmes $(\mathcal{S}_m)$ $(m\geq 2)$ ou $(\mathcal{S}_m^r)$, donnent, eux, des systèmes différentiels complètement intégrables, à singularités fixes sur les sous espaces analytiques, de l'espace des matrices A_k^i, définis par les conditions de complète intégrabilité de ω et les conditions de type $(\mathfrak{C}_i)$ $2 \leq i \leq m$ (lorsqu'elles existent).

2. Application aux fonctions hypergéométriques de type F_1 sur $P_2(\mathbb{C})$, à déformation localement iso-irrégulière

Considérons donc, les connexions associées aux fonctions hypergéométriques F_1 sur $P_2(\mathbb{C})$ et dépendant d'un paramètre : $(u_1, u_2) \in \mathcal{U} \subset C^2$.

Les ensembles singuliers S_i auront pour équation en coordonnées homogènes :

$F_1(X,Y,Z,u_1,u_2) = X = 0$ pour (S_1) $F_2(X,Y,Z,u_1,u_2) = Y = 0$ pour (S_2)

$F_3(X,Y,Z,u_1,u_2) = X-u_1Z = 0$ pour (S_3) $F_4(X,Y,Z,u_1,u_2) = Y-u_2Z = 0$ pour (S_4)

$F_5(X,Y,Z,u_1,u_2) = \dfrac{1}{u_2-u_1}(u_2X-u_1Y) = 0$ pour (S_5)

$F_6(X,Y,Z,u_1,u_2) = Z = 0$ pour (S_6).

La configuration $S(u)$ associée est la suivante :

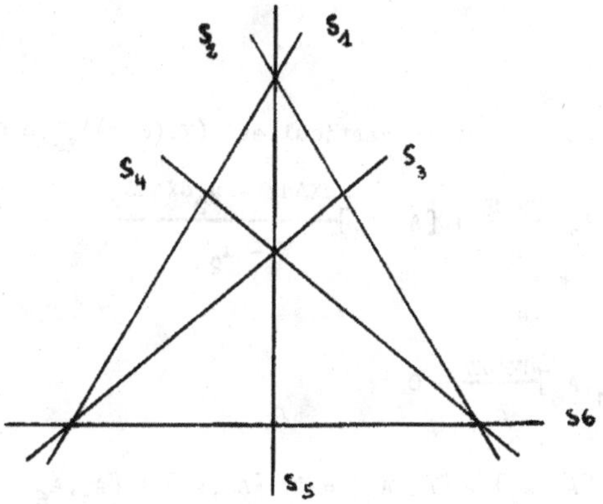

$u = (u_1,u_2) \in \mathcal{U} = C^2 - [\{(u_1,u_2)|u_1=u_2\} \cup \{(u_1,u_2)|u_1 = 0\} \cup \{(u_1,u_2)|u_2 = 0\}$

($\mathcal{U}$ est un ouvert simplement connexe).

La forme ω s'écrit dans la base (v) :

$$\omega = A_1(u_1,u_2)\ \frac{dX}{X} + A_2(u_1,u_2)\ \frac{dY}{Y} + A_3(u_1,u_2)\ \frac{dX - u_1 dZ}{X - u_1 Z} +$$

$$A_4(u_1,u_2)\ \frac{dY - u_2 dZ}{Y - u_2 Z} + A_5(u_1,u_2)\ \frac{u_2 dX - u_1 dY}{u_2 X - u_1 Y} + A_6(u_1,u_2)\ \frac{dZ}{Z}$$

avec $\sum_{i=1}^{6} A_i = 0$ (condition (I)).

Donnons les relations obtenues en écrivant que ω est complètement intégrable.

2-1. Proposition

ω est complètement intégrable si et seulement si :

$$[A_1,A_4] = [A_5,A_6] = [A_2,A_3] = 0$$

$$[A_1,A_3] = [A_3,A_6] = [A_6,A_1] \qquad [A_1,A_5] = [A_2,A_1] = [A_5,A_2]$$

$$[A_2,A_4] = [A_6,A_2] = [A_4,A_6] \qquad [A_3,A_5] = [A_4,A_3] = [A_5,A_4]$$

Démonstration:

On a $\omega \wedge \omega = 0$ et en particulier $(X.(\omega\wedge\omega))_{X=0} = 0$ c'est à dire

$$[A_1,A_2]\ \frac{dX\wedge dY}{Y} + [A_1,A_3]\frac{dX\wedge dZ}{Z} + [A_1,A_4]\frac{dX\wedge dY - u_2 dX\wedge dZ}{Y - u_2 Z}$$

$$+ [A_1,A_5]\frac{dX\wedge dY}{Y} + [A_1,A_6]\frac{dX\wedge dZ}{Z} = 0$$

D'où : $[A_1,A_4] = 0$ $[A_1,A_2] + [A_1,A_5] = 0$ $[A_1,A_3] + [A_1,A_6] = 0$

On procède de même pour les autres relations.

Ecrivons maintenant le système $(\mathcal{S}_2^r)$ associé :

$$dA_i = \tilde{\varepsilon}_i \qquad i = 1,2,\ldots 6$$

$\tilde{\varepsilon}_i$ ne dépend pas du point de $\mathcal{S}_1 - \bigcup_{j=2}^{6} S_j$ où on l'écrit. Soit par exemple le point $(0,1,1,u)$:

$$\tilde{\varepsilon}_i = [A_2,A_1]\,\frac{0}{1} + [A_3,A_1]\,\frac{du_1}{u_1} + [A_4,A_1]\,\frac{du_2}{u_2} + [A_5,A_1]\left(\frac{du_1}{u_1} - \frac{du_2 - du_1}{u_2 - u_1}\right)$$

$$+ [A_6,A_1]\,\frac{0}{1}\,.$$

Ce qui donne, compte tenu des relations de complète intégrabilité :

$$dA_1 = [A_1,A_6]\,\frac{du_1}{u_1} + [A_1,A_2]\left(\frac{du_1}{u_1} - \frac{du_2 - du_1}{u_2 - u_1}\right)$$

En faisant de même pour $\tilde{\varepsilon}_i \quad i \geq 2$ on obtient :

$$(\mathcal{S}_2^r)\quad \begin{cases} dA_1 = [A_1,A_6]\,\dfrac{du_1}{u_1} + [A_1,A_2]\left(\dfrac{du_1}{u_1} - \dfrac{du_2-du_1}{u_2-u_1}\right) \\[2ex] dA_2 = [A_2,A_6]\,\dfrac{du_2}{u_2} + [A_2,A_1]\left(\dfrac{du_2}{u_2} - \dfrac{du_2-du_1}{u_2-u_1}\right) \\[2ex] dA_3 = [A_5,A_6]\,\dfrac{du_1}{u_1} + [A_3,A_4]\left(\dfrac{du_1}{u_1} - \dfrac{du_2-du_1}{u_2-u_1}\right) \\[2ex] dA_4 = [A_4,A_6]\,\dfrac{du_2}{u_2} + [A_4,A_3]\left(\dfrac{du_2}{u_2} - \dfrac{du_2-du_1}{u_2-u_1}\right) \\[2ex] dA_5 = [A_1,A_5]\left(\dfrac{du_1}{u_1} - \dfrac{du_2}{u_2}\right) + [A_4,A_5]\left(\dfrac{du_2}{u_2} - \dfrac{du_1}{u_1}\right) \\ dA_6 = 0 \end{cases}$$

2-2. Remarque

On pourra vérifier que les équations de $(\mathcal{S}_2)$ sont "compatibles" avec les conditions (I) et (II), c'est à dire définissent un feuilletage dans le sous espace de l'espace des matrices $A_1,\dots,A_6$ vérifiant (I) et (II). Rappelons un résultat démontré dans [5] :

Théorème :

Si le sextuple $H = (A_1,A_2,A_3,A_4,A_5,A_6)$ n'est pas élémentaire et vérifie les conditions (I) et (II), alors ou bien H est décomposable, ou bien module certaine permutation des matrices A_i, il existe une base de V telle que dans cette base les matrices des endomorphismes de H aient la forme :

$$A_1^o = \begin{pmatrix} x_1' & 0 & 0 \\ -b_2 & \alpha_1 & 0 \\ -b_3 & 0 & \alpha_1 \end{pmatrix} \qquad A_2^o = \begin{pmatrix} \alpha_2 & b_1 & 0 \\ 0 & \alpha_2' & 0 \\ 0 & -b_3 & \alpha_2 \end{pmatrix}$$

$$A_3^o = \begin{pmatrix} b_1+\beta_2' & 0 & b_1 \\ 0 & \beta_2 & 0 \\ b_3 & 0 & b_3+\beta_2' \end{pmatrix} \qquad A_4^o = \begin{pmatrix} \beta_1 & 0 & 0 \\ 0 & b_2+\beta_1' & b_2 \\ 0 & b_3 & b_3+\beta_1' \end{pmatrix} \qquad \text{(III)}$$

$$A_5^o = \begin{pmatrix} b_1+\beta_1' & b_1 & 0 \\ b_2 & b_2+\beta_3' & 0 \\ 0 & 0 & \beta_3 \end{pmatrix} \qquad A_6^o = \begin{pmatrix} \alpha_3 & 0 & -b_1 \\ 0 & \alpha_3 & -b_2 \\ 0 & 0 & \alpha_3' \end{pmatrix}$$

où $b_1 = \frac{1}{2}(-\beta_1 + \beta_1' + \beta_2 - \beta_2' + \beta_3 - \beta_3')$ $\quad b_2 = \frac{1}{2}(\beta_2 - \beta_1' - \beta_2 + \beta_2' + \beta_3 - \beta_3')$

$b_3 = \frac{1}{2}(\beta_1 - \beta_1' + \beta_2 - \beta_2' - \beta_3 + \beta_3')$ $\quad \alpha_1' + \alpha_2 + \alpha_3 + \beta_1' + \beta_2 + \beta_3 = 0$

$\alpha_1 + \alpha'_2 + \alpha_3 + \beta'_2 + \beta_1 + \beta_3 = 0 \qquad \alpha_1 + \alpha_2 + \alpha'_3 + \beta_1 + \beta_2 + \beta'_3 = 0$.

Tous ces éléments sont, ici, <u>des fonctions de</u> $u = (u_1, u_2) \in \mathcal{U}$.
Nous allons étudier le cas où H n'est pas élémentaire, ni décomposable (les solutions sont alors des fonctions hypergéométriques de type F_1 sur $P_2(\mathbb{C})$ comme on le démontre dans [5]). Toutes les matrices $(A_1, \ldots, A_6)$ qui vérifient (I) et (II) sont donc de la forme :

$$A_i(u_1,u_2) = P(u_1,u_2)\ A_i^o(u_1,u_2).P^{-1}(u_1,u_2) \qquad i = 1,2,\ldots,6$$

$$P(u_1,u_2) \in G\ell(3,\mathbb{C})\ ,\ A_i^o \text{ de la forme (III)} \qquad i = 1,2,\ldots,6$$

On a :

2-3. <u>Proposition.</u>

<u>Si les</u> $A_i(u_1,u_2)$ <u>sont solutions de</u> $(\mathcal{S}_2^r)$, A_i^o <u>est constante pour</u> $i = 1,2,\ldots,6$.

<u>Démonstration</u>

On a vu dans les propriétés des systèmes $(\mathcal{S})$ que les $A^i_{p_i}$ avaient leurs valeurs propres constantes le long d'une solution. Ici $p_i = 1$ et $A^i_1 = A_i$ $i = 1,2,\ldots,6$. Les valeurs propres des A_i et donc des A_i^o sont constantes.
Or les valeurs propres des A_i sont justement :

$$\alpha_1,\alpha'_1,\alpha_2,\alpha'_2,\alpha_3,\alpha'_3,\beta_1,\beta'_1,\beta_2,\beta'_2,\beta_3,\beta'_3 \ .$$

Tous ces termes sont constants, et par suite b_1, b_2, b_3 aussi compte tenu des relations (III). Les A_i^o sont bien constantes, $i = 1,2,\ldots,6$.
Cherchons maintenant dA_i :

$$dA_i = dP.P^{-1}.PA_i^oP^{-1} - PA_i^oP^{-1}.dPP^{-1} = [dP.P^{-1}, PA_i^oP^{-1}] \qquad i = 1,2,\ldots,6$$

Remplaçons dans $(\mathcal{S}_2^r)$, il vient :

$$dA_1 = [dP.P^{-1}, PA_i^oP^{-1}] = [PA_i^oP^{-1}, PA_6^oP^{-1}]\frac{du_1}{u_1} + [PA_1^oP^{-1}, PA_2^oP^{-1}]\left(\frac{du_1}{u_2} - \frac{du_2-du_1}{u_2-u_1}\right)$$

Et si l'on simplifie P et P^{-1} :

$$[P^{-1}.dP, A_1^o] = [A_1^o, A_6^o]\frac{du_1}{u_1} + [A_1^o, A_2^o]\left(\frac{du_1}{u_1} - \frac{du_2-du_1}{u_2-u_1}\right)$$

$(\mathcal{S}_2^r)$ devient alors :

$$\begin{cases}
[P^{-1}dP, A_1^o] = [A_1^o, A_6^o]\dfrac{du_1}{u_1} + [A_1^o, A_2^o]\left(\dfrac{du_1}{u_1} - \dfrac{du_2-du_1}{u2-u_1}\right) \\
[P^{-1}dP, A_2^o] = [A_2^o, A_6^o]\dfrac{du_2}{u_2} + [A_2^o, A_1^o]\left(\dfrac{du_2}{u_2} - \dfrac{du_2-du_1}{u_2-u_1}\right) \\
[P^{-1}dP, A_3^o] = [A_3^o, A_6^o]\dfrac{du_1}{u_1} + [A_3^o, A_4^o]\left(\dfrac{du_1}{u_1} - \dfrac{du_2-du_1}{u_2-u_1}\right) \\
[P^{-1}dP, A_4^o] = [A_4^o, A_6^o]\dfrac{du_2}{u_2} + [A_4^o, A_3^o]\left(\dfrac{du_2}{u_2} - \dfrac{du_2-du_1}{u_2-u_1}\right) \\
[P^{-1}dP, A_5^o] = [A_1^o, A_5^o]\left(\dfrac{du_1}{u_1} - \dfrac{du_2}{u_2}\right) + [A_4^o, A_5^o]\left(\dfrac{du_2}{u_2} - \dfrac{du_1}{u_1}\right) \\
[P^{-1}dP, A_6^o] = 0
\end{cases}$$

Comme $A_1 + A_2 + A_3 + A_4 + A_5 =$ constante, on ne considèrera pas l'équation relative à A_5 qui est une conséquence des autres.

Etudions : $[P^{-1}dP, A_6^o] = 0$ et pour cela posons :

$$P^{-1}(u_1,u_2).dP(u_1,u_2) = \begin{pmatrix} a(u_1,u_2) & b(u_1,u_2) & c(u_1,u_2) \\ d(u_1,u_2) & e(u_1,u_2) & f(u_1,u_2) \\ g(u_1,u_2) & h(u_1,u_2) & i(u_1,u_2) \end{pmatrix}$$

Il vient :

$$[P^{-1}dP, A_6^o] = \begin{pmatrix} b_1 g & b_1 h & (i-a)b_1 - (\alpha_3-\alpha_3')c - b_2 b \\ b_2 g & b_2 h & (i-e)b_2 - (\alpha_3-\alpha_3') - b_1 d \\ (\alpha_3-\alpha_3')g & (\alpha_3-\alpha_3')h & -b_1 g - b_2 h \end{pmatrix}$$

D'où $g = 0$, $h = 0$, $(a-i)b_1 + (\alpha_3-\alpha_3')c + b_2 b = 0$ et

$$(e-i)b_2 + (\alpha_3-\alpha_3')f + b_1 d = 0 .$$

De même ;

$$[P^{-1}dP, A_1^o] = \begin{pmatrix} -b_2 b - b_3 c & (\alpha_1-\alpha_1')b & (\alpha_1-\alpha_1')c \\ (\alpha_1'-\alpha_1 = d + (a-c)b_2 - b_3 f & b_2 b & b_2 c \\ (a-i)b_3 - b_3 h & b_3 b & b_3 c \end{pmatrix}$$

et

$$[A_1^i, A_6^o] = \begin{pmatrix} -b_1 b_3 & 0 & (\alpha_1-\alpha_1')b_1 \\ -b_2 b_3 & 0 & -b_1 b_2 \\ (\alpha_3'-\alpha_3)b_3 & 0 & b_1 b_3 \end{pmatrix}$$

$$[A_2^o, A_1^o] = \begin{pmatrix} b_1 b_2 & (\alpha_1'-\alpha_1)b_1 & 0 \\ (\alpha_2-\alpha_2')b_2 & -b_1 b_2 & 0 \\ b_2 b_3 & -b_1 b_3 & 0 \end{pmatrix}$$

Ce qui entraîne :

$$c = -b_1 \frac{du_1}{u_1} \qquad b = b_1 \left(\frac{du_1}{u_1} - \frac{d(u_2-u_1)}{u_2-u_1} \right)$$

$$a - i = (\alpha_3' - \alpha_3) \frac{du_1}{u_1} - b_2 \left(\frac{du_1}{u_1} - \frac{du_2-du_1}{u_2-u_1} \right) .$$

De même en utilisant l'équation relative à $[P^{-1}dP, A_2^o]$ on a :

$$d = b_2 \left(\frac{du_2}{u_2} - \frac{du_2-du_1}{u_2-u_1} \right) \qquad f = b_2 \frac{du_2}{u_2}$$

$$e - i = (\alpha_3' - \alpha_3) \frac{du_2}{u_2} - b_1 \left(\frac{du_2}{u_2} - \frac{du_2-du_1}{u_2-u_1} \right) .$$

On procède de même pour les autres équations. Il se passe alors un phénomène remarquable. Compte tenu des relations (III) , toutes les autres équations se ramènent à celles déjà écrites.

$(\mathcal{S}_2^r)$ est donc équivalent à ces six équations auxquelles on ajoute : $g = 0$ et $h = 0$, déjà obtenues. On a :

2-4. Théorème

Les connexions associées aux fonctions hypergéométriques du type F_1 sur $P_2(\mathbb{C})$, qui sont à déformation iso-irrégulière sur S , ont pour matrice $-{}^t(\omega)$ dans la base (v) , où :

$$\omega = A_1(u_1,u_2)\frac{dX}{X} + A_2(u_1,u_2)\frac{dY}{Y} + A_3(u_1,u_2)\frac{dX-u_1dZ}{X-u_1Z} + A_4(u_1,u_2)\frac{dY-u_2dZ}{Y-u_2Z}$$

$$+ A_5(u_1,u_2)\frac{u_2dX-u_1dY}{u_2X-u_1Y} + A_6(u_1,u_2)\frac{dZ}{Z}$$

avec :

$$A_i(u_1,u_2) = P(u_1,u_2).A_i^o.P^{-1}(u_1,u_2) \qquad i = 1,2,\dots,6 .$$

A_i^o de la forme (III) avec des coefficients constants, $P(u_1,u_2)$ matrice fondamentale du système linéaire à coefficients constants :

$$dg(u_1,u_2) = g(u_1,u_2)\left[\begin{pmatrix} (\alpha_3'-\alpha_3)-b_2 & b_1 & -b_1 \\ 0 & 0 & 0 \\ 0 & 0 & 0 \end{pmatrix}\frac{du_1}{u_1}\right.$$

$$\left. + \begin{pmatrix} b_2 & -b_1 & 0 \\ -b_2 & b_1 & 0 \\ 0 & 0 & 0 \end{pmatrix}\frac{du_2-du_1}{u_2-u_1} + \begin{pmatrix} 0 & 0 & 0 \\ b_2 & \alpha_3'-\alpha_3-b_1 & b_2 \\ 0 & 0 & 0 \end{pmatrix}\frac{du_2}{u_2}\right]$$

Démonstration

On remarque simplement que dans les huit équations obtenues, i peut être choisi quelconque par exemple $i = 0$ et l'on a :

$$\begin{pmatrix} (\alpha_3'-\alpha_3)\frac{du_1}{u_1} - b_2\left(\frac{du_1}{u_1} - \frac{du_2-du_1}{u_2-u_1}\right) & b_1\left(\frac{du_1}{u_1} - \frac{du_2-du_1}{u_2-u_1}\right) & -b_1\frac{du_1}{u_1} \\ b_2\left(\frac{du_2}{u_2} - \frac{du_2-du_1}{u_2-u_1}\right) & (\alpha_3'-\alpha_3)\frac{du_2}{u_2} - b_1\left(\frac{du_1}{u_1} - \frac{du_2-du_1}{u_2-u_1}\right) & b_2\frac{du_2}{u_2} \\ 0 & 0 & 0 \end{pmatrix}$$

d'où le théorème .

2-5. Remarque

- Le système différentiel linéaire vérifié par $g(u_1,u_2)$ est du type de Fuchs (cf [11], pour la définition : "du type de Fuchs") dans $\mathbb{C}^2$. On pourra vérifier qu'il est bien complètement intégrable.

- En utilisant la proposition 1-14-2 du chapitre II, on remarque que les connexions définies dans le théorème ci-dessus sont à déformation iso-monodromique. On trouve ainsi une classe de fonctions hypergéométriques du type F_1 (donnée par la matrice normalisée Φ_n) dont la monodromie est indépendante du paramètre $u = (u_1,u_2) \in \mathcal{U}$.

- Ce théorème remplace la proposition 5-6 page 321, de l'article intitulé : "Sur la monodromie des systèmes de Pfaff du type de Fuchs sur $P_m(\mathbb{C})$" paru dans [19] et qui contient une erreur.

3- Etude du cas $m=1$, $n = 2$, $s = 2$, $p_1 = 2$, $p_2 = 1$. Application aux fonctions du type de Bessel.

L'étude de ce cas particulier est intéressante pour deux raisons : les invariants analytiques de Birkhoff ont été entièrement déterminés pour de telles connexions par Jurkatt-Lutz-Peyerhoft dans [9] . On a remarqué dans le chapitre II, 1-12, que pour une connexion à déformation iso- irrégulière sur S , les invariants de Birkhoff étaient indépendants du paramètre. Donc à chaque trajectoire de (S_1) que nous allons déterminer, pourront être associés les invariants de Birkhoff calculés comme dans [9].

D'autre part, ce cas particulier contient les connexions associées aux équations différentielles de Bessel. Nous pourrons donc déterminer les connexions qui ont même nature de singularité que ces dernières.
Pour plus de simplicité dans les notations posons :

$$a_1(u) = a(u) \quad a_2(u) = b(u) \quad \varphi(u) = a(u)-b(u)$$

$$A_1^1(u) = A_1(u) \quad A_2^1(u) = A_2(u) \quad A_1^2(u) = B(u) \qquad u \in \mathcal{U} .$$

La matrice de ∇_τ $(\tau = \frac{d}{dx})$ dans la base (v) et la carte α_o est :

$$-{}^t\left(\frac{A_1}{x-a} + \frac{A_2}{(x-a)^2} + \frac{B}{x-b}\right)$$

avec : $A_1 + B = 0$.

Le système $(\mathcal{S}_1)$ associé est :

$$\begin{cases} dA_2 = [B,A_2]\,\dfrac{d(a-b)}{a-b} \\[2ex] dA_1 = [B,A_1]\,\dfrac{d(a-b)}{a-b} - [B,A_2]\dfrac{d(a-b)}{(a-b)^2} \\[2ex] dB = [A_1,B]\,\dfrac{d(a-b)}{a-b} - [A_2,B]\dfrac{d(a-b)}{(a-b)^2} \end{cases}$$

Compte tenu de la relation $A_1 = -B$ on a :

$$\begin{cases} dA_2 = [A_2,A_1]\dfrac{d\varphi}{\varphi} \\[2ex] dA_1 = [A_1,A_2]\dfrac{d\varphi}{\varphi^2} \end{cases}$$

3-1. Proposition

La trajectoire de $(\mathcal{S}_1)$ correspondant aux conditions initiales u_o, A_1^o, A_2^o est donnée par :

$$A_1(u) = X^{-1}(\varphi(u))A_1^o.X(\varphi(u)) \qquad A_2(u) = X^{-1}(\varphi(u))A_2^o.X(\varphi(u))$$

où $X(\varphi)$ est la matrice fondamentale du système linéaire

$$(\mathcal{L}) \qquad dX(\varphi(u)) = (A_1^o \frac{d\varphi}{\varphi} + A_2^o \frac{d\varphi}{\varphi^2})X(\varphi)$$

<u>qui vérifie</u> $X(\varphi(u_o)) = \mathrm{Id}$.

<u>Démonstration</u>

Montrons que $A_1 = X^{-1}(\varphi)A_1^oX(\varphi)$ et $A_2 = X^{-1}(\varphi)A_2^oX(\varphi)$ sont solutions de $(\mathcal{S}_1)$

$$dA_1 = -X^{-1}dXX^{-1}A_1^oX + X^{-1}.A_1^odX$$

$$= -X^{-1}(A_1^o\frac{d\varphi}{\varphi} + A_2^o\frac{d\varphi}{\varphi})A_1^oX + X^{-1}A_1^o(A_1^o\frac{d\varphi}{\varphi} + A_1^o\frac{d\varphi}{\varphi^2})X$$

$$= A_1^2\frac{d\varphi}{\varphi} - A_1^2\frac{d\varphi}{\varphi} + [A_1,A_2]\frac{d\varphi}{\varphi^2} = [A_1,A_2]\frac{d\varphi}{\varphi^2}$$

de même pour A_2 . Comme $A_1(u_o) = A_1^o$ $A_2(u_o) = A_2^o$, A_1 et A_2 sont bien les solutions de $(\mathcal{S}_1)$ correspondant aux conditions initiales u_o, A_1^o, A_2^o .

Les connexions relatives ∇ qui ont pour matrice dans (v) et (α_o) :

$-{}^t\omega$ où :

$$\omega = -X^{-1}(\varphi)[\frac{A_1^o}{x-a} + \frac{A_2^o}{(x-a)^2} - \frac{A_1^o}{x-b}]X(\varphi) \qquad u \in \mathcal{U} .$$

sont à déformation iso-irrégulière et ont leurs invariants de Birkhoff indépendants de $u \in \mathcal{U}$.

3-2. Applications à l'équation différentielle de Bessel

Rappelons que l'équation de Bessel est donnée par :

$$w'' + \frac{w'}{z} + (1 - \frac{m^2}{z^2})w = 0$$

Posons

$$y = \begin{pmatrix} w \\ w' - \frac{m}{z}w \end{pmatrix} \quad \text{Il vient :}$$

$$y' = [\begin{pmatrix} 0 & 1 \\ -1 & 0 \end{pmatrix} + \frac{1}{z}\begin{pmatrix} m & 0 \\ 0 & -(m+1) \end{pmatrix}]y \quad .$$

Le système possède deux points singuliers : $z = 0$ singulier régulier, et $z = \infty$ irrégulier. Ramenons ces points en 0 et 1 en posant $z = \frac{1}{1-x}$.

Si l'on note encore y, la fonction, considérée comme fonction de x :

$$\frac{dy}{dx} = [\begin{pmatrix} 0 & -1 \\ 1 & 0 \end{pmatrix} \frac{1}{(x-1)^2} + \begin{pmatrix} -m & 0 \\ 0 & m+1 \end{pmatrix} \frac{1}{(x-1)} + \begin{pmatrix} m & 0 \\ 0 & -(m+1) \end{pmatrix} \frac{1}{x}]y \ .$$

La trajectoire de $(\mathcal{S}_1)$ qui pour $u = u_o$ passe par la connexion ci-dessus, correspond à :

$$A_1^o = \begin{pmatrix} -m & 0 \\ 0 & m+1 \end{pmatrix} \qquad A_2^o = \begin{pmatrix} 0 & -1 \\ 1 & 0 \end{pmatrix}$$

et le système $(\mathcal{L})$ est alors :

$$\frac{dX(\varphi)}{d\varphi} = [\begin{pmatrix} -m & 0 \\ 0 & m+1 \end{pmatrix} \frac{d\varphi}{\varphi} + \begin{pmatrix} 0 & -1 \\ 1 & 0 \end{pmatrix} \frac{d\varphi}{\varphi^2}]X(\varphi)$$

si l'on pose $\theta = \frac{1}{\varphi}$

$$\frac{d\tilde{X}(\theta)}{d\theta} = [\begin{pmatrix} 0 & 1 \\ -1 & 0 \end{pmatrix} + \begin{pmatrix} m & 0 \\ 0 & -(m+1) \end{pmatrix} \frac{1}{\theta}]\tilde{X}(\theta) \ .$$

On reconnait le système associé à l'équation de Bessel. On peut alors donner une matrice fondamentale $H(\varphi)$ de ce système à l'aide (par exemple) des fonctions de Hankel H_m^1 et H_m^2 et l'on a :

$$H(\varphi) = \begin{pmatrix} H_m^1(\frac{1}{\varphi}) & H_m^1(\frac{1}{\varphi}) & H_m^2(\frac{1}{\varphi}) \\ -\varphi^2(H_m^1)'(\frac{1}{\varphi}) - m\varphi H_m^1(\frac{1}{\varphi}) & & -\varphi^2(H_m^2)'(\frac{1}{\varphi}) - m\varphi H_m^2(\frac{1}{\varphi}) \end{pmatrix}$$

Comme $X(\varphi(u_o)) = Id$ si l'on choisit $\varphi(u_o) = 1$ on obtient :

$$X(\varphi) = H(\varphi).H^{-1}(1) \ .$$

Les connexions associées ont même nature de singularité que celle associée aux fonctions de Bessel et définie au début.

4-. Une équation du troisième ordre à points critiques fixes "inédite"

Etudions le cas où $m = 1$, $n = 2$, $s = 3$, $p_1 = 2$, $p_2 = 1$, $p_3 = 1$ avec comme singularité :

$$S_1 : x = \tilde{a} \quad S_2 : x = b \quad S_3 : x = \frac{1}{\epsilon} \quad (\epsilon \text{ fixé non nul}).$$

Posons pour plus de simplicité :

$$A_1^1 = A_1 \quad A_2^1 = A_2 \quad A_1^2 = B \quad A_1^3 = C$$

$\tilde{a}$ et $\tilde{b}$ sont considérés comme les paramètres et A_1, A_2, B, C sont des fonctions de $(\tilde{a}, \tilde{b})$.

La matrice ω s'écrit :

$$\omega = A_1 \frac{dx}{x-\tilde{a}} + A_2 \frac{dx}{(x-\tilde{a})^2} + B \frac{dx}{x-\tilde{b}} + C \frac{dx}{x-\frac{1}{\epsilon}} \quad \text{où } A_1+B+C = 0$$

et le système $(\mathcal{S}_1)$ associé :

$$\begin{cases} dA_2 = [B,A_2] \dfrac{d(\tilde{b}-\tilde{a})}{\tilde{b}-\tilde{a}} + [C,A_2] \dfrac{d\tilde{a}}{\tilde{a}-\frac{1}{\epsilon}} \\[2ex] dA_1 = [B,A_1] \dfrac{d(\tilde{b}-\tilde{a})}{b-\tilde{a}} + [C,A_1] \dfrac{d\tilde{a}}{\tilde{a}-\frac{1}{\epsilon}} - [B,A_2] \dfrac{d(\tilde{a}-\tilde{b})}{(\tilde{a}-\tilde{b})^2} - [C,A_2] \dfrac{d\tilde{a}}{(\tilde{a}-\frac{1}{\epsilon})^2} \\[2ex] dB = [A_1,B] \dfrac{d(\tilde{b}-\tilde{a})}{\tilde{b}-\tilde{a}} + [A_2,B] \dfrac{d(\tilde{b}-\tilde{a})}{(\tilde{b}-\tilde{a})^2} + [C,B] \dfrac{d\tilde{b}}{\tilde{b}-\frac{1}{\epsilon}} \\[2ex] dC = [A_1,C] \dfrac{d\tilde{b}}{\tilde{b}-\frac{1}{\epsilon}} - [A_2,C] \dfrac{d\tilde{a}}{(\tilde{a}-\frac{1}{\epsilon})^2} + [B,C] \dfrac{d\tilde{b}}{\tilde{b}-\frac{1}{\epsilon}} \end{cases}$$

Il est à points critiques fixes. Le second membre dépend holomorphiquement de ϵ au voisinage de $\epsilon = 0$. Si nous faisons $\epsilon = 0$, le système obtenu est encore à points critiques fixes (résultat b)). On a alors :

$$\begin{cases} dA_2 = [B,A_2] \dfrac{d(\tilde{b}-\tilde{a})}{\tilde{b}-\tilde{a}} \\ dA_1 = [B,A_1] \dfrac{d(\tilde{b}-\tilde{a})}{\tilde{b}-\tilde{a}} - [B,A_2] \dfrac{d(\tilde{a}-\tilde{b})}{(\tilde{a}-\tilde{b})^2} \\ dB = [A_1,B] \dfrac{d(\tilde{b}-\tilde{a})}{\tilde{b}-\tilde{a}} + [A_2,B] \dfrac{d(\tilde{b}-\tilde{a})}{(\tilde{a}-\tilde{b})^2} \\ dC = 0 \end{cases}$$

Ce système est à points critiques fixes. C = constante. Choisissons par exemple

$$C = \begin{pmatrix} -k_1 & 0 \\ 0 & -k_2 \end{pmatrix} = -K$$

On a : $A_1 + B = \begin{pmatrix} k_1 & 0 \\ 0 & k_2 \end{pmatrix} = K$, compte tenu de la relation $A_1 + B + C = 0$.

Si l'on pose $\tilde{b}-\tilde{a} = t \in \mathbf{C}$ il vient :

$$(\mathcal{S}) \quad \begin{cases} dA_2 = [B,A_2] \dfrac{dt}{t} \\ dB = [K,B] \dfrac{dt}{t} + [A_2,B] \dfrac{dt}{t^2} \end{cases}$$

système à points critiques fixes.

Soit :

$$A_2(t) = \begin{pmatrix} a(t) & b(t) \\ c(t) & d(t) \end{pmatrix} \qquad B(t) = \begin{pmatrix} \alpha(t) & \beta(t) \\ \gamma(t) & \delta(t) \end{pmatrix}$$

Les seules relations imposées à $a(t), b(t), c(t), d(t), \alpha(t), \beta(t), \gamma(t), \delta(t)$ sont celles qui expriment que les valeurs propres de $A_2(t)$ et $B(t)$ sont constantes le long d'une solution, c'est à dire :

$a(t) + d(t) = k_3 \qquad \alpha(t) + \delta(t) = k_4$

k_3, k_4, k_5, k_6 constantes.

$a(t)d(t) - b(t)c(t) = k_5 \qquad \alpha(t)\delta(t) - \beta(t)\gamma(t) = k_6$

Par conséquent c, d, γ, δ s'expriment en fonction de a, b, α, β.

Ecrivons le système $(\mathcal{S})$ en fonction des $a, b, c, d, \alpha, \beta, \gamma, \delta$ en ne tenant compte que des équations en a, b, α, β puisque les autres se déduisent des relations ci-dessus.

$$(\Sigma_1) \left\{ \begin{array}{ll} \dfrac{da}{dt} = \dfrac{\beta c - b\gamma}{t} & \dfrac{d\alpha}{dt} = \dfrac{b\gamma - \beta c}{t^2} \\ \\ \dfrac{db}{dt} = \dfrac{2(\alpha b - a\beta) + k_3\beta - k_4 b}{t} & \dfrac{d\beta}{dt} = \dfrac{(k_1 - k_2)\beta}{t} - \dfrac{2(\alpha b - a\beta) + k_3\beta - k_4 b}{t^2} \end{array} \right.$$

(Σ_1) est encore à points critiques fixes.

Posons : $y = \dfrac{bt}{b + t\beta}$ (on peut aussi poser $z = \dfrac{b}{\beta}$ mais les calculs sont un peu plus longs).

Il vient :
$$\frac{dy}{dt} = \frac{b}{b+\beta t} + \frac{t}{b+\beta t}\frac{db}{dt} - \frac{bt}{(b+\beta t)^2}\left[\frac{db}{dt} + \frac{td\beta}{dt} + \beta\right]$$

En remarquant que :

$$\frac{db}{dt} + t.\frac{d\beta}{dt} = (k_1 - k_2)\beta \quad \text{et} \quad \frac{\beta}{b} = \frac{t-y}{yt} \quad \text{on a :}$$

$$\frac{dy}{dt} = (1-k_4)\frac{y}{t} + k_3\frac{t-y}{t^2} + \frac{y(t-y)}{t^2}(k_1 - k_2 + 1) + \frac{2y}{t}\alpha - \frac{2(t-y)}{t^2}a \, .$$

De plus

$$\frac{da}{dt} = \left[\frac{\beta}{b}(bc) - \frac{b}{\beta}(\beta\gamma)\right]\frac{1}{t} \qquad \text{avec} \quad \begin{array}{l} bc = k_3 a - a^2 - k_5 \\ \beta\gamma = k_4\alpha - \alpha^2 - k_6 \, . \end{array}$$

D'où :

$$\frac{da}{dt} = \frac{t-y}{yt^2}\left[k_3 a - a^2 - k_5\right] - \frac{y}{t-y}\left[k_4\alpha - \alpha^2 - k_6\right].$$

Comme $\quad \dfrac{d\alpha}{dt} = -\dfrac{1}{t}\dfrac{da}{dt}\quad$ on a finalement le système :

$$(\Sigma_2)\quad \begin{cases} \dfrac{dy}{dt} = (1-k_4)\dfrac{y}{t} + k_3\dfrac{t-y}{t^2} + \dfrac{y(t-y)}{t^2}(k_1-k_2+1) + \dfrac{2y\alpha}{t} - \dfrac{2(t-y)}{t^2}a \\[2ex] \dfrac{da}{dt} = \dfrac{t-y}{yt^2}\left[k_3a-a^2-k_5\right] - \dfrac{y}{t-y}\left[k_4\alpha-\alpha^2-k_6\right] \\[2ex] \dfrac{d\alpha}{dt} = -\dfrac{t-y}{yt^3}\left[k_3a-a^2-k_5\right] + \dfrac{y}{t(t-y)}\left[k_4\alpha-\alpha^2-k_6\right] \end{cases}$$

4-1. Proposition

(Σ_2) est un système d'équations différentielles non linéaire, d'ordre 3 à points critiques fixes.

Démonstration

Il suffit de remarquer qu'une solution de (Σ_2) correspondant aux conditions initiales t_o, y_o, a_o, α_o provient d'une solution de (Σ_1) correspondant aux conditions initiales $t_o, a_o, \alpha_o, b_o, p_o$ avec $(b_o+t_o\beta_o)u_o = b_o t_o$,

en posant $\quad y(t) = \dfrac{t.b(t)}{b(t)+t.\beta(t)}\quad$ $b(t), \beta(t), a(t), \alpha(t)$ ne possèdent pas de points critiques dépendant des conditions initiales (c'est à dire des points critiques mobiles) il en est de même pour $y(t), a(t), \alpha(t)$. cqfd

4-2. Une équation à points critiques fixes du troisième ordre "inédite".

Par élimination successive on peut ramener (Σ_2) d'une équation différentielle du troisième ordre en y, y', y'', y'''. Les calculs conduits dans le cas général sont très longs. Nous allons donner des valeurs particulières à k_1, k_2, k_3, k_4 de façon à simplifier un peu ces calculs sans perdre trop de généralités.

POSONS $k_3 = 0$ $k_1 = 2$ $k_2 = 3$.

Le système (Σ_2) s'écrit :

$$\frac{dy}{dt} = \frac{2y}{t}\alpha - \frac{2ty}{t^2}a \qquad \frac{da}{dt} \text{ et } \frac{d\alpha}{dt} \text{ inchangés sauf } k_3 = 0 \text{ et } k_4 = 1 .$$

Dès la première équation, on tire :

$$\alpha = \frac{ty'}{2y} + \frac{2ty}{yt}.a$$

Ce qui donne en remplaçant dans la seconde :

$$\frac{da}{dt} = \left(\frac{y'}{y} - \frac{1}{t}\right)a + \frac{y'^2.t^2}{4y(t-y)} - \frac{y't}{2(t-y)} + \frac{k_6 y}{t-y} - \frac{k_5(t-y)}{yt^2}$$

Calculons $y''(t)$

$$y''(t) = \left(\frac{2y'}{t} - \frac{2y}{t^2}\right)\alpha + \left(\frac{2}{t^2} + \frac{2y'}{t^2} - \frac{4y}{t^3}\right)a + \left(\frac{2y}{t}\cdot\frac{d\alpha}{dt} - \frac{2(t-y)}{t^2}\frac{da}{dt}\right)$$

or : $\frac{2y}{tt}\cdot\frac{d\alpha}{dt} - \frac{2(t-y)}{t^2}\cdot\frac{da}{dt} = -\frac{2}{t}\cdot\frac{da}{dt}$.

Ce qui donne en éliminant α :

$$y''(t) = a\left(\frac{2}{t^2} - \frac{2y}{t^3}\right) + \frac{y'^2}{y} - \frac{y'}{t} - \frac{y'^2.t}{2y(t-y)} + \frac{y'}{t-y} + \frac{2k_5(t-y)}{yt^3} - \frac{2k_6 y}{t(t-y)}$$

On calcule $y'''(t)$ et on remplace a et $\frac{da}{dt}$ en fonction de y, y', y'' et t .

Il vient, tout calcul fait :

$$(\Sigma_3) \quad y''' = \left[\frac{-3y^2+3yt-t^2}{y^2(y-t)^2}\right] y'^3 + \left[\frac{2(-2y)}{y(t-y)}\right] y'.y'' + \left[\frac{13y^2-11yt+4t^2}{2y(t-y)}\right] y'^2$$

$$+ \left[\frac{5y-3t}{t(t-y)}\right] y'' + \left[\frac{-4y^2+3yt-t^2}{t^2(t-y)^2}\right] y' + \frac{2k_6 y^2(y+t)}{t^3(t-y)^2} + \frac{2k_5(t-y)}{t^5}.$$

Cette équation du troisième ordre à points critiques fixes, n'a pas été mise en évidence dans les débuts de classification de toutes les équations différentielles du troisième ordre de la forme $y''' = R(t,y,y',y'')$ (R rationnel ou y,y',y'' à coefficients holomorphes en t) à points critiques fixes, classification entreprise notamment par Chazy [15] , et Bureau [16] . Elle n'est pas non plus dans les travaux de R. Garnier sur les équations différentielles associées aux systèmes de Schlesinger [12] . Elle semble, donc, être inédite.

Il serait, alors intéressant, d'entreprendre une étude plus approfondie de (Σ_3) et de voir par exemple si elle définit des "transcendantes nouvelles" (au sens de Painlevé).

CONCLUSION

-:-:-

(sous forme de questions)

A côté des réponses apportées dans cette étude, se pose un certain nombre d'autres problèmes intéressants à aborder.:

- Dans le cas d'une connexion à déformation localement iso-irrégulière sur S , on peut associer à la matrice normalisée dans la base (v), des $M_k^i(u)$ indépendantes de u . Ces M_k^i ne sont pas uniques (en général). Comment les autres M_k^i dépendent-elles de u ?

- Nous n'avons étudié dans cet article, que les connexions semi-logarithmiques, peut-on faire une étude analogue lorsque l'on a des expressions de la forme : $\dfrac{df_i}{f_i^k f_j^\ell}$ $i \neq j$ dans $\omega(x,u)$?

- Le système $(\mathcal{S}_1)$ est à singularités critiques fixes, mais ces singularités sont de nature plus complexe que pour les systèmes obtenus par Schlesinger. Il serait alors intéressant de reprendre, pour $(\mathcal{S}_1)$, l'étude faite par Garnier pour les singularités des équations de Schlesinger, (cf[12]).

- Enfin comme nous l'avons signalé précédemment, (Σ_3) définit-elle des transcendantes nouvelles ? Si oui les étudier.

REFERENCES

-:-:-

[1] POGORZELSKI : Intégral Equations and their Applications - International Series of Monographs in Pure and Applied Math. vol 88

[2] G.D. BIRKHOFF : A theorem on Matrices of Analytic Functions Math. Ann. 74 1913 p. 122-139

[3] L. SCHLESINGER : Differential systeme mit festen kritischen Punkten - Journal für Reine und Angew. Math. t. 129 1905

[4] K. AOMOTO : Une remarque sur la solution des équations de L. Schlesinger et Lappo-Danilewsky - J. Fac. Sciences Univ. de Tolyo t. 17 1970

[5] R. GERARD : Théorie de Fuchs sur une variété analytique complexe - Journal de Math. Pures et Appliquées t. 47 1968

[6] R. GERARD : Le problème de Riemann-Hilbert sur une variété analytique complexe - Ann. Ins. Fourrier tome XIX 1970

[7] R. GERARD er A.H.M. LEVELT : Etude d'une classe particulière de système de Pfaff du type de Fuchs sur l'espace projectif complexe. Journal, Math. Pures et Appliquées t. 51 1972

[8] R. GERARD et A.H.M. LEVELT : Invariants mesurant l'irrégularité en un point singulier des systèmes d'équations différentielles linéaires. - Ann. Ins. Fourrier 23 (1973) p. 157-195

[9] W. BALSER, W.B. JURKAT, D.A. LUTZ : Birkhoff invariants and stokes multipliers for meromorphic linear differential equations. Journal of Math. Analysis and Applications vol 71, No. 1 (1979), p. 48 - 94.

[10] B. MALGRANGE : Sur les points singuliers des équations différentielles linéaires - L'enseignement mathématique t. XX 1-2(1974) p. 147-176

[11] R. GARNIER : Sur les singularités irrégulières des des équations différentielles linéaires - J. Math. Pures et Appliquées t. 29 1919

[12] R. GARNIER : Solution du problème de Riemann. Ann. Ec. Normal. XLIII 1926

[13] P. DELIGNE : Equations différentielles à points singuliers réguliers. Lect. Notes in Math. 164 1970

[14] P. PAINLEVE : Leçons sur la théorie analytique des équations différentielles professées à Stockholm - Oeuvres complètes.

[15] J. CHAZY : Sur les équations différentielles du troisième ordre et d'ordre supérieur dont l'intégrale générale est à points critiques fixes. Acta Mathematica t. 34 1911 p. 1-69

[16] F.J. BUREAU : Differential Equations with fixed critical points Ann. di Matematica (IV) 64 (1964) p. 229-364
66 (1964) p. 1-116
91 (1972) p.

[17] M. SATO,T. MIWA, M. JIMBO : Holonomic quantum FieldsII- Publ. RIMS Kyoto Univ. 14(1977) p. 223-267
Holonomic quantum Fields II. The Riemann Problem. Publ. RIMS Kyoto Univ. 15(1979) 201-278

[18] B. KLARES : Sur la monodromie des systèmes de Pfaff du type de Fuchs sur $P_m(\mathbb{C})$ dans : Equations différentielles et systèmes de Pfaff dans le champ complexe. Lectures Notes t. 712 (1979), p.293-324.

[19] B. KLARES : Sûr une classe de connexions relatives - Notes aux C.R.A.S Paris t. 288(1979) Série A p. 205-208.